中央宣传部　新闻出版总署　农业部
推荐"三农"优秀图书

全方位养殖技术丛书

规模化养猪生产技术

程德君　王守星　付太银　主编

中国农业大学出版社

主　编　程德君　王守星　付太银

副主编　邢英新　孟昭安　穆春雷

编　者　程德君　王守星　付太银
邢英新　孟昭安　穆春雷
张高丞　张传英　卢升云
杨传盈　刘高升　路东涛
邢清晓　张继功

畜禽全方位养殖技术丛书编委会

总　序

畜牧业是以植物性和动物性产品为原料，通过动物生产获得人类必需动物产品的产业，其主体是养殖业。在发达国家，畜牧产值占农业总产值的比例多在60%以上，个别人多地少的国家甚至超过80%。畜牧产品作为国民经济支柱产业的食品加工业的原料供应已占到80%，人均年消费的食物中，肉、蛋、奶分别达到100 kg、15 kg和300 kg，占总量的80%。这说明，现代畜牧业已成为农业乃至国民经济的重要组成部分，其发展水平也成为一个国家或地区发展水平的重要标志。

我国畜牧业的发展大致经过家庭副业、专业饲养和规模化饲养三个阶段，目前正在更广泛的区域向现代集约型方向转变，特别是改革开放以来的20多年，我国畜牧业得到迅速发展。主要表现在：①畜牧生产总量稳定增长，如2002年肉、蛋、奶总产量比1978年提高6～11倍，人均占有量和年均消费量也都有大幅度提高；②畜牧业科技含量明显提高，如主要畜禽的良种覆盖率、饲料转化率和发病死亡率等生产指标得到有益的改变，科技进步对畜牧经济增长的贡献率超过45%；③畜牧业在农业生产体系中的主导地位已基本确定，如畜牧业产值占农业总产值的比例由1949年的12.4%、1978年的15.0%上升到2000年的30%以上；④畜牧产业化格局初具雏形，如社会化服务体系日趋完善、规模化经营不断提高和多渠道开拓市场初见成效等。

但是与发达国家相比，我国畜牧业也面临着生产结构失调、草原资源严重退化、饲料资源不足（尤其是蛋白质饲料资源缺乏）、畜（禽）种资源被无控制地杂交化、科技推广工作薄弱、疫病损失严重等问题，既影响到当前畜牧生产的产业化经营，也影响到我国畜牧业的可持续发展。实践证明，只有通过推广和实行标准化、规范化生产技术，不断提高畜牧业的科技含量才能切实解决这些问题，使我国的畜牧业跨上一个新的台阶，大大缩短与发达国家的差距。

根据我国国情，并借鉴发达国家的经验，笔者认为我国未来畜牧业发展的策略应是：①改变以粮为主的传统观念，建立种草养畜、以牧为主的农业生产体系，提高资源利用效率；②改变以猪、鸡为主的畜（禽）种结构，建立以食草畜禽为主、稳定食粮畜禽的畜牧生产体系，提高市场适应能力；③改变以品种改良为主的单一增产措施，建立良种良法配套的实用技术推广体系，提高整体科技含量，力争用10～15年的时间，使我国畜牧业基本实现良种化、产业化，生产水平跨入世界先进行列。

为了适应农村产业结构调整的需要和提高当前畜牧业从业人员的技术水平，中国农业大学出版社策划出版了这套畜禽全方位养殖技术丛书。本丛书畜（禽）种涉及到猪、鸡、鸭、鹅、羊、兔等，并以各畜（禽）种的关键生产环节为主题单独成册，内容上坚持以技术操作性强、文字简明易懂和学以能致用为原则，注重吸收现代畜牧科学的新技术和新方法，并与生产中的传统常规技术相结合使之综合配套。

相信这套丛书能够全方位、多层次地满足读者需要，为广大畜牧业从业人员规范生产技术、提高养殖效益提供帮助。

王建民

2003年3月18日于泰安

前　言

随着我国农村改革的逐步深入，农村产业结构正在发生新的变化。畜牧业已成为繁荣农村经济，实现农村跨跃式发展，增加农民收入的主要产业之一。我国养猪业历史悠久，在国民经济及人民生活中占有十分重要的地位，当前养猪生产正由传统的家庭副业型养猪迅速向规模化、专业化养猪转变，规模不断扩大，集约化程度逐渐提高，圈舍由开放式-半开放式向封闭式演变，饲养管理方式由粗放型转向精细型，品种的遗传性能和生产性能迅速提高。同时，猪对营养、饲料、环境、疫病控制的要求越来越高。因此，要求养猪者的养猪观念、饲养水平、疫病防治水平和经营管理水平都应有一个新的提高。但由于许多规模养猪户（场）对此认识不足，技术管理跟不上时代发展要求，导致规模养猪场生产水平低下，效益不高，甚至停产。

针对目前我国养猪发展中出现的新问题，本书吸收了当前国内外最新科技成果，本着系统性、科学性、实用性的原则，特组织有关专家编写了《规模化养猪生产技术》一书，主要内容包括猪的生物学特性与生活习性，品种及杂交改良，猪的繁殖及各发育阶段猪的饲养管理，营养与饲料，猪场建设与设备，疫病防治及猪场经营管理等。其中还着重阐述了规模化养猪的相关知识，生产工艺流程和危害严重疫病的防治新技术，以适应规模化养猪的要求。

本书可供广大养猪专业户、规模化养猪场技术人员、经营管理人员、大中专院校师生、基层畜牧兽医工作者参考。

本书编写过程中参阅了大量的有关专家、教授的著作和论文，在此特致谢意。由于我们水平所限，书中难免有缺点和错误，敬请同仁与广大读者批评指正。

编者

2003 年 7 月

目　录

第一章 规模化养猪概述

我国养猪业历史悠久，养猪业在畜牧业中占有重要地位，近年来，猪肉产量一直占肉类总产的70%左右，对于提高人民生活水平，加快农民致富步伐，保证社会稳定起到了重要作用。尤其是随着我国经济体制改革的进一步深化，农民商品意识逐步增强，养猪业正由传统家庭副业向专业化、规模化、集约化、工厂化方向迅速发展，整体上正在发生质的飞跃，对促进我国国民经济的发展必将起到重要作用。

第一节 我国与世界养猪业现状与发展趋势

一、我国养猪业现状及发展方向

(一)现状　改革开放以来，我国养猪业发展很快，特别是最近几年，更是突飞猛进。1998 年我国的养猪存栏数量、屠宰数量和猪肉总产量分别达到48 569 万头、47 223 万头和3 746 万t，均居世界第一位，猪肉人均占有量29.83 kg，已超过世界平均水平 14.24 kg(据1998 年世界畜牧生产统计资料)。我国养猪生产水平最近几年得到了很大提高，养猪生产实现了历史性的转折，从家庭副业逐步过渡到规模化、集约化的养猪生产，各方面的技术水平也得到了很大提高，为我国养猪业向现代化方向迈进奠定了基础。1999 年，全国生猪存栏 4.29 亿头，猪的平均胴体重和出栏率分别为 78 kg、118.72%，年人均猪肉占有量为31.58 kg。畜牧业生产技术在近几年取得了快速发展，但与世界发达国家相比仍需要提高和改进。

(二)存在的问题与差距　我国养猪生产虽然发展很快，生产水平逐步提高，但与世界先进水平相比，还存在一定差距。我国养猪生产中存在的主要问题有：猪种混杂，杂种优势未充分利用，种猪质量差，仔猪成活率低，饲料配制不合理，饲料报酬低，饲养管理粗放，配种、防疫措施不力，经营管理不善，胴体品质差，猪粮比价不合理等。

1. 存栏数多而出栏率低　这是长期以来存在的老问题，我国猪存栏数占世界总数的 40%左右，1998 年我国猪出栏率为 97.23%，低于世界平均水平 113.93%的 16.7 个百分点，世界最高水平为232.65%；平均出栏率发达国家为139.23%，发展中国家为 91.71%，我国养猪出栏率略高于发展中国家水平，远远低于英国、丹麦、荷兰和美国等。世界先进水平生长育肥猪体重达90 kg 日龄为135～150 天，我国为170 天；每千克增重耗料2.5～2.8 kg，我国为3.5 kg 左右。这反映出我国的肉猪生长缓慢、饲养期长、维持需要饲料消耗多、设备利用率和经济效益均低。

2. 胴体脂肪率高而瘦肉率低　我国现有的猪种多数为地方品种，其特点是产脂肪能力强而产瘦肉能力弱，从全国来看瘦肉型猪所占份额仍然较低，远不能满足国内外市场对猪瘦肉的需求。胴体瘦肉率世界先进水平达65%以上，我国为55%左右。

3. 猪与粮食比价不合理　长期以来，国内出栏活猪的单位质量收购价格与粮食价格的比例大致为1∶5。养猪发达国家，如美国、加拿大等猪粮比价一般为1∶10，足以保持养猪生产者有利可图和养猪生产持续稳定发展。

4. 母猪繁殖率低　平均年产仔 2 窝，失配率 10%左右；世界先进水平年产仔2.8 窝，每头母猪年产仔26～28 头。

5. 猪的成活率低　哺乳仔猪死亡率达15%～20%，我国每年有3 000 多万头猪死亡，死亡率在10%左右，高于世界平均数 5%。

由此看来，我国养猪生产具有很大的增产潜力。

(三)发展方向　养猪生产在世界上我国仍将占据首位，我国养猪生产将继续发展。养猪生产将向现代化方向发展，传统养猪方式劳动生产率低，没有规模效益，不利于采用先进技术和社会化服务，终将被现代化养猪所取代。

1. 集约化养猪　概括为“集中、密集、制约、节约”8个字，饲养密度大，每头猪占地面积小。同时将饲养在同一产房的母猪和哺乳仔猪全进全出，母猪赶回繁殖母猪舍，哺乳仔猪转入保育舍，产房实行空栏消毒。断奶仔猪饲养5周后，从保育舍转入生长舍，再经8周，转入育肥舍饲养。仔猪从出生至出栏共饲养25～26周，体重可达90～100 kg，这样实行同龄出生的猪全进全出，可做到有计划、有节奏地全年均衡生产。

2. 规模化养猪　养猪生产从家庭副业，逐步过渡到专业化，也就是规模化养猪，养猪户明显减少，每户饲养头数大幅度增加。具有一定规模，借助于一定设施，利用先进的科学技术进行生产，以提高养猪生产水平、劳动生产率和经济效益。

3. 节粮型养猪　节粮型养猪应包括广开饲料来源，搞好加工、储存和配合，广泛应用添加剂，创造适宜环境，严格实施卫生防疫，认真进行选种，提高猪种质量，充分利用杂种优势，减少饲养量，提高母猪单产效益，缩短肥育期，提高出栏率，只有采取综合配套技术，才能达到养猪节粮的目的。

4. 工厂化养猪　工厂化养猪是畜牧业现代化的重要组成部分，是我国养猪业发展的必然趋势。其特点，一是养猪规模大；二是选用体型外貌一致、生长发育均衡的杂交组合或配套系等；三是因地制宜地选用一些机械化、自动化设备，如自动饮水器，自动食槽，漏缝地板，自动清粪，饲料粉碎、搅拌、分装、分撒自动化等；四是工作人员少，劳动效率高。其他包括采用母猪限位饲养、断奶仔猪网上饲养的方法，使用全价配合饲料；实行严密的现代化卫生防疫措施及全进全出的流水式生产工艺。猪舍必须具备符合猪群生理要求的小气候。对种公猪、繁殖母猪实行有计划的选育工作。实行仔猪4周龄断奶技术，提高母猪年产仔窝数。实行企业化经营，严格执行定额管理。工厂化养猪的必备条件是标准化猪群、标准化饲养、标准化环境、卫生防疫现代化、机械设备现代化、生产工艺现代化。

近几年来，随着人们对安全、卫生、健康、生态、环保等问题的日益关注，绿色意识不断增强，绿色观念深入人心，发展无污染、无残留、安全、卫生、健康的无公害畜禽既是客观要求也是现实选择。

二、世界养猪业现状及发展方向

（一）世界现状　据1990年联合国统计，人类肉食消费中，猪肉占39.6%，牛、羊肉35.48%，禽肉22.75%。1988年世界存栏猪8.31亿头，生产猪肉6 435.4万t，出栏率105%，平均每头存栏猪年产肉量77 kg；其中，发达国家平均出栏率136%，发展中国家平均出栏率64%；发达国家平均每头存栏猪年产肉量110 kg，而发展中国家平均每头存栏猪年产肉量只有55 kg。1999年，猪的平均胴体重世界平均水平和最高水平分别为78 kg、95 kg；出栏率世界平均水平和最高水平分别为124.75%、202.22%；年人均猪肉占有量世界平均水平为14.82 kg，世界先进水平为336.6 kg。

（二）发展趋势　世界养猪生产的发展趋势为：发达国家1971—1981年养猪存栏数增长24.44%，猪肉产量增长34.52%，而1981—1992年存栏数减少2.77%，猪肉产量却增加了7.75%。发达国家的现代养猪生产依靠的是先进的养猪科学、现代化的设备及经营管理的不断改善，降低了成本，以优质的猪肉占据了市场。1971—1981年是发展中国家养猪大发展阶段，增加了49.11%，猪肉产量增加34.31%，而1981—1992年为养猪生产效益提高期，存栏猪数增加了21.3%，猪肉产量却增加了99.84%，几乎翻了一番。猪肉主要产地仍是西欧、北美和中美洲（占50%）。大多数发达国家猪的生产力已相当高，猪肉生产趋于稳定。发展中国家猪肉生产和消费增长速度将会加快。猪肉需求将继续保持高势头，这是由猪的生物学特性和猪肉的营养价值所决定的。世界猪肉生产的发展与养猪业持续的专门化和集约化过程相关联。为提高劳动生产率和取得规模效益，总的趋势是猪场数减少、养猪规模扩大。

提高养猪业生产力的主要措施是：依靠营养科学的进步和饲料工业的发展，对猪群实行全价饲养；依靠遗传学和测试手段的进展，持续进行猪的选育工作；不断完善杂交繁育体系，充分利用杂种优势；改进猪舍和饲养管理工艺；增加母猪年产仔窝数等。

第二节　规模化养猪的概念与特点

一、规模化养猪的概念

规模化养猪的概念及意义：规模化养猪是指生产单位或专业户在一定的环境条件下，以商品生产为基本特征，通过对资金、技术、管理等生产力诸多要素的增加，质量的提高和结构的调控，在稳定和提高生产效率的基础上，取得规模经济效益的养猪生产经营方式。规模化养猪是现代养猪生产方式的一种，要求以良种猪为饲养对象，以良种猪的饲养标准为依据，实行标准化饲养；按生产工艺流程来组织生产，实行科学的管理；根据猪的不同生理和生长阶段的要求，为猪的生产生长提供良好的环境条件；达到生产出高质量的产品和获得良好经济效益的目的。

规模化养猪可促进我国现阶段养猪生产关系的合理调整，是养猪生产力进一步发展的客观要求，它有利于加速养猪生产的专业化、商品化、现代化进程。按现代养猪生产工艺流程组织实施的规模化养猪，广泛应用了先进的科学技术和新的管理技术，能充分发挥猪的生产潜力，达到高产、优质、低耗、高效的目的，对养猪生产的发展具有重大意义，主要表现在以下方面。

1. 有利于养猪科技成果的转化，促进生产力水平的提高　传统养猪方式都以户养为主，分散饲养，规模小，无法容纳更多、更高新的养猪技术和实行现代化管理，严重影响新的科学技术和科研成果的推广运用。在饲养地方猪为主的广大农村，推广以二元杂交肉猪为主的养猪生产，各级政府投入了大量资金和人力，耗时多年，饲养管理仍较粗放，全程配合饲料推广面还不到30%，生产力水平较低，母猪年产胎次1.6～1.8窝，肉猪饲料转化率3.5以上，胴体瘦肉率48%左右。近几年来在我国大中城市近郊和沿海地区，先后发展起来的一批出栏几千头至几万头规模不等的规模化养猪场，以瘦肉型良种猪为饲养对象，采用工厂化养猪的设备设施和生产工艺流程，实行标准化饲养、环境控制和现代化管理，养猪生产水平显著提高。种猪年产2.2窝，肉猪170～180日龄体重达100 kg，饲料转化率在3.2以下，瘦肉率60%以上，出栏率150%以上，经济效益显著。

2. 有利于稳定猪肉的市场供应　规模化养猪立足于自繁自养，有完善的制种体系及生产工艺流程，常年均衡生产猪肉，保证市场供应，缓解了传统副业养猪的季节性与市场需求均衡性之间的矛盾。

3. 有利于降低成本，提高经济效益　规模化养猪企业，可充分运用价值规律、供求规律和竞争规律，实现人、财、物的优化配置，有效地利用劳动力资源和先进的设备设施，提高了劳动生产率和设备利用率，降低单位产品的生产费用，达到高投入、高产出、高效益的目的。

4. 有利于副产物和废物的综合利用　副产物和废物的综合利用是养猪业面临的重大课题，若不积极开发利用，将会导致环境污染，也必将带来企业的经济损失。规模大的养猪企业有较强的经济实力，有条件购置副产物和废物加工及处理的设备设施，进行综合利用。如皮、毛、内脏等可引进技术，加工增值；粪污发酵产生的沼气，可提供能源；粪或沼渣经处理可生产有机肥料，从而获得良好的经济效益和生态效益。

规模化养猪是今后养猪业发展的方向，无疑对养猪生产的发展有着明显的推动作用。但是，我国地域辽阔，自然环境复杂，各地社会经济条件差别较大，养猪经营规模存在明显的区域性；同一地区内部，农村与城市近郊、平原与山区，规模经营也存在程度上的差异。规模化养猪生产经营属商品经济范畴，健全的社会服务体系是其重要依托，良种繁育体系、饲料生产体系、环境工程体系、疫病防治体系、技术服务体系、产品流通及价格体系、加工储运体系，这些都是我国养猪生产进一步发展的保证。因此各地区应根据自身的社会经济发展和自然环境条件，确定适宜的发展模式与规模。

二、规模化养猪的基本特点

每个国家依据其工农业和科学技术的发展水平以及市场条件，对规模化养猪的形式、内容、任务等有不同要求，概括起来，规模化养猪有如下基本特点：

(1)按照生产工艺流程专业化的要求，将猪群划分为若干生产工艺群，主要有繁殖母猪群、保育仔猪群和生长肥育猪群。繁殖母猪群又包括后备母猪群、配种母猪群、妊娠母猪群和分娩哺乳母猪群。

(2)应用现代科学技术理论将各生产工艺群，按“全进全出”流水式生产工艺过程要求组织生产。首先是按一定繁殖间隔期组建一定数量的分娩哺乳母猪群，通过母猪(包括后备母猪)配种、妊娠、分娩、仔猪哺育等工作，以保证生产工艺过程中各个环节对猪只数量的需要。年出栏1万～3万头的肉猪场，通常以7天为一个繁殖间隔周期，即每隔7天组成一批分娩哺乳母猪群。

(3)拥有能适应各类猪群生理和生产要求，又便于组织与“全进全出”各工艺流程猪群数量相适应的专用猪舍。专用猪舍包括公猪舍、配种舍、妊娠舍、分娩舍、仔猪保育舍、生长猪舍、肥猪舍(生长肥育猪舍)等，通过工程技术的处理，这些专用猪舍一般能满足猪的生物学特性和各类猪只对环境条件的需要。

(4)拥有优良遗传素质、高生产性能猪群和完善的繁育制种体系。拥有严密的兽医卫生制度、合理的免疫程序和符合环境卫生要求的污物、粪便处理系统。

(5)能均衡地供应各类猪群所需的各种全价饲料，按饲养标准配制各类猪群所需的饲粮，实行标准化饲养；拥有一支较高文化素质、技术水平和管理能力的职工队伍；全年有节律地、均衡地生产出既定数量和规范化的优质产品。

第三节　规模化养猪的基本类型

规模化养猪场类型的划分因采用的划分标准不同而异。根据养猪场年出栏商品肉猪的生产规模，规模化猪场可分为三种基本类型：年出栏 10 000 头以上商品肉猪的为大型规模化猪场，年出栏3 000～5 000 头商品肉猪的为中型规模化猪场，年出栏3 000 头以下的为小型规模化猪场，现阶段农村适度规模养猪多属此类猪场。根据猪场的生产任务和经营性质的不同，又可分为母猪专业场、商品肉猪专业场、自繁自养专业场、公猪专业场。

一、母猪专业场

饲养母猪的专业场以饲养种猪为主，除少数母猪专业场饲养地方猪种，达到保种目的外，一般饲养的都是良种母猪，如长白猪、大约克夏猪、杜洛克猪以及培育品种或品系。母猪专业场又包括两种类型：一是以繁殖推广优良种猪为主的专业场，当前全国各地的种猪场多属于这种类型，它为我国猪种改良及养猪生产的发展做出了重大贡献。二是以繁殖出售商品仔猪为目的的母猪专业场，饲养的种猪应具有高的繁殖力，这种母猪多数为杂种一代，通过三元杂交生产出售仔猪供应育肥猪场和市场。目前，单纯以生产优质仔猪的母猪专业场在全国范围内还并不多见。

二、商品肉猪专业场

商品肉猪专业场，专门从事肉猪肥育，以生产肉猪为经营目的。目前我国商品肉猪专业场包括两种形式，也代表了两种技术水平，反映了商品肉猪专业场的发展过程，一种是以专业户为代表的数量扩张型，此类型是规模化养殖的初级类型，在广大农村普遍存在。这种类型，仅仅是养猪数量的增加，而无真正具有规模经营的实质内涵。从本质上讲，饲养管理技术与我国传统养猪无多大差别，饲养的仍然是含地方猪种血缘的杂种一代肉猪，生产水平低，市场竞争力薄弱，经济较脆弱，生产者仅凭个人经验经营，只有朴素的市场观念和赢利思想，当市场行情好时，农户纷纷饲养，一旦价格回落，又纷纷停产，稳定性极差。另一种是通过资金、技术和设备武装的较大规模的养猪经营形式，是规模化养猪的最高形式，这种形式有的称之为现代化密集型，它改变了传统的饲养方式，饲养的是优质瘦肉型猪，采用的是先进的饲养管理技术，具备现代营销手段，并能根据市场变化规律合理组织生产；猪场生产不仅规模扩大，而且产品质量也明显提高，并采用了一定机械设备；生产水平和生产效率高，生产稳定，竞争力强。

三、自繁自养专业场

自繁自养专业场即母猪和肉猪在同一猪场集约饲养，自己解决仔猪来源，以生产商品猪为主，在一个生产区培育仔猪，在另一个生产区进行肥育，我国大型、中型规模化商品猪场大多采取这种经营方式。种猪应是繁殖性能优良、符合杂交方案要求的纯种或杂种，如培育品种（系）或外种猪及其杂种，来源于经过严格选育的种猪繁殖场；杂交用的种公猪，最好来源于育种场核心群或者种猪性能测定中心经性能测定的优秀个体。仔猪来源于本场种猪，不受仔猪市场的影响，稳定性好；在严格的疾病控制措施和标准化饲养条件下，仔猪不易发病，规格整齐，为实现“全进全出”的生产工艺管理提供了有效保证，产品规范。

四、公猪专业场

饲养公猪的专业场，专门从事种公猪的饲养，目的在于为养猪生产提供量多质优的精液。公猪饲养场往往与人工授精站联在一起，由于人工授精技术的推广与应用，进一步扩大了种公猪的影响面，种公猪精液质量的好坏，直接关系到养猪生产的水平，为此，种公猪必须性能优良，必须来源于种猪性能测定站经性能测定的优秀个体或育种场种猪核心群（没有种猪性能测定站的地区）优秀个体。饲养的种公猪包括长白猪、大约克夏猪、杜洛克猪等主要引进品种和培育品种（品系），饲养数量取决于当地繁殖母猪的数量，如繁殖母猪数量为50 000头，按每头公猪年承担400头母猪的配种任务，则需种公猪125头，公猪年淘汰更新率如为30%，还需饲养后备公猪40头，因此该地区公猪的饲养规模为165头。人工授精技术水平高，饲养公猪数可酌减。建场数量既要考虑方便配种，又要避免种公猪饲养数量过多导致浪费。

第二章　品种选择与杂交利用

第一节　猪的生物学特性与行为学特点

一、猪的生物学特性

猪的生物学特性与生活习性如下：

(1)性成熟早，繁殖力强，世代间隔短。仔猪生后3～5月龄即已性成熟，投产繁殖的时间短。猪的发情无季节性限制，一年四季都可发情配种。猪又属多胎动物，每胎产仔6～13头，一年两胎可产仔12～26头。如果后备母猪于生后6～10月龄配种，则10～13月龄产仔，当年留种当年即可产仔，世代间隔很短。

(2)生长迅速，饲料报酬高。猪的生长发育速度很快，肉猪6月龄体重可达80 kg。猪不但增重快，而且精料转换成猪肉的效能强，饲料报酬高。每增重1 kg体重，一般只需要3～4 kg精料。

(3)屠宰率高，肉质品质好。猪的屠宰率因品种、体重、膘情不同而有差别，一般可达到65%～80%。猪的骨骼细，因而可供食用的肉食部分比例大，猪肉含水分少，脂肪含量和蛋白质含量都较高，矿物质、维生素的含量也丰富，因而猪肉的品质优良，风味可口。

(4)猪属杂食动物，饲料来源广泛。猪虽然属于单胃动物，但具有杂食性，采食的饲料介于肉食动物与草食动物之间，既能吃植物性饲料，又能采食动物性饲料，因而可供食用的饲料种类多，来源广泛。

(5)适应广泛。猪的适应能力很强，表现在地理分布广泛。其生态学上的适应表现在对气候寒暑的适应，对饲料多样性的适应。在饲养方式上，舍饲与放牧都能适应。

二、猪的行为学特点

（一）采食行为　猪的采食行为包括摄食和饮水。

拱土觅食是猪采食行为的一个突出特征，喂食时，猪都力图占据食槽有利位置，有时将前肢踏入食槽，以吻突沿食槽拱动，将饲料搅弄出来。因此，在食槽设计上应注意加设拦挡。

猪对饲料具有选择性，一般最喜欢甜食，颗粒料与粉料相比，猪爱吃颗粒料；干料与湿料相比，猪爱吃湿料，且采食时间短。

猪自由采食时，白天6～8次，夜间4～6次，每次10～20 min，限饲时采食时间少于10 min。猪采食时具有竞争性，群饲猪较单饲猪吃得快，吃得多，增重也快。猪的采食量随体重的增长而增加，生长猪的采食量一般为体重的3.5%～4.5%。

吃干料的小猪每昼夜饮水9～10次，吃湿料的平均2～3次，吃干料的猪每次采食后立即饮水，任意采食的猪通常采食与饮水交替进行，限饲时，猪则吃完所有料后才饮水。

仔猪吃料时的饮水量为干粉料的3倍；成年猪的饮水量在很大程度上取决于环境温度，体重60 kg的猪在20℃时每日饮水5 kg左右，30℃时为7 kg左右；妊娠后期母猪每日饮水量可达25 kg，泌乳母猪可达35 kg。

（二）排泄行为　猪一般喜欢清洁，不在吃睡地方排粪尿，并表现一定的粪尿排泄规律。生长猪在采食中一般不排粪，饱食后约5 min开始排泄一两次，至多三四次，多为先排粪后排尿；喂料前易排泄，多为先排尿后排粪；在两次喂食的间隔里只排尿，很少排粪；夜间一般进行两三次排粪，猪还习惯于在睡觉刚起来饮水或起卧时排泄粪尿，其中早起后排泄量最大，并喜欢在圈角，门口，潮湿、荫蔽、有粪便气味处排泄。当猪圈过小、猪群密度过大、环境温度过低时，其排泄习性容易受到干扰破坏。

猪的排粪量与猪的体重和采食量有关。一般体重越大，采食量越多，饲料的可消化性越差，排粪尿量就越多。据测定，排粪量为采食量的50%～70%，体重28 kg 的猪粪尿排泄量为体重的22%，体重45 kg 的猪粪尿排泄量为体重的19%，体重65 kg 的猪粪尿排泄量为体重的16%。每昼夜的排泄时间为18～25 min。

（三）活动与睡眠　猪的活动与睡眠有明显的昼夜节律，猪的活动大部分在白天，温暖季节和夏天夜间也有活动或采食，遇上阴冷天气，活动时间缩短（表2-1）。

表2-1　猪的活动与睡眠节律表　h

项目	总计	醒着	休息（打盹）	睡眠
白天	12	7.4	2.5	2.0
夜间	12	4.4	2.5	5.2
合计	24	11.8	5.0	7.2

昼夜活动也因年龄及生产特性不同而有差别，仔猪昼夜休息时间平均为60%～70%，肥猪为75%～85%，母猪为80%～85%，妊娠母猪休息时间可占到95%。休息高峰在半夜，清晨8时左右活动最少。

哺乳母猪睡卧休息有两种：一种属静卧，姿势多为侧卧，少有伏卧，呼吸轻微而均匀，虽闭眼但易惊醒；一种为熟睡，多为侧卧，呼吸浑长，有鼾声且常有皮毛抖动，不易惊醒。睡卧时间随哺乳天数的增加而逐渐减少。在管理上应根据其睡眠习惯，保持分娩舍内安静。

仔猪生后3天内，除吮乳和排泄外，几乎全是酣睡不动。随日龄的增长，活动增加，睡眠减少。40日龄后睡眠又有所增加。

猪是多相睡眠动物，1天内活动与睡眠交替几次。睡眠时全身肌肉松弛，发出鼾声，并经常成群同时睡眠。

在管理工作中应能识别猪的正常睡眠和休息形式，以便发现异常情况，同时尽可能少干扰和破坏猪的正常休息睡眠节律，以提高生产水平。

（四）热调节行为　仔猪的适宜温度为22～32℃，生长猪为15～22℃。当环境温度不适宜时，猪表现出热调节行为，以适应环境温度。

当环境温度过高时，猪会自觉在粪尿或湿处躺卧。为了有利于散热，躺卧时四肢张开，充分伸展躯体，呼吸加快或张口喘气。

当环境温度过低时，猪则蜷缩躯体，最小限度地暴露躯体表面。站立时表现夹尾，曲背，四肢紧收，尤以后肢为甚；当外界气温回升时，猪寻找避风向阳处，并侧身安静站立；采食时也表现为紧凑 的姿势，采食30 min后才逐渐表现舒展姿势，但其活动仍然较少；睡卧时挤作一团，以互相取暖御寒，睡卧时常伏卧，将四肢垫于腹下，特别是混凝土地面饲养时更是如此。环境温度过低时猪的行动变得迟缓，在睡卧处排泄粪尿次数明显高于往常。生产上应注意观察猪的热调节行为，以判断环境温度是否适宜。

（五）群居行为　猪具有合群性，习惯于成群活动、居住和睡卧。结对是一种突出的交往活动，群体内个体间表现出身体接触和保持听觉的信息传递，彼此能和睦相处，但也有竞争习性，大欺小，强欺弱，群体越大，这种现象越明显。同一群猪活动时彼此距离不远，若受惊吓，会立即聚集一起或成群逃跑，转群调圈时应注意，单头猪调离困难。

猪群内个体间具有明显的等级（或位次）。等级的建立是通过争斗实现的，等级争斗一般发生在刚合群时，争斗激烈，并按不同来源分小群躺卧，一般需24～48 h，明显的等级体系就形成了，一般是简单的线型，也有并列和三角关系夹在其中。猪群过大时关系复杂，建立困难，且不稳固，密度过高也易引起再争斗。当有陌生猪进入一群猪中（特别是大母猪）常会群起而攻之，并且非常严厉，生产上应加以注意。猪群中通常年龄大的、体重大的、未去势的、雄性的和气质强的占领优位，吃食时占据有利采食位置，具有优先采食权，特别是在限饲时，这种等级关系尤为明显。所以，在实际生产中应精心设计猪舍和饲喂系统，合理分群转圈，以避免和减少争食打斗。

猪具有定居性，野生状态下，常 3 头母猪带领它们的仔猪为一群，定居于某处，活动于 1 000 m^2 的范围内。舍饲下，猪仍固定位置躺卧。管理上应根据猪的习性人为合理安排。

（六）争斗行为　争斗行为包括进攻、防御、躲避和守势的活动。生产中见到的争斗行为主要是为争夺群体内等级、争夺地盘和争食。

等级争斗发生在刚合群时，以后的相处中，便能和睦相处。猪群过大或密度过高时等级关系不稳定，也时常发生争斗。

群体等级体系建立之后，也发生为饲料或地盘的争斗，但一般不激烈，往往是优等猪发出尖锐响亮的呼噜声恐吓或用其吻突佯攻，即可代替争斗，次等猪马上退却。

仔猪生后几小时内常为争夺乳头发生争斗，通常体重大的和优先出生的仔猪占优势，多抢占前中部泌乳量较高的乳头。

妊娠母猪多采用限饲，群养时等级关系明显，一圈内容易出现少数膘情过肥和膘情过差的母猪，且差异悬殊，采用分槽饲养具有一定改善作用。

公猪一般单圈饲养，2 头公猪不宜见面，特别是刚配过种的公猪，以免发生激烈争斗，造成伤亡。

（七）性行为　性行为包括发情、求偶和交配等行为。它不仅具有重要的生物学意义，还具有很大的经济价值，其内容将在猪的繁殖部分详细讨论。

（八）母性行为　母性行为包括分娩前后母猪的一系列行为，如做窝、哺乳以及其他抚育仔猪的活动，其内容将在猪的繁殖部分详细讨论。

(九)探究行为　探究行为包括探查活动和体验行为。猪的一般活动大部分来源于探究行为,大多数是朝向地面上的物体,通过看、听、闻、嗅、啃、拱等感官进行探究,表现出发达的探究能力。通过探究以获得对环境的认识和适应。

猪对探究发现的许多新事物,表现出好奇和亲近两种反应。如仔猪对小环境中的事物都很好奇,而对同窝仔猪表示亲近。探究行为在仔猪中最为明显,主要是靠鼻拱和口咬周围环境中所有新的东西来表示,其持续时间甚至超过玩闹的时间。

仔猪出生后2 min就开始通过吻突和灵敏的嗅觉探究寻找奶头;仔猪吸吮母猪乳头的序位主要通过探究和嗅觉实现;仔猪间和母仔间也是通过嗅觉探查彼此准确辨认,在仔猪寄养上应采取措施加以避免;仔猪学习采食时是通过嗅觉和味觉进行探查,接触到食物时,首先是闻,然后用鼻拱和嘴啃,饲料合乎口味时,仔猪会常去采食。

在猪栏内一般划分为明显的采食、睡觉和排泄区域,其定位和辨别主要通过嗅觉进行探查实现。

在猪活动严格受到限制的场所,猪群连续探究时就可能对物体造成破坏,或出现咬尾恶癖。如果额外提供吊链或轮胎供猪探查,有时可转移猪的探查目标。

(十)异常行为　异常行为是指超出正常范围的行为。恶癖着重指对人、畜造成危害或带来经济损失的异常行为,它的产生多与猪所处环境中的有害刺激有关。如长期圈禁的母猪会持久而顽固地咬嚼自动饮水器,母猪养在单调无聊的栅栏内或笼内,常狂躁地在栏笼前不停地啃咬栏柱或拱动食槽,一般随活动受限制的程度增加而发生的频率与强度增加,攻击行为也增多。

与人接触少或处在过于安静猪舍的猪,在有人进入猪舍或有异常响动(如关门过猛)时,往往造成惊群或部分猪只跳圈。

高密度圈养猪的生长猪只或缺乏某些营养时常出现咬尾恶癖，漏缝地板面积增加，咬尾频率提高，这种异常行为可通过给一些玉米秸秆或旧轮胎任其咀嚼而减轻；刚断乳的小猪还易出现拱癖和空嚼癖；母猪有时出现食仔癖，多出现于神经质的小母猪。

第二节　猪品种选择与杂交

一、适宜品种的确定

(一)国外猪品种使用情况　在养猪生产中，杂交是进行商品猪生产的主要方法之一。欧美国家的杂种猪占商品猪的比例达80%，丹麦以前一直采用纯种长白种猪生产商品猪，近年来，也积极引进杜洛克、汉普夏和大白猪群，杂交生产商品猪，杂交品种(系)的选择是杂交生产成败的关键因素之一。

在当今世界养猪生产中，用于父本的品种主要强调生长肥育性状和胴体性状，主要的父本品种有：杜洛克猪(Duroc)、汉普夏猪(Hamphshire)、皮特兰猪(Pietrein)。近年来，在欧洲用做父本的还有比利时长白猪(Belgium Landrace)、德国长白猪(Gennml Landrace)。这些猪种瘦肉产量特别高，但属于应激敏感型猪，从氟烷基因检测结果看，比利时长白猪阳性(HP)率较高，用于生产鲜肉时，劣质肉出现比率较高，如果用来大幅度提高商品猪产肉量，应选择抗应激或应激不敏感的猪种做母本品系。用于做母本的品种主要强调繁殖性能、哺育力、适应性。主要母本品种有长白猪(Lamdrace)、大白猪(Large White)、威尔斯猪 (Welsh)、拉康比猪(Lacombe)、切斯特白猪(Chest White)，此外还有以长白、大白与当地猪杂交育成的新品系，或以长白猪与大白猪杂交的半血杂种，或半血杂种与其一品种的回交杂种。

当今在世界范围内兴起的育种公司或改良公司，如PIC、

DEKALB、HYPOR、COSTWOLD 和 SEGHER 等，大多是以上述品种为基础，只不过出于商业目的而取了一些名称而已，如美国迪卡猪配套系（DEKLB），父系为杜洛克与汉普夏的杂种，母系为美国长白与大白杂交产生的半血杂种。

（二）我国猪品种使用情况 我国是世界上畜禽品种资源最为丰富的国家，就猪而言，仅《中国猪种志》所载的就有66个。在地方品种中，太湖猪以其高繁殖力而著称于世，它引起了欧美等养猪发达国家的高度重视，各国纷纷引进该种猪进行繁殖性能的研究。金华猪以“金华火腿”畅销世界，香猪是一个特有的小型猪，是烤乳猪的优良原料，香猪还可以作为试验动物；在当今世界畜禽资源品种日益贫乏的情况下，这些品种资源是我国育种工作的宝贵财富，而且也将对世界育种产生深远的影响，意义十分重大。在选育的改良品种中，自 1984 年以来，通过引进国外品种在各地区与地方品种杂交，逐渐形成一批近年来在生产中大面积推广应用的改良品种，如哈尔滨白猪、上海白猪、新津猪、新淮猪、北京黑猪、东北花猪和北京花猪，这些品种的性能都比较优良，集国内外品种主要优点于一身，能够较好地应用于我国现代养猪产业发展的需要：国外引进品种主要用于我国养猪生产中的杂交改良和杂交生产商品肉用猪，最近 20 年来，在中国养猪生产中影响较大的引进品种主要有 3～5 个，它们分别是大白猪、长白猪、杜洛克猪、汉普夏猪和皮特兰猪。在杂交改良上，这些品种多用来改进我国猪产肉性能，成为选育合成新的改良品种的组成成分之一在杂交改良上，这 5 个品种都作为父本系猪使用，但长白猪和大白猪也同时作为母系使用，这些品种的杂优猪适合于出口；国产杂优猪种，利用地方品种或改良品种为第一母系所生产的杂优母猪，再杂交生产商品肉猪的生产体系使用的配套品种组合称为国产杂优猪，如在养猪生产中大面积使用的杜×长本、杜×大本或杜×北京花猪、杜×湖北白猪、杜×四川白猪等杂交组合生产商品瘦肉猪属于这一类。总之，各地区应从实际出发选定适合本地区的杂优猪生产模式，大量生产商品杂优猪。若利用引进品种为第一母系所生产的杂优母猪，再用引进品种杂交生产商品肉猪的生产体系所使用的配套品种组合称为引进杂优猪种，引进杂优猪种主要有两种类型：一是泛指杂优猪，当前在全国范围内生产出口的瘦肉猪普遍选用杜×长大或杜×大长杂优猪；二是特指杂优猪，部分地区直接进口父母代、祖代或曾祖代配套系如斯格、PIC或迪卡等杂优猪。目前，饲养管理条件较好的近郊和出口基地可以推广和发展引进杂优猪；在商品肉猪的生产上，要全面应用杂优猪种，使上市肉猪中有80%左右为三元或多元杂优猪，不断提高我国商品猪生产水平。

二、猪的个体选择

（一）公猪的选择　俗话说："母猪管一窝，公猪管一坡"，1头公猪可配20头甚至更多的母猪，这些母猪可产上百头仔猪。因此，公猪对后代的遗传影响是显著的，公猪选择应从以下几方面考虑。

1．生产性能　背膘厚度、生长速度和饲料转化率都属于中等或高遗传力的性状。因此，对后备公猪的选择首先应该测定该公猪在这方面的性能，并进行比较，选择具有较高性能指数的公猪。

2．外貌评定标准（表2-2）　在种公猪外貌评定中，应特别注意以下两个方面。

表2-2　后备种公猪外形评分表

部位	评定说明	评定分数	
		满分	得分
基本特征	符合品种特征，雄性特征明显，身体结实匀称，骨骼强壮；被毛光滑而有色泽；膘情适中	40	
头颈	头部大小适中，颈坚实、无过多肉垂	5	
背腰	平直，结合良好	10	
腹部	不下垂	5	

续表 2-2

部位	评定说明	评定分数	
		满分	得分
臀部	肌肉发达,腿臀围大	10	
四肢	肢蹄端正,无卧系;系短而强健,步伐开阔,行动灵活;无内外八字形	20	
乳房	发育正常,至少有6对正常乳头,乳头排列均匀整齐	5	
外生殖器官	睾丸发育良好,左右对称	10	

(1)身体结实度。种公猪身体结实是非常重要的,因为公猪主要用于配种,需要有强壮、端正的肢蹄。

(2)乳房发育。对公猪腹底线选择没有后备母猪重要。但公猪可以遗传诸如翻转乳头等异常腹底线给所生的小母猪。因此,如果要选留后代小母猪,则公猪应当具有正常的腹底线。

四川省畜牧科学研究院于1996—1999年测定了四川省内主要种猪场饲养的外种猪的体尺等主要外貌性状,制定了外种公猪的选留与淘汰指标(表2-3),选种时可做参考。

表 2-3　成年公猪的选留与淘汰指标

评定项目	成年种公猪
基本特征	符合品种特征,无凸凹背,体质结实,四肢坚实
体长	长白170～180 cm,大约克夏160～170 cm,杜洛克140～150 cm
体高	长白85～95 cm,大约克夏85～95 cm,杜洛克85～95 cm
繁殖性能	性欲强,配种受胎率高;射精量200 mL,精子活力0.8级以上
遗传缺陷	所配母猪的后代中患有锁肛、疝气等的个体不超过5%
疾病	患过细小病毒、乙脑、伪狂犬等疾病的个体应淘汰
四肢	结实,无病变

(二)母猪的选择　母猪主要选择其母性能力(高产仔数和

断奶重、温驯、易管理、身体结实），其次是背膘厚和生长速度。母猪应满足以下条件：①易受精、受胎，产仔数高；②母猪母性高，泌乳力强；③体质结实；④在背腰和生长速度上具有良好的遗传潜力。

后备母猪的选择标准还包括乳房发育、身体结实度和生产性能。

乳房发育：后备母猪至少需要沿着腹底线均匀分布且正常的12个乳头。后备母猪拥有的乳头数可在断奶前检查，当其达到配种年龄时，必须重新检查这些乳头的发育状况，如发现有瞎乳头、翻转乳头或其他畸形乳头时应当予以淘汰。后备母猪的无效乳头在产仔后将明显降低哺乳仔猪的能力，从而大大降低断奶仔猪数。因此，乳房选择是种用后备母猪选择中的一个重点。

身体结实度：必须从遗传学和经得起环境应激的能力两方面来评价身体结实度。具有身体畸形的种母猪可能将其缺陷传递给下一代。很多后备母猪必须长时间站立在地面上，并且在配种时要支撑公猪的体重，因此，肢蹄结构尤为重要，因为这些性状直接影响母猪的生产性能。通过淘汰群体中肢蹄较差的猪，可提高猪群肢蹄结实度。

生产性能：后备母猪选择的另一个标准就是种母猪的生产性能。包括胴体品质（背膘厚）和生长速度等性状。后备母猪应当具有比猪群平均水平更好的胴体品质和生长速度。

四川省畜牧科学研究院通过测定四川省内主要几个规模化猪场饲养的长白猪、大白猪、杜洛克猪、大白×长白猪4个品种组合329头6月龄后备猪、成年猪的体长、体高、胸围、活体背膘等主要性状，结合品种特征和规模化猪场种猪性能水平制定了规模化猪场成年猪的选留与淘汰参考标准（表2-4），可供参考。实施结果可促进猪群体型外貌和性能水平的整齐度。

表2-4 成年母猪的选留与淘汰参考标准

评定项目	成年种母猪
基本特征	符合品种特征,无凸凹背,体质结实,四肢坚实
体长	长白140～160 cm,大约克夏140～150 cm 杜洛克130～150 cm,大×长140～155 cm
体高	长白75～85cm,大约克夏75～85 cm,杜洛克75～85 cm,大×长75～85 cm
繁殖性能	窝产活仔,长白、大约克夏8～11头,长×大、大×长9～12头;连续3窝产活仔24头或3窝断奶仔猪20头以上;低于上述性能和断奶后30天不发情者或连续3次配种失败者应淘汰
遗传缺陷	所生仔猪中患有锁肛、疝气等的个体不超过5%
疾病	患过细小病毒、乙脑、伪狂犬等繁殖障碍疾病,患乳房炎、子宫炎、阴道炎、蹄病等治疗无效的母猪,以及生产性能低的母猪应淘汰
四肢	结实,无病变
年限	母猪连续使用不超过5年

三、猪的杂交

(一)杂交的方式　杂交是提高猪群遗传潜能的重要措施之一,它是指来自血缘无关群体,即不同品种或品系的家畜间的交配。杂交已在全世界畜牧生产中得到广泛的应用,并构成大多数国家商品猪生产的基础。杂交的目的是加速猪品种改良以及利用杂种优势来提高商品猪生产性能。根据其目的不同,杂交可分为育成杂交、改良性杂交及生产性杂交,其中,生产性杂交是通过杂交获得生活力强、生产力高的杂种猪用于育肥,利用其杂种优势来达到提高商品猪质量,增加经济效益的目的。根据品种多少和利用方式的不同,杂交常分为以下几种模式。

1. 两品种简单杂交(又叫二元杂交)　它是我国养猪生产中应用广泛而且比较简单的一种方式。用两个品种(或品系)的公母猪进行杂交，利用杂种优势来生产商品猪(图 2-1)。当前在我国农村经济条件下，一般选择本地母猪与外种公猪(如长白猪、大白猪或杜洛克猪)进行杂交生产商品肉猪。二元杂交的优点在于杂交方式简单，仅需 1 次配合力测定，能获得个体杂种优势，具有杂种优势的后代比例能达到100%。其不足在于繁殖性能的杂种优势不能得到充分利用，因为杂一代全作商品猪。

2. 三品种杂交(又叫三元杂交)　从两品种简单杂交所得到的杂种一代母猪中，选留优良个体，与另一品种的公猪进行杂交，产生的后代作为商品肉猪(图2-2)。三元杂交在我国养猪生产中具有重要作用。在经济条件较好的农村，一般采用本地母猪与长白或大白公猪杂交生产长本或大本二元杂种母猪，再用杜洛克杂交生产杜长大或杜大长商品肉猪。该方法的优点主要是能获得较高的母本和后代的杂种优势，尤其是繁殖性能，通过杂种母本的再利用，杂种优势更高。一般来说，三元杂交方法在繁殖性能上的杂种优势率较二元杂交方法高出 1 倍以上。但该方法的缺点是杂交繁育体系较为复杂，需要保持3 个品种(系)，制种时间较长，需要2 次配合力测定。

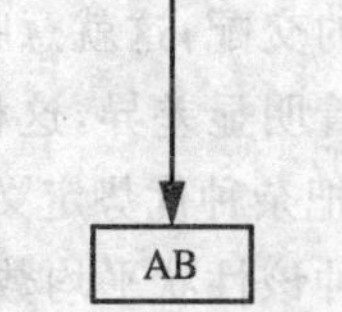

图 2-1　二元杂交

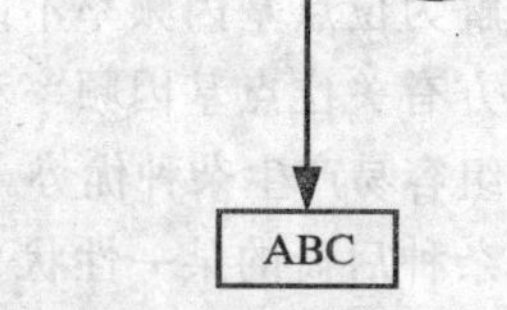

图 2-2　三元杂交

3. 四品种杂交　四品种杂交可分为两种形式，第一种形式是利用三品种杂交所得到的杂种母猪，再用另一品种的公猪与之杂交，杂交后代做商品猪(图 2-3)；另一种形式是用 4 个品种的猪，首先分别进行两两杂交，从其杂交后代选留优良个体，再进行杂交，又称为双杂交(图2-4)。该方法可以充分利用杂种公母猪的杂种优势，但需要的亲本多，而且要进行杂种公猪和杂种母猪的制种，建立繁育体系复杂。

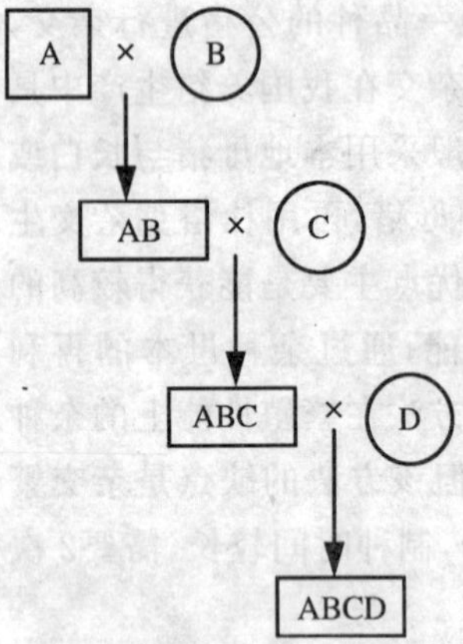

图 2-3　四品种简单杂交

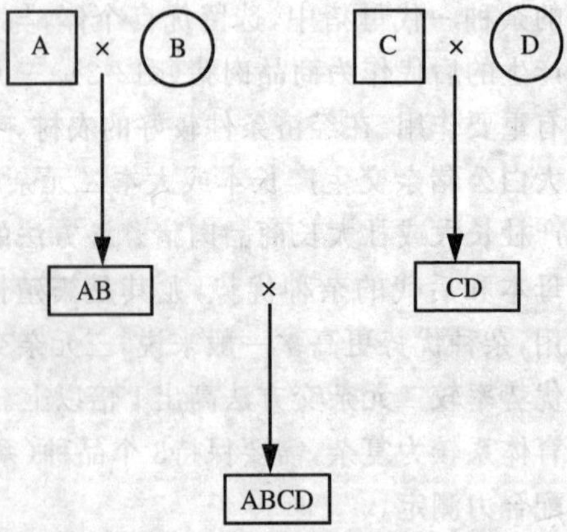

图 2-4　四品系双杂交

(二)杂种优势　“杂种优势”这一术语是沙尔 (C. H. Shull)早在1914 年提出来的，以后逐渐被广泛应用。从遗传学观点看，杂交可理解为位点基因频率不同的两个畜群间的交配，这就意味着交配双方有关位点基因频率和基因型频率有着明显差异，这种差异的重组容易产生杂种优势。因此，我们可以把杂种优势定义为正、反交杂种后裔的某一性状平均数与双亲品种该性状平均数之差，用百分数表示称为杂种优势率(H)：

$$H=\frac{1/2[(AB+BA)-(A+B)]}{1/2\times(A+B)}\times100\%$$

这样，为了度量两种群间完整的杂种优势必须在杂交试验中设计正交群(MF_1)和反交群(MF_1')，以及父本纯繁群(MP_1)和母本纯繁群(MP_2)，则杂种优势率又可表示为：

$$H=\frac{(MF_1+MF_1')-(MF_1+MP_2)}{MP_1+MP_2}\times100\%$$

在一般书籍和文献中，通常把引进品种父本与本地猪母本杂交称为正交，反之则称为反交，如在杂交试验中，仅按正交群与两亲本均值之差来度量，则应注明正交杂种优势。需要说明的是，杂种均值可以大于亲本均值，也可以小于亲本均值，前者叫正杂种优势，后者叫负杂种优势。正杂种优势数值并不都是人们所期望的，例如达100 kg体重日龄、背膘厚、料肉比均应以负杂种优势数值为好。其次，杂种优势大小仅指某一性状而言，并不代表其他性状，更不代表整个群间的杂种优势。如A、B两种群杂交时产仔数的杂种优势率为10%，则10%只表明产仔数的杂种优势率，不能代表其他任何性状。因为其他性状如胴体性状的杂种优势率可能很小，甚至可能为负值。

（三）杂交组合的确定

1. 国外优良杂交组合利用概况　近年来，发达国家养猪生产向高产、优质、高效方向发展，据联合国粮农组织(FAO)生产年鉴1994年资料报道，欧洲猪存栏数和产肉量分别为21 958.1万头、2 471.8万t，分别占世界的25.08%和33.31%，以占世界1/4的存栏猪生产了1/3的猪肉。这反映出发达国家养猪生产科学与技术的进步。随着现代养猪生产技术的迅速发展，欧美地区发达国家以其雄厚的技术实力，牢牢地占领了优质猪肉的市场。

在优质肉猪的生产过程中，各个国家根据自己的实际情况，采取了不同的杂交组合模式，但主要杂交方式还是采取杜长大、杜大长或专门化品系配套生产优质杂优猪。丹麦年存栏1 400万头猪，出栏2 000万头肉猪，80%用于出口，占欧盟市场总出口量的2/3。商品猪生产模式主要采取杜长大、杜大长或汉杜×长大或汉杜×大长的四元杂交模式。英国年出栏商品猪1 400万头，价值10亿英镑，商品猪生产以级进杂交和三元杂交方式为主。此外，为增加户外饲养母猪的抗逆性，母猪品种组合为长杜和大杜，杂交组合为大长杜和长大杜。美国是一个养猪大国，年出栏肉猪1亿多头，年产值100多亿美元，商品猪生产体系采用三元或四元杂交与配套系杂交生产为主，小规模生产者采用三元或四元杂交方式，主要组合有杜长大、杜大长、汉杜×长大、汉杜×大长。大规模商品猪场多采用专门化品系配套生产商品杂优猪。

专门化品系是指具有一两个突出性状，配置在完整繁育体系中不同阶层的指定位置，承担专门任务的品系。专门化品系又分为父系和母系。随着现代遗传育种学的进展，对性状间的相关研究证明，猪的重要经济性状间有的是正相关，有的是负相关，要求一个品种既具有产仔多、肉质好，又具有生长快、胴体瘦肉率高等优点是不切实际的。如果育种目标所选择的性状越多，则群体遗传进展越小。相反，如果在一个群体内选择一两个突出的优良性状，不仅可能，而且遗传进展也较快。在选择实践中，对专门化父系要求有优良的肥育性状和胴体性状，以及良好的雄性机能，对母系则要求具有良好的繁殖性状，辅以生长性状，然后通过配合力测定，确定优良的杂交配套组合，生产商品杂优猪。这种商品杂交猪能综合父、母系的优点，并且有高度的杂种优势，更能适应多变的市场需求。如迪卡猪合成系（图2-5），它由5个专门化品系杂交而成，按其生产性能将A系B系作为父系猪，C系D系作为母系猪，生产的ABCD优质商品猪畅销港澳市场。英国考索尔猪则采用三系配套生产商品猪（图2-6），其中A系由更赛、长白威尔斯等多品种杂交育成的综合品系，B 系为纯种选育系，D 系为第二父系。荷兰对世界 20 多个高产猪种进行了细致的研究和杂交配合力测定，并从中选育成 9 个品系，从这些系间杂交中培育出了著名的亥波尔猪专门化品系（图 2-7），作为杂交亲本，生产商品杂优猪，不断满足市场对优质肉猪的需求。

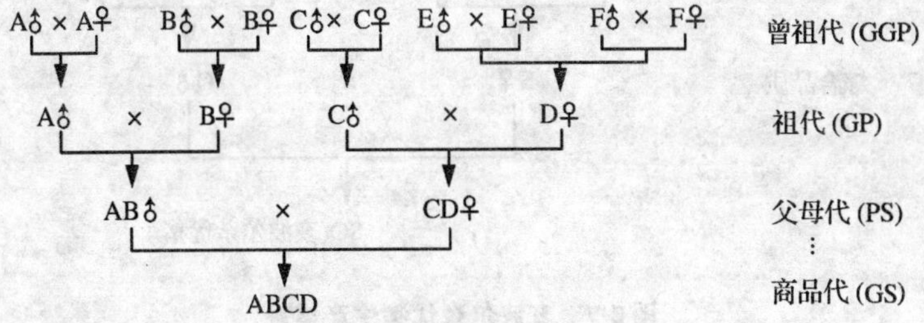

图 2-5 迪卡猪合成系

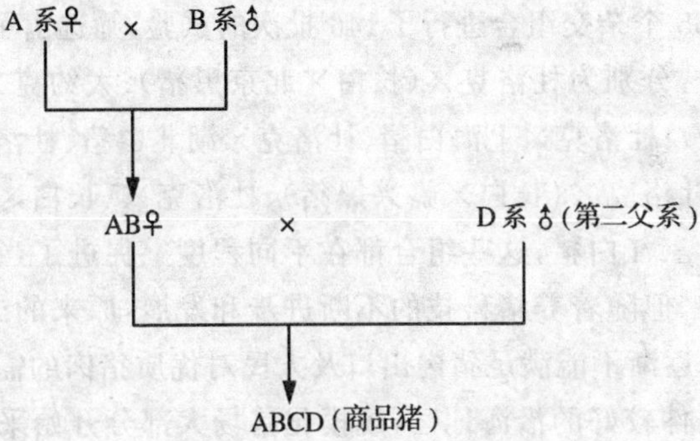

图 2-6 考索尔猪生产体系

2. 我国优良杂交组合利用概况 我国也是养猪生产大国，多年来我国在猪的杂交模式的研究上取得了重大成就。20 世纪70 年代中期，在全国范围内推广公猪外来良种化、母猪本地良种化、商品猪杂交化的二元杂交模式，并开展了一些杂交组合试验，筛选了

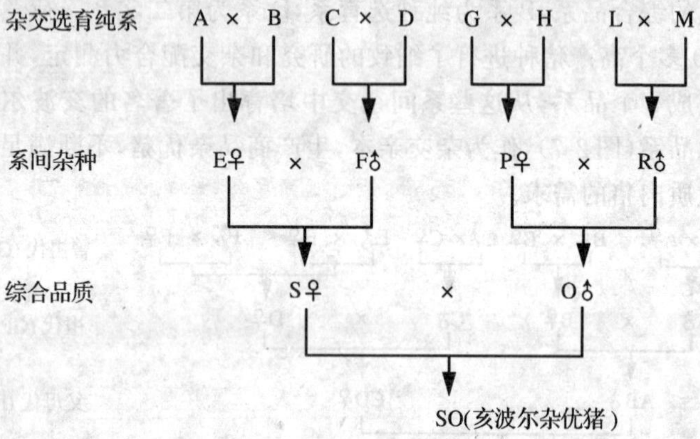

图 2-7 亥波尔杂优猪生产体系

适合各地养猪生产实际的杂交组合。“七五”期间，国内对17个品种系的265个杂交组合进行了146批次的试验，筛选出了8个优良杂交组合，分别为杜洛克×(长白×北京黑猪)、大约克×(长白×北京黑猪)、杜洛克×上海白猪、杜洛克×湖北白猪、杜洛克×浙江中白猪、杜洛克×(长白×嘉兴黑猪)、杜洛克×(长白×太湖猪)、杜洛克×三江白猪，这些组合都在不同程度上促进了当时养猪生产的发展，但随着养猪科技的不断进步和发展，原来的二元、三元杂交猪已逐渐不能满足猪肉出口及人民对优质猪肉的需求，因此，在经济条件较好的沿海地区，规模化猪场大部分开始采用杜长大或杜大长三元杂交模式，而在经济条件较差的我国广大农村，其主要使用的品种仍为本地母猪或长本、大本二杂母猪。

3. 提高杂交效果的措施　为了获得理想的杂交效果，就必须根据影响杂交效果的因素，采取相应的技术措施，包括选择亲本品种、选育亲本品种、选择杂交方式、建立杂交繁育体系，保证必要的饲养管理条件。

(1)选择亲本品种。亲本品种的遗传性生产水平越高,杂交效果越好;纯度越高,差异越大,杂种优势越明显,所以,选择的亲本品种,应根据当地所能提供的饲养管理条件,具有一定遗传性生产水平;父母本间没有共同的血缘,性能外貌特点差异较大;最好来自育种场的高产品系;如果有条件,最好进行配合力测定,筛选适合于本地区的杂交组合;生产中还应注意个体选配。

(2)选育亲本品种。亲本品种的遗传性生产水平、纯度和差异程度都是可以通过选育而加以改善和提高的。选育是充分利用杂种优势的前提和基础。

①亲本品种的遗传性生产水平。猪的主要经济性状可分为三类:第一类为繁殖性状,这类性状遗传力较低,选育效果较差,其性能的提高主要靠经济杂交;第二类为胴体性状,这类性状遗传力较高,杂交几乎不产生杂种优势,选育效果较好,其性能的提高主要靠纯种选育;第三类为肥育性状,这类性状遗传力中等,杂交可以获得5%～15%的杂种优势,通过选育也可得到有效的提高,如日增重每世代可以提高10～20 g,因此,该类性状依靠选育和杂交两个途径来提高。

②亲本的纯度。父母本的提纯是杂交的基础,提纯主要是通过同质选配和适度近交加以选择实现的,对于育种场,应有计划地进行选种选配。

③亲本的差异程度。为了加大杂交亲本的差异程度,提高杂交效果,近年来采用培育专门化配套品系,即专门化父系(以选择肥育性状和胴体性状为主)和专门化母系(以选择繁殖性状为主),使父系和母系各具特点,遗传差异加大,以获得较一般品系间杂交更明显的杂种优势。如果采取配合力育种,根据杂交效果对猪进行选择,其效果更好。

(3)选择杂交方式。根据商品猪的要求和当地条件,采用适宜的杂交方式。我国常用的是二元杂交和三元杂交,二元杂交由于父母本均是纯种，不具备母本杂种优势和父本杂种优势，所利用的杂种优势只限于杂交一代猪的日增重、饲料利用率等性状，而最容易获得杂种优势的繁殖性状的杂种优势却没有得到有效利用。如果将二元杂交后代的母猪留种，与第三个品种的公猪杂交生产商品猪（三元杂交），由于母猪是纯种，繁殖性能的杂种优势可得到利用，所以综合效果优于二元杂交，只是组织工作较复杂。所以，在繁育体系建立的初期可采用二元杂交，具有一定基础之后，最好采用三元杂交。

（4）建立杂交繁育体系。为了长期获得杂种优势，经济杂交工作应有计划地进行，建立品种配套的经济杂交繁育体系。设置亲本品种原种场、繁殖场和商品猪生产场，协调好各场间的关系，并不断选育原种，如不选育原种，只搞经济杂交，也会导致原种的退化和杂种优势的丧失。

（5）保证必要的饲养管理条件。饲养水平和饲养管理条件是获得预期杂交效果的物质基础和必要保证。在确定杂交组合时，应当根据当时、当地所能提供的饲养水平和饲养管理条件，选择与之相适应的父母本；杂交组合一旦确定，就要最大限度地提供和保证杂交亲本和杂交后代所要求的饲养水平和饲养管理条件，以获得预期的杂交效果。

第三节　猪的杂交繁育体系

一、杂交繁育体系的概念

杂交繁育体系是指为了开展整个地区的猪育种和杂种优势利用工作，在明确用什么品种，采用什么样的杂交方式的前提下，经过统一规划建立起来的以原种场（育种场或核心群）为核心、繁殖场（纯种母猪繁殖场和杂种母猪繁殖场）为中介和商品场（生产群）

为基础的宝塔式统一运营系统。这种宝塔式繁育体系能够把原种的选育与改良、良种的扩大繁育和杂交商品猪的生产有机地联系起来，使原种猪的遗传改良成果迅速传递到杂交商品生产猪群以转化为生产力。

二、繁育体系的猪群结构

繁育体系的猪群结构是指原种场、繁殖场和商品场的繁殖母猪数量分别占完整体系内繁殖母猪总头数的份额（以百分数表示）。因为其他猪群的数量均决定于母猪群的数量，母猪群的规模一旦确定，就可依据配种方式（本交或人工授精）确定公母比例，算出公猪群规模；同样，母猪群规模确定后，可以按照各品种的繁殖性能，猪场的饲养管理等条件计算出各类幼猪群的数量。合理的猪群结构是实现繁育体系的协同运作和高效益生产的基本条件。

在确定好杂交方式和选定所用品种后，为了建立繁育体系合理的猪群结构，必须根据所涉及的品种及其杂种猪的生产性能和历年生产记录，以及可能提供的环境条件、饲养管理水平及改良提高的潜力，了解和掌握猪群的经济技术参数。包括配种方式、性别比例、年龄结构、繁殖利用年限、淘汰率、母猪平均年提供肥猪数等指标。

腾晓华等（1994）报道了以杜洛克猪（D）、大约克夏猪（Y）和长白猪（L）3 个品种为研究对象，按国外常用的杂交组合模拟了在二元杂交、回交和三元杂交方案下，以总数为16 000 头母猪生产24万头商品肉猪的完整繁育体系的猪群结构（表 2-5）。

从原种猪场、纯种母猪繁殖场、杂种母猪繁殖场和商品猪场猪的数量或规模来讲，整个繁育体系的结构呈“金字塔”状（图 2-8）。

表 2-5　完整繁育体系的猪群结构　　%

杂交方案	原种场			繁殖场	商品场	合计
二元	1.88	0.48	—	10.75	86.89	100
回交	1.88	0.50	—	10.75	86.87	100
三元	1.87	0.38	0.48	10.71	86.56	100
公母比	1∶5	1∶5	1∶5	1∶20	1∶100	—
配种方式	本交	本交	本交	本交	人工授精	—

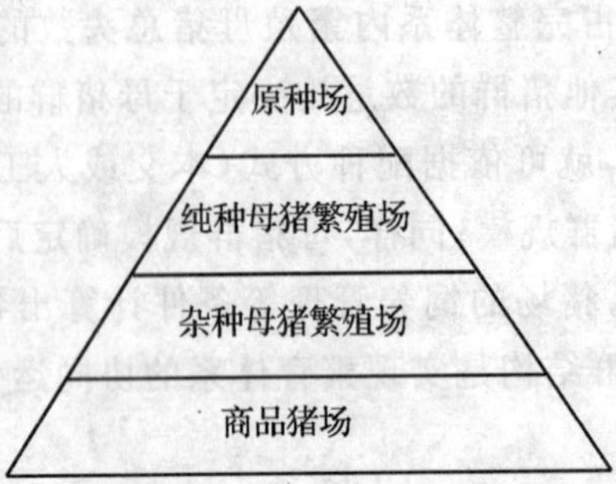

图 2-8　宝塔式繁育体系

三、杂交繁育体系的建立

繁育体系的建立方法随杂交方式的不同而不同,并没有一个固定不变的模式。但建立繁育体系有一个一般的程序或步骤。

(一)建立繁育体系的程序或步骤

(1)确定繁育体系所覆盖的地区。

(2)确定适合于该地区的杂交方式及其所用品种。

(3)确定该地区内每年需要或计划出栏肥猪数量。

(4)根据每头母猪每年能够提供商品育肥猪的数量,计算出商品育肥猪场所需母猪数量。

(5)根据母猪数量和公母比例,确定所需公猪数量。

(6)根据母猪年更新率，确定每年需要从繁殖场购买的后备母猪数量，根据公猪年更新率，确定每年需要从原种场购买的后备公猪数量。

(7)用同样的方法可以反推出杂种母猪繁殖场所需公母猪数量，进一步反推出纯种母猪繁殖场和原种场的公母猪数量。

但猪场猪数量的确定不是简单的乘除法，它不仅需要考虑公母猪的年更新率，而且要考虑原种场及繁殖场的选择强度，注意所养原种是父本还是母本，是本交还是人工授精。所建立的各类性质猪场的层次也可根据规模大小或多或少，当繁育体系整体规模较小时，可以不设纯种母猪繁殖场，直接由原种场向杂种母猪繁殖场提供纯种猪；也可由杂种母猪繁殖场与商品猪场合二为一，避免频繁大量引种。

(二)三元杂交繁育体系模式　假定繁育体系所覆盖地区为某一个省杂交方式采用三元杂交，品种为杜洛克(C)、长白(A)、大约克夏(B)，杂交组合为杜×长×大；该省每年计划出栏CAB育肥猪100万头。

按每头二元母猪(AB)每年能够提供商品育肥猪20头计算，则需AB二元母猪为100万头÷20头=5万头。

按公母比例为1∶20计算，则需C公猪为：5万头÷20头=2 500头。

按母猪年更新率为33%计算，则每年需要从二元母猪繁殖场引进AB后备母猪为：5万头×33%=1.65万头。

按公猪年更新率为33%计算，则每年需从原种场购买后备C公猪2 500头×33%=825头。

按二元母猪繁殖场每头B母猪能够提供AB二元母猪10头计算，则二元母猪繁殖场需养B后备母猪为1.65万头÷10=1 650头；按更新率为33%计算，则每年需要从纯种母猪繁殖场购买B后备母猪为：1 650头×33%=544.5头；按公母比例为1∶20计算，则需养A公猪为：1 650头÷20=82.5头；每年需引进A后备猪为:82.5 头×33%=27.23 头。

用同样的方法可以反推出纯种母猪繁殖场所需公母猪数量，进一步反推出原种场的公母猪数量。繁育体系模式及繁育体系供猪模式见图 2-9 和图 2-10。

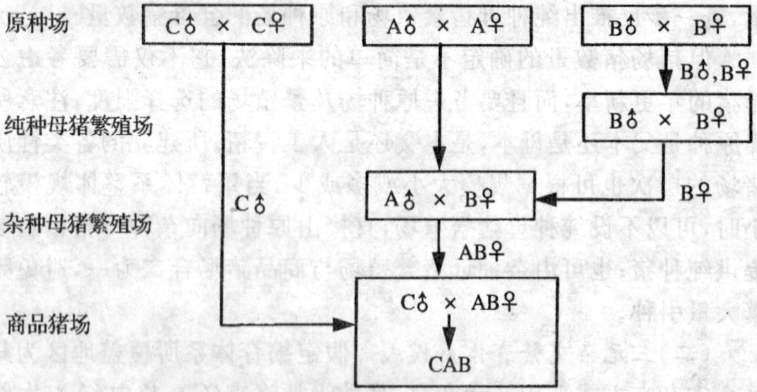

图 2-9　三元杂交繁育体系模式

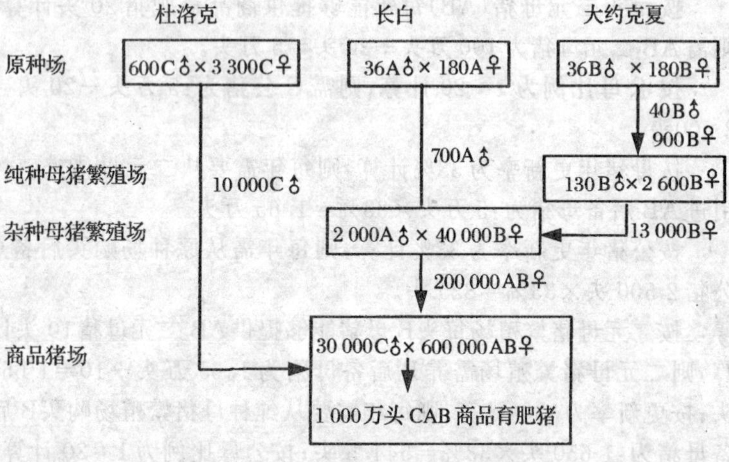

图 2-10　三元杂交繁育体系供猪模式

第三章 猪的繁殖

猪的繁殖是规模化养猪生产的重要环节、养猪技术的核心。只有抓好猪的繁殖，规模化养猪生产才能有条不紊地进行。

第一节 猪的生殖生理

一、公猪的生殖生理

（一）公猪的生殖器官及其功能　公猪的生殖器官包括睾丸（性腺）、附睾、阴囊、输精管、副性腺、尿生殖道、阴茎和包皮。

1. 睾丸　是公猪产生精子和分泌雄性激素的器官，左右两个对称，分居于阴囊的两个腔内。睾丸由外到内有紧密粘在一起的固有鞘膜和白膜两层，白膜分出许多小梁伸向睾丸实质，将睾丸分成许多锥体状小叶，并在睾丸纵轴上汇合成一个纵隔。每一小叶中有3～5条曲精细管，曲精细管的生精细胞可直接生成精子，精子发生所需要的时间为44～45天，公猪每克睾丸组织每日可产生精子2 400万～3 100万个。曲精细管间的间质细胞可产生雄激素。每一小叶内的曲精细管先汇合成直精细管，然后汇合成睾丸网，从睾丸网再分出6～23条睾丸输出小管，构成附睾头的一部分。

2. 附睾　是精子发育成熟和储存的器官，也是精子的输出管道。附睾由附睾头、体、尾三部分组成，左右各一个，附着于睾丸的前上方外侧，位于阴囊腔内。附睾头主要由睾丸输出小管构成，它们再汇合成附睾管构成附睾体和尾，附睾尾过渡为输精管。附睾管内环境偏酸，缺少果糖，精子不活动，耗能也很少，精子通过附睾管时主要靠附睾管肌和上皮细胞纤毛的波动，精子从附睾头到附睾尾的时间一般为9～12天。在这段时间里精子的原生质滴向精子尾部移行而成熟；包裹磷脂与蛋白质以提高抗逆性；获得电荷以防止凝集；精液在此经脱水、浓缩而增加密度，以便于储存，公猪附睾内可储存精子2 000亿，其中70%在附睾尾，储存60天仍有受精能力，但如储存过久，则活力降低，死亡精子数增加，因此，生产上应注意公猪的采精间隔，不可过长或过短。

3. 阴囊　阴囊从外向内由皮肤、内膜、睾外提肌、筋膜及壁层鞘膜构成，并由一纵隔分为两腔，两个睾丸及附睾分别位于一个腔中。阴囊的主要作用是容纳和保护睾丸及附睾，调节囊内温度，有利于精子的发育和生存。

4. 副性腺　副性腺包括有精囊腺、前列腺和尿道球腺。其分泌物参与精液组成，有稀释、营养精子、冲洗尿生殖道、改善阴道环境等作用。据统计，公猪的射精量一般为150～500 mL，其中有2%～5%来自睾丸和附睾，55%～75%来自前列腺，12%～20%来自精囊腺，10%～25%来自尿道球腺。

精囊腺成对，位于输精管末端的外侧，表面呈分叶的腺体状。

前列腺是分支的管泡状腺，分为体部和扩散部。前列腺分泌稀薄、浅白色、稍有腥味的弱碱性液体，可以中和进入尿道中液体的酸性，改变精子的休眠状态，使其活动能力增强。

尿道球腺由分支的管泡状腺构成，位于尿道骨盆部末端两边，精囊腺之后。交配前阴茎勃起时所排出的少量液体即由尿道球腺分泌，具有冲洗尿生殖道的作用。尿道球腺还可分泌浅白色黏稠胶状物，在自然交配时有防止精液倒流的作用。

5. 输精管与尿生殖道　是连接附睾管与尿生殖道之间的管道，其管壁的平滑肌发达，交配时收缩力较强，能将精子迅速排送入尿生殖道内。

尿生殖道是兼有排尿和排精双重功能的管道，可分为在骨盆腔内的骨盆部和阴茎腹侧的阴茎部，尿生殖道的骨盆部有副性腺导管的开口。

6. 阴茎与包皮 阴茎是交配器官，较细，为纤维型，海绵体不发达，不勃起时也是硬的，在阴囊前形成“乙”状弯曲，勃起时伸直，阴茎呈螺旋状。

包皮是皮肤折转而成的管状鞘，有容纳和保护阴茎头的作用，在包皮腔前部背侧有一盲囊，常积有腐败的余尿、脱落的上皮和包皮腺的分泌物。有特殊的腥臭味，与公猪的强烈性气味有关。

(二)公猪的初情期与性成熟 公猪的初情期是指公猪第1次射出成熟精子的年龄(有人认为精液精子活率应在10%以上，有效精子总数在5 000万时的年龄)。猪的初情期一般为3～6月龄。初情期公猪的生殖器官及其机能还未发育完全，一般不宜此时参加配种，否则将降低受胎率与产仔数，并影响公猪生殖器官的正常生长发育。

公猪的性成熟是指生殖器官及其机能已发育完全，具备正常繁殖能力的年龄。一般在5～8月龄。适宜的配种年龄一般稍晚于性成熟的年龄，以提高繁殖力。

公猪达到初情期后，在神经和激素的支配和作用下，表现性欲冲动、求偶和交配三方面的反射，统称为性行为。

(三)公猪的射精量与精液组成 公猪的射精量大，一般为150～500 mL，平均250 mL。

公猪精液由精子和精清两部分组成，在不同的射精阶段两部分的比例不同，第一阶段射出的是精子前液，主要由凝胶和液体构成，只有极少不会活动的精子，占射精总量的10%～20%；第二阶段射出的是富含精子的部分，颜色从乳白色到奶油色，占射精总量的30%～40%；第三阶段射出的是精子后液，由凝胶和水样液构成，几乎不含精子，占射精总量的40%～60%。据测定，在附睾内精子贮备达到稳定之后(每周3次连续6周采精，以最后6周采得的精液算出)，射精量及其精液特性见表3-1。

表 3-1　公猪的精液组成与射精量

项　目	月　龄		
	8～12	13～15.5	16～18
公猪数(头)	15	11	9
射精量(mL)	290±190	381±145	297±130
液体量(mL)	180±59	205±47	197±79
凝胶量(mL)	110±57	174±104	97±58
精子密度(10^6/mL)	117.0±60.3	169.2±44.1	202.2±90.6
精子数(10^6)	18.9±6.2	33.5±9.1	35.4±14.6
精子日排量(10^6)	8.1±2.6	14.3±3.9	15.2±6.2

射精持续时间一般为5～10 min,平均8 min。除了第一和第二阶段之间有一短暂间歇外,射精一般都是连续进行的。

二、母猪的生殖生理

(一)母猪的生殖器官及其功能　母猪的生殖器官包括卵巢、输卵管、子宫、阴道和外生殖器。

1. 卵巢　卵巢位于腹腔内肾脏的后方,左右各一个,固定在子宫扩韧带的前缘上。母猪发情时能排出多个卵子,故卵巢上同时存在多个卵泡或黄体,使卵巢呈葡萄丛状。卵巢的功能是产生卵子;卵泡在发育过程中可以产生雌激素,它是导致母猪发情的直接因素;当母猪排卵后,在原位形成黄体,黄体能分泌孕酮,是母猪维持妊娠的必需激素之一。

2. 输卵管　位于输卵管系膜内,是卵子受精和卵子进入子宫的必然通道,具有承接、运送和营养卵子、精子和合子的作用。输卵管由漏斗、壶腹和峡部组成。漏斗部靠近卵巢,接纳由卵巢排出的卵子。壶腹是输卵管的膨大部,位于输卵管靠近卵巢的1/3处,是卵子受精的部位。其余部分较细,称为峡部。输卵管与子宫连接处有输卵管子宫口,与子宫角相通。卵巢中成熟的卵泡破裂后,排出的卵子由输卵管漏斗接纳,并向子宫方向运送,到达输卵管壶腹,与逆行而上的精子相遇并受精，形成的合子一边发育一边向子宫方向运行，一般经2～6天到达子宫。

3. 子宫 子宫是胚胎生长发育的地方，也是运送精子的通道，并具有营养精子与扶植胚胎的作用，子宫内膜可形成母体胎盘，与胎儿胎盘结合成胎儿与母体交换营养和排泄物的器官，在妊娠期，母体胎盘还可分泌雌激素、孕激素和松弛素等，对于维持妊娠具有重要作用，子宫也可分泌前列腺素，具有刺激子宫收缩、破坏黄体，使母猪再发情的作用，对于发动分娩具有重要作用。子宫由子宫角、子宫体和子宫颈三部分组成。母猪子宫角有两个，长而弯曲，很像小肠，一般长1～1.5 m，直径1.5～3.0 cm。两子宫角向后汇合成短的子宫体，长3～5 cm。子宫体后方为管径变细的子宫颈，长10～18 cm，内壁上有左右两排彼此交错的半圆形突起，中部的较大，越靠近两端越小，子宫颈后端过渡为阴道，没有明显的阴道部，发情时，子宫颈管开放，所以给猪输精时不用阴道开张器，即可将输精管穿过子宫颈而插入子宫体内。

4. 阴道 阴道长约10 cm，是母猪的交配器官，也是胎儿产出的通道。发情时阴道内壁增厚，而且有黏液排出。

5. 外生殖器官 由尿生殖前庭和阴门组成，尿生殖前庭为从阴瓣到阴门裂的短管，长5～8 cm，是生殖道和尿道共同的管道，前庭前端底部中线上有尿道外口，前庭分布有前庭腺，发情时分泌黏液有利于公猪交配。阴门是母猪的交配器官，母猪发情时外阴部充血肿胀。

(二)母猪的初情期与性成熟 母猪的初情期是指母猪初次发情排卵的年龄。一般在3～6月龄，此时的生殖器官及其机能还未发育完全，发情周期往往也不正常，一般不宜参加配种，否则使受胎率与产仔数降低，并影响生殖器官的正常生长发育。

母猪的性成熟是指生殖器官及其机能已发育完全，具备正常繁殖能力的年龄。一般在5～8月龄。适宜的配种年龄一般稍晚于性成熟的年龄，以提高繁殖力。

（三）母猪的发情周期　青年母猪初情期后每隔一定时间重复出现1次发情，一般把从上次发情开始到下次发情开始的间隔时间称为发情周期。母猪全年发情，不受季节限制，发情周期一般为18～23天，平均21天。在发情周期中，母猪的生殖器官发生一系列有规律的形态和生理的变化，母猪精神状态与性欲也发生相应的变化。根据这些变化，将发情周期分为4个阶段，即发情前期、发情期、发情后期和间情期。

1. 发情前期　此时卵巢中上一个发情周期所产生的黄体逐渐萎缩，新的卵泡开始生长。生殖道轻微充血肿胀，上皮增生，腺体活动增强。对周围环境开始敏感，表现不安，但尚无性欲表现，不接受公猪爬跨。

2. 发情期　母猪的发情期一般为2～4天，此时的卵泡迅速发育，并在发情末期排卵。表现子宫充血，肌层活动加强，腺体分泌活动增加，阴门充血肿胀，并有黏液从阴门流出。母猪兴奋不安，性欲表现充分，寻找公猪，接受公猪爬跨并允许交配，若用手按压腰部，母猪呆立不动。

3. 发情后期　此时卵泡破裂排卵后开始形成黄体。子宫颈管道逐渐收缩闭合，腺体分泌活动渐减，黏液分泌量少而黏稠，子宫内膜增厚，腺体逐渐发育。母猪性欲减退，逐渐转入安静状态，不让公猪接近。

4. 间情期（休情期）　此时卵巢中的黄体已发育完全。间情期前期子宫内膜增厚，腺体增长，分泌活动增加。如果受孕，则继续发育，如果未受孕，间情期后期子宫内膜回缩，腺体变小，分泌活动停止。母猪的性欲表现完全消失，精神状态恢复正常。持续一定时间后，进入下一发情周期的发情前期。

（四）母猪的发情排卵机理　母猪发情排卵的周期性是在神经和激素的调节下进行的。母猪达到性成熟后，卵巢中即已生长着较大的卵泡。大脑皮层在接受外界阳光、温度和内在激素的刺激下而发生兴奋，并传到下丘脑。下丘脑分泌促性腺激素释放激素(GnRH)，经垂体门脉系统到达垂体前叶，使之分泌促卵泡素(FSH)，使卵泡生长、发育和成熟。在卵泡的发育成熟过程中，卵泡壁内膜细胞和颗粒细胞协同作用产生雌激素。当雌激素在血液中大量出现时即引起发情。同时，大量的雌激素又通过负反馈作用抑制垂体前叶分泌 FSH，通过正反馈作用激发前叶分泌促黄体素(黄体生成素LH)。当血液中LH 增加到和FSH 成一定比例时，引起成熟卵泡破裂而排卵，排卵后残余卵泡形成黄体。黄体在垂体前叶分泌的促乳素(促黄体分泌素LTH)作用下分泌孕酮。孕酮通过负反馈作用抑制垂体前叶分泌 FSH，从而为合子在子宫内膜附植做好准备。如果母猪妊娠，这时的黄体称妊娠黄体，继续分泌大量孕酮直至分娩前数天停止，发情周期因此而中断。如果母猪没有妊娠，黄体则因子宫内膜分泌的前列腺素($PGF_{2\alpha}$)溶解破坏而逐渐萎缩退化，FSH 的分泌量又增加，促使新的卵泡发育，开始进入下一个发情周期。

第二节　猪的配种

一、公猪的初配年龄及合理利用

(一)初配年龄和体重　适宜的配种期，有利于提高公猪的种用价值，过早使用会影响种公猪本身的生长发育、缩短利用年限。过晚配种会引起公猪性欲减退，影响正常配种，甚至失去配种能力，且优秀公猪不能及时利用。适宜的初配期一般以品种、体重和年龄来确定。我国地方猪种性成熟早于国外引进品种和培育品种，初配年龄为6～8月龄，体重60 kg 以上；引进品种和培育品种以8～10月龄，体重90 kg 以上为宜。

（二）性行为与调教　公猪在性成熟后，就会出现性行为，主要表现在求偶与交配方面。求偶行为的表现是：特有的动作，如拱、推、磨牙、口吐白沫、嗅等；特有的声音，如在动作的同时发出不连贯的有节奏的、低柔的哼哼声；释放气味，如由包皮排出的外激素物质，具有刺鼻的气味，用以刺激母猪嗅觉。交配行为是爬跨与射精。交配是动物的一种本能行为，但也有一部分是经过训练的。青年公猪初次配种缺乏经验，交配行为不正确，如有的公猪配种爬跨到母猪前部，对这种猪应予以调教。可使初配公猪与发情盛期的经产母猪交配，容易成功；或将配种场地暂移公猪舍前，让青年公猪能够观摩到有经验公猪的正确配种行为。配种时应给予一定的人工协助，如纠正爬跨姿势、帮助青年公猪将阴茎插入母猪阴道等。经过一段时间的学习后，交配行为会逐渐完善。

由于调教、饲养管理等，有时会产生一些异常性行为，如公猪的自淫，交配时爬跨行为正常，但又爬下，然后就坐在地上射精。对于自淫的公猪给予定期交配或采精，在交配时给予人工辅助，或保证每日运动可望得到纠正，若经反复调教得不到纠正，应予淘汰。

调教初期应尽量使用处于发情盛期的小母猪来训练小公猪爬跨，调教应在固定、平坦的场地，早晚空腹进行，每次10～15 min为宜。

（三）使用强度　利用强度要根据年龄和体质强弱合理安排，如果利用过度就会出现体质虚弱、降低配种能力和缩短使用年限，相反如果利用不够，会出现身体肥胖笨重，同样导致配种能力低下。老龄公猪应及时淘汰更换。夏季配种时间应安排在早晚凉爽时进行，要避开炎热的中午；冬天安排在上午和下午天气暖和时进行，要避开寒冷的早晚。配种前、后1 h内不要喂食，不要用冷水冲洗猪身，以免危害猪体健康。在非配种季节或配种任务少的时候，要定期（7～15天）采精，以维持公猪旺盛的性欲。

（四）公母比例　根据不同的配种方式，每头公猪一年负担的母猪头数也不相同。在母猪采用季节产仔的集中配种情况下，以母猪年产2窝，每次情期交配2次计，在采用本交的情况下，1头公猪可负担25～30头母猪的配种任务，其中青年公猪负担要少些。若采用常年分娩、常年配种制度，每头公猪负担的母猪头数可增加1倍左右。采用人工授精，每头公猪每次射精量约为200 mL，根据精子密度决定稀释倍数，一般可稀释1倍以上，在集中配种的情况下，可以负担400头母猪；常年配种可负担1 000头以上。公母比例不当，会造成公猪的负担过重或过轻，负担过重的公猪会降低受胎率和繁殖率，负担过轻的公猪，由于长期得不到使用，性欲降低，也会影响繁殖力。

（五）使用年限　公猪的一般使用年限为3～4年（4～5岁），2～3岁正值壮年，为配种的最佳时期，年更新率为30%。在一般的繁殖场如果使用合理，饲养良好，体质健康结实，膘情良好，可适当延长使用年限到5～6岁；而在育种场为缩短世代间隔，加快育种进展，使用年限较短1～2年，对特别优秀的种公猪可采用世代重叠，延长利用年限。

（六）配种场地　固定的配种场地。由于长期配种留下的气味，容易刺激配种的顺利进行。一般配种场地宜靠近母猪舍而不宜靠近公猪舍，因为配种时所产生的气味有利于母猪的发情，也会引起不配公猪的不安。场地应平坦、无杂物，以免伤害公猪的肢蹄，影响配种。实行人工授精的猪场，一般建有专门的场地，与精液检查室相连。

二、母猪的发情与适时配种

（一）母猪发情的调节　母猪发情周期得以循环是下丘脑-垂体-卵巢轴所分泌的激素之间互相作用的结果。在发情季节，下丘脑的某些神经纤维分泌促性腺激素释放激素（GnRH），沿着垂体门脉循环系统到脑下垂体前叶调节促性腺激素的分泌，垂体前叶分泌FSH进入血液运输到卵巢，刺激卵泡发育，同时LH也由垂体前叶分泌到血液中，与FSH协同作用，促进卵泡进一步生长并分泌雌激素。雌激素又与FSH发生协同作用，从而使卵泡颗粒细胞的FSH和LH的受体增加，于是加大了卵巢对于这两种激素的结合性，因而加速了卵泡的生长，并增加了雌激素的分泌量。这些雌激素就由血液循环到中枢神经系统，引起母猪发情。在这里，只有在少量孕酮的作用下，中枢神经系统才能接受雌激素的刺激，母猪才会出现外部表现和交配欲，否则卵泡虽发育，也无发情的外部表现，初情期第1次排卵但不伴随发情表现，就是这个原因。由此可见，母猪的发情是受雌激素和孕酮所调节，当孕酮达最低量的24 h后发情。

雌激素通过正、负反馈的作用来调节下丘脑和垂体分泌促性腺释放激素和促性腺激素。正反馈是作用于下丘脑前区的视交叉，刺激促性腺激素于排卵前释放，其负反馈作用于下丘脑的弓形核、腹中核和正中隆起，以降低促性腺激素持续释放。当雌激素大量分泌时，一方面通过负反馈作用，抑制垂体前叶分泌FSH；另一方面又通过正反馈作用，促进垂体前叶分泌LH，LH在排卵前浓度达到最高峰，故又称排卵前LH峰。由于LH的作用，引起卵泡的成熟破裂而排卵。垂体前叶分泌LH是呈脉冲式的，脉冲频率和振幅的变化情况与发情周期有密切关系。在卵泡期，孕酮骤降，LH的释放脉冲频率增加，因而使LH不断增加以至排卵前出现LH峰，引起卵泡破裂排卵。在黄体期，由于孕酮增加，对垂体前叶起负反馈作用，LH脉冲频率就减少，当黄体退化时，LH脉冲频率又再显著增加，这是由于黄体退化孕酮减少和雌激素不断增加的混合影响。因此发情周期中LH分泌的调节显然是受雌激素和孕酮复杂的互相作用的结果。

排卵后，LH分泌量不多，但可促进卵泡的颗粒层细胞转变为分泌孕酮的黄体细胞而形成黄体。同时当雌激素分泌量高时，它会降低下丘脑促乳素抑制激素(PIH)的释放量，使促乳素的分泌量增加与LH一起对促进和维持黄体分泌孕酮起协同作用。当孕酮达到一定量时，通过对下丘脑和垂体的负反馈作用，抑制垂体前叶分泌FSH，使卵泡停止发育，母猪就不再发情。这就是母猪受孕后不发情的原因。当母猪发情配种未孕、未配种、流产后、断乳后经过一定时期，子宫内膜产生$PGF_{2\alpha}$，使黄体逐渐萎缩至完全退化，孕酮分泌量逐渐降低至全无，垂体不再受孕酮的抑制而大量分泌FSH，刺激卵泡继续发育，母猪又再发情，出现发情征兆。

（二）*初情期*　初情期是指青年母猪初次发情和排卵的时期，是性成熟的初级阶段，也是具有繁殖能力的开始。此时生殖器官同身体一起仍在继续生长发育。这个时期的最大的特点是母猪的下丘脑-垂体-性腺轴的正、负反馈机制基本建立。接近初情期时，卵泡生长加剧，卵泡的内膜细胞大量合成并分泌雌激素。通过正反馈作用，引起下丘脑分泌GnRH并作用于垂体，使垂体前叶分泌大量的促黄体素(LH)，形成排卵所需要的LH峰。同时，雌激素与孕酮协同作用，使母猪表现出发情行为。有的母猪第1次发情，特别是引入的外国品种，易出现安静发情，即只排卵而没有发情征状。这可能是由于初次发情，卵巢中没有黄体的存在，因而没有孕酮的分泌，不能使中枢神经系统适应雌激素的刺激而引起发情。

母猪的初情期一般为5～8月龄，平均为7月龄。我国的地方猪种可以早到3月龄(如太湖猪)。母猪在初情期时已具备了繁殖力，但此时母猪的下丘脑-垂体-性腺轴还不稳定，身体尚处在发育和生长的阶段，体重一般为成年体重的60%～70%，此时配种易造成产仔数少、初生体重小、存活率低、母猪负担过重等不良影响，因此不应配种，以免影响以后的繁殖性能。

青年母猪的初情期受以下因素的影响：

1. 品种　中国地方品种初情期早于培育猪种，培育猪种又早于国外引进品种。个体小的品种较个体大的品种初情期早，如北方猪种和大型猪种(民猪、内江猪、大围子猪)初情期较迟（平均为

125 天)，而小型猪种如太湖猪和姜曲海猪的初情期较早(平均为 71 天)。但都比培育猪种早 2～3 个月。

2. 气候　包括温度、湿度和光照等因素，这些因素对母猪的初情期都有影响。如南方的猪比北方的猪初情期早，热带的母猪比寒冷或温带的初情期早。

3. 营养　过低或过高的营养对母猪的初情期都有影响。特别是过肥，将会延迟母猪初情期的出现或根本不发情。

(三)发情征状与周期

1. 母猪的发情征状　母猪的发情征状是由于雌激素与少量孕酮共同作用于大脑中枢系统和下丘脑，从而引起中枢兴奋的结果。母猪的发情征状表现在行为和阴户的变化上：发情初期，首先是阴门潮红肿胀，肿胀程度不一，有的明显，有的不明显。阴门开始肿胀时，食欲减退，表现不安，阴道逐渐流出稀薄、白色的黏液，这时常会逃避公猪的爬跨。发情中期，食欲显著下降，甚至完全不吃。在圈内起卧不安，常伴有鸣叫，啃门拱地(国外引入品种不明显)，爬跨其他母猪，或接受其他母猪爬跨。频繁排尿，饲养员清扫圈舍时，喜欢接近饲养员。阴门肿胀似“桃”，充血光亮，以后逐渐皱缩，并呈淡红或暗红色，黏液由少变多，由稀变浓。用两手指捻此黏液，可拉成丝状。用手按压背腰部，往往呆立不动(即“静立反射”)，此时进入发情盛期，可及时配种。发情后期，阴门肿胀减退，用手触摸背部会有躲避反应，食欲逐渐恢复正常。个别母猪，特别是培育猪种和引入猪种，一般只表现阴门红肿和静立反射，其他征状不明显。此时可用公猪试情，观察是否安静接受公猪爬跨来鉴别母猪是否发情。

2. 发情周期　发情周期是指后备母猪或发情未配种之母猪在上一次排卵至下一次排卵的间隔时间，它是母猪发情未配时表现的特有性周期活动。母猪正常发情周期的范围为 20～22 天，平均为 21 天，经产母猪较长，平均为 22.2 天，初产母猪稍短，平均为

20.4天。品种之间有差异，如我国的小香猪发情周期平均为19天。猪是一年内多周期发情的动物，全年均可发情配种，这是家猪长期人工选择的结果，而野猪则仍然保持着明显的季节性繁殖的特征。

母猪的发情周期由黄体期和卵泡期组成，在一个正常的发情周期中，黄体分泌孕酮处于主导地位有一个相当长的时期，15～16天，称为黄体期，而雌激素由卵泡分泌占优势地位为5～6天，这一时期称卵泡期。母猪排卵后，残留在卵泡内的血液及颗粒细胞在促黄体素的作用下，逐渐内缩，并经由红体而最终突出于卵巢表面形成黄体。当卵子受精后，黄体分泌的孕酮可以相当长的时间保持在一个较高水平，抑制雌激素的上升，控制发情的再次出现。当卵子未受精时，黄体保持至周期的后期，由于卵巢上的卵泡不断发育增大及雌激素分泌量上升，使子宫内膜分泌的前列腺素$PGF_{2\alpha}$引起黄体的迅速退化溶解，孕酮的分泌量急剧下降，逐渐成熟的卵泡分泌大量雌激素，此时母猪重新发情，并诱发下丘脑释放GnRH，引起垂体分泌的LH达到高峰值，使母猪排卵。

3. 适配月龄　后备母猪什么时候配种，是养猪生产中较重要的环节，配种是母猪繁殖的开始。配种过早将影响以后几胎的繁殖力，过晚将会错过情期，增加育成期的费用。在保证不影响母猪身体正常发育下，并获得后备猪初配后最好的繁殖成绩，必须选择好初次配种的时间即适配年龄。后备猪的适配月龄受品种、气候、饲养管理条件的影响。最佳配种时间一般在初情后的1个或2个情期配种为宜，即初情期后的1.5～2个月。在正常的饲养管理下，我国本地品种一般在6～8月龄，体重在50～60 kg时初配，培育品种和引入品种8～10月龄，体重90～100 kg开始配种。有的因营养水平差，即使达到初配月龄，但体重未达到配种要求，应以体重为标准进行配种。当后备母猪达成年母猪体重的40%～50%开始初配。

(四)排卵与适时配种

1. 排卵

排卵的机理：母猪排卵时，首先降低卵泡内压，在排卵前1～

2 h,卵泡膜在酶的作用下,引起靠近卵泡顶部细胞层的溶解,同时使卵泡膜上的平滑肌活性降低,卵泡膜被软化松弛,这样卵泡液排出并同时排出卵子,部分液体留在卵泡腔中。这整个过程都是由于雌激素对下丘脑产生正反馈,引起GnRH 释放增加,刺激垂体前叶释放LH,使LH 达排卵高峰,LH 和FSH 与卵泡膜上的受体结合而引起。

排卵时间:母猪排卵一般在LH 峰出现后40～42 h,由于母猪是多胎动物,在一个情期中多次排卵,排卵最多时是在母猪接受公猪交配后30～36 h,从外阴唇红肿算起,在发情38～40 h 之后。

排卵数:猪的排卵数有一定变化幅度,一般国外种猪的排卵数最少为8 个,最多21 个,平均14 个。不同年龄之间有差异,经产平均为16.8 个,初产及二胎平均为12.7 个。我国地方猪初产的排卵数平均为15.52 个,经产22.62 个,最多的是二花脸猪平均为初产20.0 个、经产28.0 个。

2. 适宜的配种时间　受胎是精子和卵子在输卵管内结合成受精卵,以后受精卵在子宫内着床发育的过程。所以配种必须在最佳时间,使精子和卵子结合,才能达到最佳的受胎效果。在养猪生产中,配种员须掌握每头猪的特性,适时对发情母猪配种。配种最佳时间受以下两方面因素的影响:

精子在母猪生殖器官内的受精能力:在自然交配后的30 min内,部分精子可达输卵管内。交配数小时后,大部分精子存在于子宫体、子宫角内,经15.6 h,大部分精子可在输卵管及子宫角的前端出现。精子在母猪生殖器官内最长存活时间是42 h,实际上精子受精力一般在交配后的25～30 h。

卵子的受精力:卵子保持受精力的时间很短,一般为几小时,最长时间可达15.5 h。

适宜的配种时间:较确切的配种时间是在配种后,精子刚达到输卵管时排卵为最佳时间。但在生产中,这一时间较难掌握。配种时,可按以下规律进行:饲养员按压母猪背部,若开始出现静立反射,则在12 h以后及时配种;若母猪发情征状明显,轻轻按压母猪背部即出现静立反射,则已到发情盛期,须立即配种。配种次数应在2次以上,第1次配种后8～12 h再配种1次,以确保较好的受胎率。据报道,母猪在开始接受公猪爬跨后25 h以内配种,受胎率良好,特别是在10～25.5 h可达100%。在以后的时间里配种效果较差。

3. 配种方式　给母猪配种一般有3种方式,即单配、复配和双重配。

单配:在母猪发情时,只交配1次。它的优点在于能减轻公猪的负担,可以少养公猪和提高公猪的利用率。但此方法可能降低受胎率和产仔数。

复配:在母猪一个情期内,先后用同1头公猪配2次。即在发情母猪第1次接受爬跨后先配种1次,在间隔8～12 h后复配1次。其缺点是增加了饲养的公猪数,降低公猪利用率,优点是可提高母猪的受胎率和产仔数。有资料表明,发情母猪每间隔12 h,连配3次,可提高妊娠率3.4%,平均每窝产活仔数提高0.5～1.3头。

双重配:在规模化猪场,最好采用双重配的方式,可提高母猪的繁殖成绩。方法是在母猪受精时,用同一品种的2头公猪或它们的精液(人工授精)与其交配。当第1次用1头公猪直配或人工授精,间隔12 h以后,再用另1头公猪直配或人工授精。优点在于对第1次配种没掌握好适宜的配种时间或第1头公猪的精液品质欠佳引起的损失有所弥补,另可减轻公猪的负担,保证精子的活力,从而可提高母猪的受胎率和产仔数。

三、配种方式、方法

(一)配种方式　按照母猪在一个情期内的配种次数,配种方式分为:

单次配：在一个发情期内，只用1头公猪（或精液）交配1次。这种方式应在有经验的饲养人员掌握下，抓住配种适期，可能获得较高的受胎率，并能减轻公猪的负担，提高公猪的利用率。缺点是一旦适宜配种时间没掌握好，受胎率和产仔率都将会受到影响。

重复配：在一个发情期内，用1头公猪（或精液）先后配种2次。即在第1次交配后，间隔8～24 h再用同1头公猪配第2次。这种方式比单次配种受胎率和产仔数都高。因为这种方式使先后排出的卵子都能受精。在生产中，对经产母猪都是采取这种方式。

双重配：在一个发情期内，用同一品种或不同品种的2头公猪（或精液），先后间隔10～15 min各配1次。这种方式可提高受胎率、产仔数以及仔猪整齐度和健壮程度。生产商品肉猪场可采用这种方式，专门生产纯种猪场不宜采用这种方式，以免造成血统混乱。

多次配：在一个发情期内，用同1头公猪交配3次或3次以上。3次配适合于初配母猪或某些刚引入的国外品种。试验证明，在母猪的一个发情期内配种1～3次，产仔数随配种次数的增加而增加，配种4次。产仔数开始下降，配种5次以上产仔数急剧下降，因为配种次数过多，造成公、母猪过于劳累，从而影响性欲和精液品质（精液变稀、精子发育不成熟、精子活力差）。

总之，在生产中，初配母猪在一个发情期内配种3次，经产母猪配种2次，受胎率和产仔数较高。

（二）配种方法 配种方法有自然交配（本交）和人工授精两种。本交又分为自由配种和人工辅助配种。生产中多采用人工辅助配种。

人工辅助配种交配场所应选择离公母猪圈较远，安静而平坦的地方。交配应在公母猪饲喂前后2 h进行。配种时先把母猪赶入交配地点，用毛巾蘸0.1%的高锰酸钾溶液，擦母猪臀部、肛门和阴户，然后赶入公猪。当公猪爬上母猪背部后，用毛巾蘸上述消毒液擦公猪的包皮周围和阴茎，然后把母猪的尾巴拉向一侧，使阴茎顺利地插入母猪阴道中，必要时可用手握住公猪包皮引导阴茎插入母猪阴道。母猪配种后要立即赶回原圈休息，但不要驱赶过急，以防精液倒流。交配完毕，忌让公猪立即下水洗澡或卧在阴湿地方。遇风雨天交配宜在室内进行，夏天宜在早晚凉爽时进行。如果公母猪体格大小相差较大，交配场地可选择一斜坡或使用配种架。

第三节　猪的人工授精

一、人工授精概述

随着养猪生产的发展和产业化进程的推进，人们对猪人工授精的重要性的认识越来越深刻，在现代养猪生产和育种工作中，人工授精正成为一种非常重要的工具。

(一)人工授精的历史　1780 年意大利生理学家 Spallanzani 首次用犬成功地进行了人工授精试验，到 20 世纪 30 年代，初步形成了一套较完整的操作方法，并从试验阶段进入实用阶段，成为家畜生产和改良的重要手段。

到 20 世纪 40—60 年代，世界许多国家如英国、丹麦、荷兰、瑞典、美国、加拿大、日本和前苏联等国都十分重视人工授精的研究与运用，到 20 世纪 70 年代全世界人工授精猪的数量达 1 000 万头，可见人工授精的发展已达到相当的水平。近年来，由于大规模的、高度集约化的现代化畜牧业的出现，更进一步促进了人工授精的应用和发展。在此期间，对冷冻精液进行了深入的研究，并开始应用于生产和育种实践。我国常温精液保存与应用，在 20 世纪七八十年代已在各省区普及，推广应用效果良好。广西畜牧研究所、广东畜牧研究所、北京畜牧站等单位先后进行了猪冷冻精液的试验研究，受胎率尚可，但产仔数偏低，要在生产中加以应用还需要进一步完善。

(二)人工授精的优点　人工授精之所以被人们接受和广泛采用，是因为它同自然交配相比，至少具有以下优势：

1. 减少公猪的饲养数量和降低生产成本　1头公猪的1次射精量可以供多头母猪授精，根据精子的密度不同而异，一般可供10头左右的母猪使用。因此，采用人工授精，猪场中公猪的比例可由自然交配的1∶20左右降低到1∶50左右，明显降低饲养公猪所需的猪舍、饲料和劳动力。在小型猪场(母猪数少于10头)，购买公猪精液进行人工授精与自己饲养公猪相比，可以显著地降低成本。

2. 迅速改良猪群的遗传潜力　最优秀的公猪数量有限，在自然交配方式下众多猪场共同使用1头公猪是不可能的，但在人工授精方式下通过引进优秀公猪的精液，是迅速提高猪群性能水平的有效措施。

3. 提高猪场的生物安全性　众所周知，猪场疾病传播的一条重要途径就是从外面引进后备猪，要保证猪场的安全，需采取严格的隔离、消毒措施，耗费大量的人力和物力，而采用人工授精可以大大减少引猪的数量，减少引入疾病的可能；另外，采用人工授精也减少了猪只之间接触的机会。当然，人工授精也不是万无一失，有些疾病还是可以通过精液传播。

4. 降低劳动力成本　给母猪实行人工授精的时间通常比自然交配和人工辅助交配所花的平均时间少。因此，配种时所需的劳动力投入减少。不过，采用人工授精在精液处理需要较多的人力投入，因此人工授精对劳动力的投入主要取决于每次采精配种母猪的头数，如果输精母猪的头数增加，那么每次输精的时间就减少，数量越多，节约的时间和劳动力就越多，因此在大型猪场中，人工授精对劳动力的节约更为明显。

5. 减低母猪的应激水平　自然交配对母猪尤其是初配小母猪来说，是一个应激程度相当高的刺激，与此相反，人工授精的应激程度要低得多。因此，人工授精在降低应激程度方面比自然交配有较大的优势。

6. 鉴别不育公猪，提高受胎率 在人工授精中，所采用的精液可以通过检查评定鉴别出质量的优劣，而自然交配却做不到这一点，所以从理论上讲，通过人工授精可以淘汰品质差的精液。不过，精液品质的精确评定需要专门的设备，在实际应用中不可能每次都对采集的精液进行准确的评定。

（三）人工授精的缺点 人工授精和其他任何事物一样，除具有优点外，也有不足之处，现总结如下：

(1)需要培训技术人员。人工授精需要有专门的、熟练的技术人员才能达到满意的效果，任何一个环节的疏忽都会影响繁殖成绩。

(2)长期保存稀释精液有一定的难度。现在最好的猪常温保存精液仅能保存 7 天左右，冷冻保存技术还有待进一步研究才能在生产中应用。

(3)增加实验室设备和试剂成本，必须具备常用的设备如显微镜、消毒设施、各种器皿及试剂。

(4)如果使用感染了疾病公猪的精液，疾病传播的速度要比自然交配方式快得多，这是由于许多疾病可以通过精液传染，人工授精配种的母猪数量比自然交配要大得多，如果某头公猪染病而监测不力，就可能造成疾病的迅速扩散。

二、精液生理

（一）精液的特性 公猪精液主要由精子、精清和胶质组成，其每次射精量一般为 200～400 mL(150～500 mL)，精子密度 250×16～350×16 个/mL，每次射精的总精子数 400 亿～500 亿个。

正常精液应为乳白色或灰白色，有较强的气味，刚采集的新鲜精液在显微镜下观察为云雾状。

新采出的精液偏碱性,pH 值为7.5(7.3～7.9),以后由于外界温度、精子代谢程度等因素的影响,pH 值趋于下降,当精液有微生物污染或大量精子死亡时,由于氨气的增加而使pH 值上升。据观测公猪的精液量与体重没有明显的关系,而总精子数与睾丸大小有关,睾丸大则总精子数一般也较多。公猪精液量和品质受品种、年龄、气候、采精方法、营养、体况、交配或采精频率等许多因素的影响。交配或采精频率越高,则精液量下降,未成熟精子的比例越高,精液品质下降;高温季节公猪的精液量和品质下降较寒冷季节快。

(二)精子的形态和结构　精子由头、颈、尾构成,其长度约50 μm。精子表面有脂蛋白膜,脂蛋白膜(又称质膜)把精子与周围环境隔离开来,维持细胞的理化特性。质膜是半透明的,通过各种运转方式调节细胞内各种物质的含量。质膜和生物电现象密切相关,这是组织兴奋性的决定因素,质膜上含有受体、许多抗原物质和酶系,起着接受化学信号改变细胞各种生理功能、参与免疫以及完成各种代谢作用等,由于质膜具有多方面的作用,因此在精液处理过程中应注意保持膜的正常结构和功能。

1. 头部　精子的头部呈扁卵圆形(8 μm×4 μm×1 μm)。主要由核构成,核扁平,主要由DNA 和组蛋白结合而成致密染色质构成,遗传密码就排列在DNA 分子里,核的前面形成顶体,顶体是一双层薄膜囊,似前端的帽子。顶体的外表面由顶体外膜构成,与精子质膜紧密相连,顶体的内表面由顶体内膜构成,与精子核膜相连。顶体中含有许多与受精有关的酶如顶体酶、透明质酸酶、穿冠酶,受精时先进行顶体反应,顶体内的酶由精子质膜与顶体外膜融合而成的孔穴向外释放,透明质酸酶可以溶解卵子外围的卵丘细胞,穿冠酶可以溶解卵子的透明带,为精子进入卵子起开路作用。在精液保存过程中顶体常常受到破坏,甚至从头部脱落,就会影响精子的受精能力。

2. 颈部　位于头的基部，较细。颈部十分脆弱，受到影响易于折断。

3. 尾部　尾部中段被枕形的线粒体环绕，线粒体内存储了精子活动所需的能源。尾的纤丝可以收缩，推动精子前进。

（三）精清　精清是精囊腺、前列腺、尿道球腺和附睾的混合分泌物，是组成精液的主要成分。精清的作用是运送精子、为精子提供能源、缓冲和激发精子活力等。

三、猪人工授精技术

（一）采精前的准备　采精一般在采精室进行。当公猪被牵引或驱赶到采精室时，能引起公猪的性兴奋。采精室应平坦，开阔，干净，少噪声，光线充足。采精人员最好固定，以免产生不良刺激而导致采精失败，要尽可能使公猪建立良好的条件反射。设立假母猪供公猪爬跨采精，假母猪可用钢材、木材制作，高 60～70 cm、宽 30～40 cm、长 60～70 cm，假母猪台上可包一张加工过的猪皮。

1. 公猪的调教　对于初次采用假母猪采精的公猪必须进行调教，方法是：①在假母猪后躯涂抹发情母猪的阴道黏液或尿液，也可用公猪的尿液或唾液，引起公猪的性欲而爬跨假母猪；②在假母猪旁边放 1 头发情母猪，引起公猪的性欲和爬跨后，不让交配而把公猪拉下，爬上去，拉下来，反复多次，待公猪性欲冲动至高峰时，迅速牵走或用木板隔开母猪，引诱公猪直接爬跨假母猪采精；③将待调教的公猪拴系在假母猪附近，让其目睹另 1 头已调教好的公猪爬跨假母猪，然后诱使其爬跨。总之，调教要有耐心，反复训练，切不可操之过急，忌强迫、抽打、恐吓。

2. 物品准备　应准备好集精（杯、袋），以及进行镜检、稀释所需的各种物品，若采用重复使用的器材，在每次使用前应彻底冲洗消毒，然后放入高温干燥箱内消毒，亦可蒸煮消毒。

3. 采精人员的准备　采精人员的指甲必须剪短磨光，充分洗涤消毒，以消毒毛巾擦干，然后用75%的酒精消毒，待酒精挥发后即可进行操作。

（二）采精方法　猪人工采精的方法有电刺激法、假阴道法和徒手法，分别介绍如下：

1. 电刺激法　是将两极的探棒插入公猪的直肠并以低电压脉冲刺激生殖道的肌肉，诱发射精，即使阴茎没有完全伸直就可获得精液。这种方法对精子无害，但所得的精液比自然交配要稀，且成功率不高，所以使用不多，但该法可用于因腿伤不能爬跨而种用价值较高的公猪采精。

2. 阴道法　采用模拟母猪阴道环境的假阴道，当公猪爬跨发情母猪或假母猪时，迅速将公猪阴茎导入假阴道内，并采集精液。这种方法比较方便，但是由于公猪射精时间比较长，尿液和细菌容易通过包皮污染阴茎，从而污染精液，加之假阴道使用前后需要进行洗涤和消毒，费时费力，故现在很少使用。

3. 徒手采精法　这是目前采集公猪精液使用最广泛的一种方法。该法与假阴道法相似，采精员戴上消毒手套，蹲在假母猪左侧，等公猪爬上后，用0.1%的高锰酸钾溶液将公猪包皮附近洗净消毒，当公猪阴茎伸出时，导入空拳掌心内，让其转动片刻，用手指由轻至紧，握紧阴茎龟头不让其转动，待阴茎充分勃起时，顺势向前牵引，手指有弹性、有节奏调节压力，公猪即可射精。另一只手持带有过滤纱布集精瓶收集精液，公猪第1次射精完成，按原姿势稍等不动，即可进行第二或第三、四次射精，直至完全射完为止，采集的精液应迅速放入30℃的保温瓶中，由于猪精子对低温十分敏感，特别是当新鲜精液在短时间内剧烈降温至10℃以下，精子将产生不可逆的损伤，这种损伤称为冷休克。因此在冬季采精时应注意精液的保温，以避免精子受到冷休克的打击不利于保存。集精瓶应该经过严格消毒、干燥，最好为棕色，以减少光线直接照射精液而使精子受损。由于公猪射精时总精子数不受爬跨时间、次数的影响，因此，没有必要在采精前让公猪反复爬跨母猪或假母猪提高其性兴奋程度。

(三)精液品质检查　采得精液后，要迅速置于30℃左右的恒温水浴中，以防止温度突然下降对精子造成低温打击，要求动作迅速，取样具有代表性，评定结果力求准确，操作过程中不应使精液品质受到危害，对精液品质标准要进行综合全面的分析。确定精子是否可以用于保存或输精。

1. 感官检查　精液的感官评定非常重要，主要包括气味、颜色和体积。判定精液是否有异味，如混有大量尿液则会有尿味，有异味的精液不能用于输精，应及时淘汰；公猪精液正常的颜色应当是灰白色或乳白色，如精液中出现异物、毛、血等，则说明精液已被污染，这样的精液也不能用于输精或保存，有血往往是由于在采精时伤及公猪的生殖器官或生殖器官疾患而引起的，而出现尿液则说明采精时温度不适当；公猪的平均射精量为250 mL，范围为150～500 mL，发现射精量过少，必须查明原因，只有都符合正常要求的精液才能做进一步的检查和处理。

2. 镜检　其主要内容包括精子活力、密度及精子形态的检查。

(1)精子活力的测定。精子的活力是指原精液在37℃下呈直线运动的精子占全部精子总数的百分率。测定方法是将一滴原精液滴在一张加热的显微镜载玻片上，显微镜工作台的温度应保存在37℃，采用五级评分法或十级评分法。五级评分法是：

五级：在视野中80%以上的精子呈直线前进运动，非常活跃，这样的精子评为五级，用“5”表示。

四级：在视野中有60%～80%的精子呈现比较活跃的直线前进运动，这样的精子评为四级，用“4”表示。

三级：在视野中有40%～60%的精子呈现活泼的直线前进运动，这样的精子评为三级，用“3”表示。

二级：在视野中有20%～40%的精子呈直线前进运动，这样的精子评为二级，用“2”表示。

一级：在视野中有不多于20%的精子呈直线前进运动，这样的精子评为一级，用“1”表示。在视野中无前进运动的精于，则不分级，用“0”表示。

十级评分法。分为0～0.9级。视野中90%以上的精子做直线前进运动评为0.9分，80%做直线前进运动评为0.8分，其余的依此类推。好的精液0.9分以上。十级评分法简明易掌握，应用较普遍。

由于精子的活力受环境条件的影响很大，为了得到客观、准确的结果，在评定时应注意如下方面：检查活力时应保存在恒温条件下进行；不要让阳光直接照射到精液样品上；远离易挥发的化学物质或消毒剂；要多看几个视野，把各个视野的评定分数加在一起，求出平均数；另外，在评定活力时一定要采用原精液，因为稀释后的精液会因使用不同的稀释液或稀释倍数而对精子的活力产生影响，得出错误的结果。

(2)密度的测定。最常用的方法是采用白细胞计数器。用白细胞吸管吸精液至刻度“05”(稀释20倍)或者“0”(稀释10倍)，然后再吸3%的氯化钠溶液至刻度“Il”，用拇指及食指分别按住吸管的两端，使精液和3%的氯化钠溶液充分混合，然后弃去吸管前端数滴，将吸管尖端放在计算板与盖玻片的空隙边缘，使吸管中的精子流入计算室，充满其中。计算板的面积为1 mm^2，由刻度分成25个正方形大格，共由400个小方格组成。在计数板上根据均匀分布的原理，计数5个大格(80个小方格)内的精子数，计算时以精子的头部为准，采用的方法是计左不计右，计上不计下的原则。选择的5个大方格应位于一条对角线上或四角各取一个，再加上中央一个。求出5个大方格的精子数目后，根据下列计算公式计算出1 mL精液中精子的数目。

1 mL 原精液内的精子数＝5×(整个计算板25个大方格内精子总数)×10(1 mm^3 内精子数，计算板的高度为1/10 mm)×1 000(1 mL 精液内的精子数，1 000 mm^3 为1 mL)×稀释倍数。

为了减少误差，应连续检查两个样品，如果所得结果相差较大，应再作第3次检查。

计算板法虽然比较准确，但费工费时，在生产条件下不便采精后都做检查，现在已经有了自动化程度很高的专门仪器，将分光光度计、电脑处理机、数字显示或打印机匹配，只要将一滴精液加入分光光度计中，就可以很快得到所需的精子密度和精子总数。

正常精液精子密度平均2.5亿(1亿～3亿)，从镜检看精子密度高的精液往往呈云雾状。

(3)精子形态检查正常的精子形态像蝌蚪，形态异常的活力不高，为了保证受胎率，必须检查精子的形态。

精子畸形一般分为4类：①头部异常，头部巨大、瘦小、细长、圆形、轮廓不明显、皱缩、缺损、双头等；②颈部异常，颈部膨大、纤细、曲折、不全、带有原生质滴、不鲜明、双颈等；③尾部异常，弯曲、曲折、回旋、短小、长大、缺损，带有原生质滴、双尾等；④顶体异常，顶体不完全、异型等。在正常的精液中，总的畸形率应低于25％，其中，头部畸形率不超过5％，顶体畸形率也低于5％，精子体部畸形率(原生质滴)为10％，尾部的畸形率为5％。

计算精子的畸形率，方法是取少量精液，迅速做成抹片，用红蓝墨水染色3 min，在高倍镜(＞600倍)下进行检查，观察精子总数不少于500个，并计算出畸形精子的百分率。

畸形精子百分率＝畸形精子总数/500×100％

(四)精子畸形的原因　精液中大量畸形精子出现时，表明精子的生成过程受到破坏；副性腺及尿道分泌物的病理变化；由精液射出起至检查过程中，没有遵守技术操作规程，精子遭到外界的不良影响。

具体说来，造成卷尾、双尾等尾部异常的精子是由于遗传因素所致，对这类的猪只应予淘汰；尾部曲折是由于精子受到温度（冷或热）、酸碱度突然改变的打击所致，无尾精子是由于机械应激或渗透压的突然改变，出现这类问题应对整个采精及其操作过程进行分析；原生质滴位于精子头尾交界处，原生质滴是由于精子的成熟度不够或公猪使用过度。

（五）精液的稀释和保存　精液经检查合格后，尚需经过稀释、分装、保存和运输等过程，最后用于输精。精液稀释是在精液里加一些配制好的、适宜于精子存活的并保持精子受精能力的溶液。在早期的人工授精，精液稀释的目的是单纯为了增加精液的容量，以便为更多的母猪输精，从而提高公畜的配种效能。现代的人工授精，精液稀释不仅要增加精液的容量，还能使精液短期甚至较长期地保存起来、继续使用，更便于长途运输，从而大大提高优秀公猪繁殖率。因为1头公猪每次射精所采得的精子数远远大于受精所要求的精子数，多15～30倍。

1. 稀释液的成分　一般精液稀释液包括有一种或多种保护剂，尽管目前采用的精液稀释液配方多种多样，但就其化学组成上来看主要有以下一些成分：

营养剂：减少精子自身能量消耗，以便延长精子寿命，一般为糖类，如葡萄糖、果糖。

稀释剂：主要扩大精液容量。因此这类物质的剂量，必须与精液具有相同的渗透压，一般采用等渗的氯化钠、葡萄糖、果糖、蔗糖以及某些盐类溶液。

保护剂：降低精液中的电解质浓度起缓冲作用，一般用于缓冲的物质有柠檬酸钠、磷酸氢二钠、磷酸二氢钾等。

抗生素：用以阻止细菌生长，常用抗生素有青霉素、链霉素、庆大霉素、林肯霉素、胺苯磺胺等。

2. 稀释液的配制 猪精液常温保存常用的稀释液种类很多，如EDTA、Guelph、BTS、Zorpva、Reading 等(表3-2)。

表3-2 几种猪精液常温保存的稀释液配方

稀释剂	EDTA	Guelph	BTS	Zorpva	Reading
保存天数	3	3	3	5	5
D-葡萄糖	50	60.9	37.15	11.5	11.5
柠檬酸钠	3	3.7	6.0	11.65	11.65
碳酸氢钠	1.2	1.25	1.75	1.75	
EDTA	1	3.7	1.25	2.35	2.35
Tris				5.5	5.5
柠檬酸				4.1	4.1
氯化钾					0.75
半胱氨酸				0.07	0.07
聚乙烯醇				1.0	1.0
青霉素	0.625	3.2	0.6	0.6	1.0
链霉素	1.0		1.0	1.0	0.50
林肯霉素					1.0
加蒸馏水稀释至1 L					

可以根据保存期的长短要求选择配方，配制时各种成分称量务必要准确，如果不能保证称量准确，最好采用配制好的商品稀释液粉。四川在"九五"国家重点科技攻关项目"四川瘦肉型猪规模化养殖及产业化研究与开发"课题中，利用国内外猪繁殖最新科研成果，根据猪精子生理代谢特点，研制成功的猪精液常温稀释液复合粉，在室温条件下保存期达6 天，精子活力0.5 级以上。该配方已在国内推广。

稀释液在溶解后1 h 内其pH 值出现明显的波动，到约1 h 后才达到平衡。pH 值的变化可能对精子造成不利的影响，因此建议稀释液宜在使用前1 h 时配制好。

3. 精液的稀释和稀释倍数 在公猪的1 次射精的精液中，包含的精子数远远多于1头母猪受精所需的数量。因而,可将精液稀释多倍,供多头母猪输精用,如果已测得精子密度,那么可按比例稀释,要求稀释后每毫升稀释精液含1亿个精子为原则进行稀释。如果密度没有测定,稀释倍数一般以2～4倍为宜。

加入精液稀释应在精液采出后尽快进行,因为新鲜精液不经稀释不利于精子存活,特别是当室温较低时,精子容易受到低温刺激,甚至出现低温性休克。所以在采出精液后,应注意保温,使集精瓶的温度在采精后维持在30℃左右,精液与稀释液的温度必须调整到一致,一般是将精液与稀释液置于同一温度(30℃)中,温度相同后即可进行稀释。方法是将一定量的稀释液沿杯壁缓慢倒入精液杯中,轻轻摇匀,如果稀释倍数大,先进行低倍稀释,防止精子所处环境的突然改变,造成稀释打击。

4. 精液的保存　稀释后即进行保存。按保存的温度,可分为常温(15～25℃)保存、低温(0～5℃)和冷冻(－79～－196℃)保存等三种。前两者,保存温度均在0℃以上,以液态的形式保存,故称液态精液,后者远远低于0℃以下,精液冻结,故称冷冻精液。无论哪种保存方式,都是以抑制精子的代谢活动、延长精子的存活时间而不丧失受精能力为目的。不过,到目前为止,只有牛的冷冻精液得到普及应用,猪的冷冻精液受胎率仍然偏低,还不能在生产中广泛应用,再者,冷冻精液必须具备成套设备,投资较大,而公猪精液的低温保存不如常温保存效果好。因此,精液常温保存在生产上具有很大的实用价值。

精液常温保存的原理是利用酸抑制精子的代谢活动,而不是通过温度达到这一目的。因为在中性和弱酸性的环境中,精子代谢正常,当降低到一定的酸度后,精子的活动受到抑制,在一定pH值范围内,这种抑制是可逆的,当pH值恢复到7左右时,精子可以复苏,如pH值继续降低,超出此范围,则出现不可逆抑制。研究结果表明,不同的酸类对精子发生抑制的pH值区是不相同的。一般认为，有机酸较无机酸为好，容易产生抑制，而且可逆性抑制区较宽阔。

加入稀释剂混合均匀后，即可存放、备用，直至稀释剂失效期为止。常温保存的温度虽然允许有所变化，但以16℃左右为最佳，可保存较长的时间。在精液存放阶段，精子多沉淀在容器的底部，因此，通常每日要将容器倒置1～2次，以保证精子均匀地分布在稀释液中。

总之，在精液稀释和保存过程中，以温度、pH值、渗透压等变化最小为好。

（六）精液的运输　运输时应该注意事项：

（1）精液的运输应附有详细的说明书，标明站名、公猪的品种和编号、采精日期、精液剂量、稀释倍数、精子活力和密度等。

（2）运输过程中应防止剧烈的震荡和温度变化过大。

（3）低温保存的精液，应加冰维持低温运输；常温保存的精液，也应维持较固定的温度。

（七）输精

1. 输精前的准备

器材的准备：输精管的种类很多，都能在人工授精中成功应用，有些输精管是一次性的，用后即抛弃；另一些则可重复使用，但每次使用后应彻底冲洗，然后放入高温干燥箱内消毒，亦可蒸煮消毒。

输精人员的准备：输精员的指甲必须剪短磨光，充分洗涤消毒，以消毒毛巾擦干，然后用75%酒精消毒，待酒精挥发后即可进行操作。

精液的准备：输精前应对保存后的稀释精液进行检查，活力不低于0.5级的精液方能进行输精。

母猪的准备：经发情鉴定后，将发情母猪阴户用肥皂水充分洗涤，除去污垢并进行消毒，然后用温开水冲洗，用消毒抹布擦干。

2. 输精方法　像自然交配一样，人工授精成功的关键因素是母猪适宜输精时间的确定，另外，使用灭菌的设备和良好的输精技术也很重要。输精过程基本上是模拟自然交配方式，先将输精导管涂以少许稀释液使之润滑，将输精管先倾斜向上方，然后水平方向前进，缓慢逆时针旋转插入母猪的阴道中，直至插入子宫颈内不能前进为止，被子宫颈嵌牢，然后向外拉松动一点，通过挤压缓慢将精液注入子宫内，一般3～5 min，输完后缓慢抽出输精管，并用手掌按压母猪腰荐结合部，防止精液倒流。间隔12 h后，再输精1次。

3. 输精剂量　每头猪每次输精剂量为50～100 mL、有效精子数20亿～30亿个，可以保证良好的受胎率。另外，随着精子存放时间的延长，每次输精剂量中精子的数目应相应增加。

（八）人工授精实验室常用设备　建立一个一般人工授精实验室需要如下基本设备和用具（表3-3）。

表3-3　人工授精实验室需要常用的设备和用具

品　名	规　格	数量
1. 设备		
假母猪台	长×宽×高＝120 cm×25 cm×50 cm	1个
显微镜	100～600倍	1台
显微镜保温箱	木制或有机玻璃	1个
消毒箱/锅		1个
恒温水槽		1个
天平/电子秤		1个
冰箱		1台
恒温干燥器		1台
精液保温箱		1台
子宫清洗器		1个
猪保定器		1个
输精安抚鞍		1个
pH试纸/pH仪		若干/1台
蒸馏水玻瓶		2个

续表 3-3

品 名	规 格	数量
2. 用品		
猪精液稀释液复合粉		若干
多次性输精管		5 只
一次性输精管	猪用	若干
输精瓶/注射器	猪用	若干/5 只
量杯	猪用/50 mL	各 2 只
量筒	250、500、1 000 mL	各 2 只
烧杯	250、500、1 000 mL	各 5 只
纱布	500、1 000 mL	若干
橡皮手套	医用	若干
盖玻片	医用	1 盒
载玻片		1 盒
润滑液		1 瓶
玻棒		

第四节 猪的妊娠与分娩

一、妊娠诊断

(一)观察法 配种后母猪没有再发情的就认为已经妊娠，但实际上没有发情的母猪并不一定是妊娠，如激素分泌紊乱、子宫疾病等都有可能引起不发情。因此，观察法不够准确，但该方法简单易行，是最常用的妊娠诊断方法。

(二)直肠检查法 一般是指体型较大的经产母猪，通过直肠用手触摸子宫动脉，如果有明显波动则认为妊娠，一般妊娠后 30 天可以检出。但由于该方法只适用于体型较大的母猪，有一定的局限性，所以使用不多。

(三)激素测定法　测定母猪血浆中孕酮或胎膜中硫酸雌酮的浓度来判断母猪是否妊娠,一般血样可在19～23天采集测定,如果测定的值较低则说明没有妊娠,如果明显高,则说明已经妊娠。

(四)超声波测定法　采用超声波妊娠诊断仪对母猪腹部进行扫描,观察胚泡液或心动的变化,这种方法28天时有较高的检出率,可直接观察到胎儿的心动。因此,不仅可确定妊娠,而且还可以确定胎儿的数目以及胎儿的性别。

上述方法准确率一般为80%～95%。此外,还有阴道剖解法、玫瑰花环实验等方法。

二、分娩

(一)妊娠期及预产期的推算　猪的妊娠期一般为111～119天,平均为114天,而不同的品种可能略有差异。一般一胎怀仔较多的母猪,妊娠期较短,反之较长。根据妊娠期,可以推算预产期,预产期可以按配种月份加4,日期减6,再减大月数,过2月份加2天的方法推算。利用速查表可以直接查出预产期。

(二)分娩征兆　在分娩前3周,母猪腹部急剧膨大而下垂,乳房亦迅速发育,从后至前依次逐渐膨胀。至产前3天,乳房潮红加深,两侧乳房膨胀而外张。产前3天左右,可以在中部两对乳头挤出少量清亮液体;产前1天,可以挤出1～2滴初乳;产前半天,可以从前部乳头挤出1～2滴初乳。如果能从后部乳头挤出1～2滴初乳,而能在中、前部挤出更多的初乳,则表示在6 h左右即将分娩。

分娩前3～5天,母猪外阴部开始发生变化,其阴唇逐渐柔软、肿胀增大、皱褶逐渐消失,阴户充血而发红,骨盆韧带松弛变软,有的母猪尾根两侧塌陷。临产前,子宫栓塞软化,从阴道流出。在行为上母猪表现出不安静,时起时卧,在圈内来回走动,但其行动谨慎缓慢,待到出现衔草做窝、起卧频繁、频频排尿等行为时,分娩即将在数小时内发生。

（三）分娩过程　分娩过程分为3期，一般在第1期和第2期之间没有明显的界限。在助产之中，重要的应该掌握住在正常分娩情况下，第1期和第2期母猪的表现和两期各所需的时间，以便确定是否发生难产。一般来说，在分娩未超过正常所需时间之前，不需人工帮助，但在超过正常分娩所需时间之后，则需采取助产措施，帮助母猪将胎儿排出。

第1期，开口期。本期从子宫开始收缩起，至子宫颈完全张开。母猪喜在安静处时起时卧，稍有不安，尾根举起常做排尿状，衔草做窝。

在开口期母猪子宫开始出现阵缩，初期阵缩持续时间短，间歇时间长，一般间隔15 min左右出现1次，每次持续约30 s。随着开口期的后移。阵缩的间歇期缩短，持续期延长，而且阵缩的力量加强，至最后间隔数分钟出现1次阵缩。子宫的收缩呈波浪式进行，由子宫颈尖端逐渐向子宫体移动。阵缩力压迫胎膜胎水，迫使其移向子宫颈内口；随着胎衣胎水不断流入子宫颈管，迫使子宫颈管逐渐张开，直至与阴道界限消失。穿过子宫颈管的胎水压迫胎膜，造成胎膜破裂，一部分胎水流出。开口期所需时间为3～4 h。

第2期，胎儿娩出期。本期从子宫颈完全张开至胎儿全部娩出。在本期母猪表现起卧不安，前蹄刨地，低声呻吟，呼吸、脉搏增快。最后侧卧，四肢伸直，强烈努责，迫使胎儿通过产道排出。

在开口期间，子宫继续收缩，力量比前期加强，次数增加，持续期延长，间歇期缩短，同时腹壁发生收缩。阵缩和努责迫使胎儿从产道娩出。当第1个胎儿娩出后，阵缩和努责暂停，一般间隔5～10 min后，阵缩和努责再次开始，迫使第2个胎儿娩出。如此反复，直至最后一个胎儿娩出为止。胎儿娩出期的时间为1～4 h。

第3期，胎衣排出期。本期从胎儿完全排出至胎衣完全排出。当母猪产仔完毕后，表现为安静，阵缩和努责停止。休息片刻之后，母猪开始闻嗅仔猪。不久阵缩和努责又起，但力量较前期减弱，间歇期延长。最后排出胎衣，母猪恢复安静。胎衣排出期的时间为0.5～1 h。

三、分娩的接助产

(一)产前准备　结合母猪的预产期和临产征状综合预测产期，在产前3～5天做好准备工作。首先准备好产房，将待产母猪移入产房内待产。产房要求宽敞，清洁干燥，光线充足，冬暖夏凉，安静无噪声。产房内温度以22～25℃为宜，相对湿度在65%～75%。产房打扫干净后，用3%～5%的石炭酸、2%～5%的来苏儿或3%的火碱水消毒，围墙用20%石灰乳粉刷。地面铺以垫草。在寒冷地区，冬季和早春做好防风保暖工作。产房内准备好接生时所需药品、器械及用品，如来苏儿、酒精、碘酊、剪刀、秤、耳号钳，以及灯、仔猪保姆箱(窝)、火炉等。母猪进入产房前，将其腹部、乳房及阴户附近的污泥清洗干净，再用2%～5%来苏儿溶液消毒，然后清洗干净进入产房待产。产房内昼夜均应有专人值班，防止意外事故发生。

(二)接助产方法　母猪一般是侧卧分娩，少数为伏卧或站立分娩。仔猪娩出时，正生和倒生均属正常，一般无须帮助，让其自然娩出。当仔猪娩出时，接产人员用一手捉住仔猪肩部、另一手迅速将仔猪口鼻腔内的黏液掏出，并用毛巾擦净，以免仔猪呼吸时黏液阻塞呼吸道或进入气管和肺，引起病变。再用毛巾将仔猪全身黏液擦净，然后在距离仔猪腹部4 cm处用手指掐断脐带，或用剪刀剪断，在脐带断端用5%碘酊消毒。如果断脐后流血较多，可以用手指捏住断端，直至不流血为止，或用线结扎断端。当做完上述处理后，将新生仔猪放入保姆窝内。每产一仔，重复上述处理，直至产仔结束。在母猪产仔结束时，体力耗损很大，这时可以用麦麸、米糠之类粉状饲料用温热水调制成稀薄粥状料，内加少许食盐，喂给母猪，可以帮助母猪恢复体力。

母猪产仔完毕休息一段时间后，阵缩和努责又起，预示胎衣将排出。当胎衣排出时，立即拿开，不能让母猪吃掉胎衣，否则在以后的胎次中，养成母猪吃仔猪的恶癖。对排出的胎衣进行检查，如果胎衣完整，胎衣上残留的脐带数与仔猪数相符，表明胎衣全部排出，否则胎衣未完全排出，应及时处理。检查后的胎衣可以洗净后煮熟喂给母猪，既补充了蛋白质，又有催乳之作用。

（三）假死仔猪的处理　假死仔猪指新生仔猪中已停止呼吸，但仍有心跳的个体。对假死仔猪施以急救措施，可以恢复其生命，减少损失。急救可以采取以下措施：

(1)用手提住假死猪两后肢，将其倒提起来，用手掌拍打假死猪背部，直至恢复呼吸。

(2)用酒精刺激假死猪鼻部或针刺其人中穴，或向假死仔猪鼻端吹气等方法，促使呼吸恢复。

(3)人工呼吸。接产人员左、右手分别托住假死仔猪肩部和臀部，将其腹部朝上。然后两手向腹中心方向回折，并迅速复位，反复进行，手指同时按压胸肋。一般经过几个来回，可以听到仔猪猛然发出声音，表示肺脏开始呼吸。再徐徐重做，直至呼吸正常为止。

(4)在紧急情况时，可以注射尼可刹米或用 0.1%肾上腺素 1 mL，直接注入假死仔猪心脏急救。

（四）仔猪称重、编号和登记　在新生仔猪第 1 次哺乳之前称量仔猪初生重，全窝仔猪初生重的总和为初生窝重。对初生仔猪编号，便于记载和鉴定。将称得的初生重、初生窝重以及仔猪个体特征等进行登记。

（五）产后第 1 次哺乳　母猪分娩后 3 天内的乳，称为初乳，初乳内营养丰富，其蛋白质、维生素、矿物质等均超过常乳，同时还含有抗体、酶类和激素等物质，对提高仔猪抵抗力、促进生长发育均有良好作用。初乳中还含有较多的镁盐，可以软化胎粪，促进胎粪的排出。所以，尽早第1 次哺乳在新生仔猪养育中很有意义。在母猪产仔结束时，即可哺乳，对产期过长（2 h 以上）的母猪，可以在分娩结束之前，让先出生的仔猪吮乳。哺乳之前，先用湿热毛巾将母猪乳房、乳头擦拭干净，挤掉前几滴初乳，即可将初生仔猪放在母猪身旁哺乳。

四、母猪产后的护理

母猪在分娩过程中和产后的一段时期内，机体的消耗很大，抵抗力降低，而且生殖器官须经 2～8 天才能恢复正常，在 3～8 天阴道内排出恶露，容易因饲养管理不当招致疾病。产后对母猪精心护理，可使母猪尽快恢复正常。在母猪分娩结束时，结合第1 次哺乳，对母猪乳房、后躯和外阴清洗，尤其是尾根和外阴周围应清洗干净。圈内勤打扫，做到清洁卫生，舍内通风良好，冷暖适宜、安静无干扰。在饲养和日粮结构上，给予适当照顾，逐步过渡到哺乳期的饲养。母猪产后可能出现一些病理现象，如胎衣不下，子宫或阴道脱出，产道感染，缺乳少乳，瘫痪，乳房炎等病变。因此，在产后头几天的日常管理中，注意观察母猪状况，一旦出现异常，应立即采取相应措施加以解决。

五、提高母猪繁殖力的措施

（一）遗传　不同品种的猪繁殖力存在着较大的差异，如我国太湖猪平均产仔可高达每窝15 头，而引进品种仅为 9～12 头。此外近交系数大于10%时，胚胎的死亡率较高，且胎儿的初生重也较轻，一些遗传畸形也会引起死亡率上升，而杂交有利于提高窝产仔及初生重。

（二）营养　应适当控制母猪妊娠期的能量进食，而在泌乳期适当增加营养对维持产奶量十分必要，而且也有利于下一次的繁殖。泌乳期蛋白质水平可能比能量限制的影响更大。此外，一些维生素如生物素、胆碱、叶酸、β-胡萝卜素、维生素 E、维生素 B_2 等对母猪最大限度发挥繁殖潜力极为重要。因此，在出现死胎增多或者受胎率突然下降胎，应首先考虑营养的影响因素，特别是矿物质及维生素的影响。

(三)管理

(1)卫生是保证猪只良好体况的重要环节，要经常根据需要进行传染病的预防和接种工作，特别是要防止子宫疾病及烈性传染病的发生。搞好畜舍及输精用具的消毒和卫生工作。

(2)加强饲养人员的责任心，培养良好的职业道德。人对猪是友善还是粗暴，直接影响到猪的繁殖力。

(3)建立好母猪个体的繁殖登记制度，及时掌握猪群的繁殖情况，及时淘汰有病或繁殖力较低的老龄母猪，使猪群总保持在良好的繁殖水平上。

(4)将妊娠后期的母猪单独饲养，产房设备要适宜、卫生清洁、通风良好，仔猪产出前配备加热灯及保温设备。有报道在母猪妊娠的第3周内每日给予母猪注射25 mg孕酮和12.5 μg的雌酮有利于保胎，此外，母猪在配种前注射β-胡萝卜素，或补充维生素E和硒，有利于提高窝产仔数。

(5)搞好发情鉴定，适时输精。

(6)在妊娠的头3～4周，温度应保持在21～28℃，当环境温度超过29℃时胎儿死亡率明显上升。

(7)要掌握好断奶至交配的时间间隔，不适宜的断奶间隔对窝产仔的影响很大。

(8)有报道，在母猪妊娠的第15天注射1 500 IU的PMSG(孕马血清促性腺激素)可以提高存活的胚胎数目。

(9)在母猪断奶后，引入性成熟的公猪或用公猪外激素喷洒母猪鼻子，有利于母猪恢复发情及提高排卵率。

(10)改进产房设备，防止母猪压死仔猪。

(11)猪群的密度及空间明显影响青年母猪的正常周期、配种和妊娠。空间太小母猪配种率下降，而青年母猪群太小如少于4头则发情表现减弱。另外，仔猪在10 kg时将公母分开，有利于公猪性欲及母猪的交配行为。在母猪达到初情期之前引入公猪可以刺激母猪初情期的提前，而公母猪从小混圈没有明显提前母猪初情期的作用。母猪交配后应留在原圈4周以上才能转圈，这样有利于减少环境应激对胚胎早期死亡的影响，可以获得更多发育的胚胎，有利于提高窝产仔数。

第五节　影响繁殖的因素与生物技术

一、公猪的生殖障碍

猪的繁殖障碍是养猪生产中最难解决和直接影响养猪效益的难题。公猪在猪群中数量虽少，但影响面大，特别是在集约化饲养条件下，更应引起高度重视。公猪常见繁殖障碍有以下几种。

（一）遗传缺陷

1. 阴茎的缺陷　如阴茎偏向一侧或射精的开口位置不正。这些公猪虽然可以表现正常的性行为，但往往因为阴茎有关肌肉在交配时扭曲而不能插入，或插入后不能拔出。因此，不能正常射精，出现不育或低繁殖率的现象。有这类缺陷可以通过手术得到改善，但一般这类公猪应淘汰。另一类情况是由于交配时阴茎受损而导致不育或繁殖率低下。

2. 隐睾　睾丸未下降到阴囊，致使睾丸在体内高温下受损，细精管上皮细胞受到破坏，造成无精症。这种损伤不可逆，隐睾有时是单侧有时是双侧。双侧隐睾尽管公猪也表现完整的性行为链，但无精子产生。单侧隐睾虽可育但精液产量明显减少，往往造成繁殖力低下。公猪隐睾如果外观不能确定可通过触摸进行检查，公猪隐睾一般高于其他家畜，而且多数为双侧，故应引起注意，这样的公猪发现后应立即淘汰。在寒冷季节检查时应特别注意，因为这时公猪睾丸的位置有所提高。

3. 间性　间性是猪不育的重要原因之一。间性猪卵巢和睾丸可能是单侧的，有的甚至可以发情排卵，还可以产生后代，但产仔很少。间性母猪可能有较小的阴道、突出的阴蒂、较大的包皮鞘，有的还有阴囊发育，有明显的獠牙，这样的猪应淘汰。

（二）环境应激

1. 非生理性的暂时不育　营养不良或缺乏，过冷或过热，严重的应激等因素都有可能造成暂时性的不育，如果限制条件得到改善可以恢复。但如果限制条件不能尽快改善，时间太长后有的暂时性不育会变为永久性的不育。如某些营养缺乏症对成年公猪来说是暂时的，但对青年公猪往往会造成永久性的不育。

2. 低繁殖力　其造成的原因与暂时性不育相似，但损伤程度要轻些。

热应激：尽管公猪对热有一定的耐受能力，但高温往往引起体温上升，使肾上腺皮质激素的分泌增加，从而抑制了促性腺激素的分泌，另外高温还会造成细精管上皮细胞受损，特别是当气温达到29℃以上时往往造成精液量和质量明显下降，精子浓度下降，头部异常精子增加，而当热应激解除后，一般需要2～3周的时间才能恢复，这就是在夏季猪群受胎率低的一个重要原因。

使用频率：公猪的采精或交配频率也是影响公猪繁殖力的重要因素，青年公猪每周2～3次，成年公猪每周3～4次为宜。不过由于公猪间个体差异较大，公猪的使用应与精液品质的监测结合起来，一般发现畸形精子或未成熟精子数量增加时，应立即停止使用。

营养水平：营养水平也是影响繁殖力的重要因素，如公猪对铜、锌、锰、硒和铁等矿物质缺乏十分敏感，而且维生素A和维生素E对维持公猪的繁殖机能也有重要的作用。

(三)传染病感染　繁殖呼吸综合征、猪乙型脑炎、细小病毒、伪狂犬病等都可以通过精液传播,是引起繁殖障碍的疾病。这些疾病导致精液品质下降,受胎率降低,死胎、流产、木乃伊、弱猪大大增加。

目前对这些疾病还无有效疗法,应引起高度重视。在引种时应严格检疫、隔离,在确诊后用疫苗进行预防注射,平时应注意搞好猪场的消毒、隔离,猪舍内外卫生,消灭蚊子和老鼠。

二、影响母猪繁殖的因素

(一)遗传力的影响　遗传力对猪的繁殖成绩起重要作用,虽然许多繁殖性状都是低遗传力,但对每一个具体的品种来说,存在较大的差异。如产仔数,品种间的均值差异可达3～4头。太湖猪是世界上著名的高产仔数品种,其平均产仔数可达15头,最高可接近20头。外国品种比我国本地品种窝平均少产仔2～3头。实验证明,过度的近交,会引起繁殖性能下降。而杂交能提高繁殖性能,产仔数的杂种优势率可达20%以上。

(二)繁殖障碍　母猪从正常生殖细胞开始,经过配种、受精、胚泡附植、妊娠、分娩及泌乳。其中任何一个环节出现问题,均可导致母猪的繁殖障碍。母猪的繁殖障碍主要表现为以下几方面:

1. 乏情　指后备猪达初情期时不发情,主要是因卵巢无周期性的功能活动,处于相对静止状态。病理性乏情是繁殖障碍的主要表现,它主要是由卵巢和子宫有疾患引起。对乏情的母猪可注射催情药如雌激素类药,可诱发发情。对达初情期的后备母猪,可通过运动刺激母猪发情。

2. 受精障碍　它可能是由于卵子或精子的结构和机能异常,配子不能正常运行到受精部位,或者是由于精子进入以前卵子死亡。受精障碍主要表现为不受精或异常受精。不受精主要由于卵子或精子异常、配种时间过迟、母猪的生殖道缺陷,妨碍精子和卵子达受精部位。生殖道疾病影响精子的存活和受精;异常受精是指在受精过程中出现异常受精的现象,如多精子受精、含有两个雌性原核卵的单精子受精,雌核发育或雄核发育等。异常受精可能由于配子的衰老或环境温度的升高而发生。

3. 生前死亡 一般包括早期胚胎死亡、自发流产、胎儿干尸化和胎儿出生时死亡。猪的胚胎死亡是在受精后16～25天,死亡率可达25%以上。

(三)营养的影响 营养不足会延迟后备母猪的初情期的到来,对成年母猪造成发情抑制、发情无规律性、断乳后再次发情时间延长、排卵率低、乳腺发育迟缓,严重者将会增加早期胚胎死亡、死产和初生仔猪的死亡率。营养过度造成母猪偏肥,引起母猪不发情。

(四)环境的影响 环境是影响母猪繁殖成绩的重要因素。特别是高温、舍内有害气体(氨气、硫化氢等),当它们过高时,可以使母猪的胚胎死亡率增高,特别妊娠前2周的母猪尤其敏感。它还会降低泌乳母猪的采食量,引起母猪泌乳力降低,增加仔猪的死亡率。

(五)疾病的影响 某些病原性微生物是损害母猪繁殖力的重要原因,如猪的细小病毒病、伪狂犬病、乙型脑炎、猪繁殖障碍与呼吸综合征、钩端螺旋体病、脑心肌炎、布氏杆菌病、猪瘟等都会引起母猪的流产或死胎。

三、养猪生产中的生物技术

(一)诱发初情期 在母猪达到性成熟之前的4～8周,采用外源促性腺激素(孕马血清促性腺激素、人绒毛膜促性腺激素)结合公猪的接触或是公猪外激素促使青年母猪提前到达初情期,从而达到早配种早利用的目的。具体方法:给母猪注射750～1 500 IU的孕马血清促性腺激素(PMSG),72 h后注射人绒毛膜促性腺激素(HCG)500～1 000 IU,同时可以施用公猪外激素或与成熟公猪隔圈饲养,则母猪可很快发情(HCG 注射后 40 h)。最近有试验表明,增加一针$PGF_{2\alpha}$,可以进一步改进激素处理的结果。应该注意,激素处理不可过早,因为那时母猪的下丘脑-垂体-性腺轴还未完全建立,对外源激素不敏感,或产生副作用。

(二)同期发情　同期发情的目的在于定时输精,这样有利于组织成批生产及畜舍的周转。

1. 同期断奶　对于正在哺乳的母猪来说,同期断奶是母猪同期发情通常采用的有效方法。一般断奶后1周内绝大多数母猪可以发情,如果断奶同时注射1 000 IU 的PMSG,发情排卵的结果会更好。

2. 一种新类孕酮物质,Allyl＋renbolone(RU-2267)　每日给母猪饲喂20～40 mg,共18 天,处理后4～6 天出现发情,繁殖力正常,而且不会出现卵巢囊肿。

3. 非类固醇的周期调节因子(Methallibure)　这种药物使用后虽然也能引起母猪同期发情排卵,但使用后往往引起胎儿骨骼畸形。

4. 一种合成的孕激素类(商品名 Altrenogest)　这种药物使用后可以有效地引起母猪的同期发情和定时输精,但这种药物未能注册,还处在实验阶段。

应该说明,当采用孕酮处理法对母猪进行同期发情时,往往引起卵巢囊肿,且影响以后母猪的繁殖性能,甚至导致不育;另一方面,前列腺素在有性周期的青年母猪或成年母猪上使用的价值不大,因为只有当在周期的第 12～15 天处理,黄体才能退化。因此,不能用于同期发情。

(三)诱发分娩　黄体分泌的孕酮是维持妊娠所必需的,而前列腺素或其类似物可以引起黄体退化,是一种有效地引发分娩的方法。母猪妊娠的时间为114 天,可以根据配种记录所推算的预产期前1～2天注射前列腺素及其类似物，如果过早则会导致胎儿死亡率增加。

1. 氯前列烯醇 在预产期前2天肌肉注射175 μg氯前列烯醇或国产前列腺素2 mL，大多数母猪可在(24±6) h产仔。36 h内90%～95%的母猪已自然分娩。

2. 前列腺素结合催产素、松弛素或Xylazine 处理后24～30 h后分娩开始，其中以$PGF_{2\alpha}$，加Xylazine的效果最好。

由于诱发分娩反应比较准确，可以使猪产仔通过该技术的应用发生在工作时间，在畜群管理上有很多好处，如有利于改善发情控制、平衡不平均窝产仔、缩短产仔间隔、合理安排畜舍和调配人员。这项技术将很快成为一种常规的养猪生产手段。

(四)猪的胚胎移植 猪的胚胎移植是进行猪胚胎工程，如体外受精、胚胎切割、性别决定、胚胎克隆、基因导入、嵌合体的制作、配子和胚胎冷冻保存等项高生物技术的关键技术之一。

1. 超数排卵及供、受体的处理 给供、受体母猪同时肌肉注射一针PMSG(1 000～1 500 IU)，72 h后注射500 IU的HCG，供体在HCG注射后24 h和48 h两次配种输精，2～5天可以手术采卵。受体做发情记录但不输精。

2. 采卵 采用手术法冲卵，卵巢反应为(0～100枚胚胎)平均约30枚，冲洗输卵管或子宫角的上部，然后对回收的胚胎进行显微镜检查，以确定胚胎的质量。

3. 移植 用手术法将15～20枚胚胎移入受体母猪输卵管或子宫角的端部，一般有70%～80%的受体母猪可以妊娠，40%～50%移植的胚胎可以发育成仔猪。

胚胎移植在现代养猪生产中是一个有效的工具，特别是在提高育种效率、开发母猪的繁殖潜力、防止疾病传播、生产无特定病原猪(SPF)方面都具有特别重要的作用。

第四章　种猪的饲养管理

猪的饲养管理技术包括种猪、仔猪、商品肉猪的饲养管理等部分。种猪包括种公猪、种母猪两种，饲养种猪的目的是使种猪经常保持提供足量的断奶仔猪，进一步提供较多的商品肉猪，增加经济效益。种猪是商品猪的基础，养好种猪是养猪生产的关键。

第一节　种公猪的饲养管理

一、瘦肉型种公猪的特点

我国各地群众均有较丰富的饲养中国猪经验，有些地区对引入的瘦肉型种公猪缺乏饲养理管经验，不能充分发挥优良品种的作用。现将其特点简介如下：

(一)体型大　瘦肉型种公猪成年体重大，一般为 300 kg 左右，有的品种四肢细而软弱，容易发生肢蹄病，经常有因肢蹄病而失去种用价值被淘汰的个体。为此，饲养瘦肉型种公猪除严格按其饲养标准饲养外，还应进行自由或驱赶运动，使其保持良好的种用体况。

(二)青年猪性成熟较晚　瘦肉型青年猪性成熟和开始配种利用的时间均晚于我国猪种，使用过早会影响成年猪的种用价值。

(三)生长发育快、饲料利用效率高　瘦肉型猪有生长速度快、饲料报酬高的突出优点，但对饲料的营养水平和各种营养成分的比例要求较高，稍有不慎就会出现营养缺乏症。

(四)神经类型敏感　瘦肉型种公猪要求稳定优越的饲养管理条件，常因突然的变化刺激，出现应激反应，如精液品质下降、死精等，严重的可危害生命。

(五)肉质较差　瘦肉型肉猪生产瘦肉的能力很强，但肉质不如中国猪，表现在肌间脂肪少、风味差等方面。

二、种公猪的营养与饲养

营养是保证公猪产生优质精液的物质基础，因此，必须喂给营养价值完全的日粮。为了满足公猪对能量的需要而又不致使其腹大下垂，日粮应以精料为主，粗纤维含量不宜过多，每千克日粮消化能一般不低于13.5 MJ。日粮中蛋白质的数量与质量对精液的数量与质量以及精子的存活时间有很大影响，一般应为13%～16%，在配种期可适当增加动物蛋白饲料，并保证钙、磷以及微量元素与多种维生素的需要。种公猪的饲料配方可根据猪的品种和当地原料灵活选用。

公猪以喂湿拌料(料∶水＝1.1∶2)或干粉料为好，并定时定量，一般喂量为每日1.5～3 kg，自由饮水，饲喂量应根据公猪的体重和利用强度灵活掌握，使公猪始终保持其种用体况。种公猪应避免喂给发霉变质和有毒的饲料。如能每日喂给2 kg左右优质青绿饲料，对提高公猪的繁殖机能将会非常有利。

三、种公猪的管理

种公猪除与其他猪一样应该生活在清洁、干燥、空气新鲜、舒适的生活环境中以外，还应做好以下工作：

(一)建立良好的生活制度　饲喂、采精或配种、运动、刷拭等各项作业都应在大体固定的时间内进行，利用条件反射养成规律性的生活制度，便于管理操作。

(二)分群　种公猪可分为单圈和小群两种饲养方式。单圈饲养单独运动的种公猪可减少相互爬跨干扰而造成的精液损失，节省饲料。小群饲养种公猪必须是从小合群，一般2头一圈，最多不能超过3头。小群饲养合群运动可充分利用圈舍、节省人力，但利用年限较短。

(三)运动　加强种公猪的运动，可以促进食欲、增强体质，避免肥胖、提高性欲和精液品质。运动不足会使公猪贪睡、肥胖、性欲低、四肢软弱且多肢蹄病，影响配种效果，所以，每日应坚持运动种公猪。种公猪除在运动场自由运动外，每日还应进行驱赶运动，上下午各运动1次，每次行程2 km。夏季可在早晚凉爽时进行，冬季可在中午运动1次。如果有条件可利用放牧代替运动。目前在一些工厂化猪场种公猪没有运动条件，不进行驱赶运动，所以淘汰率增加，缩短了种用年限，一般只利用2年左右。

(四)刷拭和修蹄　每日定时用刷子刷拭猪体，热天结合淋浴冲洗，可保持皮肤清洁卫生，促进血液循环，少患皮肤病和外寄生虫病。这也是饲养员调教公猪的机会，使种公猪温驯听从管教，便于采精和辅助配种。

要注意保护猪的肢蹄，对不良的蹄形进行修蹄，蹄不正常会影响活动和配种。

(五)定期检查精液品质和称量体重　实行人工授精的公猪，每次采精都要检查精液品质。如果采用本交，每月也要检查1～2次精液品质，特别是后备公猪开始使用前和由非配种期转入配种期之前，都要检查精液2～3次，严防死精公猪配种。种公猪应定期称量体重，可检查其生长发育和体况。根据种公猪的精液品质和体重变化来调整日粮的营养水平和饲料喂量。

(六)防止公猪咬架　公猪好斗，如偶尔相遇就会咬架。公猪咬架时应迅速放出发情母猪将公猪引走，或者用木板将公猪隔离开，也可用水猛冲公猪眼部将其撵走。最主要应预防咬架，如不能及时平息，会造成严重的伤亡事故。

(七)防寒防暑　种公猪最适宜的温度为18～20℃。冬季猪舍要防寒保温，以减少饲料的消耗和疾病发生。夏季高温时要防暑降温，高温对种公猪的影响尤为严重，轻者食欲下降、性欲降低，重者精液品质下降，甚至会中暑死亡。现举例说明高温对种公猪的影响。将16头种公猪平均分为两组，C组8头公猪为对照组生活在23℃的环境温度条件下，S组8头公猪为高温处理组，生活在33℃环境条件下72 h，然后降到与对照组相同的温度条件下，其高温处理对种公猪的影响如表4-1所示。

通过表4-1可以看出，种公猪在33℃的高温条件下处理72 h，其精液品质受到严重的影响。表现出精子活力下降，总精子数和活精子数减少、畸形精子数增加，因而使与配母猪妊娠率下降，胚胎成活率降低。从影响时间来看，处理58天后精液品质才恢复正常。可见高温对种公猪有非常大的影响。防暑降温的措施很多，有通风、洒水、洗澡、遮阳等方法，各地可因地制宜进行操作。

表4-1　72 h应激对公猪精液品质的影响

处理后天数		头数	活力(0～4 min)	活精子数(%)	每次采集精子总数(百亿)	畸形精子数(%)	输精母猪头数(头)	妊娠率(%)	胚胎成活率(%)
处理前	C	8	3.9	89.0	4.79	5.8	12	100.00	79.6
	S	8	3.9	88.8	5.75	4.4	12	83.30	81.2
1～15	C	8	3.9	89.1	4.79	6.3	17	81.20	80.0
	S	8	3.6	85.1	5.75	16.5	11	90.90	74.0
16～30	C	8	3.9	89.1	5.42	5.2	12	83.30	79.5
	S	8	2.1	50.9	2.94	20.9	13	61.50	63.6
31～45	C	7	3.9	90.0	5.33	8.2	14	92.9	74.4
	S	8	2.4	51.5	2.76	24.3	17	52.9	73.8
46～58	C	7	3.9	89.0	5.40	7.6	9	88.9	79.0
	S	8	3.2	79.1	3.47	10.8	13	61.5	66.1
59～73			4.0	90.0	5.47	5.4	5	100.00	83.1
			3.9	89.8	5.55	7.6	10	80.00	70.7

注：C为对照组环境温度23℃；S为处理组环境温度33℃，处理72 h。

四、种公猪的利用

(一)种公猪的初配年龄　青年种公猪的初配年龄,常常随其品种、气候和饲养管理条件等条件的不同而有所变化。虽然有些种猪性成熟较早,但并不意味着就可以马上配种利用。如果配种时间过早,不仅会影响到公猪今后的生长发育,而且所生仔猪数量较少体小而弱,生长缓慢,缩短公猪的利用年限。如果初配时间过迟,也会影响公猪的正常性机能活动和降低繁殖力。

种公猪最适宜的初配年龄,应根据猪不同品种、年龄和生长发育情况来确定,一般宜选在性成熟之后和体成熟之前配种。培育品种不早于8～9月龄,体重不低于100 kg;北方地区猪种8月龄,体重80 kg左右;南方早熟猪种6～7月龄,体重65 kg左右开始配种为宜。

(二)种公猪的合理使用

(1)严格掌握后备公猪开始配种的年龄和体重,不能过早也不能过迟配种。

(2)掌握好配种强度,初配青年公猪一般以每周使用2～3次为宜,2～4岁的壮年公猪在配种旺季,每日可交配1次,必要时可交配2次,2次交配时间间隔为8～12 h,同时每周至少休息1～2天,在分散饲养及非季节性产仔情况下,1头成年公猪可负责25头母猪的配种任务,但在季节性产仔时,只可负担15头左右母猪的配种。

(3)选择适宜的配种时间,夏季安排在早晨与傍晚凉爽时进行,冬季安排在上下午天气暖和时进行,配种前后1 h不要喂食,配种后不要立即给公猪饮凉水和冷水冲洗。

(4)配种时最好有专门的场地,地面要求平坦而不滑,以利配种进行,公猪1次交配的时间很长,为3～25 min,所以交配时切不可有任何干扰。每次配种完毕,应让公猪自由活动十几分钟,然后再赶回圈内,并给些温水让其自饮。

1 头种公猪在其整个种用年限内，大致分为 3 个阶段：1～2 岁为青年阶段，这个时期猪体正处在继续生长发育阶段，因此，不宜频繁配种，每周以配种1～2 次为宜；2～5 岁为青壮年阶段，这时期猪体已基本发育健全，生殖机能较为旺盛，在营养较好的情况下，每日可交配 1～2 次；5 岁后的公猪，由于体质衰弱，每隔 1～2 天配种 1 次。种公猪的利用年限一般可达 4～6 年，如果养的好，配种合理，使用年限可延长到 8 年甚至更长些。

(三)种公猪性欲低下及早衰的防治　种公猪生产过程中性欲低下主要是由于使用过度，运动不足，饲料中长期缺乏维生素 E 或维生素 A，引起性腺退化、睾丸炎、肾炎、膀胱炎等许多疾病所致。

公猪性欲低下的主要表现为它见到母猪不爬跨，性欲迟钝，厌配或拒配，即使爬跨母猪也阳痿不举，或交配时间短、射精不足。

对性欲低下的公猪要喂给专门的配合饲料建立适宜的配种制度，合理使用，最好用人工授精的方法。另外，对种公猪要适当加强运动，对于疾病而继发的种公猪性欲低下针对原发病进行治疗；对性欲不强、射精不足的种公猪，其精液严禁使用。

除了针对病因采取相同的防治措施外，还可根据病情，肌肉或皮下注射甲基睾丸酮30～50 mL；也可用中草药淫羊藿900 g，补骨脂9 g，钟乳石30 g，五味子15 g，菟丝子30 g，水煎后1 次喂服，连用 2～3 次。

第二节　种母猪的饲养管理

一、母猪配种前的饲养管理

(一)后备母猪的选择

1. 挑选后备母猪的要点

(1)身体健康、无遗传疾患。后备母猪要选择生长发育正常精神活泼，健康无病的个体。后备猪一定要来自无任何遗传疾患的家系。猪的遗传病有多种，常见的有赫尔尼亚（疝气）、隐睾、偏睾，乳头排列不整齐、瞎乳头和副乳头等。遗传疾病的存在首先是影响猪群生产性能的发挥，其次是给生产管理带来许多不便，严重的可使猪只死亡。

（2）体型外貌的选择。后备猪的体型外貌应具有品种特征，如毛色（黑、白、花等）、耳型（立、垂、前倾等）、头型（大、小等）、背腰长短、体躯宽窄、四肢粗细高矮等均要符合品种的要求。例如，长白猪的外形是毛色纯白，耳大且向前倾，头小，嘴粗长，身腰细长，后躯发育良好，四肢细且高，给人以清秀的感觉。

（3）繁殖性能的选择。繁殖性状是种猪非常重要的性状。后备猪应选自那些产仔数多、哺育能力强、断奶窝重大等繁殖力高的家系。后备猪应有良好的外生殖器官。后备猪要有正常的发情周期，发情症状明显，还应注意外阴部的选择，应挑选阴户发育较大且下垂的个体，阴户发育过小而向上翘的母猪往往是生殖器官发育不良的个体。特别是母系品种更应着重繁殖力的选择。

（4）生长发育或肥育性状选择。后备公母猪生长发育性状或者全同胞的肥育性状均是选择后备猪的依据。包括生长速度和饲料利用率两方面。

①生长速度（平均日增重）。后备猪本身的增重速度和全同胞肉猪的增重速度。

$$平均日增重=\frac{终重-始重}{后备猪测定天数(肉猪肥育天数)}$$

②饲料利用率。饲料利用率准确的含义是每千克饲料可增加多少千克活体重。而在养猪生产上多习惯用每增重1 kg 活体重需要多少千克饲料来表示。

$$饲料利用率=\frac{后备猪测定期(肉猪肥育期)的饲料消耗量}{终重-始重}$$

后备猪应选择那些本身和全同胞肥肉猪生长速度快，饲料利用率高的个体。

(5)胴体性状的选择。对于后备猪本身只能在6月龄时用仪器测量背膘厚度和眼肌面积，以此来表示本身的背脂和瘦肉的生长情况。胴体品质是通过屠宰其全同胞来获得。多用屠宰率、背膘厚、眼肌面积、瘦肉率、脂肪率和肉的品质等多项来表示。后备猪应选自那些胴体品质良好的家系。

以上所提到的各性状，表现有早有晚，胴体性状多在屠宰后才能测定。在选择后备猪时想全面了解这些性状的优劣，仅通过被选择个体本身是不能达到的，一般根据以下3个方面进行选择：第一方面根据父母的成绩选择，当被选个体较小，许多性状尚未表现时，根据父母双亲的生长发育，繁殖和体型外貌等性能进行早期选择。第二方面根据同胞猪的成绩选择，根据被选个体的全同胞和半同胞的优劣，例如，种用同胞猪(不同胎次)的体型外貌、生长发育、繁殖成绩等，肉用同胞猪的肥育性状和胴体、品质等进行选择。第三方面也是最重要的选择依据，就是依被选个体本身的优劣进行选择，例如，本身的体型外貌、生长发育、性成熟和性行为表现、背膘厚度和眼肌面积等项进行选择。

再从被选择性状的多少来看，当根据多个性状选择时，可根据被选性状的重要性，制定一个选择指数进行指数选择。

例如，三江白猪后备猪的选择指数是：

$$I=\frac{2X_1+X_2-X_3}{2}\times 100\%$$

其中，

$$X_1=\frac{\text{个体平均日增重(g)}}{\text{同期群体平均日增重(g)}}$$

$$X_2=\frac{\text{个体体长(cm)}}{\text{同期群体平均体长(cm)}}$$

$$X_3=\frac{\text{个体背膘厚(cm)}}{\text{同期群体平均背膘厚(cm)}}$$

从这一选择指数看后备猪的选择重点首先是增重速度，其次是体长和背膘厚。挑选后备猪时，根据上述3项指标的成绩计算出每头后备猪的指数值，按值的大小排队，从大到小依次选留。实际选留时应去掉体型外貌有缺欠的个体。

2. 后备猪的选择时期　后备猪有2月龄、4月龄、6月龄和初配前等时期的多次选择。

(1)2月龄选择。2月龄选择就是过去的断奶选择，过去实行仔猪生后60日龄断奶。近年来随着养猪科学和饲料工业的发展，实行了仔猪早期断奶，一般是仔猪生后30～35日龄断奶。如还沿用断奶时选留，常因仔猪太小影响准确率，所以，还实行2月龄选留。2月龄选种是窝选，就是选留大窝中的好个体。窝选是在父母亲都是优良个体的相同条件下，从产仔头数多、哺育率高、断奶和育成窝重大的窝中选留发育良好的公母仔猪。窝选和个体选择不相同，过去实行的个体选择是以被选个体本身的生长发育为依据，不重视同窝同胞头数的多少和生长发育的好坏。下面我们举例说明窝选和个体选择的差别。

有10头母猪处在相同的饲养管理条件下，同期产仔、断奶。其中有6头母猪窝断奶仔猪均在10头以上，并且仔猪生长发育较好，虽然每头仔猪的个体重不太大，但窝重大，而另4头母猪窝断奶仔猪为5～7头，虽然仔猪个体重较大，但因头数少而窝重小。从以上10窝仔猪选留后备猪时，窝选主要是从前6窝中挑选出理想的个体。而个体选择入选仔猪有可能多数来自后4窝仔猪，因为它们体重大，个体发育好。

窝选实际选择的是公母猪的繁殖性状。初次选留后备猪的头数要多，以后再逐渐淘汰不良个体。

(2)4月龄选择。主要是淘汰那些生长发育不良或者是有突出缺欠的个体。

(3)6 月龄选择。后备猪6 月龄时各组织器官已经有了相当发育,优缺点更加突出明显。我们可根据体型外貌、生长发育、性成熟表现、外生殖器官的好坏、背膘厚薄等性状进行严格的选择,淘汰量较大。

(4)配种前选择。后备公母猪在初配前进行最后1 次挑选。淘汰发情周期不规律、发情征状不明显的后备母猪。

以上所提到的4 次选择,如能坚持定可选留出优良的后备母猪,达到理想的效果。

(二)后备母猪的饲养　小母猪在6 月龄前一般采用自由采食,6 月龄后采用限制饲喂。配种前10～14 天实行短期优饲,一般可增加产仔数2 个左右(表4-2),优饲程度是在原低能日粮基础上每日多喂25～35 MJ 消化能(表4-3),配种结束后立即降低饲养水

表4-2　短期优饲天数对后备母猪排卵数的影响

试验次数	发情前优饲天数(天)	增加排卵数(个)
6	0～1	0.4
6	2～7	0.9
8	10	1.6
14	12～14	2.2
2	21	3.1

引自Hughesand Varley,1980;
注:以低能(13.21～22.02 MJ)为基础。

表4-3　短期优饲程度对后备母猪排卵数的影响

试验次数	优饲程度(MJ)	增加排卵数(个)
6	25.54～33.91	2.15
17	14.97～26.66	1.47
10	7.49～13.56	1.60

引自Hughesand Varley,1980;
注:以低能(13.21～22.02 MJ)为基础。

平，否则可导致胚胎死亡数增加。后备母猪一般4～6头一圈，最好设有运动场，以保证肢蹄健康。

(三)后备母猪的管理

1. 分群管理　为使后备猪生长发育均匀整齐化一，可按性别(公母猪分开)、体重大小分成小群饲养，每圈可养4～6头，饲养密度适当。饲养密度过高影响生长发育，出现咬尾、咬耳恶癖。小群饲养有两种饲喂方式：一是小群合槽饲喂(可自由采食可限量饲喂)，这种喂法优点是猪只争抢吃食快，缺点是强弱吃食不均，容易出现弱猪。二是单槽饲喂小群运动，优点是吃食均匀，生长发育整齐，但栏杆食槽设备投资较大。

2. 运动　为了促进后备猪筋骨发达，体质健康，猪体发育匀称均衡，特别是四肢灵活坚实，就要有适度的运动。伴随四肢运动全身有75%的肌肉和器官同时参加运动。尤其是放牧运动可呼吸新鲜空气和接受日光浴，拱食鲜土和青绿饲料，对促进生长发育和抗病力有良好的作用。

3. 调教　后备猪从小要加强调教管理。首先，建立人与猪的和睦关系，从幼猪阶段开始，利用称量体重、喂食之便进行口令和触摸等亲和训练，严禁恶声恶气地打骂它们，这样猪愿意接近人，便于将来配种、接产、哺乳等繁殖时操作管理。怕人母猪常出现流产和难产现象。其次，训练良好的生活规律，规律性的生活猪感到自在舒服，有利于生长发育。第三，对耳根、腹侧和乳房等敏感部位触摸训练，这样既便于以后的管理、疫苗注射，还可促进乳房的发育。

4. 定期称重　后备猪最好按月龄进行个体称量体重，任何品种的猪只都有一定的生长发育规律，换言之，不同的月龄都有相对应的体重范围。通过后备猪各月龄体重变化可比较生长发育的优劣，适时调整饲料的饲养水平和饲喂量，达到品种发育要求。

5. 日常管理　后备猪同样需要防寒保温、防暑降温、清洁卫生等环境条件的管理。

(四)配种前经产母猪的管理　母猪经过一个泌乳期，体重减轻25%左右，断乳时如能保持7～8成膘，5～10天就能正常发情配种。但配种前仍宜充足饲养，每日喂给2.5 kg以上的饲料。对于泌乳力高，带仔多，体况较差的断乳母猪，更应提高饲料喂量，以恢复体况，促进母猪尽快发情排卵。对于特别瘦弱的母猪，应特别注意泌乳期的充足饲养。

二、妊娠母猪的饲养管理

(一)胚胎的生长发育特点　胚胎的生长发育特点是前期形成器官，后期增加体重。器官是在21天左右形成，体重的60%以上是在怀孕最后20～30天增长的。

母猪每个情期排卵20个左右，卵子的受精率大多在95%以上，但每胎产活仔仅10头左右，说明约有一半的受精卵在发育过程中死亡。胚胎在发育中的死亡并不均衡，而是有3个死亡高峰：第一个死亡高峰是在怀孕后第9～13天，死亡胚胎占胚胎总数的20%～25%；第二个死亡高峰是在怀孕后第18～23天，死亡胚胎占胚胎总数的10%～15%；第三个死亡高峰是在怀孕后第60～70天，死亡胚胎占胚胎总数的5%～10%。妊娠后期和临产前的死亡也占5%～10%。

猪胎儿生长发育过程是：卵细胞从卵巢排出后，在近卵巢端的输卵管膨大部处受精，受精卵在进行细胞分裂的同时继续沿输卵管向子宫角移行，在排卵后的3～4天到达子宫角。各受精卵初到子宫内呈浮游状态，没有固定的位置。随后逐渐均匀地分布在两个子宫角内，并逐渐形成胎盘，与母体建立起更密切的关系。这一过程需20～30天，平均22天的时间。在形成胎盘前由于胚胎没有保护物，对来自外界不良条件的刺激很敏感，容易造成胚胎死亡。在这期间虽然每个胚胎的个体小、质量轻，但实际上胚胎处于强烈的分化时期，需要对母猪进行耐心细致的饲养管理。随母猪怀孕日龄的增加，胎儿生长发育速度加快，怀孕 30 天时每个胚胎质量只有 2 g，仅占初生体重的 0.15%；怀孕 80 天时每个胎儿的质量为400 g，占初生体重的29.00%。如果每头仔猪初生体重按1 400 g 计算，在怀孕 80 天以后的短短 34 天时间里，每个胎儿的增重为1 000 g，占初生体重的71.00%之多，是前80 天每个胎儿总质量的2.5 倍。由此可见，怀孕最后 34 天是胎儿体重增加的关键时期(表 4-4)。

表 4-4 猪胎儿的发育变化

胎龄(天)	胎重(g)	占初生重(%)
30	2.0	0.15
40	13.0	0.90
50	40.0	3.00
60	110.0	8.00
70	263.0	19.00
80	400.0	29.00
90	550.0	39.00
100	1 060.0	76.00
110	1 150.0	82.00
出生	1 300～1 500	100.00

(二)妊娠母猪的新陈代谢特点　妊娠母猪合成代谢效率高，特别是妊娠前期，据测定，母猪在妊娠期的增重远高于喂同等日粮的空怀母猪(表 4-5)。根据这一特点，妊娠母猪宜采用低营养水平饲养。

表 4-5 妊娠与空怀母猪的体重变化 kg

项目	采食量(g)	配种体重	临产体重	产后体重	净增重	相差
试 1 妊娠	418	230	308	284	54	
试 1 空怀	419	231	270	270	39	15
试 2 妊娠	225	230	274	250	20	
试 2 空怀	224	231	235	235	4	16

妊娠期增重的内容包括母体本身组织增长和子宫及其内容物(胎儿、胎膜、胎水)的增长,在妊娠前期的妊娠增重中,母体本身组织增长占绝大部分,子宫内容物的增长随妊娠期的延长而加速,到妊娠后期,子宫内容物的增重占一半以上(表4-6)。据此,母猪在妊娠后期宜提高营养水平。并且对能量敏感,高能量水平降低母猪的产仔数;妊娠期高营养水平还影响泌乳期母猪的食欲与采食量。

表4-6　妊娠各阶段及其内容物的变化　　g

妊娠期	0～30天	31～60天	61～90天	91～114天
日增重	647	622	456	408
骨与肌肉	290	278	253	239
皮下脂肪	160	122	−23	−69
板油	10	−4	−6	−22
子宫	33	30	38	39
子宫内容物	62	148	156	217

(三)妊娠母猪的营养与饲养　根据妊娠母猪的营养利用特点和增重规律,通常把整个妊娠期划分为前期(0～80天)和后期(80～114天)或前期(0～40天)、中期(40～80天)和后期(80～114天)。母猪在妊娠前期对营养的需要主要是用于自身生命的维持和复膘,初产母猪还要用于自身的发育,胚胎发育所需极少。妊娠后期胎儿生长发育迅速,对营养要求需要增加。因此,饲养妊娠母猪的原则是:前期营养要全面,保证胎儿器官的形成;后期营养水平要高,保证胎儿的增重;全期应控制能量水平不要过高。

青年母猪在妊娠前期每日喂1.8～2.5 kg饲料(含消化能20～28 MJ),经产母猪每日喂1.6～2.3 kg饲料(含消化能17.6～25.5 MJ),妊娠后1/3阶段,日给量在原基础上增加0.3～0.4 kg。在整个妊娠期的总增重,青年母猪应为40～45 kg,经产母猪应为30～35 kg。如果妊娠期间母猪采食能量过高,则会使母猪变肥,子宫周围沉积大量脂肪，影响胎儿发育，增加死胎数，据测定，膘肥母猪较膘情较差母猪死胎率高8个百分点；妊娠期间采食能量过高还会使母猪在泌乳期食欲降低，采食量减少，母猪失重过多，推迟下次发情配种的时间(表4-7)；据测定，在维持需要基础上，每提高6.28 kJ 消化能，产仔数减少0.5头(表4-8)。能量水平过低则减小出生重。

表4-7 母猪在妊娠期的采食量与泌乳期采食的相关关系 kg

妊娠期采食量	0.9	1.4	1.9	2.4	3.0
妊娠期共增重	5.9	30.3	51.2	62.8	74.4
泌乳期日采食量	4.3	4.3	2.6	3.9	3.4
泌乳期体重变化	+6.1	+0.9	−4.4	−7.6	−8.5

表4-8 初配母猪在妊娠初期能量水平对胚胎存活的影响

试验次数	配种后饲养天数	活胚数		活胚率(%)	
		限食(20.9 MJ)	不限(38.1 MJ)	限食(20.9 MJ)	不限(38.1 MJ)
13	25	9.7	9.9	77	74
12	28～31	11.6	11.8	78	74
15	37～43	9.3	8.8	80	69

粗蛋白水平一般13%～15%，过高增加饲料成本，过低也会影响仔猪活力与出生重(表4-9)，并降低以后各胎的繁殖性能。同时应注意钙、磷、微量元素和多种维生素的充分供应。

表4-9 母猪在妊娠初期蛋白水平对系列性能的影响

试验次数	蛋白质(g/日)		产活仔数(头)		初生重(kg)	
	限制	足够	限制	足够	限制	足够
6	2	225	8.8	9.39	0.93	1.15
10	83	354	11.0	10.6	1.18	1.22
17	156	350	9.5	9.5	1.29	1.29
10	306	480	11.4	11.5	1.32	1.32

为了合理饲养妊娠母猪，生产上应具体情况具体对待。对于体况较好的成年母猪，宜采用前粗后精的饲养方式。即前期胎儿增重少，母猪胃肠容积也大，可多喂些青粗饲料，尤其是青绿饲料，这样既可完善营养，又可节约精饲料；而后期则加喂精料，提高营养水平。对于带仔多、泌乳力高、膘情较差的母猪，为恢复体况宜采用抓两头带中间的饲养方式，即在前期应适当加喂精料，待体况恢复后，再减少精料量，到妊娠后期再增加精料喂量。对于正在生长的青年母猪，应采用步步登高的饲养方式，即开始可喂些青粗饲料，以后随胎儿的增长逐步增加精料比例，以保证胎儿及母猪本身的生长发育。

生产上判断母猪体况可根据 Patience Thacker（1989）所绘制的母猪体况评分图来评定（图 4-1）。

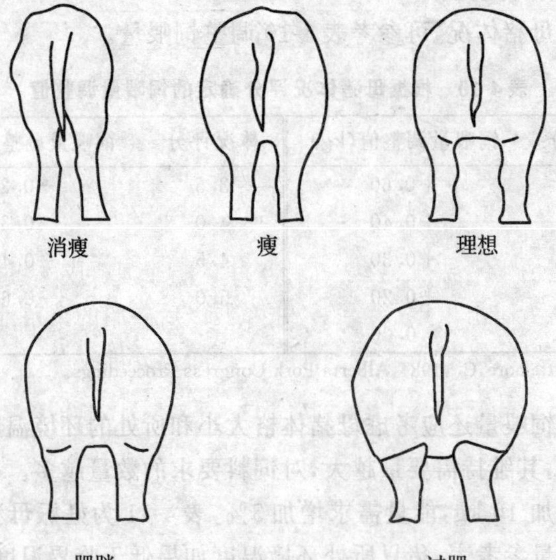

图 4-1 母猪体况评分图

1 分为消瘦，皮下腰角（髂骨外角）及脊椎背部突出，肉眼观察明显可见。

2 分为瘦，腰角及脊椎背部用手摸得出。

3 分为理想，腰角及脊椎背部用手重压可感觉到。

4 分为肥，腰角及脊椎背部无法感觉。

5 分为过肥，腰角及脊椎背部完全被脂肪覆盖，腹部底线中间部位肥胖突出，后侧观两腿间脂肪下垂。

母猪的饲养必须注意到体况，在怀孕后期可以容许3.5分，在断乳时可以容许2.5分，其他阶段均以保持3分为宜。如果猪场配有猪活体测膘仪，可在母猪第10肋骨上方，据背中线4cm位置测量背膘厚度，3分母猪背膘为16～20 mm，3.5分时为25 mm，2.5分时为12 mm。其背膘厚度与品种及该品种的瘦肉率有一定关系，实际中应给予考虑。

根据母猪体况，可参考表4-10调整饲喂量。

表4-10　根据母猪体况评分确定的饲喂量调整值

体况评分	饲喂量调整值(kg)	体况评分	饲喂量调整值(kg)
1.0	+0.60	3.5	−0.20
1.5	+0.40	4.0	−0.30
2.0	+0.30	4.5	−0.40
2.5	+0.20	5.0	−0.60
3.0	0.00		

引自 Wittemore，C.，1984，Alberta Pork Congress Proceedings。

母猪饲喂量还应考虑母猪体格大小和所处的环境温度。母猪体格越大，其维持需要量越大，对饲料要求的数量越多。一般母猪体重每增加10 kg，能量需求增加5%，表4-11为妊娠母猪推荐了一个饲喂量参考表。猪只所处环境温度如果低于临界温度，由于寒冷产热维持体温而增加猪对饲料需求量，一般每比临界温度下限低1℃，每日每千克代谢体重产热量增加15.48～18.83 kJ，1头体

表4-11　妊娠母猪体重与推荐喂量　kg

母猪体重	每日喂料量	预计母猪体重增加
120	2.0	30
140	2.1	25
160	2.2	25
180	2.3	20
200	2.4	20
220	2.5	20
240	2.6	15

引自Aherne,1990。

重200 kg的猪每日至少需增加90～110 g饲料。

为防止产后不食或高烧,对于膘情正常的母猪,在分娩前3～5天开始减料,减料量为正常喂量的1/3左右。

饲喂妊娠母猪还要注意日粮体积,一是应保证预定的日粮营养水平,二是妊娠母猪不感到过分饥饿,三是不压迫胎儿。其方法是根据胎儿发育的不同阶段,适时调整精粗料比例,后期适当增加饲喂次数。母猪不应喂给发霉变质的饲料,未经脱毒素的棉子饼、菜子饼、农药残毒饲料、酸性过大的青贮饲料、粉浆和粉渣、含酒精过多的酒糟不能喂给怀孕母猪,必要时可少量搭配。

为了防止母猪发生便秘,分娩前应适当加喂轻泻剂,Richard的研究证明,加喂日粮1.65%的氯化钾具有明显的轻泻作用,0.55%～1.1%水平可提高泌乳母猪的采食量。

(四)妊娠母猪预产期的推算　母猪配种时要详细记录配种日期和与配公猪的品种及号码。一旦断定母猪妊娠就要推算出预产日期,便于饲养管理,做好接产准备。母猪的妊娠期为110～120天,平均为114天。推算母猪预产期均按114天进行,目前有以下几种方法推算。

1. 三、三、三法　为了便于记忆可把母猪的妊娠期记为三个月三个星期零三天。

2. 配种月加3，配种日加20法　即在母猪配种月份上加3，在配种日子上加20，所得日期就是母猪的预产期。例如，2月1日配种，5月21日分娩，3月20日配种，7月10日分娩。

3. 查表法　因为月份有大有小，天数不等，为了把预产期推算的更准确，把月份大小的误差排除掉，同时也为了应用方便，减少临时推算的错误，可查预产期推算表。如表4-12所示。

表4-12　母猪分娩日期推算表

配种	1月	2月	3月	4月	5月	6月	7月	8月	9月	10月	11月	12月
1日	4.25	5.26	6.23	7.24	8.23	9.23	10.23	11.23	12.24	1.23	2.23	3.25
2日	4.26	5.27	6.24	7.25	8.24	9.24	10.24	11.24	12.25	1.24	2.24	3.26
3日	4.27	5.28	6.25	7.26	8.25	9.25	10.25	11.25	12.26	1.25	2.25	3.27
4日	4.28	5.29	6.26	7.27	8.26	9.26	10.26	11.26	12.27	1.26	2.26	3.28
5日	4.29	5.3	6.27	7.28	8.27	9.27	10.27	11.27	12.28	1.27	2.27	3.29
6日	4.30	5.31	6.28	7.29	8.28	9.28	10.28	11.28	12.29	1.28	2.28	3.3
7日	5.1	6.1	6.29	7.30	8.29	9.29	10.29	11.29	12.30	1.29	3.1	3.31
8日	5.2	6.2	6.30	7.31	8.30	9.30	10.30	11.30	12.31	1.30	3.2	4.1
9日	5.3	6.3	7.1	8.1	8.31	10.1	10.31	12.1	1.1	1.31	3.3	4.2
10日	5.4	6.4	7.2	8.2	9.1	10.2	11.1	12.2	1.2	2.1	3.4	4.3
11日	5.5	6.5	7.3	8.3	9.2	10.3	11.2	12.3	1.3	2.2	3.5	4.4
12日	5.6	6.6	7.4	8.4	9.3	10.4	11.3	12.4	1.4	2.3	3.6	4.5
13日	5.7	6.7	7.5	8.5	9.4	10.5	11.4	12.5	1.5	2.4	3.7	4.6
14日	5.8	6.8	7.6	8.6	9.5	10.6	11.5	12.6	1.6	2.5	3.8	4.7
15日	5.9	6.9	7.7	8.7	9.6	10.7	11.6	12.7	1.7	2.6	3.9	4.8
16日	5.10	6.10	7.8	8.8	9.7	10.8	11.7	12.8	1.8	2.7	3.10	4.9
17日	5.11	6.11	7.9	8.9	9.8	10.9	11.8	12.9	1.9	2.8	3.11	4.10
18日	5.12	6.12	7.10	8.10	9.9	10.10	11.9	12.10	1.10	2.9	3.12	4.11
19日	5.13	6.13	7.11	8.11	9.10	10.11	11.10	12.11	1.11	2.10	3.13	4.12
20日	5.14	6.14	7.12	8.12	9.11	10.12	11.11	12.12	1.12	2.11	3.14	4.13
21日	5.15	6.15	7.13	8.13	9.12	10.13	11.12	12.13	1.13	2.12	3.15	4.14

续表 4-12

配种	1月	2月	3月	4月	5月	6月	7月	8月	9月	10月	11月	12月
22日	5.16	6.16	7.14	8.14	9.13	10.14	11.13	12.14	1.14	2.13	3.16	4.15
23日	5.17	6.17	7.15	8.15	9.14	10.15	11.14	12.15	1.15	2.14	3.17	4.16
24日	5.18	6.18	7.16	8.16	9.15	10.16	11.15	12.16	1.16	2.15	3.18	4.17
25日	5.19	6.19	7.17	8.17	9.16	10.17	11.16	12.17	1.17	2.16	3.19	4.18
26日	5.20	6.20	7.18	8.18	9.17	10.18	11.17	12.18	1.18	2.17	3.20	4.19
27日	5.21	6.21	7.19	8.19	9.18	10.19	11.18	12.19	1.19	2.18	3.21	4.20
28日	5.22	6.22	7.20	8.20	9.19	10.20	11.19	12.20	1.20	2.19	3.22	4.21
29日	5.23	—	7.21	8.21	9.20	10.21	11.20	12.21	1.21	2.20	3.23	4.22
30日	5.24	—	7.22	8.22	9.21	10.22	11.21	12.22	1.22	2.21	3.24	4.23
31日	5.25	—	7.23	—	9.22	—	11.22	12.23	—	2.22	—	4.24

母猪预产期推算表中，上边第一行为配种月份，左边第一列为配种日，表中交叉部分为预产日期。例如，30号母猪1月1日配种，先从配种月份中找到1月，再从配种日中找到1日，交叉处的4.25即4月25日为预产日期。再如，6月15日配种的母猪，预产期为10月7日。

（五）妊娠母猪的管理

1. 饲养方式可分小群饲养和单栏饲养　小群饲养就是将配种期相近、体重大小和性情强弱相近的3～5头母猪在一圈饲养。到妊娠后期每圈饲养2～3头。小群饲养的优点是妊娠母猪可以自由运动（有的舍外还设小运动场），吃食时由于争抢可促进食欲，缺点是如果分群不当，胆小的母猪吃食少，影响胎儿的生长发育。单栏饲养也称禁闭式饲养，妊娠母猪从空怀阶段开始到妊娠产仔前，均饲养在宽60～70 cm、长2.1 m的栏内。单栏饲养的优点是吃食量均匀，没有相互间碰撞，缺点是不能自由运动，肢蹄病较多。

2. 良好的环境条件　保持猪舍的清洁卫生，注意防寒防暑，有良好的通风换气设备。

3. 保证饲料质量　妊娠母猪不能吃冰冻、发霉变质和有毒的饲料，供给清洁饮水。后期可适当增加饲喂次数，减少每次喂量。

4. 耐心的管理　对妊娠母猪态度要温和，不要打骂惊吓，经常触摸腹部，可便于将来接产管理。每日都要观察母猪吃食、饮水、粪尿和精神状态，做到防病治病，特别要注意消灭易传染给仔猪的内外寄生虫病。

三、产仔母猪的饲养管理

（一）产前准备工作

1. 产房清扫消毒　进猪前产房要彻底清扫，并用火碱水等消毒药消毒，有条件的最好用熏蒸消毒更彻底。

2. 产前应准备好用具　高锰酸钾、碘酒、干净毛巾、照明用灯，冬季还应准备仔猪保温箱、红外线灯或电热板等。

3. 猪体清洗　产仔前1周将妊娠母猪赶入产房，上产床前将母猪全身冲洗干净，这样可保证产床的清洁卫生，减少初生仔猪的疾病。

（二）母猪临产前表现　母猪妊娠期平均为114天，范围是110～120天，也就是说实际产仔日期可能出现在预计产仔日期的前后。到底是提前还是错后，要靠工作人员现场观察临产母猪的表现来确定。临产表现有以下几方面：

1. 乳房的变化　母猪产前15～20天，乳房开始由后部向前部逐渐下垂膨大，其基部在腹部隆起呈两条带状，乳房的皮肤发紧而红亮，两排乳头八字形向两外侧开张。产前用手挤乳头有乳汁分泌。当挤出清亮乳汁时，产仔近在2～3天，挤出黏稠黄白色乳汁时则临产已到。但是有个别母猪产后才分泌乳汁，所以，要综合其他临产前表现确定临产时间。

2. 外阴部的变化　母猪临产前3～5天，外阴部开始红肿下垂，尾根两侧出现凹陷，这是骨盆开张的标志。排泄粪尿的次数增加。

3. 神经征状　临产前母猪神经敏感，行动不安，起卧不定，吃食不好。有的还衔草做窝或拱草拱土围窝。护仔性强的母猪变得性情暴躁，不叫人接近，有的还咬人，给人工接产造成困难。

（三）接产技术　临产前先用0.1‰的高锰酸钾水溶液擦洗乳房及外阴部。

1. 母猪产仔时状态　母猪产仔时多数侧卧，腹部阵痛，全身哆嗦，呼吸紧迫，用力努责。阴门流出羊水，两后腿向前直伸，尾巴向上卷，产出仔猪。

2. 仔猪出生时状态　胎儿进入产道后，脐带多数从胎盘上拉断，通过脐带供给仔猪的氧气停止，只等出生后仔猪用肺进行呼吸。如果胎儿在产道停留过长不能及时产出，就有憋死的可能。

胎儿出生时头部先出来的称为头前位，约占总产仔数的60%；臀部先生出来的称为臀前位，约占总产仔数的40%。这两种均属正常胎位。

3. 接产母猪产仔时保持安静的环境　可防止难产和缩短产仔时间。仔猪出生后先用清洁的毛巾擦去口鼻中的黏液，使仔猪尽快用肺呼吸，然后再擦干全身，如天气较冷立即将仔猪放入保温箱烤干。当仔猪脐带停止波动即可断脐，方法是先使仔猪躺卧，把脐带中的血反复向仔猪腹部方向挤压，在距仔猪腹部5～6 cm处剪断。断面用5%的碘酒消毒。仔猪生后应尽快吃初乳，既可使仔猪得到营养物质，增加抵抗力，又可促进母猪产仔速度。

4. 假死仔猪的救活　仔猪出生后不呼吸但心脏仍然在跳动的仔猪称为假死仔猪，必须立即采取措施使其呼吸才能成活。救活的方法如下：

(1)用左手倒提仔猪两条后腿，用右手拍打其背部。

(2)用左手托拿仔猪臀部，右手托拿其背部，两手同时进行前后运动，使仔猪自然屈伸，称为人工呼吸运动。

(3)用药棉蘸上酒精或白酒，涂抹仔猪的口鼻部，刺激仔猪呼吸。

(4)在寒冷的冬季可将假死仔猪放入温水中,同时进行人工呼吸,救活后立即将仔猪擦烤干。但要注意仔猪的头和脐带断头端不能放入水中。

四、泌乳母猪的饲养管理

(一)母猪泌乳的特点和规律　乳房结构与乳汁的排放:母猪有7对左右的乳头,每个乳头由2～3个乳腺团组成,每个乳腺团又以乳腺管汇集成一根乳头管通向乳头外端,没有乳池;各乳头间相互没有联系。

1. 乳汁的成分　母猪的乳汁按营养成分和生理作用分为初乳和常乳。初乳是母猪分娩后3天内分泌的淡黄色乳汁,此后的乳汁称常乳。初乳和常乳营养成分见表4-13。

表4-13　母猪初乳和常乳营养成分　%

项目	干物质	蛋白质	脂肪	乳糖	灰分	生长素(mg/100 g)
初乳	25.16	17.77	4.43	3.46	0.63	5.3
常乳	19.89	5.59	8.25	4.81	0.94	1.4

初乳中干物质、蛋白质、生长素含量高,维生素A、维生素C、维生素B_1、维生素B_2含量高,营养丰富。镁盐含量高,具有轻泻作用,可促使胎粪排出;酸度高,具有抑菌和助消化的作用;生长素含量高,可有效促进胃肠的发育,第一天便可增加30%。初乳最大的特点是含有免疫抗体,是初生仔猪获得免疫力的惟一途径,仔猪吃不到初乳很难成活。

2. 乳汁的排放　猪的乳房没有乳池贮积乳汁,所以,只有在分娩后的前一两天,在催产素的作用下,乳汁可随时排出。随后变为定时放乳,其放乳过程首先是仔猪发出尖叫或母猪主动发出喂奶信号，经仔猪1～2 min 的拱揉，母猪才开始放乳。母猪放乳时间很短，一般10～20 s，放乳间隔地方品种一般50～60 min，引入品种60～90 min。在一个泌乳期，前期泌乳时间长，间隔时间短，后期泌乳时间短，间隔时间长。

3. 泌乳量　母猪乳房间相互独立，其泌乳量依位置不同而不同，位于前部的乳房泌乳量一般高于后部(表4-14)。

表4-14　哈白猪乳头导管数及泌乳量

乳头位置	第1对	第2对	第3对	第4对	第5对	第6对	第7对
乳导管数(根)	2.25	2.07	2.04	2.04	2.05	2.02	2.00
相对泌乳量(%)	100	96.8	93.4	97.2	96.0	95.3	74.1

整个泌乳期的泌乳量也不平衡，产后呈增长趋势，3～4周达高峰，以后逐渐下降(表4-15)。

表4-15　母猪泌乳期各阶段泌乳量

泌乳周次	1	2	3	4	5	6	7	8
泌乳量(kg)	5	6.5	7.1	7.2	7.0	6.6	5.7	4.9

初产母猪乳腺发育不完全，缺乏哺育经验，泌乳量较低，2～3胎泌乳量上升，3～6胎保持一定水平，以后下降。

母猪的泌乳量与带仔多少有关，带仔数越多，泌乳量越高。

母猪的泌乳量还与饲养管理水平有关，充足的营养，合理的饲养，安静、凉爽、舒适的环境可提高泌乳量。

(二)泌乳母猪的饲养管理　饲养泌乳母猪的中心任务是提高母猪泌乳量，保证仔猪的健康与增重，防止母猪失重过多，以免降低下一胎的繁殖性能。

分娩后，母猪日产乳量为4～8 kg，在整个泌乳期负担都很重，所以应加强营养，控制母猪失重不宜过高(表4-16)。

表 4-16 饲养水平对泌乳母猪繁殖力的影响

项目	试验次数	高	低
母猪泌乳期失重(kg)	1	5.1	30.0
仔猪断乳窝重(kg)	1	68.7	62.3
母猪断乳至下次配种的间隔(天)	16	11.5	16.3
早期胚胎存活率(%)	3	78	64
窝活仔数(头)	4	10.7	9.8

母猪分娩过程中一般不喂料，产后12 h只给0.5～1 kg料，但必须保证充足的饮水，以后每日增加0.5～1 kg，直至泌乳期正常喂量。泌乳期喂量一般为每日4～5.5 kg，折合消化能58～78 MJ。生产上还应根据猪的品种、体重大小、带仔多少、泌乳力高低适当调整喂量。母猪日粮粗蛋白水平应保持在13%～16%，并注意矿物质、微量元素和多种维生素的供给。

母猪产后应密切注意其吃食、排泄、呼吸、体温、乳房等的变化，发现异常及时处理，防止乳房炎、子宫炎、无乳综合症候群的出现。为了保证猪的采食量，每日应喂三四次，泌乳高峰期夜晚加喂1次。对于泌乳不足的母猪，尤其是初产母猪，应及时进行人工催乳，其方法是加喂动物蛋白饲料或青绿多汁饲料。

生产上最好专门设有产房(带仔母猪舍)，每头母猪一圈或一个产床，并经常保持舍内温暖、干燥、安静、舒适、卫生。

(三)影响母猪泌乳的因素及提高泌乳量的方法

1. 影响母猪泌乳的主要因素

(1)饮水。母猪乳中含水量为81%～83%。为此每日需要较多的饮水，若供水不足或不供水，都会影响猪的泌乳量，常使乳汁变浓，含脂量增多。

(2)饲料。多喂些青绿多汁的饲料，如南瓜、胡萝卜、牛皮菜等，有利于提高母猪的泌乳力，另外，饲喂次数，饲料调制，对母猪的泌乳量也有影响。

(3)母猪的年龄与胎次。一般情况下,第一胎的泌乳量较低,以后逐渐上升,4～5 胎后逐渐下降。

(4)个体大小。一般体重大的比体重小的母猪泌乳量多,因为体重大的母猪失重较多,这是用于泌乳的需要。

(5)分娩季节。春秋两季,天气温和凉爽,青绿饲料多,母猪食欲旺盛,其泌乳量也多,冬季严寒,母猪消耗体热多,泌乳量也少。

(6)母猪发情。母猪在泌乳期间发情,常影响到泌乳的数量和质量,同时易引起仔猪的白痢病,泌乳量较高的母猪,泌乳会抑制发情。

(7)品种。母猪品种不同,泌乳量各异。一般来说,兰德瑞斯猪及其杂交母猪的泌乳力显著高于中型的约克夏、巴克夏及其杂种母猪。

(8)疾病。泌乳期母猪若患病,如感冒、乳房炎、肺炎等疾病、可使泌乳量下降。

(9)管理。猪舍内清洁干燥、环境安静、空气新鲜、阳光充足等,有利于母猪的泌乳;反之,会降低母猪的泌乳量。

2. 提高母猪泌乳量的方法

(1)实行高水平饲养。对泌乳母猪实行高水平饲养,不限量饲养或自由采食。

(2)喂青绿多汁饲料。母猪在哺乳期间,可多喂些青绿多汁饲料,如胡萝卜、南瓜、甜菜(捣细碎喂)。

(3)喂富含维生素饲料。在母猪泌乳期间,可喂些维生素含量多的饲料,如酵母粉等。

(4)加喂催奶药。如喂给成药"妈妈多"10～12 片,每日1 次,连续喂 2～3 天,或服用中成药"下乳散"2 包(20 g 1 包),每日 2 次,煎成汤掺入食物内喂给,连续 2～3 天。

(5)按摩乳房。每日早晨给母猪按乳房 5～10 min,可提高泌乳量。

第五章　仔猪的饲养管理

仔猪是发展规模化养猪生产的基础，仔猪阶段分哺乳仔猪阶段和断乳仔猪阶段。

乳猪的生理特点是生长发育快和生理上的不成熟，造成仔猪饲养难度大，成活率低。

第一节　哺乳仔猪的养育

一、哺乳仔猪的生理特点

乳猪的生理特点是生长发育快和生理上的不成熟，这造成仔猪饲养难度大，成活率低。

（一）生长发育快，机能代谢旺盛，利用养分能力强　乳猪出生体重小，不到成年体重的1%（羊为3.6%，牛为6%，马为9%～10%），但出生以后生长发育很快。一般出生体重为1 kg左右，10日龄时其体重达出生重的2倍以上，30日龄达5～6倍，60日龄达10～13倍。

乳猪生长快，是因为物质代谢旺盛，特别是蛋白质代谢和钙、磷代谢要比成年猪高得多。生后20日龄时，每千克体重沉积的蛋白质，相当于成年猪的30～35倍，每千克体重所需代谢净能为成年猪的3倍。所以，仔猪对营养物质的需要，无论是在数量还是质量上，都高于成年猪，对营养不全的饲料反应特别敏感。因此，对仔猪必须保证各种营养物质的充足供应。

根据筥崎龙雄对长白猪56窝592头哺乳仔猪资料统计，其生长发育结果列于表5-1。

表 5-1 仔猪的发育

项目	日龄						
	出生	10	20	30	40	50	60
平均体重(kg)	1.5	3.24	5.72	7.25	10.56	14.54	18.65
体重范围(kg)	0.9～2.2	2.0～4.8	3.1～7.8	4.2～10.8	5.4～15.3	8.9～22.4	11.0～27.2
增长倍数	1.0	2.16	3.81	4.83	7.04	9.71	12.43

猪体内的水分、蛋白质和矿物质含量随年龄的增长而降低，而沉积脂肪能力则随年龄的增长而提高。形成蛋白质所需要的能量比形成脂肪所需要的能量约少 40%，所以，小猪比大猪长得快，更能经济有效地利用饲料，这是其他家畜不可比拟的。

(二)消化器官不发达，消化腺机能不完善　仔猪出生时，消化器官虽然已经形成，但其重量和容积都比较小，如胃重，仔猪出生时仅有 4～8 g，能容纳乳汁 25～50 g，20 日龄时胃重达到 30 g，容积扩大 2～3 倍，当仔猪 60 日龄时胃重可达到 150 g。小肠也快速生长，4 周龄时重量为出生时的 10.17 倍。消化器官这种快速的生长保持到 7～8 月龄，之后开始降低，一直到 13～15 月龄才接近成年水平。猪的体重与消化器官的增长速度如表 5-2 所示。

表 5-2 猪的体重与消化器官的增长速度

项目	周龄						
	0	4	8	16	20	22	24
体重(kg)	1.34	5.90	13.20	36.10	52.10	71.40	100.00
胃重(g)	5.90	38.94	137.28	368.22	448.06	570.00	599.76
胃重占体重(%)	0.44	0.66	1.04	1.02	0.86	0.80	0.70
小肠重(g)	21.44	218.30	316.80	1 010.8	1 302.5	1 400.01	570.8
小肠重占体重(%)	1.60	3.70	2.40	2.80	2.50	1.96	1.57
大肠重(g)	7.50	40.12	188.76	617.31	880.49	889.64	1 020.0
大肠重占体重(%)	0.56	0.68	1.43	1.71	1.69	1.26	1.02

仔猪出生时胃内仅有凝乳酶，胃蛋白酶很少，由于胃底腺不发达，缺乏游离盐酸，胃蛋白酶没有活性，不能消化蛋白质，特别是植物性蛋白质。这时只有肠腺和胰腺发育比较完全，胰蛋白酶、肠淀粉酶和乳糖酶活性较高，食物主要在小肠内消化。所以，初生小猪只能吃乳，而不能利用植物性饲料。

由于仔猪胃和神经系统之间的联系还没有完全建立，缺乏条件反射性的胃液分泌，只有当食物进入胃内直接刺激胃壁后，才分泌少量胃液。而成年猪由于条件反射作用，即使胃内没有食物，到时同样能大量分泌胃液。

随着仔猪日龄的增长和食物对胃壁的刺激，盐酸的分泌不断增加，到30～40日龄时，胃蛋白酶才能表现出消化能力，仔猪才可利用多种饲料，直到2.5～3月龄时盐酸浓度才能接近成年猪的水平。

哺乳仔猪消化机能不完善的又一表现是食物通过消化道的速度特别快，食物进入胃内排空的速度，15日龄时为1.5 h，30日龄时为3～5 h，60日龄时为16～19 h。

（三）缺乏先天免疫力，容易得病　仔猪出生时没有先天免疫力，是因为免疫抗体是一种大分子γ-球蛋白，胚胎期由于母体血管与胎儿脐带血管之间被6～7层组织隔开，限制了母体抗体通过血液向胎儿转移。因而仔猪出生时没有先天免疫力，自身也不能产生抗体。只有吃到初乳以后，靠初乳把母体的抗体传递给仔猪，以后过渡到自产抗体而获得免疫力。

1. 初乳中免疫抗体的变化　母猪分娩时初乳中免疫抗体含量最高，以后随时间的延长而逐渐降低，分娩开始时每100 mL初乳中含有免疫球蛋白20 g，分娩后4 h下降到10 g，以后还要逐渐减少。所以，分娩后立即使仔猪吃到初乳是提高成活率的关键。

2. 初乳中含有抗蛋白分解酶　初乳中的抗蛋白分解酶可以保护免疫球蛋白不被分解，这种酶存在的时间比较短，如果没有这种酶存在，仔猪就不能原样吸收免疫抗体。

3. 仔猪小肠有吸收大分子蛋白质的能力　仔猪出生后24～36 h，小肠有吸收大分子蛋白质的能力。不论是免疫球蛋白，还是细菌等大分子蛋白质都能无保留地吸收。当小肠内通过一定的乳汁后，这种吸收能力就会减弱消失，母乳中的抗体就不会被原样吸收。

仔猪出生10日龄以后才开始自身产生抗体，直到30～35日龄前数量还很少。因此，3周龄以内是免疫球蛋白青黄不接的阶段，此时胃液内又缺乏游离盐酸，对随饲料、饮水等进入胃内的病原微生物没有消灭和抑制作用，因而仔猪容易患消化道疾病。

（四）调节体温能力差，怕冷　仔猪出生时大脑皮层发育不够健全，通过神经系统调节体温的能力差。还有仔猪体内能源的储存较少，遇到寒冷血糖含量很快降低，如不及时吃到初乳很难成活。仔猪正常体温约39℃，刚出生时所需要的环境温度为30～32℃，当环境温度偏低时仔猪体温开始下降，下降到一定范围开始回升。仔猪生后体温下降的幅度及恢复所用时间视环境温度而变化，环境温度越低，则体温下降的幅度越大，恢复所用的时间越长。当环境温度低到一定范围时，仔猪则会冻僵、冻死。

据研究，初生仔猪如处于13～24℃的环境中，体温在生后第一小时可降低1.7～7.2℃，尤其是在生后20 min内，由于羊水的蒸发降低更快。体温下降幅度与仔猪体重大小和环境温度有关。吃上初乳的健壮仔猪，在18～24℃的环境中，约2天后可恢复正常，在0℃（－4～2℃）左右的环境条件下，经10天尚难达到正常体温。刚出生的仔猪如果裸露在1℃环境中2 h可冻昏，甚至冻死。

二、哺乳仔猪死亡原因分析及三个关键时期

仔猪出生到断乳，死亡率为10%～20%，不仅影响了猪群的发展，而且造成较大经济损失。

（一）死亡原因　有关资料表明，压死或冻死的仔猪占死亡总数的12.75%，下痢死亡占31.16%，肺炎死亡占14.73%，发育不良死亡占8.12%，贫血死亡占8.50%，寄生虫致死占5.19%。又据赵武文的分析，哺乳仔猪非病因死亡占死亡总数的75.9%，病死的占24.1%。非病因死亡中，踩压、弱小致死的占非病因死亡总数的67%，病因死亡中白痢致死占病死总数的57%。以上死亡原因与仔猪的生理特点有密切关系。仔猪体温调节能力差，怕冷，常因环境温度不适患感冒而引发肺炎死亡。另外，刚出生的仔猪，身体软弱，活动能力差，如果护理不当，常会被母猪踩压而死。如能改善饲养管理条件，加强护理，消灭大肠杆菌等肠道传染性病菌，可减少死亡（表5-3）。

表5-3　某种猪场仔猪死亡分析

死因	日龄								合计	死亡率
	3	7	15	20	25	35	45	60	（头）	（%）
压死、冻死	60	50	10	8	5	0	0	2	135	12.82
发育不良	62	15	5	4	0	0	0	0	86	8.16
贫血	0	12	70	8	0	0	0	0	90	8.54
肺炎	20	55	26	35	6	7	7	0	150	14.24
白痢	80	120	90	25	15	0	0	0	330	31.33
寄生虫	0	0	0	0	35	0	0	20	55	5.23
畸形	45	26	9	0	0	0	0	0	80	7.59
心脏病	15	32	2	18	4	1	3	0	75	7.14
白肌、脑炎	0	0	2	7	12	15	6	10	52	4.95
合计	282	310	208	105	77	23	16	32	1 053	100
%	26.59	29.43	19.75	9.97	7.59	2.08	1.51	3.08	100	

（二）死亡时间　据统计，产后第1周死亡数占死亡总数的55.9%，第2周死亡数占20.21%，第3周死亡数占9.92%，第四、五周合计占9.44%，第6～8周3周合计约3.02%。深圳某大型工厂化养猪场统计，仔猪在28天哺乳期内1～8日龄死亡数占哺乳期总

死亡数的79.4%,9～28 日龄死亡数占20.6%。由以上资料可以看出,随日龄的增长,仔猪死亡率逐步下降。因此,抓好早期的饲养管理至关重要。

(三)死亡体重　仔猪初生重大小既影响增重,又影响成活率。据山西大同市某种猪场资料,初生重0.5 kg 以下的仔猪,哺乳期间死亡达80%以上,初生重0.6～1.0 kg 的仔猪,哺乳期间死亡占13%,初生重1.1 kg 以上的仔猪死亡仅占6%。又据美国衣阿华州V.C.Spear 等对17 613 头仔猪的分析,初生重0.9 kg 以上的仔猪成活率为42%,1.35 kg 以上的仔猪成活率达82%以上(表5-4)。

表5-4　仔猪初生重与成活率的关系

体重(kg)	统计头数	占总头数比例(%)	成活率(%)
0.9 以下	1 035	6	42
0.9～1.08	2 367	13	68
1.13～1.31	4 197	24	75
1.35～1.53	5 012	28	82
1.58～1.76	3 268	19	86
1.80 以上	1 734	10	88
总计或平均	17 613	100	77

(四)哺乳仔猪关键性时期　仔猪出生后生活环境发生了剧烈变化,由原来在母体内靠胎盘进行气体交换、摄取营养和排除废物,转变为自行呼吸、采食和排泄;在母体子宫内所处的环境条件相当稳定,出生后直接与复杂的外界环境相接触,由于调节体温的机能不健全,对寒冷的抵抗能力差,机体内能源储存有限,脂肪和血糖的含量少,若不采取保温措施,常会被冻僵、冻死;在母体子宫内处于无菌环境,出生后不仅处于有菌环境,而且不能从母体获得足够的抗体,因而抗病力极弱,容易得病死亡。因此,仔猪在 7 日龄以内,是第一个关键性时期,应加强护理。母猪的泌乳量一般在分娩后 21 天达到高峰,而后逐渐下降,仔猪的生长发育随日龄的

增长而迅速上升(图 5-1),仔猪对营养物质的需求增加,如不及时给仔猪补饲,容易造成仔猪增重缓慢、瘦弱、患病或死亡。因此,7日龄训练仔猪开食是养好仔猪的第二个关键性时期。仔猪 4 周龄前后食量增加,是仔猪过渡到全部靠采食饲料独立生活的重要准备时期,为安全断乳做好准备。乳猪断乳则是养好乳猪的第三个关键性时期。

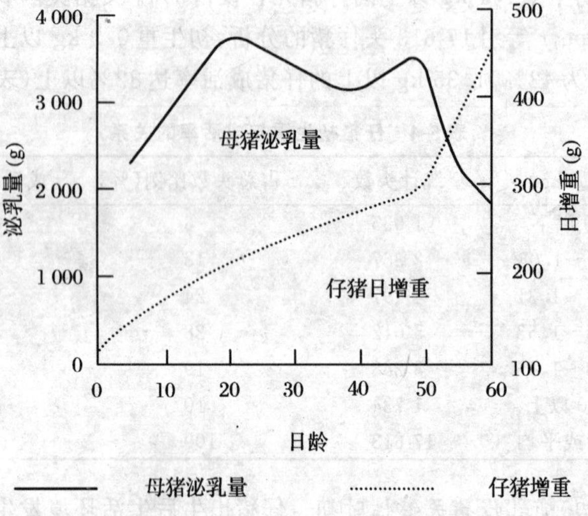

图 5-1 母猪泌乳量与仔猪增重

三、哺乳仔猪饲养管理要点

(一)防寒保暖,防止踩压　寒冷季节产仔造成仔猪死亡的主要原因是被母猪压死或冻死,尤其在出生后 3 天以内。在寒冷环境中仔猪行动不灵敏,钻草堆或卧在母猪腋下,易被母猪压死。寒冷易使仔猪发生口僵,不会吸乳,导致冻饿而死。

仔猪的适应温度为:1～3 日龄30～32℃,4～7 日龄28～30℃,

15～30 日龄 22～25℃,2～3 月龄为 22℃。

工厂化养猪实行全年均衡产仔,专门设有产房,产房内设有保温防寒设备如热风炉、暖气、火墙等,产房环境温度最好保持在22～23℃(哺乳母猪最适合的温度)。在产栏一角设置仔猪保温箱,为仔猪创造一个温暖舒适的小环境。仔猪保温箱有木制、水泥制或玻璃钢制等多种,长100 cm,宽60 cm,高60 cm,箱的上盖有1/3～1/2 是活动的,人可随时观察仔猪。在箱的一侧靠地面处留一个高30 cm、宽20 cm 的仔猪出入口。

在仔猪保温箱内,最常用的局部环境供热设备是采用红外线灯。设备简单,安装灵活方便,只要安上电源插座即可使用。在目前养猪行业中使用最为普遍。红外线灯本身的发热量和温度不能调节,但可以通过调整灯具的吊挂高度来调节小猪群的受热量。红外线灯泡使用寿命不长,常常由于猪舍内潮湿或清洁猪栏时水滴贱上而提前损坏。吊挂式红外线加热器也是供热设备的一种,其使用方法与红外线灯相似,寿命较长,比较安全可靠,但设备费用较高。还有一种供暖设备是电热保温板,这类保温板的外壳采用机械强度高、耐酸碱、耐老化、不变形的工程塑料制成。保温板可放在猪栏地面的适当位置,也可放在保温箱的地板上。

防压措施有以下几个方面:第一,设母猪限位架。母猪产房内设有排列整齐的分娩栏,在栏内的中间部分是母猪限位架,供母猪分娩和哺乳仔猪用,两侧是仔猪吃乳、自由活动和吃补料的地方。母猪限位架的两侧是用钢管制成的栏杆,用于拦隔仔猪,栏杆长为2.0～2.2 m,宽为60～65 cm,高为90～100 cm。由于母猪限位架限制了母猪大范围的运动和躺卧方式,使母猪不能"放偏"倒下,而只能先腹卧,然后伸展四肢侧卧,这样使仔猪有躲避机会,以免被母猪压死。第二,保持环境安静。产房内防止突然的声响,防止闲杂人员进入。去掉仔猪的獠牙,固定好乳头防止因仔猪乱抢乳头造成母猪烦躁不安,起卧不定,可减少压踩仔猪的机会。第三,加强护理。产后1～2天可将仔猪关入保温箱中，定时放出吃奶，可减少仔猪与母猪接触机会，减少压死仔猪。2日龄后仔猪吃完奶自动到保温箱中休息。另外，产房要日夜有人值班，一旦发现仔猪被压，立即轰起母猪，救出仔猪。

（二）固定乳头，使仔猪尽快吃足初乳　初乳是母猪分娩后3天内分娩的淡黄色乳汁。初乳含有丰富的营养物质和免疫抗体，对初生仔猪较常乳有特殊的生理作用，可增强体质和抗病能力，提高对环境的适应能力，初乳中含有较多的镁盐，具有轻泻性，可促进胎粪的排出；初乳的酸度较高，可促进消化道的活动。

在一般情况下，如果初生仔猪吃不到初乳很难成活，即使勉强活下来，也往往发育不良，甚至形成僵猪。所以，使仔猪早吃初乳，是仔猪培育过程中至关重要的技术措施。初乳的特殊生理作用除含免疫球蛋白外，化学成分也有其特殊性。初乳与常乳的化学成分见表5-5。

表5-5　母猪初乳与常乳的化学成分

项　目	初乳	常乳	初乳/常乳
干物质(%)	25.16	19.89	1.26
脂肪(g/100 g)	4.43	8.25	0.54
蛋白质(g/100 g)	17.77	5.59	3.07
乳糖(g/100 g)	3.46	4.81	0.72
灰分(g/100 g)	0.63	0.94	0.67
钙(g/100 g)	0.053	0.25	0.21
磷(g/100 g)	0.21	0.083	0.166
铁(μg/100 g)	256.0	179.0	1.48
铜(μg/100 g)	—	20～134	—
维生素A(IU/g)	17.1	11.0	1.55
维生素D(IU/g)	—	0.55	—
维生素C(mg/100 mL)	30.06	13.00	2.31
维生素B_1(mg/100 mL)	96.8	61.1	1.58

续表 5-5

项 目	初乳	常乳	初乳/常乳
维生素 B_2(mg/100 mL)	135.0	137.0	0.99
烟酸(mg/100 mL)	165.0	836.0	0.20
泛酸(mg/100 mL)	130.0	427.0	0.30
维生素 B_4(mg/100 mL)	2.50	20.0	0.13
生物素(mg/100 mL)	5.3	1.4	3.97
维生素 B_{12}(mg/100 mL)	0.15	0.17	0.88

母猪乳房的构造和特性与其他家畜不同，每个乳房由两三个乳腺团组成，没有乳池储存乳汁，各乳房互不相通，自成一个功能单位。各乳头的泌乳量和品质有所不同，前面乳头泌乳量较高。仔猪因哺乳位置不同其增重也有差异(表 5-6)。

表 5-6 不同位置乳头的泌乳量与仔猪生长状况

乳头位次(对)	1	2	3	4	5	6	7
泌乳量分布(%)	23	24	20	11	9	9	4
20 日龄仔猪重(kg)	5.8	5.9	5.1	5.1	5.1	4.0	3.2
20 日龄内增长系数	4.1	4.0	3.4	3.4	3.4	3.1	2.5

猪乳的分泌除分娩后 2～3 天是连续的以外，以后则定时排放，一般每隔 40～60 min 放乳 1 次，每次放乳时间为 10～20 s (表 5-7)。

表 5-7 仔猪哺乳次数

日 龄	1	2	3	平均	10	17	24	31	38	45
观察窝数	2	2	2	2	5	5	5	5	5	5
哺乳次数	27.5	34.5	42.5	44.8	33.5	34.5	28.0	31.0	29.0	24.0
间隔(min)	25.0	41.7	33.9	33.5	40.6	41.7	51.4	46.5	49.7	60.0

仔猪有固定乳头吸乳的特性，一经认定至断乳不变。在仔猪出

生后结合自选加以人工辅助，尽快让仔猪选定乳头。一般让弱小仔猪固定在中等泌乳量的乳头上哺乳，既能吃饱又不浪费，较强的乳猪固定在乳量较差的两个乳头上以满足需要，中强乳猪固定在靠前边的乳量多的乳头上，这样可使全窝乳猪都能充分发育。控制个别好抢乳头的强壮仔猪，可把它先放在一边，待其他仔猪都已找好乳头，母猪放乳时，再立即把它放在指定的乳头上吃乳。这样经3～4 天即可建立起吃乳的位次，固定乳头吃乳。如果乳头数量不足时，可将较强的乳猪寄养出去。

（三）寄养和人工喂养

寄养：仔猪寄养就是给仔猪找奶妈，在有多头母猪同期产仔时，对于那些产仔头数过多、无奶或少奶、母猪产后因病死亡的仔猪采取寄养，是提高仔猪成活率的有效措施。当母猪产仔头数过少需要并窝合养，使另 1 头母猪尽早发情配种，也需要进行仔猪寄养。仔猪寄养时要注意以下几方面的问题：

（1）母猪产期接近实行寄养时母猪产期应尽量接近，最好不超过3～4 天。后产的仔猪向先产的窝里寄养时，要挑体重大的寄养，而先产的仔猪向后产的窝里寄养时，则要挑体重小的寄养。以避免仔猪体重相差较大，影响体重小的仔猪发育。

（2）被寄养的仔猪一定要吃初乳。仔猪吃到初乳才易成活，如因特殊原因仔猪没吃到生母的初乳时，可吃养母的初乳。这必须将先产的仔猪向后产的窝里寄养，这称为顺寄。

（3）寄养母猪必须是泌乳量高、性情温顺、哺育性能强的母猪，只有这样的母猪才能哺育好多头仔猪。

（4）使被寄养仔猪与养母仔猪有相同的气味猪的嗅觉特别灵敏，母仔相认主要靠嗅觉来识别。多数母猪追咬别窝仔猪（严重的可将仔猪咬死），不给哺乳。为了使寄养顺利，可将被寄养的仔猪涂抹上养母猪奶或尿，也可将被寄养仔猪和养母所生仔猪合关在同一个仔猪箱内，经过一定时间后同时放到母猪身边，使母猪分不出被寄养仔猪的气味。

寄养时常发生寄养仔猪不认“妈妈”而拒绝吃奶的情况，可用饥饿和强制训练的办法才能成功。

仔猪人工乳喂养：母猪产后死亡，仔猪无过哺寄养可能，可配制人工乳喂养。人工乳配方：鲜牛奶或10%奶粉液1 000 mL，鲜鸡蛋1个，葡萄糖20 g，微量元素盐溶液5 mL（$FeSO_4 \cdot 7H_2O$ 49.8 g、$CuSO_4 \cdot 5H_2O$ 3.9 g、$ZnSO_4 \cdot 7H_2O$ 9.0 g、$MnSO_4 \cdot 4H_2O$ 3.6 g、KI 0.26 g、$CoCl_2$ 0.2 g 加水1 000 mL配成），鱼肝油适量，复合维生素适量。先将牛奶煮沸消毒，待凉至40℃时，加入葡萄糖和鲜鸡蛋、复合维生素、微量元素盐溶液和母猪血清（占人工乳10%～20%）。1～3日龄日喂200 mL（20次），4～5日龄日喂270 mL（18次），6～8日龄日喂360 mL（16次），9～11日龄日喂430 mL（15次），以后加喂糕干粉，2次饲喂间隔饮水。

（四）补充矿物质

矿物质的补充：哺乳仔猪生长发育不仅需要常量元素如钙、磷、钾、钠、氯等，也需要微量元素如铁、铜、锰、锌、碘、硒等。当仔猪学会吃料以后，通过饲料可补充一部分矿物质，断乳仔猪则完全从饲料中获得。

补铁：铁是形成血红蛋白和肌红蛋白所必需的微量元素，同时也是细胞色素酶类和多种氧化酶的成分。仔猪缺铁时，血红蛋白便不能正常形成，会发生营养性贫血。初生仔猪体内铁的储存量很少，约50 mg，每日生长需要约7 mg的铁，母乳中含铁量很少，仔猪每日从母乳中最多可获得1 mg的铁。因此，仔猪体内储存的铁很快会耗尽，如得不到补充，一般于7日龄左右出现贫血症。患贫血症的仔猪，血红蛋白水平降低，可由正常时每100 mL血液中含有10 g降至4 g，并伴有皮肤和黏膜苍白，被毛粗乱，食欲减退，轻度腹泻，精神委靡，生长停滞，严重者死亡。土壤中含有铁，农村土圈或放牧饲养的仔猪可以得到铁的补充。水泥地面或网床饲养的仔猪容易出现缺铁现象。为防止仔猪贫血给生产造成损失，仔猪生后3～4日龄时补铁。补铁方法有口服和肌肉注射两种。

铁铜合剂补饲法：仔猪生后3日龄起补饲铁铜合剂。把2.5 g的硫酸亚铁和1 g硫酸铜溶于1 000 mL水中配成溶液，装于奶瓶中，每日1～2次，每头每日10 mL。

肌肉注射：肌肉注射生产上应用较普遍。目前市售的补铁针剂有英国的血多素、加拿大的富血素、广西生产的牲血素、上海的右旋糖苷铁和温州的右旋糖苷铁钴合剂等。一般于3～4日龄注射100～150 mg剂量的铁，2周龄时再注射1次。据广西西江农场试验，仔猪2日龄注射培亚铁针剂（主要成分为葡聚糖铁）1 mL（含铁100 mg/mL），10日龄再注射2 mL，结果育成率提高7.7%，增重提高37%，发病率和死亡率明显减少。

补铜：铜的缺乏会减少仔猪对铁的吸收和血红素的形成，同样会发生贫血。仔猪对铜的需要量不大，在通常情况下不会缺乏。用高铜（0.5×10^{-4}～2.5×10^{-4}）作抗菌剂喂猪，有促进仔猪增重的作用。据试验，在饲料中添加2.5×10^{-4}铜的试验组日增重比对照组（不添加铜）提高13.4%，差异显著。但铜的添加量过高，会引起中毒，而且长期使用，会污染环境，使土壤含铜量提高。高铜与抗生素同时添加饲喂仔猪效果更好。

补硒：硒是谷胱甘肽过氧化物酶的主要组成部分，能防止细胞线粒体的脂类被氧化，保护细胞内膜不受脂类代谢副产物的破坏。硒和维生素E具有相似的抗氧化作用，它与维生素E的吸收利用有关。硒缺乏时，仔猪突然发病，病猪多为营养状况中上等的或生长较快的仔猪。体温正常或偏低，叫声嘶哑，行走摇摆，进而后肢瘫痪。

仔猪对硒的日需要量，根据体重不同为0.03～0.23 mg。我国大部分地区土壤中缺硒。对缺硒仔猪，可于出生后3～5天肌肉注射0.1%亚硒酸钠生理盐水。3日龄时注射0.5 mL，断奶时再注射

1 mL。硒是剧毒元素，过量极易引起中毒，加入饲料中饲喂，应充分搅拌，否则会引起中毒。

（五）开食补料　给仔猪补料，可分调教期和适应期两个阶段。

调教期：从开始训练到仔猪认料一般需1周左右，即仔猪7日龄开始。这时仔猪消化器官处于强烈生长发育阶段，母乳基本上能满足仔猪营养需要。但仔猪此时开始出牙，牙床发痒，喜欢四处活动，啃食异物，此时补料容易成功。补料的目的在于训练仔猪认料，锻炼仔猪咀嚼和消化能力，避免仔猪啃食异物，防止下痢。训练采取强制的办法，每日数次将仔猪关进补料栏，限制吃乳，强制吃饲料，装设自动饮水器，自动饮用清洁水。

适应期：从仔猪认料到能正式吃料的过程一般需要10天左右，即仔猪生后15～30日龄。这时仔猪对植物性饲料已有一定的消化能力，母乳不能满足仔猪的需要。补料的目的：一是提供仔猪部分营养物质，二是进一步促进消化器官能适应植物性饲料。训练仍有一定强迫性，即可短时间将仔猪赶入补料栏，关闭限制仔猪的自由出入，让其采食补料。平时仔猪可随意出入，日夜都能吃到饲料。

仔猪开食料的组成与饲喂量不仅与哺乳期仔猪的生长发育有关，而且还影响着断乳后仔猪完全采食饲料时的生长发育状况。仔猪目前多实行28～35日龄断乳，仔猪料的效能直接影响着仔猪生长发育的好坏。

仔猪料的配制与饲喂应考虑以下几方面的问题。

第一，选择优质饲料原料。仔猪开食料应是高营养水平的全价饲料，尽量选择营养丰富、容易消化、适口性强的原料配制。原料组分选择既要与仔猪消化能力相适应，也要为断乳后仔猪饲养做准备。初期尽量选用消化率高、品质好的动物蛋白质饲料，如奶粉、乳清粉、面粉等，少用豆粕等植物蛋白质饲料，以后逐渐增加植物豆饼饲料的比例，以利于断乳后的平稳过渡。目前市售的乳猪料有多种，现介绍一些饲料配方，供参考。

由许振英教授按我国中型和地方品种饲养标准研制的饲料配方列于表5-8中。

表5-8　哺乳仔猪饲料配方　　　　%

饲料种类	体重1～5 kg		体重5～10 kg		
	配方1	配方2	配方3	配方4	配方5(30日龄后)
全脂奶粉	20.0		20.0		
脱脂奶粉				10.0	
玉米	15.0	43.0	11.0	43.6	46.3
小麦	28.0		20.0		
高粱			9.0	10.0	18.0
小麦麸				5.0	
豆饼	22.0	25.0	18.0	20.0	27.8
鱼粉	8.0	12.0	12.0	7.0	7.4
饲料酵母			4.0	4.0	2.0
白糖		5.0	3.0		
炒黄豆		10.0			
碳酸钙	1.0		1.0	1.0	
骨粉		0.4			0.4
食盐	0.4		0.4	0.4	0.4
预混料	1.0		1.0	1.0	
淀粉酶	0.4		0.2		
胃蛋白酶		0.1	0.2		
胰蛋白酶	0.2				
乳酶生		0.5			
消化能(MJ/kg)	15.272	14.874	15.564	13.598	14.435
粗蛋白(%)	25.2	25.6	26.3	22.0	20.3

美国大豆协会建议的哺乳仔猪饲料配方如表5-9所示。

饲粮酸碱度是选择饲料原料时参考的另一方面。根据仔猪胃肠道酸性很低的特点，应尽量选用偏酸性或碱性低的饲料，因为胃蛋白酶在酸性环境下才能激活发挥作用。饲料的酸碱性用酸结合力(acid-binding capacity)表示。每100 g 饲料原样物质使其pH 值达到4 需消耗的盐酸毫摩尔数,即为该饲料的酸结合力。一些饲料的酸结合力见表5-10。矿物质饲料的碱性很强,酸结合力高,在日粮中的用量应受限制,以不超过1%为宜。正常仔猪料酸结合力为30,若能通过选择饲料原料,将酸结合力控制在30以下,则有较好的应用效果。

表5-9 哺乳仔猪饲料配方 %

饲料配比	仔猪体重4.5～11 kg	
	1	2
黄玉米	48.75	38.4
脱壳燕麦粉		10.0
黄豆粉(44%)	28.5	31.0
乳清粉	20.2	10.1
糖		5.0
油脂		2.5
碳酸钙	0.65	0.75
磷酸二钙	1.5	1.75
食盐	0.35	0.35
预混剂	0.25	0.25

表5-10 饲料的酸结合力

原 料	酸结合力	原 料	酸结合力
酸性脱脂乳	3.07	豆饼	50.68
新鲜脱脂乳	7.12	鱼粉	60.38
小麦	8.99	干脱脂乳粉	66.37
大麦	9.97	矿物质预混料	1 260.50
酵母	30.10	仔猪开食料	30

第二,饲料加工方法与技术影响开食料的饲喂效果。比如颗粒料可改善饲料利用率,减少饲料的损耗。有试验表明颗粒料比粉料

对仔猪的饲料转化效率高10个百分点，增重高33.9%，颗粒料容重增加，而仔猪胃肠容积小，采食量小，饲喂颗粒料具有更大意义。因为营养物质浓度增加后，就可进一步满足仔猪营养需要量。膨化加工是近10年发展的饲料加工新技术，它可以改变蛋白质与淀粉的分子结构，以利于猪的消化吸收。同时膨化能减少日粮蛋白的过敏原性，因为膨化工艺的短时高温比一般热处理更能有效地破坏抗原活性物质。有试验表明，经膨化处理的大豆浓缩蛋白、大豆分离蛋白，减少了仔猪的过敏反应，降低了仔猪的腹泻率。

第三，饲料量。给断乳前仔猪的补料量可影响仔猪断乳后对饲料蛋白的过敏反应。断乳前若能采食大量补料，使免疫系统产生免疫耐受力，则断乳后就不至于发生对日粮蛋白的过敏反应。若断乳前饲喂少量日粮蛋白，免疫系统处于应答状态，断乳后再次接触这种日粮抗原时立即产生严重腹泻。因此，对于4～5周龄断乳的仔猪，哺乳期进行补饲对保证断乳后的健康和正常生长具有明显的效果。但对于3周龄或更早断乳的仔猪，补饲会带来问题。有报道认为(English，1981)，仔猪在断乳前至少需采食600 g补料，才能使消化系统产生耐受反应，很多研究都证明了这一点，并得出结论：3周龄或更早断乳仔猪无需补饲，采用突然断乳并降低断乳后日粮蛋白水平，其效果优于补饲。5周龄断乳，需使仔猪断乳前采食大量补料，建立起免疫耐受力。

(六)供给清洁饮水　水是动物血液和体液的主要成分，它是消化、吸收、运输养分和带走废物的溶剂，可调节体液电解质的平衡。由于仔猪生长迅速，代谢旺盛，母乳较浓(含脂肪7%～11%)，故需水量较多。如不及时给仔猪补水，会因喝污水或尿液而引起下痢。目前一些工厂化猪场都给产房或产床上安装专门供仔猪饮水的自动饮水器，保证哺乳仔猪随时饮水。如果没有自动饮水装置，一般生后3天开始补给清洁的水。水槽要经常刷洗，水要勤更换，冬季可供给温热水。

(七)剪牙去势,称重打号

1. 剪掉獠牙 仔猪生后就有成对的上下门齿和犬齿(俗称獠牙)共8枚,这些牙齿对猪哺乳没有不良影响,但哺乳时由于争抢乳头而咬痛母猪乳头或同窝仔猪的颊部,造成母猪起卧不安,容易压死仔猪。所以,在仔猪生后打耳号的同时用锐利的钳子从根部切除这些牙,注意断面要剪平整。

2. 去势 商品猪场的小公猪、种猪场不能做种用的小公猪,都在哺乳期间进行去势,如采用30～35日龄断奶,则在20～25日龄去势。哺乳期间去势,猪小容易操作,且容易恢复。

3. 称重、打耳号 仔猪初生体重的大小不仅是衡量母猪繁殖力的重要指标,而且也是仔猪健康程度的重要标志。种猪场必须称量初生仔猪的个体重,商品猪场可称量窝重。为了随时查找猪只的血缘关系和便于管理记录,必须给每头猪进行编号,在称量初生体重的同时进行,编号的方法很多,以剪耳法最简便易行。

(八)防止腹泻

1. 常见的腹泻病 在哺乳期间,对仔猪危害最大的疾病是腹泻病。仔猪腹泻病是一种总称,包括多种肠道传染病,常见的有仔猪红痢、仔猪黄痢、仔猪白痢和传染性胃肠炎等。

仔猪红痢病是因产气荚膜梭菌侵入仔猪小肠,引起小肠发炎造成的。本病多发生在生后3天以内的仔猪,最急性的症状不明显,突然不吃奶,精神沉郁,不见拉稀即死亡。病程稍长的可见到不吃奶,精神沉郁,离群,四肢无力,站立不稳,先拉灰黄或灰绿色稀便,后拉糊状红色粪便,故称红痢。仔猪红痢发病快,病程短,死亡率高。

仔猪黄痢病是由大肠杆菌引起的急性肠道传染病,多发生在生后3日龄左右,症状是仔猪突然拉稀,粪便稀薄如水,呈黄色或灰黄色,有气泡并带有腥臭味。本病发病快,死亡率随仔猪日龄的增长而降低。

仔猪白痢病是仔猪腹泻病中最常见的疾病,是由大肠杆菌引起的胃肠炎，多发生在30日龄以内的仔猪，以生后10～20日龄发病最多，病情也较严重。主要症状是下痢，粪便呈乳白色、灰白色或淡黄白色，粥状或糨糊状，有腥臭味。诱发和加剧仔猪白痢病的因素也很多，如因母猪饲养管理不当，乳汁浓稀变化大，或者天气突然变冷、湿度加大，都会诱发白痢病发生。如果条件较好，医治及时，此病会很快痊愈，死亡率较低，反之则可造成仔猪脱水，瘦弱死亡。

仔猪传染性胃肠炎是由病毒引起的，不限于仔猪，各种猪均易感染发病，只是仔猪死亡率高。症状主要表现粪便很稀，严重时呈喷射状，伴有呕吐，脱水死亡。

2. 预防仔猪腹泻的措施　预防仔猪腹泻病的发生是减少仔猪死亡，提高猪场经济效益的关键，其主要措施有：

(1)养好母猪。加强妊娠母猪和哺乳母猪的饲养管理，保证胎儿的正常生长发育，产出体重大、健康的仔猪，母猪产后有良好的泌乳性能。哺乳母猪饲料稳定，不吃发霉变质和有毒的饲料，保证乳汁质量。

(2)保持猪舍清洁卫生。产房最好采取全进全出，前批母猪、仔猪转走后，地面、栏杆、网床、空间要进行彻底清洗、严格消毒，消灭引起仔猪腹泻的病毒、病菌，特别是污染的产房消毒更应严格，最好是经过取样检验后再进母猪产仔。妊娠母猪进产房时，对体表要进行喷淋刷洗、消毒，临产前用0.1%的高锰酸钾溶液擦洗乳房和外阴部，以减少母体对仔猪的污染。产后的地面和网床上不能有粪便残留，要随时清扫。

(3)保持良好的环境。产房应保持适宜的温度、湿度，控制有害气体的含量，使仔猪生活舒适，体质健康，有较强的抗病能力，可防止或减少仔猪腹泻等疾病的发生。

(4)采用药物预防和治疗。对仔猪危害很大的黄痢病，目前已有利用药物预防和治疗的措施。

口服药物预防治疗：上海兽药厂生产的增效磺胺甲氧嗪注射液5支×10 mL。仔猪生后在第1次吃初乳前口腔滴服0.5 mL，以后每日2次，连续3天。如有发病猪继续投药，药量加倍。还有北京制药厂生产的硫酸庆大霉素注射液，每支10支×2 mL，8万IU。仔猪生后第1次吃初乳前口腔滴服1万IU，以后每日2次，连服3天，如有猪发病继续投药。

为防止腹泻仔猪脱水死亡，可采用人工补液盐给仔猪饮用。配方是：KCl 1.5 g，$NaHCO_3$ 2.5 g，NaCl 3.5 g，葡萄糖 20 g，水1 000 mL。用温水溶解，发病小猪连用3～5天。

利用疫苗进行预防造成仔猪黄痢的大肠杆菌有一种类似毛鬃状的菌毛，当大肠杆菌进入仔猪肠道后，便利用菌毛吸附在肠黏膜上定居增殖，产生大量肠毒素，使仔猪脱水拉稀。预防的措施是，在母猪妊娠后期注射菌毛抗原K_{88}、K_{99}、K_{987}P 等菌苗，母猪产生抗体，这种抗体可以通过初乳或者乳汁供给仔猪。由于抗体能将大肠杆菌的菌毛中和，使其无法吸附在小肠壁上而被冲走，出现一过性拉稀，危害不大。但必须根据大肠杆菌的结构注射相对应的菌苗才会有效。当然也可注射多价苗。

第二节　断乳仔猪的饲养管理

一、仔猪早期断乳

(一)仔猪早期断乳的优点

1. 提高母猪利用强度　仔猪早期断乳，可以缩短母猪的产仔间隔(繁殖周期)，增加年产仔窝数。因为母猪妊娠期平均为114天，变化很小。哺乳期和空怀期是可以变化的，哺乳期、空怀期越短，繁殖周期越短。所以，缩短哺乳期可缩短产仔间隔，提高母猪年产仔窝数。另外，泌乳期短，母猪哺乳期体重消耗少，断奶后能较快发情配种，这样就缩短了空怀期，进而缩短繁殖周期。

2. 提高饲料利用效率　在哺乳期间，母猪食入饲料转化成乳汁。仔猪吃母乳转化过程中的饲料利用效率为20%～30%（能量每经1次转化约损失20%），而仔猪自己吃入饲料消化吸收，饲料利用率可提高到50%～60%。据国外报道，30日龄与60日龄断乳相比，每千克增重节省31%～39%的饲料和20%～32%的可消化粗蛋白。

3. 有利于仔猪的生长发育　早期断乳的仔猪，虽然在刚断乳时由于断乳应激的影响增重较慢，一旦适应后增重变快，可以得到生长补偿。根据陈廷济等试验，在仔猪生后分别于28、35、45日龄断乳和60日龄断乳比较，增重在60日龄以内较慢，60日龄以后高于60日龄断乳的仔猪，到90日龄时各组仔猪平均个体重已很接近。

早期断奶的仔猪能自由采食营养水平较高的全价饲料，得到本身生长发育所需的各种营养物质。在人为控制环境中养育，可促进断乳仔猪生长发育，使仔猪发育均匀一致，减少患病和死亡。

4. 提高分娩猪舍和设备的利用率　早期断奶可减少母子占用产床的时间，从而提高每个产床的年产窝数和断奶仔猪头数，相应降低了生产1头断奶仔猪占用产床和设备的生产成本。

（二）仔猪断乳的时间　传统养猪仔猪哺乳期较长，一般2月龄断乳。近年来，随着猪的营养和人工乳研究的发展，为提高母猪的利用强度和年生产力创造了条件。仔猪早期断乳已广泛用于生产。仔猪早期断乳，是指仔猪生后3～5周龄离开哺乳母猪，开始独立生活。早于2周龄的断乳称为超早期断乳。目前，适宜的断乳日龄虽无定论，但一般认为，超早期断乳往往对母猪生殖系统的恢复过程有不良影响，导致受胎率低，胚胎死亡率高，反而降低了母猪年生产力。在养猪生产中，多数国家推广4～5周龄断乳，如日本提倡"三个三养猪制"，即仔猪生后30日龄断乳，培育30天，然后再育肥3个月，也就是仔猪生后5个月体重达90～95 kg，屠宰上市。

（三）仔猪断乳的方法 断乳应激对仔猪的正常生长发育影响很大，在生产上需采用适宜的方法。

1．一次断乳法 当仔猪达到预定的断乳日期，断然将母猪与仔猪分开。由于突然断乳，仔猪因食物和环境的突然改变，极易引起消化不良、增重缓慢或生长受阻，仔猪腹泻、脱水甚至死亡。突然断乳也易使母猪烦躁不安。但这种断乳方法省工省时，操作简单，所以，很多工厂化养猪场都采用此种方法。使用时应于断乳前3天左右适当减少母猪的饲喂量。为减少仔猪的环境应激，很多猪场仔猪断乳时将母猪转走，仔猪在原产床继续饲养一段时间（一般1周左右），然后转移至仔猪培育舍。

2．分批断乳法 是将一窝中体重较大的先断乳，弱小仔猪继续哺乳一段时间，以提高其断乳体重。但此种方法会延长哺乳期，影响母猪年产仔窝数，目前一般较少采用。

3．逐渐断乳法 在仔猪预期断乳前的4～5天，把母猪赶到离原圈较远的圈里，定时赶回让仔猪吃乳，逐日减少哺乳次数，到预定日期停止哺乳。这种方法可减少对仔猪和母猪的断乳应激，但比较麻烦，不适用于网上饲养的母猪和仔猪。

二、断乳仔猪的饲养技术

（一）饲料与饲喂方法过渡 为了使断乳仔猪能尽快适应断乳后的饲料，减少断乳应激，除对哺乳仔猪进行早期强制性补料和断乳前减少母乳（断乳前给母猪减料）的供给，迫使仔猪在断乳前就能采食较多补料外，还要使仔猪进行饲料过渡和饲喂方法过渡。饲料过渡就是仔猪断乳2周以内应保持饲料不变（仍然饲喂哺乳期补料），2周以后逐渐过渡到吃断乳仔猪饲料，以减轻应激反应。饲喂方法的过渡指仔猪断乳后3～5天最好限量饲喂，平均日采食量160 g，5天以后实行自由采食。否则仔猪往往因过食而引起腹泻，生产上应引起特别注意。

稳定的生活制度和适宜的饲料调制是提高仔猪食欲、增加采食量、促进仔猪增重的保证。仔猪断乳后15天内，应按哺乳期的饲喂方法和次数进行饲喂，夜间应加喂1次，以免停食过长而使仔猪饥饿不安。每次喂量不宜过多。以后可适当减少饲喂次数。

饲料的适口性是增进仔猪采食量的一个重要因素，仔猪对颗粒料和粗粉料的喜好超过细粉料。仔猪采食饲料后经常感到口渴，应经常供给清洁的饮水。仔猪网上饲养应注意自动饮水器是否通畅。对仔猪饲养管理是否适宜，可以从粪便和体况加以判断。断乳仔猪的粪便软而表面有光泽，长度8～12 cm，直径2～2.5 cm，呈串状，4月龄时呈块状。饲养不当则粪便的形状、稀稠、色泽不同。如饲喂不足，则粪成粒、干硬而小，精料过多则粪稀软或不成块；青草过多则粪便稀，色泽绿且有草味。如粪便过稀且有未消化的颗粒料，则为消化不良之症，遇此情况可减少进食量，经1天后如仍不改变，则可药物治疗。

(二)饲料配制新技术

1. 采用诱食剂　仔猪的嗅觉和味觉特别敏感，为了使哺乳仔猪提早开食和提高早期断乳仔猪的采食量，在仔猪饲料中添加诱食剂，使饲料从味觉和嗅觉上拟母乳化。目前市场上的诱食剂多为进口产品如美国的乳猪宝、乳猪香、甜香精等。这些产品有的偏重于味觉(甜剂)，有的偏重于嗅觉(乳油香)。由于香料是挥发性物质，控制其香味释放技术复杂，并易受加工和贮藏过程的影响，所以这类产品往往较贵，效果不稳定。相对来说甜味剂较便宜，效果稳定，适宜目前我国的生产条件。20世纪70年代坎波彼尔教授成功地使用了这一技术，将特定的香味剂加到分娩前母猪料中，并延续到分娩后至断乳。这种香味剂通过乳腺在乳汁中分泌，让仔猪从乳汁中熟悉这种香味剂，然后，用同一种香味剂添加到代乳料及幼畜饲料中，这种饲料能使仔猪开食早，采食量增加。

2. 添加脂肪　早期断乳仔猪断乳初期常出现体重下降。采食量低、能量不足是体重下降的主要因素，而常规玉米-豆粕型日粮含能量较低(13.5～14.0 MJ/kg)，饲粮添加脂肪可提高日粮的能量浓度，增进仔猪能量摄取量。幼猪利用脂肪能量的效率与利用碳水化合物能量的效率一致。断乳仔猪脂肪添加量一般以3%～5%为宜。张鹤亮(1998)通过在35日龄断乳仔猪饲料中添加0%、1.8%、3.4%、5.2%的豆油的试验结果表明，仔猪最适宜的脂肪添加量为3.4%(相应日粮消化能浓度为14.3 MJ/kg)。加脂肪后仔猪能量摄取量提高。很多研究表明，添加脂肪对断乳仔猪断乳后0～2周的仔猪生产性能无影响，但能明显改善3～4周和0～4周的增重。

添加脂肪的效果与脂肪来源、仔猪日龄有关。幼龄仔猪对含8～14个碳原子中链脂肪酸的脂肪消化率，高于含长链脂肪酸的动、植物脂肪，这是因为低于12个碳原子的脂肪酸在仔猪小肠中可不经酯解而直接吸收入门静脉，并迅速在肝脏中代谢，而长链脂肪酸必须经酯解作用形成脂肪微粒后才能被吸收，长链脂肪酸是通过淋巴系统进入血液后再进入各个组织。组织对不饱和脂肪酸利用率高于饱和脂肪酸。这种差异随日龄增加而逐渐减弱，因为随仔猪日龄的增长，胆汁分泌增强，对饱和脂肪酸的乳化能力提高。研究表明(张鹤亮，1998)，35日龄断奶的仔猪对不同饱和动、植物脂肪的利用能力已无明显差异。

3. 用高剂量铜　2.5×10^{-4}的铜可提高仔猪利用脂肪的能力，因为高铜能刺激脂肪酶和磷酸酯酶A的活性。大豆卵磷脂能提高仔猪利用动物脂肪的能力，在饲料中猪脂与脱脂粉状大豆卵磷脂的适宜比例为10∶1(张鹤亮，1998)。不同脂肪之间有组合效应，一般豆油与椰子油按1∶1组合应用效果最好。根据不同脂肪特点及对仔猪的饲养效果，饲料中添加脂肪时可按下列顺序选择：椰子油∶豆油(1∶1)＞椰子油＞椰子油∶玉米油(1∶1)＞豆油＞

玉米油＞猪脂。

4. 乳清粉　欧美乳品业发达国家，在仔猪饲粮中添加10%～30%的乳清粉取得了良好的效果。在仔猪日粮中适当使用乳清粉，不仅适合仔猪较高的乳糖酶活性，提高胃肠酸度，而且还有利于维持肠道微生物平衡，改善饲料适口性等。因此，在早期断乳仔猪饲料中保证供给易消化的碳水化合物，并添加10%～20%的乳清粉（使饲粮赖氨酸水平达到1.1%～1.2%），能够改善仔猪生产性能。

此外，降低断乳后饲料蛋白水平，使用生物酶制剂，添加酸化剂及使用酸结合力较低的饲料，都是目前仔猪料研究与应用的热点问题，这些本章后面还要介绍。

三、断乳仔猪的管理技术

（一）环境过渡　仔猪断乳后头几天很不安定，经常嘶叫寻找母猪。为减轻应激，最好在原圈原窝饲养一段时间，待仔猪适应后再转入仔猪培育舍。此法的缺点是降低了产房的利用率，建场时需加大产房产栏数量。断乳仔猪转群时一般采取原窝培育，即将原窝仔猪（剔除个别发育不良的个体）转入仔猪培育舍，关入同一栏内饲养。如果原窝仔猪过多或过少时，需重新分群，可按体重大小、强弱进行分群分栏，同栏仔猪体重差异不应超过1～2 kg。每群的头数，视圈舍面积大小而定，一般可4～6头或10～12头一圈。

（二）控制环境条件

1. 温度　断乳仔猪适宜的环境温度是：30～40日龄为21～22℃，41～60日龄为21℃，60～90日龄为20℃。为了能保持上述温度，冬季要采取保温措施，除注意畜舍防风保温和增加舍内养猪头数外，最好安装取暖设备，如热风炉、暖气或煤火炉等，也可采取火墙保温。在炎热的夏季则要防暑降温，可采取喷雾、淋浴、通风等降温办法。近年来，许多猪舍采取纵向通风降温换气效果较好。

2. 湿度　仔培舍湿度过大，可增加寒冷或炎热对猪的不利影响。断乳幼猪适宜的环境湿度以65%～75%为宜。

3. 清洁卫生 猪舍内应经常打扫，消毒，以防传染病发生。舍内定期通风换气，保证舍内空气新鲜。

（三）调教 猪有定点采食、排粪尿、睡觉的习惯，但新断乳转群的仔猪需人为引导、调教，这样既可保持栏内卫生，又便于清扫。仔猪培育栏最好是长方形（便于训练分区），在中间走道一端设自动食槽，另一端安装自动饮水器，靠近食槽一侧为睡卧区，另一侧为排泄区。训练的方法是：排泄区的粪便暂时不清扫，诱导仔猪来排泄，其他区的粪便及时清扫干净。当仔猪活动时，对不到指定地点排泄的仔猪用小棍轰赶，当仔猪睡卧时可定时轰赶到固定区排泄，经过1周的训练可形成定位。

四、仔猪的网床培育技术

仔猪网床培育是养猪先进国家在20世纪70年代发展起来的一项现代化仔猪培育新技术，使仔猪培育由地面猪床逐渐转变成各种网床上饲养，经推广应用已获得了良好的培育效果。我国直到20世纪80年代后期才开始推广应用，并且取得了良好效果，对我国现代化养猪生产起到了推动作用。

利用网床培育哺乳和断奶仔猪有许多优点：一是仔猪离开地面，减少冬季地面传导散热损失，提高饲养温度；二是由于粪尿、污水能随时通过漏缝网格漏到粪尿沟内，减少了仔猪接触污染源的机会，床面清洁卫生、干燥，能有效地遏制仔猪腹泻病的发生和传播；三是哺乳母猪饲养在产仔架内，减少了压踩仔猪的机会。所以，能提高仔猪的成活率、生长速度，个体均匀度和饲料利用效率，为提高现代化养猪生产水平打下良好的基础。在相同的营养与环境条件下，断奶仔猪35～70日龄网床培育比在地面上养育平均日增重、日采食量、育成率和个体重等都得到了很大提高。

五、仔猪腹泻的防治

早期断奶仔猪最常见、危害最大的疾病是腹泻。断乳后头7天的腹泻率为0.6%,8～13天为32%,14～17天增加到41.4%,到22～28天降为8.4%,死亡率达20%～30%,病愈仔猪生长发育不良,总增重约下降33%,因而造成很大经济损失。

仔猪断奶后腹泻的发生原因非常多,主要包括有致病性大肠杆菌和其他致病菌、消化不良、免疫力下降、电解质不平衡、断奶营养和环境应激等。研究表明,仔猪腹泻的原发性因素不是大肠杆菌,而是由于断奶应激造成肠道损伤,使胃肠酶水平和吸收能力下降,食糜以腹泻形式排出。仔猪肠道是与外界环境相连的主要部位,很容易受外来物质的侵袭。保护肠道健康的机制是肠道局部免疫系统。这一系统具有广泛的识别抗原和与之反应的特性。肠道免疫抗体对在仔猪生命过程中未曾接触过的一切外来抗原均会发生免疫反应,以消除抗原的危害,其代价是肠道细胞损伤,细胞成熟率下降,与消化吸收有关的酶水平也下降,组织学上出现绒毛萎缩、腺窝增生,这就是断乳后腹泻的起始和特征性损伤。但对于日粮中存在的大量抗原物质(主要是蛋白质)不能总是发生免疫反应。仔猪肠道是通过"免疫耐受"方式来解决这一问题的。接触肠道的日粮抗原成分达到一定数量和作用时间后,仔猪产生免疫耐受力,从此对后来的抗原不再反应。如果仔猪断乳时对抗原含量高的日粮未能适应,或肠道未产生免疫耐受力时,这种日粮即可诱发仔猪大量腹泻。这种情况多发生在早期断乳后的前几天。如果腹泻的上述症状未能及时控制,即可诱发大肠杆菌的大量繁殖,使腹泻加剧。根据上述原理,提出控制仔猪腹泻的营养措施:

(一)选择优质饲料原料　哺乳后期仔猪料逐渐增加豆粕等植物蛋白质饲料的比例,以利于断乳后的平稳过渡。断乳后,饲粮应含有乳产品和动物蛋白质饲料。仔猪料酸结合力最好控制在30

左右。

（二）充分补饲　断乳前仔猪采食饲料蛋白程度，可影响断乳后对饲料蛋白的反应。断乳前若能采食大量的补充饲料，使免疫系统产生免疫耐受力，则断乳后就不至于发生对日粮蛋白的过度过敏反应。若采食补料过少，则会降低免疫能力，使断乳后的反应更严重。断乳前不补饲，效果介于上述两者之间。这就是实践中补饲效果差异的主要原因。这一发现具有重要的实践意义。对于8周龄以后断乳的仔猪，补饲好坏影响不大。对于4～5周龄断乳的仔猪，只要进行高质量补饲，则对保证断乳后的健康和正常生长具有明显的效果。但对于3周龄或更早断乳的仔猪，因为采食量很少，对肠道易产生损伤反应，而不是免疫耐受反应。研究认为，3周龄或更早断乳的仔猪无需补饲，采用突然断乳并降低断乳后日粮蛋白水平。5周龄断乳仔猪断乳前需补饲大量优质饲料（600 g以上），建立起免疫耐受力。

（三）饲料酸化　断奶仔猪消化系统发育尚不完善，胃酸分泌不足，断乳后乳酸发酵产生的酸又减少了，故仔猪2月龄前胃内pH值在3以上，而大猪为2。仔猪分泌胃酸不足，胃蛋白酶原的激活受到限制。在此条件下，胃对鱼粉、豆粕等非乳蛋白不能进行很好地消化。饲料消化不完全，小肠内细菌增殖，肠功能紊乱，腹泻脱水。加有机酸有助于维持仔猪胃和肠道前段的高酸环境，尤其在使用消化率较差的蛋白质如大豆饼粉取代乳产品时更有意义。

Giestinh等（1986）和许多学者早就试验证明，在饮水或饲料中使用1%的乳酸，可改善断乳仔猪的生长速度和饲料利用效率，降低十二指肠和空肠中大肠杆菌计数以及腹泻发生率。后来很多人研究了延胡索酸（富马酸）和柠檬酸的功效。对大量试验结果的统计表明，使用1.55%～2.0%的富马酸可提高仔猪日增重9%，采食量5.2%，饲料利用率4.4%，同时还提高氮平衡5%～7%，代谢能值1.5%～2.1%。使用1%～3%的柠檬酸可改善仔猪增重和饲料利用率。

仔猪饲喂酸化饲料应根据实际情况而定。酸化饲料受其类型、酸化剂浓度的影响。一些饲料如鱼粉、乳制品、高蛋白质饲料等与酸结合力强,谷类饲料结合力弱,由于结合力不同,酸化剂的作用(种类和剂量)应不同。仔猪胃内酸度随日龄增长而增加,酸化饲料的效果随日龄和体重的增加而降低。因此,酸化饲料对4～7周龄断乳的仔猪效果最明显。据报道,对7周龄以后的仔猪饲喂柠檬酸则无明显效果。

(四)降低开食料蛋白水平　蛋白质是日粮的主要抗原物质。降低蛋白质水平可减轻肠道免疫反应和断乳后的腹泻。以酪蛋白为蛋白来源的合成日粮试验证明,当酪蛋白不经处理处于活性状态时,仔猪发生腹泻,而当酪蛋白用酶法水解后,仔猪没有出现明显的腹泻现象。试验还表明,即使没有大肠杆菌繁殖,活性酪蛋白也会导致腹泻。这就证明了肠道损伤是免疫反应而不是微生物作用的结果。饲喂高抗原日粮可导致腺窝细胞增生,蔗糖酶活性下降,而饲喂低蛋白抗原日粮时,这些参数和未断乳时都有明显差异。仔猪日粮中添加合成氨基酸后,粗蛋白质可比标准推荐量下降2～3个百分点,从而达到降低抗原量的目的。Papdopoulo(1987)将5周龄断乳,体重4.9 kg仔猪日粮蛋白水平从22%下降到19%,添加赖氨酸,结果表明,生长速度和饲料效率显著提高($P<0.01$),仔猪腹泻率下降40%。Phelps(1988)将断乳仔猪饲粮蛋白质水平从21.4%降至16%,也添加必需氨基酸,结果对仔猪生产性能无影响,腹泻率大大下降。英国几家饲料厂生产的低蛋白仔猪饲料,使仔猪的下痢发生率均有降低。综合来看,5～10 kg和10～20 kg仔猪粗蛋白水平以20%～21%和18%～19%较好。但必须注意几种必需氨基酸的供给和适宜比例。根据NRC(1988)列出的猪饲料氨基酸表观回肠消化率推算,5～10 kg和10～20 kg仔猪的赖氨酸需要量约为1.2%和0.95%,可消化赖氨酸需要量为1.05%

和0.95%。

（五）添加药物　目前在美国倾向于向仔猪日粮中添加复合抗生素，如金霉素1.1×10^{-4}，青霉素5×10^{-4}，磺胺噻唑1.1×10^{-4}，也有添加卡巴得(Carbadox)的，效果很好。王书华等(1993)在仔猪饲料中添加10^{-4}对氨基苯砷酸，加10^{-4}土霉素，有较好的抗腹泻作用。有人添加8×10^{-5}的氟哌酸预防仔猪腹泻病效果显著。国外报道，饲料中添加8×10^{-5}的泰乐菌素，仔猪腹泻发生率由23.4%下降到7.1%。

在补料和开食料中加入抗生素，既可抑制病原微生物增殖，又可加速肠道免疫耐受过程，从而减轻肠道损伤，减轻腹泻。抗生素本身由有促长作用。三种效应共同作用有助于仔猪轻松地渡过断乳关。抗生素的种类有：金霉素、杆菌肽锌、磺胺嘧啶、土霉素碱、泰乐菌素、喹乙醇等。国内应用金霉素、杆菌肽锌和喹乙醇居多，同时开始使用复合抗生素如ASP（金霉素＋磺胺嘧啶＋青霉素）和泰乐强（泰乐菌素＋磺胺嘧啶），同时也应用痢特灵散、痢菌净粉用于防痢。

控制仔猪腹泻，除上述强调的营养措施外还可用酶制剂、高锌及改善饲料加工质量等。同时细致的管理和综合运用防制措施才能达到防治仔猪腹泻的目的。

第六章 肉猪的饲养管理

肉猪是规模化养猪生产中70～180日龄生长速度最快的时期,即从育成到最佳出栏屠宰的体重,该阶段占养猪饲料总消耗的68.47%,也是养猪经营者获得最终经济效益高低的重要时期。养猪者必须掌握和利用肉猪增重、体组织变化的规律,采用科学的饲养管理技术,提高日增重和饲料利用率,降低生产成本,提高经济效益。

第一节 肉猪的生长发育规律

一、肉猪体重的增长速度

我国现代化与规模化养猪生产中的肉猪多数为二元或三元的瘦肉型品种猪的杂交猪或杂优猪,少数为四元的杂优猪,是肉猪体重增长中最关键时期,肉猪体重的75%要在110天内完成,平均日增重需保持700～750 g。25～60 kg体重阶段日增重应为600～700 g,60～100 kg阶段应为800～900 g。表6-1列出国内外优良猪种生长速度。

表6-1 国内外优良猪种生长速度 g/日

品 种	25～60 kg活重	61～100 kg活重	达100 kg活重日龄
长白猪	579	860	177～180
大白猪(大约克夏)	690	780	172～175
杜洛克	704	890	164～170
汉普夏	636	874	166～172

续表 6-1

品　种	25～60 kg 活重	61～100 kg 活重	达100 kg 活重日龄
北京黑猪	585	864	176～185
北京花猪	589	856	176～185
北京黑猪♀×长白猪	623	1 056	164～175
北京黑猪♀×大白猪	610	873	173～180
北京花猪♀×杜洛克	601	968	169～175
斯格猪	571	785	175～180
亥波尔猪	704	1 030	153～160
河北H白猪	679	909	164～170

上述各类型猪种，均有能满足现代化养猪所要求的增重速度。这个性状的遗传力是高的，只要给予合理的环境条件，就能达到工艺技术规定的指标。

从表 6-1 中看出因品种、营养与环境条件不同，生长肉猪前期增重571～704 g，后期为780～1 056 g。根据1993 年国内8 个组合的杂种肉猪体重增长速度的分析，75～80 kg 体重阶段为增长速度高峰，少数推迟到90 kg 活重以后，这一般都是在生后 180 日龄前的时期。在肉猪生产上抓住增长速度高峰期，加强饲养管理，提高增重速度，减少每千克增重饲料消耗，降低饲养成本。

二、肉猪体组织的生长

瘦肉型猪种骨骼、皮、肌肉、脂肪的生长是有一定规律。随着年龄的增长，体组织的生长势是骨骼＜皮＜肌肉＜脂肪，而地方原始种是骨骼＜肌肉＜皮＜脂肪，说明脂肪是发育最晚的组织。

表 6-2 说明，随着年龄的增长，胴体中水分和灰分的含量明显减少，蛋白质仅有轻度下降。活重达到50 kg 以后，脂肪急剧上升。骨骼从生后 2～3 月龄开始到活重 30～40 kg 是强烈生长时期，肌纤维也同时开始增长，当活重达到 50～60 kg 以后脂肪开始大量

沉积。虽然因猪的品种，饲养营养与管理水平不同，几种组织生长强度有所差异，但基本上表现出一致性的规律。肉猪生产利用这个规律，生长肉猪前期给予高营养水平，注意日粮中氨基酸的含量及其生物学价值，促进骨骼和肌肉的快速发育，后期适当限饲减少脂肪的沉积，防止饲料的浪费，又可提高胴体品质和肉质。

表6-2 大白猪胴体组织的组成变化

周龄	空腹体重(kg)	胴体重(kg)	肌肉		脂肪		皮肤		骨骼	
			(g)	(%)	(g)	(%)	(g)	(%)	(g)	(%)
初生	1.30	1	466	49	57	6	133	14	259	31
4	5.90	4.40	1 944	47	1 034	25	37	9	786	19
8	13.20	10.20	4 553	48	2 182	23	854	9	1 900	20
16	36.10	27.50	12 650	50	7 084	28	1 771	7	3 795	15
20	52.0	40.30	16 870	46	12 469	34	2 200	6	5 134	14
24	71.40	56.30	21 788	43	19 761	39	3 040	6	6 080	12
28	100.00	80.50	28 054	41	30 791	45	2 737	4	6 843	10

注：此表引自国外养猪技术。

现代瘦肉型品种猪及其杂优猪肌肉的成熟期推迟，在活重30～110 kg 期间保持着强度增长，110 kg 以后开始下降至成年期不再增长。

第二节 肉猪的营养与饲养

一、肉猪的营养需要

营养是发挥肉猪生产性能的重要保证，营养水平过低或不平衡就保证不了猪的正常生长发育，降低生产性能；营养水平过高，也不能获得最佳的经济效益。因此，生产上应控制营养，确定适宜水平，保持最佳生产状态，获得最佳经济效益。

（一）能量　在自由采食情况下，一定范围内，每千克饲粮所含能值越高，生长速度越快，饲料报酬越好，瘦肉率越低(表6-3)。虽然能量浓度提高了肉猪生产性能，但由于高能日粮的价格也较高，所以最终效益不一定好。生产上应根据当地当时的具体情况，及时核算，灵活掌握。一般每千克日粮含消化能为12.5～13.5 MJ。

表6-3　能量浓度对肉猪生产性能的影响

能量浓度(MJ/kg)	日采食量(kg)	日采食消化能(kg)	日增重(g)	背膘厚(cm)
11.0	2.50	27.51	860	2.48
12.3	2.40	29.52	900	2.65
13.7	2.35	32.15	949	2.98
15.0	2.24	33.60	944	3.02

(二)蛋白质与氨基酸　在必需氨基酸平衡的基础上，在一定范围内，提高日粮粗蛋白水平，可以提高日增重，饲料报酬和瘦肉率。采用能量浓度相同而粗蛋白水平不同的日粮饲喂长白与大约克夏一代杂种猪的结果见表6-4。

表6-4　粗蛋白水平对肉猪生产性能的影响

粗蛋白质(%)	15.5	17.7	20.2	22.3	25.3	27.3
日增重(g)	651	721	723	739	699	689
日沉积瘦肉(g)	216	253	255	270	263	264
日沉积脂肪(g)	166	164	155	122	130	117
瘦肉率(%)	44.7	46.9	46.8	47.7	49.0	50.0

由表6-4可见，就日增重随蛋白水平的提高而提高，17.7%的效果最好，超过22.2%反而无益；若追求胴体瘦肉率，蛋白水平可喂到25%～27%，但目前用高蛋白水平提高瘦肉率是不经济的。生产上应以获得最好的日增重、饲料报酬、较好的胴体品质、最高的经济效益为目的来确定适宜的粗蛋白水平。一般在20～50 kg阶段的粗蛋白水平以15%～17%为宜，50 kg以后以13%～15%为宜。

蛋白质是由氨基酸组成的，猪对蛋白质的需要实质上是对氨基酸的需要。猪容易缺乏的氨基酸有10种，其中最容易缺乏的有4种，即赖氨酸、蛋氨酸、色氨酸和苏氨酸。在配制日粮时除了考虑猪对蛋白质的需要外，还应注意氨基酸的平衡，实际中可通过饲料原料的多样搭配和补充商品氨基酸来实现。一般在20～50 kg阶段的赖氨酸水平0.8%以上，50 kg以后0.65%以上。

（三）粗纤维　猪对粗纤维的利用能力很差，日粮中粗纤维水平越高，日增重越低，饲料报酬越差（表6-5）。一般在20～50 kg阶段的粗纤维水平为3%～4%，50 kg以后为4%～8%。

表6-5　粗纤维水平对肉猪生产性能的影响

粗纤维(%)	日增重(g)	饲料报酬	瘦肉率(%)
3	609	3.45	51.07
7	507	3.70	54.62

（四）矿物质和维生素　肉猪生长较快，对各种营养物质的需要相对较多，除能量和蛋白质外，应注意矿物质、微量元素和维生素的供给，供给不足时，对肥育效果影响很大（表6-6）。

表6-6　矿物质、微量元素和维生素对肉猪生产性能的影响

粗纤维(%)	日增重(g)	饲料报酬
平衡日粮	774	2.75
不添加微量元素	738	2.76
不添加维生素	680	2.95
不添加钙和磷	576	3.30

二、肉猪的饲养技术

（一）饲料调制

1. 原料选择与搭配　生产上应根据所养肉猪的生长潜力，猪场的饲养管理条件，不同年龄猪的消化生理特性，当地饲料资源，选择价格低、营养价值高、适口性好的原料。选好原料后还要注意多样合理搭配。包括青料、粗料和精料的合理搭配；能量饲料、蛋白质饲料、矿物质和维生素饲料的合理搭配以及同类饲料不同品种间的合理搭配。以取长补短，完善营养，使猪既能吃饱，又能吃好(营养满足需要)。

2. 饲料形态　饲料可加工调制成各种形态，包括有全价颗粒料、湿拌料、稠粥料、干粉料和稀水料。饲喂效果以颗粒料最好，其次是湿拌料和稠粥料，再次是干粉料，稀水料饲喂效果最差。但每种饲料形态都有其优缺点，生产上应根据具体情况，选择适宜的饲料形态。

颗粒料饲喂效果最好，并且便于投食，损耗少，不易霉坏。但设备投资大，制粒成本高。因此，目前仅用于仔猪。

湿拌料料水比为1∶(0.5～2)，稠粥料料水比为1∶(2～3)，两者饲喂效果接近，该饲料形态的优点是适口性好，提前浸泡可软化饲料，有利于消化，缺点是稍费工，不适宜机械化饲养，剩料易结冻，腐败变质。母猪和非机械化猪场常采用湿拌料喂猪。

干粉料适宜机械化饲养，可大大提高劳动生产率，剩料不易霉坏变质，可保持舍内干燥，但适口性差，粉尘多。目前大规模猪场多采用此种饲料形态。

稀水料料水比为1∶4以上，此种饲料形态喂猪，影响唾液分泌，冲淡胃液，降低饲料消化率，大量水分排出体外还增加生理负担，故生产上应杜绝稀水料喂猪。

3. 生喂与熟喂　熟料喂猪有一些优点，即可提高饲料适口性，可以消灭有害微生物和寄生虫，对某些饲料可起到去毒作用。因此部分饲料应熟喂，如大豆饼、棉子饼、菜子饼。而多数饲料如玉米、高粱、大麦、麸皮等经过煮熟反而降低饲喂效果，其原因是破坏其中的许多营养，而且浪费大量燃料、劳力、设备等，因此，应提倡生料喂猪。

(二)饲喂方式　猪的饲喂方式有自由采食和限量饲喂两种。自由采食是根据猪的营养需要,配制营养平衡的日粮,任猪自由采食或分次喂饱;限量饲喂是每日喂给自由采食量的80%～90%饲料,或降低营养浓度以达到限饲的目的。

自由采食的猪日增重高,饲料报酬略差,瘦肉率低。

限量饲喂按阶段又分为前期限量、后期限量和全期限量。其中前期限量效果最差,日增重低,饲料报酬差,瘦肉率低,一般不采用;全期限量猪的日增重较前者更低,饲料报酬与瘦肉率优于前者,一般也不宜采用;前期自由采食,保证一定的日增重,后期限量饲喂,提高饲料报酬和瘦肉率,该种饲喂方式是值得提倡的一种饲喂方式。

(三)饲喂次数　饲喂次数对生长肥育猪的影响,目前报道不一,据测定,定量饲喂时,同样多的饲料每日喂1次与分5次喂,日增重没有差别,但喂1次的胴体较瘦,喂2次的饲料报酬较高。

猪分次饲喂要注意定时、定量、定质。定时就是每日喂猪的时间和次数要固定,这样可提高猪的食欲,促进消化腺定时活动,提高饲料消化率。如果饲喂次数忽多忽少,饲喂时间忽早忽晚,就会打乱猪的生活规律、降低食欲和消化机能,并易引起胃肠病,生产上一般采用日喂两三次,饲喂的时间间隔应均衡。

定量即掌握好每日每次的喂量,一般以不剩料、不舔槽为宜,不可忽多忽少,以免引起猪消化不良、拉稀。每日喂量可用下式大致估计:

日采食量＝系数×猪体重

50 kg 前系数为 0.045,50～80 kg 为 0.04,80 kg 以上为 0.035。

每日的早、中、晚3次喂猪,以傍晚食欲最旺盛,午间最差,早晨居中，夏季更明显。料的给量以早晨35%，中午25%，傍晚40%为宜。

定质即饲料的品种和配合比例相对稳定，不可轻易变动，如需变换，新旧饲料必须逐步增减，让猪的消化机能有一个适应过程，突然变换易引起猪采食量下降或暴食，消化不良，生产性能下降。

第三节 肉猪的管理技术

一、合理分群

生长肥育猪一般采用群饲。为避免猪合群时争斗，最好以同一窝为一群最好；如果需要混群并窝，应按来源、体重、体质、性情、吃食快慢等方面相近的猪合群饲养，为减少合群时的争斗，可采用“留弱不留强，拆多不拆少，夜并昼不并”的办法。分群后，宜保持猪群相对稳定，一般不任意变动。但因疾病或体重差别太大、体质过弱，不宜在群内饲养的猪，则应及时加以调整。

分群时，还应注意猪群的大小和圈养密度。猪群大小是指每一圈（或栏）所养猪的头数，圈养密度是指每头猪所占猪圈（或栏）的面积。它们直接影响猪舍的温度、湿度、有害气体等的变化和含量，也影响猪的采食、饮水、排便、活动、休息、争斗等行为，从而影响猪的健康与生产性能。猪群过大，猪的争斗次数增多，休息睡眠时间缩短，降低猪的生产性能。所以猪群不宜过大，一般以10～20头为宜。圈养密度过大，猪体散热增多，不利于防暑；冬季适当增大圈养密度，有力于提高圈舍温度；春秋密度过大，会因散发水汽太多，有害微生物易于繁衍，有害气体增多，使环境恶化，降低猪的生产性能。因此圈养密度也不宜过大，一般在20～50 kg阶段0.6～1 m^2/头，50～100 kg阶段0.8～1.2 m^2/头。漏缝地板圈养密度可大一些，实体水泥地面圈养密度小一些。

二、及时调教

圈舍卫生条件的好坏，直接影响猪的健康与增重。因此，除每日清圈打扫、定期消毒外，饲养员还应及时做好猪的调教工作，使猪养成吃食、睡觉、排便三角定位的习惯以减轻饲养员劳动强度，保持圈舍清洁干燥。

调教要根据猪的生活习性进行。猪一般喜欢躺卧在高处、平处、圈角黑暗处、垫草及木板上，冬天喜睡温暖处，夏天喜睡风凉处，猪排便也有一定规律，一般多在低处、湿处、有粪便处以及圈角、洞口、门口等处，并多在喂食前后和睡觉刚起来时排便，在新的环境或受惊吓时排便较勤。掌握好这些习性是调教的基础，抓得及时是调教的关键。一般在猪刚调入新圈时要立即开始调教，可采用守候、勤赶、放猪粪引诱、加垫草等方法单独或交替使用。例如，在猪调入新圈前，要把圈舍打扫于净，在躺卧处铺上垫草，饲槽放入饲料，水槽加足饮水，并在指定排便地点堆放少量粪便，泼点水，然后把猪调入新圈。吃食、睡觉、排便三点的安排，应尽量考虑猪的生活习性。猪入圈后要加强看守，驱赶猪到指定地点排便，把排在其他处的粪便及时清到指定排便地点，一般经 3 天左右猪就会养成吃食、睡觉，排便三角定位的习惯。

三、去势与驱虫

猪的公、母性别和去势与否，对生产性能和胴体品质影响很大，生产上必须根据具体情况，灵活掌握。

对于我国地方品种或含我国地方品种血液较多的杂交猪，由于性成熟较早，去势后猪的性机能消失，神经兴奋性降低，日增重、饲料报酬、屠宰率、沉积脂肪能力均提高，一般公、母猪应去势肥育；对于国外引进品种以及含引进品种血液较多的杂交猪，由于性成熟较晚，母猪可采用不去势肥育，瘦肉率和饲料报酬较高。在某些国家，公猪也采用不去势肥育，其肥育效果最佳。

小公猪一般在7日龄左右去势，操作方便，伤口愈合较快。小母猪一般在30日龄左右去势。

猪体内外寄生虫对猪危害很大，在相同饲养管理条件下，患回虫病的猪比健康猪增重低30%，严重时生长停滞。生产上必须根据寄生虫的生物学和流行病学特性，有计划地定期驱虫，以提高猪的增重和饲料报酬。整个肥育期最好驱虫2次，肥育前进行第1次驱虫，体重达50 kg左右时再驱虫1次。可用左旋咪唑，按每千克体重8 mg拌入饲料喂服；也可用伊维菌素，每千克体重0.3 mg左右口服。

四、建立管理制度

管理要制度化，按规定的时间与程序给料、给水、清扫粪便，及时观察猪群的食欲、精神、粪便有无异常，对不正常的猪及时诊治。要建立一套周转、出售、称重、饲料消耗、治疗等的记录。

第四节 影响肉猪育肥性能的因素

一、品种与杂交

现代养猪生产一般都用杂种猪肥育，利用杂种优势提高养猪经济效益。但杂种猪的生产性能决定于其亲本品种的生产性能高低、亲本的纯度、差异程度以及杂交组合和杂交方式等。为了充分利用杂种优势，应根据本场饲养管理水平、选择与之相配套的杂交组合和杂交方式，以获得最佳的经济效益。

二、仔猪出生重与早期生长

仔猪出生重和早期生长与肥育期日增重呈正相关，出生重越大，断乳重越大；肥育期生长越快。据测定，出生重每差100 g，肥育期延长1周。所以，生产上应注意保证一定的出生重，并注重早期生长。

三、屠宰体重与肥育效果

肉猪何时出栏屠宰，应从经济效益出发，考虑仔猪成本、饲料报酬、增重速度、屠宰率、瘦肉率、肉质以及市场行情等，对这些指标及时进行投入产出分析，根据其综合经济效益来确定适宜出栏屠宰体重。

仔猪成本和饲料报酬是两个最主要的评定指标，肉猪单位体重所摊仔猪成本随肉猪体重的增长而减小，饲料报酬随肉猪体重的增长而变差，如果将仔猪成本折合成饲料，加到肉猪耗料上，则肉猪每千克增重的饲料投入呈先高后低再高的变化规律（表6-7）。

表6-7　肉猪单位增重的预计饲料投入

项　目	体重(kg)					
	20～30	20～50	20～70	20～90	20～100	20～110
饲料/增重	2.5	2.9	3.25	3.60	3.73	3.88
仔猪成本（折合饲料）	70	70	70	70	70	70
仔猪料成本	7.00	2.33	1.40	1.00	0.88	0.78
饲料投入	9.50	5.23	4.65	4.60	4.61	4.66

由表6-7可见，肉猪每千克增重的饲料投入随体重的增长而减少，到90 kg时最低，以后又开始增高。据表6-7，肉猪适宜出栏屠宰体重应是90 kg。

屠宰率、瘦肉率和肉质直接关系到肉猪的出售价格，也是决定经济效益的重要指标。一般猪的体重越大，屠宰率越高，瘦肉率越低。

可见，出栏体重过小，虽然饲料报酬高，瘦肉率高，但增重速度尚未充分发挥，单位体重所摊仔猪成本高，屠宰率低，肉质差，不经济；出栏体重过大，虽然屠宰率高，肉质好，单位体重所摊仔猪成本少，但日增重低，饲料报酬差，瘦肉率低，也不经济。因此，应对以上指标综合考虑，以最少的投入获得最大的经济收益为标准确定最适出栏屠宰体重，并根据具体情况及时调整。目前，在我国一般地方品种 70～80 kg 出栏合适，国内培育品种及我国猪种与引入品种杂交的一代猪，在体重 90～100 kg 出栏合适，国外引入的大型晚熟猪种以 100～110 kg 出栏合适。

第五节　提高瘦肉率的措施

随着人民生活水平的不断提高以及科学技术的发展，人们对饮食结构的合理性更为关注，并认识到摄食过多的动物脂肪会导致肥胖，发生心血管疾病，有害身体健康，促使人民的饮食向低脂肪、高蛋白方向发展。饮食观念和市场需求的变化，导致对瘦肉型猪需求日益增加，在提高增重速度和饲料转化率基础上，提高商品猪胴体瘦肉率，改善肉的品质，是当前养猪生产者急需解决的问题。

(一)品种　实践证明，不同品种或品系的猪在生长性能及胴体组成方面有所差别。背膘越薄、胴体越长，瘦肉率则越高。因此，在选择猪种时，可抓住体长和腿臀围进行选择。

(二)性别　不同性别猪瘦肉率的差异，是不同性别猪营养需要量差异的基础。据报道，公猪和母猪的瘦肉率比阉猪高。

(三)杂交组合　杂交是提高猪胴体瘦肉率的重要途径。我国地方品种具有乳头多、产仔多、哺乳力高、母性好、适应性强的特点，但瘦肉率低；而国外品种与此相反，若两者杂交可获得较多的瘦肉，同时又保持了本地猪的优良特点。近几年用瘦肉型品种的公猪与本地猪或培育品种杂交，已经取得了巨大经济效益。

(四)日粮氨基酸水平　不同生产目的对氨基酸需要量不同，保证最大胴体瘦肉率的氨基酸需要量高于最大饲料利用率的需要量，后者又高于最大增重的需要量。只有提高氨基酸供给量并保持氨基酸平衡才能提高胴体瘦肉率。

（五）限制饲养　生长猪用于维持和增重后剩余的能量就以脂肪形式沉积，但沉积的程度取决于生长阶段。一般60 kg前，采食量的增加主要用于瘦肉生长，到60 kg时，瘦肉生长达到平台。此后，采食量的增长就会加速脂肪的沉积。因此，为了提高瘦肉率，应对60 kg以后的猪进行限食。限食可降低背膘厚，提高饲料利用率。

（六）环境温度　为肥育猪创造适宜的环境温度可提高胴体的瘦肉率，适于蛋白质沉积的环境温度为18～20℃。

（七）适时屠宰　饲养期越长或体重越大，脂肪沉积就越多，猪皮就越厚，胴体瘦肉率就越低。一般来说，纯本地猪适宰体重不高于80～85 kg，二元杂交猪为90～95 kg，三元杂交猪为100 kg，纯外种猪为110 kg。

（八）提高猪体瘦肉率适用的技术

1. 注射外源猪生长激素　猪蛋白质沉积能力主要受内源猪生长激素(PST)产生及释放水平的影响。PST是调控猪蛋白质及脂肪代谢的主要激素，大量试验结果表明，外源PST能够促进猪体生长，促进猪体蛋白质和矿物质沉积，抑制脂肪合成。

2. 有机铬　三价铬参与胰岛素的合成。近几年发现有机铬对生长肥育猪胴体脂肪沉积及肌肉生长有改善作用。在饲料中添加有机铬可降低猪体脂肪，提高猪的瘦肉率。

3. 甜菜碱　甜菜碱通过增加瘦肉和减少脂肪沉积的双重效应来提高胴体瘦肉率。甜菜碱能调整内脏器官与骨骼肌对营养物质的吸收状况，在短期内像甜菜碱这样的物质还是能够用以控制生长性能与胴体性状而提高猪生产效益的。

4. 利用脂肪细胞抗体　英国学者通过对脂肪细胞进行免疫破坏处理，结果达到了减少脂肪沉积的目的。据试验，6周龄体重

13 kg 的猪经腹内注入抗脂肪细胞膜的单抗体后，饲养到20周龄体重达90～95 kg时，里脊部位的脂肪含量低于25%，瘦肉产量增加。

5. 添加二羟基丙酮、丙酮酸　二羟基丙酮、丙酮酸均是糖代谢的中间产物，在糖代谢过程中起着重要作用，两者具有降低猪体脂肪的作用。

6. 添加γ-亚麻酸油(GLA)　γ-亚麻酸油中的活性成分是γ-亚麻酸，它可以降低血液中的胆固醇含量。饲料中添加GLA油具有降低猪体脂肪的作用。

7. 相关的技术　在过去几年中，已从PST研究中开发出一系列相关技术，包括注射生长激素释放因子(GHRF)或功能相似的多肽物质；对生长激素抑制因子的免疫；培育转基因个体等。

综上所述，猪胴体瘦肉率的高低受许多因素的影响，要提高猪胴体瘦肉率必须采取综合措施，互相促进，使猪的瘦肉生长水平达到最大。

第六节　无公害肉猪饲养管理准则

农业部于2001年9月3日发布的、并于2001年10月每日开始实施的无公害食品的行业标准，其中NY/T5033-2001对无公害肉猪生产过程中的引种、环境、消毒、饲养、免疫、废弃物处理等涉及到生猪饲养管理的各环节都提出了严格要求。

一、猪场环境与工艺

(1)猪场应建在地势高燥、排水良好、易于组织防疫的地方，场址用地应符合当地土地利用规划的要求。猪场周围3 km无大型化工厂、矿厂、皮革、肉品加工、屠宰场或其他畜牧场污染源。

(2)猪场距离干线公路、铁路、城镇、居民区和公共场所1 km以上，猪场周围有围墙或防疫沟，并建立绿化隔离带。

(3)猪场生产区布置在管理区的上风向或侧风向处，污水粪便处理设施和病死猪处理区应在生产区的下风向或侧风向处。

(4)场区净道和污道分开，互不交叉。

(5)推荐实行小单元式饲养，实施“全进全出”制饲养工艺。

(6)猪舍应能保温隔热，地面和墙壁应便于清洗，并能耐酸碱等消毒药液清洗消毒。

(7)猪舍内温度、湿度环境应满足不同生理阶段猪的需求。

(8)猪舍内通风良好，空气中有毒有害气体含量应符合NY/T388要求。

(9)饲养区内不得饲养其他畜禽动物。

(10)猪场应设有废弃物储存设施，防止渗漏、溢流、恶臭对周围环境造成污染。

二、引种

(1)需要引进种猪时，应从具有种猪经营许可证的种猪场引进，并按照GB16567进行检疫。

(2)只进行育肥的生产场，引进仔猪时，应首先从达到无公害标准的猪场引进。

(3)引进的种猪，隔离观察15～30天，经兽医检查确定为健康合格后，方可供繁殖使用。

(4)不得从疫区引进种猪。

三、饲养条件

(一)饲料和饲料添加剂

(1)饲料原料和添加剂应符合NY5032的要求。

(2)在猪的不同生长时期和生理阶段，根据营养需求，配制不同的配合饲料。营养水平不低于GB8471要求，不应给肥育猪使用高铜、高锌日粮，建议参考使用饲养品种的饲养手册标准。

(3)禁止在饲料中额外添加β-兴奋剂、镇静剂、激素类、砷制剂。

(4)使用含有抗生素的添加剂时，在商品猪出栏前，按有关准则执行休药期。

(5)不使用变质、霉败、生虫或被污染的饲料。不应使用未经无害处理的泔水、其他畜禽副产品。

(二)饮水

(1)经常保持有充足的饮水，水质符合NY5027的要求。

(2)经常清洗消毒饮水设备，避免细菌滋生。

(三)免疫

(1)猪群的免疫符合NY5031的要求。

(2)免疫用具在免疫前后应彻底消毒。

(3)剩余或废弃的疫苗以及使用过的疫苗瓶要做无害化处理，不得乱扔。

(四)兽药使用

(1)保持良好的饲养管理，尽量减少疾病的发生，减少药物的使用量。

(2)仔猪、生长猪必须治疗时，药物的使用要符合NY5030的要求。

(3)育肥后期的商品猪，尽量不使用药物，必须治疗时，根据所用药物执行停药期，达不到停药期的不能作为无公害生猪上市。

(4)发生疾病的种公猪、种母猪必须用药治疗时，在治疗期或达不到停药期的不能作为食用淘汰猪出售。

四、卫生消毒

(一)消毒剂　消毒剂要选择对人和猪安全、没有残留毒性、对设备没有破坏、不会在猪体内产生有害积累的消毒剂。选用的消毒剂应符合NY5030的规定。

(二)消毒方法

1. 喷雾消毒　用一定浓度的次氯酸盐、有机碘混合物、过氧乙酸、新洁尔灭等，用喷雾装置进行喷雾消毒，主要用于猪舍清洗完毕后的喷洒消毒、带猪消毒、猪场道路和周围、进入场区的车辆。

2. 浸液消毒　用一定浓度的新洁尔灭、有机碘混合物或煤酚的水溶液，进行洗手、洗工作服或胶靴。

3. 熏蒸消毒　每立方米用福尔马林(40%甲醛溶液)42 mL、高锰酸钾 21 g，21℃以上温度、70%以上相对湿度，封闭熏蒸 24 h。甲醛熏蒸猪舍应在进猪前进行。

4. 紫外线消毒　在猪场入口、更衣室，用紫外线灯照射，可以起到杀菌效果。

5. 喷洒消毒　在猪舍周围、入口、产床和培育床下面洒生石灰或火碱可以杀死大量细菌或病毒。

6. 火焰消毒　用酒精、汽油、柴油、液化气喷灯，在猪栏、猪床和猪只经常接触的地方，用火焰依次瞬间喷射，对产房、培育舍使用效果更好。

(三)消毒制度

1. 环境消毒　猪舍周围环境每2～3 周用2%火碱消毒或撒生石灰 1 次；场周围及场内污水池、排粪坑、下水道出口，每月用漂白粉消毒1 次。在大门口、猪舍入口设消毒池，注意定期更换消毒液。

2. 人员消毒　工作人员进入生产区净道和猪舍要经过洗澡、更衣、紫外线消毒。严格控制外来人员，必须进入生产区时，要洗澡，更换场区工作服和工作鞋，并遵守场内防疫制度，按指定路线行走。

3. 猪舍消毒　每批猪只调出后，要彻底清扫干净，用高压水枪冲洗，然后进行喷雾消毒或熏蒸消毒。

4. 用具消毒　定期对保温箱、补料槽、饲料车、料箱、针管等进行消毒，可用 0.1%新洁尔灭或 0.2%～0.5%过氧乙酸消毒，然后在密闭的室内进行熏蒸。

5. 带猪消毒 定期进行带猪消毒，有利于减少环境中的病原微生物。可用于带猪消毒的消毒药有0.1%新洁尔灭、0.3%过氧乙酸和0.1%次氯酸钠。

五、饲养管理

(一)人员

(1)饲养员应定期进行健康检查，传染病患者不得从事养猪工作。

(2)场内兽医人员不准对外诊疗猪及其他动物的疾病，猪场配种人员不准对外开展猪的配种工作。

(二)饲喂

(1)饲料每次添加重量适当，少喂勤添，防止饲料污染腐败。

(2)根据饲养工艺进行转群时，按体重大小强弱分群，分别进行饲养，饲养密度要适宜，保证猪只有充足的躺卧空间。

(3)每日打扫猪舍卫生，保持料槽、水槽用具干净，地面清洁。经常检查饮水设备，观察猪群健康状态。

(三)灭鼠、驱虫

(1)定期投放灭鼠药，及时收集死鼠和残余鼠药，并做无害化处理。

(2)选择高效、安全的抗寄生虫药进行寄生虫控制，控制程序符合NY5031 的要求。

六、运输

(1)商品猪上市前，应经兽医卫生检疫部门根据GB16549 检疫，并出具检疫证明，合格者方可上市屠宰。

(2)运输车辆在运输前和使用后要用消毒液彻底消毒。

(3)运输途中，不应在疫区、城镇和集市停留、饮水和饲喂。

七、病、死猪处理

(1)须要淘汰、处死的可疑病猪，应采取不会把血液和浸出物散播的方法进行扑杀，传染病猪尸体应按GB16548进行处理。

(2)猪场不得出售病猪、死猪。

(3)有治疗价值的病猪应隔离饲养，由兽医进行诊治。

八、废弃物处理

(1)猪场废弃物处理实行减量化、无害化、资源化原则。

(2)粪便经堆积发酵后应作农业用肥。

(3)猪场污水应经发酵、沉淀后才能作为液体肥使用。

九、资料记录

(1)认真做好日常生产记录，记录内容包括引种、配种、产仔、哺乳、断奶、转群和饲料消耗等。

(2)种猪要有来源、特征、主要生产性能记录。

(3)做好饲料来源、配方及各种添加剂使用情况的记录。

(4)兽医人员应做好免疫、用药、发病和治疗情况记录。

(5)每批出场的猪应有出场猪号、销售地记录，以备查询。

(6)资料应尽可能长期保存，最少保留2年。

第七章　猪的饲养标准与饲料

第一节　猪的饲养标准

饲养标准是提高饲养效果对营养需求的具体表现，是通过大量的试验如营养平衡试验、屠宰测定、消化试验、代谢试验及各种饲养试验等来测定畜禽在维持，生长、妊娠、泌乳、产蛋、产毛和育肥的不同生理状态下对各种营养物质的最佳需要量。这个需要量又反复通过生产实践加以验证，最后确定为通用的饲养标准。饲养标准的内容主要包括能量指标、蛋白水平、钙、磷、食盐、氨基酸、维生素、微量元素等20多种营养指标。在畜禽饲养中，每个国家都有自己的饲养标准，有的地区也有单独的饲养标准。每个饲养标准的内容不完全相同，但基本上大同小异。所以国际间的饲养标准都可以互相参考、互相借鉴。

一、仔猪的饲养标准

仔猪的饲养标准见表7-1。

表7-1　仔猪饲养标准

项　目	每头每日营养需要量			每千克饲粮养分含量		
体重(kg)	1～5	5～10	10～20	1～5	5～10	10～20
预期日增重(g)	160	280	420	160	280	420
采食风干料量(kg)	0.20	0.46	0.91			
消化能(MJ)	3.34	7.02	12.58	16.72	15.13	13.84
代谢能(MJ)	3.01	6.40	11.58	15.13	13.84	12.75
粗蛋白质(g,%)	54	100	175	27	22	19

续表 7-1

项　目	每头每日营养需要量			每千克饲粮养分含量		
赖氨酸(g,%)	2.8	4.6	7.1	1.4	1.00	0.78
蛋氨酸+胱氨酸(g,%)	1.6	2.7	4.6	0.80	0.59	0.51
苏氨酸(g,%)	1.6	2.7	4.6	0.80	0.59	0.51
异亮氨酸(g,%)	1.8	3.1	5.0	0.90	0.67	0.55
钙(g,%)	2.0	3.8	5.8	1.00	0.83	0.64
磷(g,%)	1.6	2.9	4.9	0.80	0.63	0.54
食盐(g,%)	0.5	1.2	2.1	0.25	0.26	0.23
铁(mg)	33	67	71	165	146	78
铜(mg)	1.3	2.9	4.5	6.0	6.3	4.9
锌(mg)	22	48	71	110	104	78
锰(mg)	0.9	1.9	2.7	4.5	4.1	3.0
碘(mg)	0.03	0.07	0.13	0.15	0.15	0.14
硒(mg)	0.03	0.08	0.13	0.15	0.17	0.14
维生素 A(IU)	476	1 056	1 563	2 380	2 276	1 718
胡萝卜素(mg)	1.9	4.2	6.3	9.3	9.1	6.9
维生素 D(IU)	48	106	179	240	228	197
维生素 E(IU)	2.4	5.3	9.8	12	11	11
维生素 K(mg)	0.43	1.06	1.96	2.2	2.2	2.2
维生素 B_1(mg)	0.29	0.62	0.98	1.5	1.3	1.1
维生素 B_2(mg)	0.65	1.44	2.68	3.3	3.1	2.9
烟酸(mg)	4.8	10.6	16.1	24	23	18
泛酸(mg)	2.9	6.2	9.8	15	13.4	10.8
维生素 B_{12}(μg)	4.8	10.6	13.4	24	23	15
生物素(mg)	0.03	0.05	0.09	0.15	0.11	0.10
叶酸(mg)	0.13	0.29	0.54	0.65	0.63	0.59

二、种公猪的饲养标准

种公猪的饲养标准见表 7-2。

表 7-2 种公猪饲养标准

项 目	每头每日营养需要量			每千克饲粮养分含量	
体重(kg)	<90	90～150	>150	风干饲粮中	90～150
采食风干料量(kg)	1.40	1.90	2.30	1	1
消化能(MJ)	17.97	24.24	28.84	12.54	12.55
代谢能(MJ)	17.14	23.41	27.59	12.04	12.05
蛋白质(g,%)	196	228	276	120～140	12.0
赖氨酸(g,%)	5.4	7.3	8.7	3.8	0.38
蛋氨酸+胱氨酸(g,%)	2.9	3.9	4.6	2.0	0.20
苏氨酸(g,%)	4.3	5.8	6.9	3.0	0.30
异亮氨酸(g,%)	4.7	6.3	7.5	3.3	0.33
钙(g,%)	9.5	12.8	15.2	6.6	0.66
磷(g,%)	7.6	10.3	12.2	5.3	0.53
食盐(g,%)	5.0	6.9	8.2	3.5	0.35
铁(mg)	101	137	162	71	71
铜(mg)	6	9	10	5	5
锌(mg)	63	85	102	44	44
锰(mg)	13	17	20	9	9
碘(mg)	0.17	0.23	0.28	0.12	0.12
硒(mg)	0.19	0.26	0.30	0.13	0.13
维生素 A(IU)	5.053	6 815	8 108	3 531	3 500
胡萝卜素(mg)	20.3	27.0	32.5	14	
维生素 D(IU)	253	341	406	177	180
维生素 E(IU)	12.6	17.1	20.3	8.9	9
维生素 K(mg)	2.5	3.4	4.1	1.8	1.8
维生素 B_1(mg)	1.3	1.7	2.0	0.9	0.9
维生素 B_2(mg)	3.8	5.1	6.1	2.6	2.6
烟酸(mg)	12.6	17.1	20.3	8.9	9
泛酸(mg)	15.2	20.5	24.4	10.6	12.0
维生素 B_{12}(μg)	19.0	25.6	30.4	13.3	13.0
生物素(mg)	0.13	0.17	0.20	0.09	0.03
叶酸(mg)	0.77	1.0	1.2	0.52	0.50

注:配种前 1 个月,标准增加 20%～25%;冬季严寒期,标准增加 10%～20%。

三、后备母猪的饲养标准

后备母猪饲养标准见表 7-3 和表 7-4。

表 7-3 后备母猪饲养标准(每头每日营养需要量)

项 目	小 型			大 型		
体重(kg)	10～20	20～35	35～60	20～35	35～60	60～90
预期日增重(g)	320	380	360	400	480	500
采食风干料量(kg)	0.90	1.2	1.7	1.26	1.80	2.10
消化能(MJ)	11.29	15.05	20.48	15.8	22.19	25.46
代谢能(MJ)	10.45	14.21	19.23	14.63	20.69	23.78
粗蛋白质(g)	144	168	221	202	252	273
赖氨酸(g)	6.3	7.4	8.8	7.8	9.5	10.1
蛋氨酸+胱氨酸(g)	4.1	4.8	5.8	5.0	6.3	7.2
苏氨酸(g)	4.1	4.8	5.8	5.0	6.1	6.5
异亮氨酸(g)	4.5	5.4	6.5	5.7	6.8	7.1
钙(g)	5.4	7.2	10.2	7.6	10.8	12.6
磷(g)	4.5	6.0	8.5	6.3	9.0	10.5
食盐(g)	3.6	4.8	6.8	5.0	7.2	8.4
铁(mg)	64	64	73	67	79	80
铜(mg)	4.5	4.8	5.1	5.0	5.4	6.3
锌(mg)	64	64	73	67	79	80
锰(mg)	2.3	2.4	3.4	2.5	3.6	4.2
碘(mg)	0.13	0.17	0.24	0.18	0.25	0.29
硒(mg)	0.14	0.18	0.26	0.19	0.27	0.29
维生素 A(IU)	1 400	1 500	1 900	1 462	2.016	2.313
胡萝卜素(mg)	5.6	6.5	7.7	5.8	8.1	9.2
维生素 D(IU)	160	210	220	224	234	242
维生素 E(IU)	9	12	17	13	18	21
维生素 K(mg)	1.8	2.4	3.4	2.5	3.6	4.2
维生素 B_1(mg)	0.9	1.2	1.7	1.3	1.8	2.1
维生素 B_2(mg)	2.4	2.8	3.4	2.9	3.6	4.0
烟酸(mg)	9.5	12.6	17.0	15.1	18.0	18.9
泛酸(mg)	9	12	17	13	18	21
维生素 B_{12}(μg)	12	12	17	13	18	21
生物素(mg)	0.08	0.11	0.15	0.11	0.16	0.18
叶酸(mg)	0.5	0.6	0.8	0.6	0.9	1.0

注:后备公猪的营养需要可在“大型”的基础上增加10%～20%。

表 7-4 后备母猪饲养标准(每千克饲粮养分含量)

项 目	小 型			大 型		
体重(kg)	10～20	20～35	35～60	20～35	35～60	60～90
消化能(MJ)	12.54	12.54	12.12	12.54	12.33	12.12
代谢能(MJ)	11.62	11.70	11.33	11.62	11.49	11.33
粗蛋白质(%)	16	14	13	16	14	13
赖氨酸(%)	0.70	0.62	0.52	0.62	0.53	0.48
蛋氨酸+胱氨酸(%)	0.45	0.4	0.34	0.4	0.35	0.30
苏氨酸(%)	0.45	0.4	0.34	0.4	0.34	0.31
异亮氨酸(%)	0.5	0.45	0.38	0.45	0.38	0.34
钙(%)	0.6	0.6	0.6	0.6	0.6	0.6
磷(%)	0.5	0.5	0.5	0.5	0.5	0.5
食盐(%)	0.4	0.4	0.4	0.4	0.4	0.4
铁(mg)	71	53	43	53	44	38
铜(mg)	5	4	3	4	3	3
锌(mg)	71	53	43	53	44	42
锰(mg)	3	2	2	2	2	2
碘(mg)	0.14	0.14	0.14	0.14	0.14	0.14
硒(mg)	0.15	0.15	0.15	0.15	0.15	0.15
维生素 A(IU)	1 560	1 250	1 120	1 160	1 120	1 110
胡萝卜素(mg)	6.2	4.6	4.5	4.6	4.5	4.4
维生素 D(IU)	178	178	130	178	130	115
维生素 E(IU)	10	10	10	10	10	10
维生素 K(mg)	2	2	2	2	2	2
维生素 B_1(mg)	1	1	1	1	1	1
维生素 B_2(mg)	2.7	2.3	2.0	2.3	2.0	1.9
烟酸(mg)	16	12	10	12	10	10
泛酸(mg)	10	10	10	10	10	10
维生素 B_{12}(μg)	13	10	10	10	10	10
生物素(mg)	0.09	0.09	0.09	0.09	0.09	0.09
叶酸(mg)	0.5	0.5	0.5	0.5	0.5	0.5

四、妊娠母猪的饲养标准

妊娠母猪的饲养标准见表 7-5。

表 7-5 妊娠母猪饲养标准

项目	每头每日营养需要量						每千克饲粮养分含量	
	妊娠前期			妊娠后期			妊娠前期	妊娠后期
体重(kg)	90～120	120～150	>150	90～120	120～150	>150	90～150	90～150
采食风干料量(kg)	1.70	1.90	2.0	2.20	2.40	2.50		
消化能(MJ)	19.92	22.26	23.43	25.77	28.12	29.29	11.72	11.72
代谢能(MJ)	19.12	21.38	22.51	24.73	26.99	28.12	11.25	11.25
粗蛋白质(g,%)	187	209	220	264	288	300	11.0	12.0
赖氨酸(g,%)	6.00	6.70	7.00	7.90	8.60	9.00	0.35	0.36
蛋氨酸+胱氨酸(g,%)	3.20	3.60	3.80	4.20	4.60	4.70	0.19	0.19
苏氨酸(g,%)	4.80	5.30	5.60	6.20	6.70	7.00	0.28	0.28
异亮氨酸(g,%)	5.30	5.90	6.20	6.80	7.40	7.80	0.31	0.31
钙(g,%)	10.4	11.6	12.2	13.4	14.6	15.3	0.61	0.61
磷(g,%)	8.3	9.3	9.8	10.8	11.8	12.3	0.49	0.49
食盐(g,%)	5.4	6.1	6.4	7.0	8.0	8.0	0.32	0.32
铁(mg)	111	124	130	143	156	163	65	65
铜(mg)	7	8	8	9	10	10	4	4
锌(mg)	71	81	84	92	101	105	42	42
锰(mg)	14	15	16	18	19	20	8	8
碘(mg)	0.19	0.21	0.22	0.24	0.26	0.28	0.11	0.11
硒(mg)	0.22	0.25	0.26	0.29	0.31	0.33	0.13	0.13
维生素 A(IU)	5 440	6 100	6 400	7 260	7 920	8 250	3 200	3 300
维生素 D(IU)	270	300	32	350	380	400	160	160
维生素 E(IU)	14	15	16	18	19	20	8	8
维生素 K(mg)	2.9	3.2	3.4	3.7	4.1	4.3	1.7	1.7
维生素 B_1(mg)	1.4	1.5	1.6	1.8	2.0	2.4	0.8	0.8
维生素 B_2(mg)	4.3	4.8	5.0	5.5	6.0	6.3	2.5	2.5
烟酸(mg)	14	15	16	18	19	20	8.0	8.0
泛酸(mg)	16.5	18.4	19.4	21.6	23.5	24.5	9.7	9.7
维生素 B_{12}(μg)	20	23	24	29	31	33	12.0	12.0
生物素(mg)	0.14	0.15	0.16	0.18	0.20	0.22	0.08	0.08
叶酸(mg)	0.85	0.95	1.00	1.10	1.20	1.30	0.56	0.50

五、哺乳母猪的饲养标准

哺乳母猪饲养标准见表7-6。

表7-6　哺乳母猪饲养标准

项　目	每头每日营养需要量				每千克饲粮养分含量
体重(kg)	120～150	150～180	＞180	每增减1头仔猪(±)	120～180
采食风干料量(kg)	5.00	5.20	5.30		
消化能(MJ)	60.67	63.10	64.31	4.49	12.13
代谢能(MJ)	58.58	60.67	61.92	4.32	11.72
粗蛋白质(g,%)	700	728	742	48	14
赖氨酸(g,%)	25	26	27		0.50
蛋氨酸+胱氨酸(g,%)	15.5	16.1	16.4		0.31
苏氨酸(g,%)	18.5	19.2	19.6		0.37
异亮氨酸(g,%)	16.5	17.2	17.5		0.33
钙(g,%)	32.0	33.3	33.9	3.0	0.64
磷(g,%)	23.0	23.9	24.4	2.0	0.46
食盐(g,%)	22.0	22.9	23.3	2.0	0.44
铁(mg)	350	364	371		70
铜(mg)	22	23	23		4.4
锌(mg)	220	229	233		44
锰(mg)	40	42	42		8
碘(mg)	0.60	0.62	0.64		0.12
硒(mg)	0.45	0.47	0.48		0.09
维生素A(IU)	8 500	8 840	9 000		1 700
维生素D(IU)	860	900	920		180
维生素E(IU)	40	42	42		8
维生素K(mg)	8.5	8.8	9.0		1.7
维生素B_1(mg)	4.5	4.7	4.8		0.9
维生素B_2(mg)	13.5	13.5	13.8		2.6

续表 7-6

项　目	每头每日营养需要量			每千克饲粮养分含量
烟酸(mg)	45.0	47.0	48.0	9
泛酸(mg)	60	62	64	12
维生素 B_{12}(μg)	65	68	69	13
生物素(mg)	0.45	0.47	0.48	0.09
叶酸(mg)	2.5	2.6	2.7	0.5

六、生长肥育猪饲养标准

生长肥育猪饲养标准见表 7-7。

表 7-7　生长肥育猪饲养标准

项　目	每头每日营养需要量			每千克饲粮养分含量	
体重(kg)	20～35	35～60	60～90	20～60	60～90
预期日增重(g)	500	600	700		
采食风干料量(kg)	1.60	1.81	2.87		
消化能(MJ)	20.75	23.48	36.02	12.97	12.55
代谢能(MJ)	19.96	22.57	34.60	12.47	12.05
粗蛋白质(g,%)	256	290	402	16	14
赖氨酸(g,%)	12.00	13.60	18.08	0.75	0.63
蛋氨酸＋胱氨酸(g,%)	6.10	6.90	9.20	0.38	0.32
苏氨酸(g,%)	7.20	8.20	10.90	0.45	0.38
异亮氨酸(g,%)	6.60	7.40	9.80	0.41	0.34
钙(g,%)	9.60	10.90	14.40	0.60	0.50
磷(g,%)	8.00	9.10	11.50	0.50	0.40
食盐(g,%)	3.70	4.20	7.20	0.23	0.25
铁(mg)	96	109	144	60	50
铜(mg)	7.0	7.9	10.8	4.36	3.75
锌(mg)	176	199	258	110	90
锰(mg)	3.5	3.9	4.2	2.18	2.50

续表 7-7

项　目	每头每日营养需要量			每千克饲粮养分含量	
碘(mg)	0.22	0.25	0.40	0.14	0.14
硒(mg)	0.42	0.47	0.80	0.26	0.28
维生素 A(IU)	1 970	2 230	3 520	1 250	1 250
维生素 D(IU)	302	342	339	190	120
维生素 E(IU)	16.0	18.0	29.0	10	10
维生素 K(mg)	3.2	3.6	5.7	2.00	2.00
维生素 B_1(mg)	1.6	1.8	2.9	1.0	1.0
维生素 B_2(mg)	4.0	4.5	6.0	2.50	2.10
烟酸(mg)	20.8	23.5	25.8	13	9
泛酸(mg)	16.0	18.0	28.7	10.00	10.00
维生素 B_{12}(μg)	16.0	18.0	29.0	10	10
生物素(mg)	0.14	0.16	0.26	0.09	0.09
叶酸(mg)	0.91	1.03	1.60	0.57	0.57

七、瘦肉猪的饲养标准

瘦肉猪饲养标准见表 7-8 和表 7-9。

表 7-8　瘦肉猪的饲养标准(每头每日营养需要量)

项　目	1～5 kg	5～10 kg	10～20 kg	20～60 kg	60～90 kg
预期日增重(g)	160	280	420	550	700
采食风干料量(kg)	0.20	0.46	0.91	1.69	2.71
消化能(MJ)	5.35	7.00	12.59	21.92	35.15
代谢能(MJ)	3.00	6.70	11.62	21.07	33.80
粗蛋白质(g)	54	101	173	270	379
赖氨酸(g)	2.80	4.60	7.01	12.70	17.10
蛋氨酸＋胱氨酸(g)	1.60	2.70	4.60	6.40	8.70
苏氨酸(g)	1.60	2.70	4.60	7.60	10.30
异亮氨酸(g)	1.80	3.10	5.00	6.90	9.20

续表 7-8

项　目	1～5 kg	5～10 kg	10～20 kg	20～60 kg	60～90 kg
精氨酸(g)	0.70	1.20	2.09	3.90	4.90
钙(g)	2.00	3.80	5.80	10.10	13.60
磷(g)	1.60	2.90	4.90	8.50	10.80
食盐(g)	0.50	1.20	2.10	3.90	6.80
铁(mg)	33	67	71	101	136
铜(mg)	1.30	2.90	4.50	7.90	10.20
锌(mg)	22	48	71	186	244
锰(mg)	0.90	1.90	29.70	3.70	6.80
碘(mg)	0.03	0.037	0.13	0.24	0.38
硒(mg)	0.03	0.08	0.23	0.51	0.33
维生素 A(IU)	480	1 050	1 560	2 080	3 320
维生素 D(IU)	50	105	179	319	320
维生素 E(IU)	2.40	5.10	10.00	16.90	27.10
维生素 K(mg)	0.44	1.00	2.00	3.40	5.40
维生素 B_1(mg)	0.30	0.60	1.00	1.69	2.70
维生素 B_2(mg)	0.66	1.40	2.60	4.20	5.70
烟酸(mg)	4.80	10.60	16.40	22.00	24.90
泛酸(mg)	3.00	6.20	9.80	16.90	27.10
维生素 B_{12}(μg)	4.80	10.60	13.70	16.90	27.10
生物素(mg)	0.03	0.05	0.09	0.15	0.21
叶酸(mg)	0.13	0.30	0.54	0.96	1.54

表 7-9　瘦肉猪饲养标准(每千克饲粮养分含量)

项　目	1～5 kg	5～10 kg	10～20 kg	20～60 kg	60～90 kg
消化能(MJ)	16.74	15.15	13.85	12.97	12.97
代谢能(MJ)	15.15	13.85	12.76	12.47	12.47
粗蛋白质(%)	27	22	19	16	14
赖氨酸(%)	1.40	1.00	0.78	0.75	0.63
蛋氨酸＋胱氨酸(%)	0.80	0.59	0.51	0.38	0.32

续表 7-9

项　目	1～5 kg	5～10 kg	10～20 kg	20～60 kg	60～90 kg
苏氨酸(%)	0.80	0.59	0.51	0.45	0.38
异亮氨酸(%)	0.90	0.67	0.55	0.41	0.34
精氨酸(%)	0.36	0.28	0.23	0.23	0.18
钙(%)	1.00	0.83	0.64	0.60	0.50
磷(%)	0.80	0.63	0.54	0.50	0.40
食盐(%)	0.25	0.26	0.23	0.23	0.25
铁(mg)	165	146	78	60	50
铜(mg)	6.50	6.30	4.90	4.36	3.75
锌(mg)	110	104	78	110	90
锰(mg)	4.50	4.10	3.00	2.18	2.50
碘(mg)	0.15	0.15	0.14	0.14	0.14
硒(mg)	0.15	0.17	0.25	0.30	0.28
维生素 A(IU)	2 380	2 276	1 718	1 230	1 225
维生素 D(IU)	240	228	197	189	118
维生素 E(IU)	12	11	11	10	10
维生素 K(mg)	2.20	2.20	2.20	2.00	2.00
维生素 B_1(mg)	1.50	1.30	1.10	1.00	1.00
维生素 B_2(mg)	3.30	3.10	2.90	2.50	2.10
烟酸(mg)	24	23	18	13	9
泛酸(mg)	15.00	13.40	1.80	10.00	10.00
维生素 B_{12}(μg)	24	23	15	10	10
生物素(mg)	0.15	0.11	0.10	0.09	0.09
叶酸(mg)	0.65	0.65	0.59	0.57	0.57

第二节　猪的常用饲料

一、能量饲料

凡干物质中粗纤维含量在18%以下，粗蛋白含量在18%以下，每千克消化能在10.46 MJ以上的饲料均属于能量饲料，消化能 12.55 MJ 以上的称为高能饲料。这类饲料包括谷实类饲料、糠麸类、块根块茎及瓜果类等。

(一)谷实类饲料　谷实类子实水分含量低，一般在 14%左右，干物质在 80%以上；无氮浸出物含量高，通常占饲料干物质的 66%～80%，其中主要是淀粉；粗纤维低，一般在 10%以下：不足之处是蛋白质含量低，而且赖氨酸、蛋氨酸和色氨酸的含量也很低。

1. 玉米　主要饲料来源之一。由于玉米缺乏赖氨酸和色氨酸，营养不全价，故在配合饲料时要注意这些氨基酸的平衡。玉米含有较多的脂肪，其中不饱和脂肪酸较多，易于酸败变质，不宜长期保存。所以在贮藏过程中极易发生霉变，霉变后产生的黄曲霉毒性大，易使各种猪中毒，应引起高度重视。

2. 高粱　高粱与其他谷实类相比，粗脂肪含量相对较高，有效能值仅次于玉米、小麦。主要成分为淀粉，粗纤维少，可消化养分高。但粗蛋白质含量与其他谷物相似，含量低、品质差，限制性氨基酸、常量元素、微量元素等含量均不能满足畜禽的营养需要。高粱的种皮含有较多的单宁(平均为 0.38%)，具有苦涩味，这是一种抗营养因子，可阻碍能量和蛋白质等养分的利用，降低猪的适口性。用高粱喂肉猪或种猪，和玉米没有什么差别，但高粱因适口性差，在猪日粮中所占比例一般不超过 20%，亦须补加维生素 A 和蛋白质。

3. 大麦　大麦是含蛋白较多、含能量中等的饲料。该饲料的蛋白质和脂肪酸，质量优良，但缺乏赖氨酸和胡萝卜素，而且皮厚，含粗纤维较多。因此，大麦是喂猪的好饲料，特别是喂育肥猪，能生产白色硬脂肪的优质猪肉。喂时也经粉碎，否则不易消化。大麦常被赤霉真菌感染，被感染的大麦不宜用来喂猪。在猪的饲料中最好不超过 30%，对于幼龄猪最好不超过 10%。

4. 小麦　小麦的有效能值与玉米、高粱相似，比大麦略高，但粗蛋白质含量约高出玉米含量的50%，锰和锌的含量高，但钙、铁、硒的含量较低。小麦喂猪时，须经粉碎后与其他饲料混合饲用效果较好，但在饲料中其配比过多时，则会影响动物的采食量。要预防小麦赤霉菌，对猪可引起急性呕吐等中毒症状。

（二）糠麸　糠麸饲料即谷实的加工副产品。糠麸与玉米比，能量较低，蛋白质含量较高。无氮浸出物养分消化率、有效能则比谷实低。糠麸的钙、磷比谷实高，赖氨酸、蛋氨酸仍为不足。糠麸是B族维生素的良好来源，但缺乏胡萝卜素和维生素D。其微量元素含量比谷实高。在仔猪、生长猪日粮中，不宜用量过多，一般应控制在5%～15%；如果用来喂育肥猪和母猪，可适当加大比例，可控制在20%以下。

二、蛋白质饲料

蛋白质饲料是指干物质中粗纤维含量在18%以下，粗蛋白质含量为20%以上饲料，这类饲料的粗纤维含量低、可消化养分多，是配合饲料的基本成分。蛋白质饲料可分为：植物性蛋白饲料、动物性蛋白饲料和单细胞蛋白质饲料。

（一）植物性蛋白质饲料

1．大豆饼（粕）　大豆饼（粕）是猪的主要蛋白质饲料。一般含粗蛋白在40%～46%，赖氨酸可达2.5%左右，色氨酸0.1%左右，蛋氨酸0.38%左右，胱氨酸0.25%；富含铁、锌，其总磷中约50%是植酸磷；含胡萝卜素少，仅为0.2～0.4 mg/kg。豆粕较豆饼适口性差，饲用后可能引起腹泻现象，经加热处理后再利用，不良作用即可消失。

2．花生饼　带壳花生饼含粗纤维15%以上，饲用价值低。去壳花生饼所含蛋白质、能量比较高。花生饼的饲用价值仅次于豆饼，蛋白质和能量都比较高，但其赖氨酸和蛋氨酸含量不足。花生饼易感染黄曲霉毒素，对猪有不良影响。花生饼是猪饲料中较好的蛋白源，猪喜食，但不宜多喂，一般不超过15%，否则猪体脂肪会变软，影响胴体品质。

3. 棉子饼　一般含32%～38%粗蛋白质，产量仅次于豆饼(粕)，是一项重要的蛋白资源。与豆饼(100%)相比，其消化能约为豆饼的83.2%，粗蛋白质约为80%，其赖氨酸含量为1.48%，色氨酸的含量为0.47%，蛋氨酸含量为0.54%，胱氨酸含量为0.61%，胡萝卜素和维生素D含量较少，磷、铁和锌的含量丰富，但植酸磷含量较高。棉子仁中含有大量的色素、腺体，其中含有对动物有害的棉酚。猪对棉子饼中蛋白质的消化率达80%左右，消化能为10.88～12.56 MJ/kg。乳猪、仔猪及母猪不能用棉子饼，在生长猪和育肥猪日粮中添加4%～6%为宜。

4. 菜子饼(粕)　一般粗蛋白质在31%～40%，赖氨酸含量为1.0%～1.8%，色氨酸含量为0.3%～0.5%，蛋氨酸可达0.5%～0.9%。硒、铁、锰、锌也较高，但含铜量较低。菜子饼(粕)含毒素较高，具有苦涩味，影响适口性和蛋白质的利用，因此，未去毒菜子饼(粕)的喂量必须控制。乳猪，仔猪最好不用，生长猪、育肥猪和母猪可在日粮中添加4%～8%为宜，不会影响增重和产仔，中毒现象也不会发生。

以上4种饼(粕)是养猪常用的蛋白质饲料，来源丰富，取之容易。除此之外，在日常养猪日粮中也利用葵花饼、芝麻饼、麻子饼、豌豆蛋白、酒糟和干豆腐渣等蛋白质饲料。但必须与豆饼(粕)搭配使用。

(二)动物性蛋白质饲料　主要包括鱼类、肉类和乳品加工副产品以及其他动物产品。

1. 鱼粉　鱼粉是优质的蛋白质饲料，不仅蛋白质含量多，而且赖氨酸、含硫氨基酸和色氨酸等必需氨基酸含量均很丰富。鱼粉含粗蛋白质55%～75%，而国产鱼粉粗蛋白质含量为40%～50%，一般质量不稳定，而且粗脂肪和盐的含量偏高，很易酸败变质，亟须在工艺及原料等方面改进。在猪的饲料中，特别是仔猪饲料添加适量鱼粉，即能改善日粮结构，平衡日粮。

2. 血粉 蛋白质含量在80%以上，是优质的蛋白饲料，另外还富含矿物质如铁等。如果采用高温、压榨、干燥制成的血粉，溶解性差、消化率低；而采用低温、真空干燥法制成的血粉或者经过2次发酵的血粉，溶解性好，消化率也高。在猪的日粮中可以添加3%～5%。

3. 肉骨粉和肉粉 含骨量大于10%的称肉骨粉，一般肉骨粉含粗蛋白质35%～40%，并含有一定量的钙、磷和维生素B_{12}。肉粉的粗蛋白质含量为50%～60%，因原料不同和加工方法不同，其营养成分有所变化。蛋氨酸和色氨酸较鱼粉少。在喂猪时，与鱼粉搭配或补充氨基酸，可提高饲料利用率。

另外还有猪毛水解粉、制革下脚料、羽毛粉、蚕蛹等，含蛋白质也较高。为了解决蛋白质饲料的不足，今后需要进一步对动物性下脚料资源进行开发利用。

（三）单细胞蛋白质饲料 是由某些单细胞有机体所获得的蛋白质，主要包括酵母、细菌、真菌、微型藻类和某些原生物。

饲用酵母含粗蛋白质40%～50%，蛋白质的生物学价值介于动物蛋白质与植物蛋白质之间，赖氨酸含量高。饲料酵母主要是猪饲粮蛋白质和维生素的添加成分，以改善氨基酸的组成，补充B族维生素。但饲料酵母具有苦味，适口性差，在猪饲粮配比中一般不超过5%。另外还有石油酵母，藻类，其蛋白质含量比较丰富，今后应进一步开发利用。

三、高水分饲料

高水分饲料包括青饲料（幼嫩的植株、茎或叶片等）和青贮饲料。含干物质80%以下，粗蛋白含量较为丰富，矿物质和维生素较为丰富。高水分谷物含干物质在70%～80%、7%以上粗蛋白，少量粗纤维;糖蜜含干物质60%～80%,含7%以下粗蛋白,无粗纤维;湿干草含干物质45%～60%;青贮含干物质25%～45%,中等数量的胡萝卜素;鲜青草含干物质15%～30%,少量胡萝卜素;农工副产品含干物质10%～25%,微量胡萝卜素,3%以上粗纤维;块根饲料含干物质9%～30%,3%以下粗纤维。高水分饲料幼嫩、柔软和多汁,营养丰富,适口性好,还具有轻泻、保健作用。

四、粗饲料

凡天然水分含量在45%以下,干物质中粗纤维含量在18%以上的饲料均属于粗饲料。它主要包括干草、稿秆和秕类等,其特点是体积大,有饱感,但营养价值低。在猪的日粮中,配入一定比例的优质粗饲料有利于增大日粮的体积,使猪有饱感,同时有利于防止猪拉稀。但粗纤维过多,影响猪对精料的采食量,仔猪和生长育肥猪日粮中粗纤维含量不宜超过4%,母猪可适当增加,但也不要超过7%。

五、矿物质饲料

常用的矿物质饲料以补充钙、磷、钠、氯等常量元素为主,主要包括食盐、含磷矿物质、含钙矿物质、含钙磷矿物质。

(一)食盐　猪饲粮是以植物性饲料为主,而植物性饲料中含钠和氯较少,含钾丰富。日粮中应补充0.3%左右的食盐,以提高饲料的适口性,增强食欲。

(二)*含磷矿物质饲料*　只含磷的矿物质饲料在生产中使用不多,用来补充磷的含量和平衡钙、磷比例。常见的矿物质有磷酸二氢钠和磷酸氢二钠,但容易改变饲料中钠的比例,生产中应予注意。

(三)*含钙的矿物质饲料*　主要有石粉、贝壳粉、蛋壳粉等。石粉主要指石灰石粉,为天然的碳酸钙,含钙34%～38%,是最广泛的补钙来源；贝壳粉的主要成分为碳酸钙，含钙 33％～38％，也是使用比较广泛的补钙饲料；蛋壳粉主要成分也为碳酸钙，含钙 25％；新鲜蛋壳还含有约 12％的粗蛋白，制干粉碎前应经高温消毒，以免蛋白质腐败和病原菌传播。

（四）含钙、磷的矿物质饲料　既含钙又含磷的矿物饲料在生产中使用较为广泛，通常与含钙饲料共同配合使用，使饲粮钙、磷比例正常。这类矿物质饲料有骨粉、磷酸氢钙、磷酸钙、过磷酸钙等。骨粉主要成分为磷酸钙，含钙 25％以上，含磷 12％以上。磷酸氢钙的钙、磷比例约为 3∶2，接近于动物需要的平衡比例，含钙 23％以上，含磷 16％以上，含氟 0.18％以下。

六、饲料添加剂

饲料添加剂是基础日粮的添加成分，其功能是完善饲料的营养性，提高饲料效率，促进畜禽生长和预防疾病，减少饲料在储存期间的营养损失以及改善猪的产品品质。饲料添加剂可分为两类：一类是营养性添加剂，如氨基酸、矿物质（微量）和维生素；另一类是非营养性添加剂，如抗生素、化学药物等。由于饲养目的不同，对饲料添加剂的要求也有所不同。但是，在生产实践中，饲料添加剂应符合以下要求：①长期使用或在使用期间，不应对猪产生急、慢性毒害作用和不良影响，对繁殖母猪不能导致生殖生理的改变，以至影响胎儿；②必须有确实的经济效益和生产效果；③在饲料和猪体内具有较好的稳定性；④不影响猪对饲料的采食量；⑤在畜产品中的残留量不能超过规定标准，不能影响猪产品质量和人体健康。

（一）营养性添加剂　营养性添加剂的用途是平衡猪日粮的营养。在正常情况下，要根据猪的生长阶段，生产目标，按照饲养标准确定添加剂的种类和数量。

1. 氨基酸添加剂　主要包括蛋氨酸、赖氨酸、色氨酸和苏氨酸等。蛋氨酸对养猪生产和猪只生长有促进作用，通常在饲料中添加的是人工合成的*DL*-型蛋氨酸，添加原则是补足饲粮中蛋氨酸的不足部分；蛋氨酸和胱氨酸都是含硫氨基酸，猪的需要常用蛋氨酸＋胱氨酸来表示。赖氨酸是猪饲料中第一限制氨基酸，在缺乏动物性蛋白质饲料和豆饼(粕)饲料中必须添加赖氨酸，以提高养猪效果；色氨酸也是易缺乏的限制性氨基酸，玉米、肉粉、肉骨粉中色氨酸含量较低，仅能满足猪需要量的60%～70%，在日粮中应补充色氨酸，但在大豆饼(粕)中含量较高；苏氨酸是幼猪生长阶段的一种限制性氨基酸。

2. 维生素添加剂　猪对维生素的需要量极少，但其作用极为显著。在集约化饲养下，猪对维生素需要量一般要比正常需要量大1倍左右，必须向饲料中添加多种维生素。常用的维生素有维生素A、维生素D、维生素E、维生素B_1、维生素B_2、烟酸、泛酸、维生素B_{12}、氯化胆碱、维生素C。现在一般应用复合维生素添加剂。

3. 微量元素添加剂　养猪需要添加的微量元素有铁、铜、锌、锰、硒、碘、钴等。这些元素在不同地区所生产的原料中，其含量差异很大，所以，必须根据具体情况添加所需的微量元素。含铁的添加剂有硫酸亚铁、硫化铁、氯化铁和氧化铁，其中硫酸亚铁($FeSO_4 \cdot 7H_2O$)的生物学效价较高，氧化铁最差。饲料级硫酸亚铁为淡绿色结晶，吸湿性强，易于结块，不易与饲料搅拌均匀，故须经烘干处理。含铜的添加剂有硫酸铜、氧化铜和碳酸铜。其中硫酸铜不仅生物学效价高，而且还有抗菌作用，饲用效果好，应用也较广泛。含锌的添加剂有氧化锌、碳酸锌、硫酸锌，它们的生物学效价都较高，猪饲料中常用硫酸锌($ZnSO_4 \cdot 7H_2O$)，但在高温高湿地区容易水解，常用氧化锌代替。含锰的添加剂有硫酸锰和氧化锰，氧化锰的生物学效价较低、但价格最便宜，养猪饲料中常用硫酸锰($MnSO_4 \cdot 7H_2O$)。硒是畜禽必需的微量元素，但又是剧毒物质，我国大部分地区缺硒，特别东北地区、华南地区更是严重缺硒；因此，在猪饲料中亚硒酸钠尤为重要，既可预防白肌病，又可提高饲料利用率，但在配合饲料中使用时要充分拌匀，以防止硒中毒。常用的含碘化合物有碘化钾和碘酸钙。作为补钴的添加剂常用硫酸钴。目前，国内外许多研究表明，金属螯合物和络合物不仅克服了无机盐的缺点，而且对提高生产性能、改善胴体品质、增强机体免疫力等方面具有明显的促进作用。如蛋氨酸锌、蛋氨酸铁、酵母硒、酵母铬等。

（二）非营养性添加剂

1. 促进生长与保健添加剂　主要是指抗生素药物用于促进生长，提高饲料效率，提高增重速度、驱虫保健、增进动物健康的一类非营养性添加剂。它包括抗生素、抗菌药物、驱虫药物等。猪常用的抗生素主要有杆菌肽锌（4～40 mg/kg）、维吉尼亚霉素（10～20 mg/kg）等，一般在5月龄至育肥期不添加。驱虫保健药物有盐霉素等。激素类仅在少数国家作为饲料添加剂使用，包括生长激素、肾上腺素等。

2. 饲料品质改善添加剂　为使饲料在储存、运输过程中质量不受影响，有必要在饲料中加入抗氧化剂、防霉防腐剂、黏结剂和乳化剂等。目前经常使用的抗氧化剂有乙氧基喹啉、二丁基羟基甲苯、丁基羟基茴香醚、维生素C、维生素E等。防霉防腐剂主要有丙酸、丙酸钠和丙酸钙、山梨酸、山梨酸钾、柠檬酸、柠檬酸钠、富马酸和富马酸二甲酯等。黏结剂主要用在颗粒饲料或块状饲料中，加强颗粒的坚固性，防止水质污染；黏结剂的种类很多，可分为天然类和合成类、膨润土、黏土、α-淀粉、海藻酸钠等。其他改善饲料品质的添加剂有抗结块剂、乳化剂、除臭剂等。

3. 食欲增进和产品品质改良添加剂　食欲增进剂笼统称为风味剂或诱食剂，其目的是为了增进动物食欲。食欲增进剂一般有两类，即香味剂和调味剂，前者包括乳酸乙酯、乳酸丁酯、茴香油等，后者主要有糖精、味精等。为了提高畜产品的可观性和商品价值，在饲料中常加入改良产品品质的添加剂。

4．新型饲料添加剂　酶制剂无毒、无残留、无副作用，是优秀的新型促生长类饲料添加剂。常用酶制剂有淀粉酶、蛋白酶、脂肪酶、纤维素酶、半纤维素酶、植酸酶和果胶酶等；微生态制剂是最新的生物高技术促生长类添加剂，常用微生物主要有乳酸杆菌属、链球菌属、双歧杆菌属和酵母菌等；中草药以其独特的抗微生物和寄生虫的作用机理，不产生抗药性和耐药性，并可长期添加使用，如刺五加、甘草、黄芪、大蒜、松针，山楂等；有机酸类有延胡索酸、柠檬酸、乳酸、甲酸等；微量元素氨基酸螯合物（或称氨基酸螯合盐）作为一种新型高效添加剂，已经引起人们的关注，并逐步投入使用，当前市场上出售的有蛋氨酸锌、蛋氨酸锰、蛋氨酸铁、赖氨酸铜和赖氨酸锌等。近年来发现和研制成功的新型饲料添加剂还有甜菜碱、沸石、麦饭石、稀土和未知因子等。

饲料中使用的营养性饲料添加剂和一般性饲料添加剂应是中华人民共和国农业部公布的《允许使用的饲料添加剂品种目录》所规定的品种（表 7-10）和取得试生产产品批准文号的新饲料添加剂品种。

表 7-10　允许使用的饲料添加剂品种目录

类　别	饲料添加剂名称
饲料级氨基酸 6 种	*L*-赖氨酸盐酸盐，*DL*-蛋氨酸，*DL*-羟基蛋氨酸钙，N-羟甲基蛋氨酸，*L*-色氨酸，*L*-苏氨酸
饲料级维生素 26 种	*β*-胡萝卜素，维生素 A，维生素 A 乙酸酯，维生素 A 棕榈酸酯，维生素 D_3，维生素 E，维生素 E 乙酸酯，维生素 K_3（亚硫酸氢钠萘醌），二甲基嘧啶醇亚硫酸甲萘醌，维生素 B_1（盐酸硫胺），维生素 B_1（硝酸硫胺），维生素 B_2（核黄素），维生素 B_6，烟酸，烟酰胺，*D*-泛酸钙，*DL*-泛酸钙，叶酸，维生素 B_{12}（氰钴胺），维生素 C（*L*-抗坏血酸），*L*-抗坏血酸钙，*L*-抗坏血酸-2-磷酸酯，*D*-生物素，氯化胆碱，*L*-肉碱盐酸盐，肌醇

续表 7-10

类　别	饲料添加剂名称
饲料级矿物质、微量元素 43 种	硫酸钠，氯化钠，磷酸二氢钠，磷酸氢二钠，磷酸二氢钾，磷酸氢二钾，碳酸钙，氯化钙，磷酸氢钙，磷酸二氢钙，磷酸三钙，乳酸钙，七水硫酸镁，一水硫酸镁，氧化镁，氯化镁，七水硫酸亚铁，一水硫酸亚铁，三水硫酸亚铁，六水柠檬酸亚铁，富马酸亚铁，甘氨酸铁，蛋氨酸铁，五水硫酸铜，一水硫酸铜，蛋氨酸铜，七水硫酸锌，一水硫酸锌，无水硫酸锌，氧化锌，蛋氨酸锌，一水硫酸锰，氯化锰，碘化钾，碘酸钾，碘酸钙，六水氯化钴，一水氯化钴，亚硒酸钠，酵母铜，酵母铁，酵母锰，酵母硒，吡啶铬，烟酸铬，酵母铬
料级酶制剂 12 类	蛋白酶（黑曲霉，枯草芽孢杆菌），淀粉酶（地衣芽孢杆菌，黑曲霉），支链淀粉酶（嗜酸乳杆菌），果胶酶（黑曲霉），脂肪酶，纤维素酶（reesei 木霉），麦芽糖酶（枯草芽孢杆菌），木聚糖酶（insolens 腐质霉），β-葡聚糖酶（枯草芽孢杆菌，黑曲霉），甘露聚糖酶（缓慢芽孢杆菌）；植酸酶（黑曲霉，米曲霉），葡萄糖氧化酶（青霉）
饲料级微生物添加剂 12 种	干酪乳杆菌，植物乳杆菌，粪链球菌，乳酸片球菌，枯草芽孢杆菌，纳豆芽孢杆菌，嗜酸乳杆菌，乳链球菌，啤酒酵母菌，产朊假丝酵母，沼泽红假单胞菌
抗氧化剂 4 种	乙氧基喹啉，二丁基羟基甲苯（BHT），丁基羟基茴香醚（BHA），没食子酸丙酯
防腐剂，电解质平衡剂 25 种	甲酸，甲酸钙，甲酸铵，乙酸，双乙酸钠，丙酸，丙酸钙，丙酸钠，丙酸铵，丁酸，乳酸，苯甲酸，苯甲酸钠，山梨酸，山梨酸钠，山梨酸钾，富马酸，柠檬酸，酒石酸，苹果酸，磷酸，氢氧化钠，碳酸氢钠，氯化钾，氢氧化铵
着色剂 6 种	β-阿朴-8′-胡萝卜素醛、辣椒红、β-阿朴-8′-胡萝卜素酸乙酯、虾青素、β,β-胡萝卜素-4,4-二酮（斑蝥黄）、叶黄素（万寿菊花提取物）
调味剂、香料 6 种（类）	糖精钠，谷氨酸钠，5′-肌苷酸二钠，5′-鸟苷酸二钠，血根碱，食品用香料均可作饲料添加剂

续表 7-10

类　别	饲料添加剂名称
黏结剂抗结块剂和稳定剂 13 种(类)	α-淀粉,海藻酸钠,羧甲基纤维素钠,丙二醇,二氧化硅,硅酸钙,三氧化二铝,蔗糖脂肪酸酯,山梨醇酐脂肪酸酯,甘油脂肪酸酯,硬脂酸钙,聚氧乙烯 20 山梨醇酐单油酸酯,聚丙烯酸树脂 Ⅱ
其他 10 种	糖萜素,甘露低聚糖,肠膜蛋白素,果寡糖,乙酰氧肟酸,天然类固醇萨洒皂角苷(YUCCA),大蒜素,甜菜碱,聚乙烯聚吡咯烷酮(PVPP),葡萄糖山梨醇

药物饲料添加剂的使用应按照中华人民共和国农业部发布的《药物饲料添加剂使用规范》执行。允许在无公害生猪饲料中使用的药物饲料添加剂见表 7-11。

表 7-11　允许在无公害生猪饲料中使用的药物饲料添加剂

名　称	含量规格(%)	用法与用量(1 000 kg 饲料中添加量)	休药期(天)	商品名
杆菌肽锌预混剂	10 或 15	4～40 g(4 月龄以下),以有效成分计	0	
黄霉素预混剂	4 或 8	仔猪 10～25 g,生长、育肥猪 5 g,以有效成分计	0	富乐旺
维吉尼亚霉素预混剂	50	20～50 g	1	速大肥
喹乙醇预混剂	5	1 000～2 000 g,禁用于体重超过 35 kg 的猪	35	—
阿美拉霉素预混剂	10	4 月龄以内 200～400 g,4～6 月龄 100～200 g	0	效美素
盐霉素钠预混剂	5,6,10,12,45,50	25～75 g,以有效成分计	5	优素精 赛可喜
硫酸黏杆菌素预混剂	2,4,10	仔猪 2～20 g,以有效成分计	7	抗敌素

续表 7-11

名　称	含量规格（%）	用法与用量（1 000 kg 饲料中添加量）	休药期（天）	商品名
牛至油预混剂	2.5	用于预防疾病 500～700 g，用于治疗疾病 1 000～1 300 g，连用 7 天，用于促进生长 50～500 g	—	诺必达
杆菌肽锌、硫酸黏杆菌素预混剂	杆菌肽锌 5 硫酸黏杆菌素 1	2 月龄以下 2～40 g，4 月龄以下 2～20 g，以有效成分计	7	万能肥素
土霉素钙	5,10,20	10～50 g（4 月龄以内），以有效成分计	—	—
吉他霉素预混剂	2.2,11,55,95	促生长：5～55 g 防治疾病：80～330 g，连用 5～7 天，以有效成分计	7	—
金霉素预混剂	10,15	25～75 g（4 月龄以内），以有效成分计	7	—
恩拉霉素预混剂	4,8	2.5～20 g，以有效成分计	7	—

注：①表中所列的商品名是由相应产品供应商提供的产品商品名。给出这一信息是为了方便本标准的使用者，并不表示对该产品的认可。如果其他等效产品具有相同的效果，则可使用这些等效产品。

②摘自中华人民共和国农业部农牧发[2001]号“关于发布《饲料药饲料物添加剂使用规范》的通知”中《药物饲料添加剂使用规范》。

第三节　猪的配合饲料与饲粮配合

一、配合饲料

配合饲料是根据猪的饲养标准（营养需要），将多种饲料（包括添加剂）按一定比例和规定的加工工艺配制成的均匀一致、营养价值完全的饲料产品。

配合饲料按照营养构成、饲料形态、饲喂对象等分成很多种类。

(一)按营养成分和用途分类　按营养成分和用途将配合饲料分成添加剂预混料、浓缩饲料和全价配合料。

1. 添加剂预混料　它是指用一种或几种添加剂(如微量元素、维生素、氨基酸、抗生素等)加上一定数量的载体或稀释剂，经充分混合而成的均匀混合物。根据构成预混料的原料类别或种类，又分为微量元素预混料、维生素预混料和复合添加剂预混料。预混料既可供养猪生产者用来配制猪的饲粮，又可供饲料厂生产浓缩饲料和全价配合饲料。市售的添加剂预混料多为复合添加剂预混料，一般添加量为全价日粮的0.25%～3%，具体用量应根据实际需要或产品说明书确定。

2. 浓缩饲料　浓缩饲料是由添加剂预混料、常量矿物质饲料和蛋白质饲料按一定比例混合而成的饲料。泰国习惯于叫料精。养猪场或养猪专业户可用浓缩料加入一定比例的能量饲料(玉米、麸皮等)即可配制成直接喂猪的全价配合饲料。浓缩饲料一般占全价配合饲料的20%～30%。

3. 全价配合饲料　浓缩饲料加上一定比例的能量饲料，即可配制成全价配合饲料。它含有猪需要的各种养分，不需要添加任何饲料或添加剂，可直接喂猪。

(二)按饲料物理形态分类　根据制成的最终产品的物理形态分成粉料、湿拌料、颗粒料、膨化料等。

(三)按饲喂对象分类　按饲喂对象可将饲料分成乳猪料、断乳仔猪料、生长猪料、肥育猪料、妊娠母猪料、泌乳母猪料、公猪料等。

二、饲粮配合

(一)饲粮配合的基本原则

(1)必须以猪的饲养标准为依据，并结合生产实践经验，制定出符合要求的最佳日粮配方，满足猪对各种营养(能量、蛋白质、矿物质、维生素等)的需要量，目前一些国家都已制定了畜禽的饲养标准，如美国的NRC、英国的ARC、加拿大和日本等国都有自己的标准。我国也制定了各种猪的饲养标准，目前我们主要使用我国的饲养标准，同时也参考其它饲养标准，无论采用哪种饲养标准，都要根据猪状况、饲料品种、饲养管理、环境条件、饲料加工方法等实际情况，加以灵活运用，适当调整，不能照搬。

(2)在配合日粮时必须对各类饲料的特性有所了解，对所选饲料的营养成分要清楚，只有在这个基础上才能根据饲养标准进行猪饲料配合，有条件的地方应利用自己分析得到的营养成分数据，否则计算值和实际值不符，计算的再精确，按此配制出来的日粮也不会是全价平衡日粮。如果没有条件分析，必须借助饲料营养成分表时，须选用和当地相近、加工工艺相同的数据。

(3)要注意饲料原料的品质、适口性和消化率(表7-12)，如果饲料品质不良或适口性差，即使在计算上符合饲养标准，而实际上并不能满足畜禽的营养需要。对于那些有不良特性和适口性差的原料如血粉、皮革粉、羽毛粉、棉子饼(粕)、菜子饼(粕)、芝麻饼、草粉、糟渣等要先进行加工处理并限制其在饲料中的使用量。

表7-12　主要饲料原料的消化率　　%

原料	有机物质	粗蛋白质	粗纤维	粗脂肪	无氮浸出物
大麦	86	75	42	78	91
燕麦	74	79	32	86	79
黑麦	88	76	45	60	92
玉米	90	71	72	89	93
小米	76	70	40	75	83
高粱	86	66	55	75	90
豌豆	88	86	55	64	93
大豆	84	90	57	92	74

续表 7-12

原料	有机物质	粗蛋白质	粗纤维	粗脂肪	无氮浸出物
粗麸皮	63	77	30	70	73
细麸皮	72	77	30	83	77
米糠	67	63	24	81	75
花生饼	71	86	23	92	78
豆饼	89	92	76	60	91
菜子饼	74	84	31	90	78
亚麻饼	78	86	35	93	80
棉子饼	54	71	35	84	56
棉仁饼	75	85	32	94	69

(4)配合日粮中的饲料多样化。应注意饲料的多样化,最好用几种饲料原料进行配合,这样可以充分发挥各种原料之间的营养互补作用,以保证营养物质的完善,有利于提高日粮的消化率和营养物质的利用率。

(5)饲料种类相对稳定。配合日粮所用饲料种类应力求保持相对稳定,如果必须改变饲料种类和配合比例时,应逐渐更换,否则会导致猪的消化系统疾病,影响生产性能。

(6)配合日粮时必须结合当地的饲养经验和本地的自然条件,应尽量做到就地取材,充分利用当地饲料资源,以便制定出适合本地的猪饲料配方,利用本地饲料资源,可以保证饲料来源充足,减少饲料运输费用,降低饲料的生产成本。

(7)配合日粮时,除满足猪对各种营养成分的需要外,还要注意各种营养成分之间的平衡如能量蛋白比例要符合饲养标准的规定,日粮中能量高,蛋白质的含量也应高些;能量低,蛋白质的含量也相应低些。还要注意氨基酸之间的平衡,特别是必需氨基酸的平衡。

(8)在设计配方时，应考虑饲料的卫生要求，所用饲料应质地良好，发霉变质的饲料不宜做配合饲料的原料，在饲料原料中，如米糠、花生饼等因脂肪含量高，容易发霉，容易感染黄曲霉菌而产生黄曲霉毒素，损害肝脏，严重的产生肿瘤或癌症。除此之外，还要注意选择那些没有受农药或其他有毒、有害物质污染的饲料。

(9)配合日粮时，必须根据各种猪的消化生理特点，选择适宜的饲料进行搭配，尤其要注意控制日粮中粗纤维的含量，当日粮中粗纤维的含量增加时，日增重和饲料利用率将降低。粗纤维含量，仔猪不超过4%，生长育肥猪不超过6%，种猪不超过8%为宜。

(10)配合日粮时，必须考虑采食量与饲料体积及饲料养分浓度之间的关系。如果配出的日粮容积过大，养分浓度低，就会造成营养物质的不足；若是容积过小，养分浓度高，在自由采食时又会出现过饲的情况。正常的情况应当是通过配合后供给畜禽每日的饲料不仅能够吃得下去，而且养分也能够满足需要。

(11)配合日粮时必须做到搅拌均匀。在添加微量元素、维生素、食盐等微量成分时，不应直接加到饲料中，应先与某种饲料充分预混(如玉米粉、麦麸等)，逐步扩散，然后再拌入全部饲料中，反复搅拌均匀。

(12)尽量降低成本控制高价原料的使用，努力降低饲料的生产成本，做到质优价廉，从而提高经济效益。

(二)饲粮配合的方法 饲粮配合方法很多，在此介绍一种简单常用的试差法。即根据猪的不同生理阶段的营养要求或已选定的饲养标准，初步选定原料，根据经验粗略配制一个配方(大致比例)，然后根据饲料成分及营养价值表计算配方中各饲料的养分含量，将计算的养分分别加起来(各原料的同一养分总和)，与饲养标准相比较，看是否复合或接近。如果某养分比规定的要求过高或过低，则需对配方进行调整，直至与标准相符为止。现在已有许多配方软件，采用计算机配方，加快了配方的速度。现采用人工试差法，以 60～90 kg 阶段生长育肥猪为例配制一个饲粮配方，其步骤如下：

1. 选定饲养标准　首先选定用哪一个饲养标准，然后查出生长育肥猪 60～90 kg 阶段的主要营养物质需要量：

消化能	粗蛋白	钙	磷	食盐
12.97 MJ/kg	14%	0.5%	0.4%	0.25%

标准中所列其他各种微量元素和多种维生素，很难从一般饲料原料中得到满足，需另外加入微量元素和维生素添加剂或添加剂预混料予以补充，配合饲粮时可不必计算，本例子加入 1%预混料解决。

2. 选定原料，初步拟定配方　根据当地饲料资源、饲料营养、品质、价格等选定原料。然后根据常规比例，初步拟定配方，总量扣除 2.5%的矿物质饲料，按 97.5%计：

%

玉米	大麦	麸皮	豆粕	棉子粕	草粉	其他
51	18	15	8	2	3.5	2.5

3. 测定或查阅原料营养含量　一般蛋白质饲料原料需测定蛋白质，矿物质饲料需测定钙、磷，其他营养可查阅饲料成分及营养价值表。

4. 计算与调整消化能与粗蛋白质　首先计算饲料原料所含消化能和粗蛋白质，并与饲养标准相对照，如果相差悬殊，则重新调整饲料配合比例，直至与标准相符。

由计算结果与标准比较可知，消化能高 0.067 MJ，粗蛋白质低 0.64 个百分点，故应降低高能量饲料比例，提高蛋白质饲料比例。减少玉米 2 个百分点，增加棉子粕 4 个百分点，调整后再计算消化能与粗蛋白质，与标准进行比较。如果仍差异悬殊，再进行调整，如果基本符合，则可进行下一步钙、磷的计算调整。调整后的消化能与粗蛋白质计算结果见表 7-13。

表 7-13　试配饲粮组成及消化能和粗蛋白质含量

饲料	(%)	消化能(MJ/kg)	粗蛋白质(%)
玉米	51	0.51×14.48=7.384 8	0.51×8.6=4.386
大麦	18	0.18×13.18=2.372 4	0.18×10.8=1.944
麸皮	15	0.15×11.38=1.707 0	0.15×14.2=2.13
豆粕	8	0.08×14.52=1.161 6	0.08×47.2=3.776
棉子粕	2	0.02×6.86=0.137 2	0.02×41.4=0.828
草粉	3.5	0.03×55.48=0.191 8	0.035×8.4=0.294
其他	2.5		
合计	100	13.037	13.36
标准		12.97	14
差值		0.067	−0.64

5. 计算调整钙、磷　调整能量与粗蛋白质基本复合营养标准后，计算 97.5%这部分原料的钙、磷含量，合计为钙 0.122 2%，磷 0.257 3%(表 7-14)，与标准对照分别缺 0.378 8%和 0.142 7%。然后用骨粉补充磷，如果补加骨粉后钙仍不足，再用石粉补充钙。该配方添加 1.1%骨粉和 0.15%石粉，使配方含钙 0.506%，含磷 0.105%，与标准比较，基本符合。然后再加食盐和预混料。

6. 加食盐和预混料　根据标准需要，加 0.25%食盐，加 1%预混料以满足猪对微量元素和多种维生素的需要。

7. 配方完成　经过以上计算调整，即可得到饲粮配方(表 7-15)。

表 7-14 调整后饲粮组成和营养成分含量

饲料	(%)	消化能(MJ/kg)	粗蛋白(%)	钙(%)	磷(%)
玉米	49	0.49×14.48＝7.095	0.49×8.6＝4.214	0.49×0.04＝0.019 6	0.49×0.21＝0.102 9
大麦	18	2.372	1.944	0.18×0.12＝0.021 6	0.18×0.29＝0.052 2
麸皮	15	1.707	2.13	0.15×0.14＝0.021	0.15×0.06＝0.009
豆粕	8	1.161	3.776	0.08×0.32＝0.025 6	0.08×0.62＝0.049 6
棉子粕	4	0.442	0.166	0.04×0.36＝0.014 4	0.04×1.02＝0.040 8
草粉	3.5	0.192	0.294	0.035×0.57＝0.02	0.035×0.08＝0.002 8
合计	97.5	12.97	14.01	0.122 2	0.257 3
标准		0	14	0.5	0.4
差值			＋0.01	－0.377 8	－0.142 7
骨粉	1.1			0.011×30.1＝0.331 1	0.011×13.46＝0.148 1
石粉	0.15				
食盐	0.25				
预混料	1				
合计	100	12.97		0.506	0.405

表 7-15 饲料配方表 %

玉米	大麦	麸皮	豆粕	棉子粕	草粉	骨粉	石粉	食盐	预混料	合计
49	18	8	4	3.5	4	1.1	0.15	0.25	1	100

（三）饲料配方举例 猪常用饲料配方见表 7-16 至表 7-22。

表 7-16 猪饲料配方 %

原 料	仔猪		肥猪		种猪	
	配方 1	配方 2	前期	后期	妊娠	泌乳
玉米	62.2	66.2	65	66.75	57.92	63.73
麦麸	2	2	10	15	25	15
豆粕	24	24.7	20.3	14.4	12.7	16.5
鱼粉	5	3	1.0	0.5	0.5	1.0
乳清粉	3	0	0	0	0	0
磷酸氢钙	1.6	1.7	1.2	0.95	0.98	1.14
石粉	0.7	0.8	1.0	1.0	1.5	1.23
食盐	0.3	0.3	0.3	0.3	0.3	0.3
赖氨酸	0.2	0.3	0.2	0.1	0.1	0.1
预混料	1	1	1	1	1	1

表 7-17 仔猪人工乳配方

成 分	配方 1	配方 2	配方 3
牛乳(mL)	1 000	1 000	1 000
全脂奶粉(g)	50	100	200
葡萄糖(g)	20	20	40
鸡蛋(枚)	1	1	1
矿物质溶液(mL)	5	5	5
维生素溶液(mL)	5	5	5

续表 7-17

成　分	配方 1	配方 2	配方 3
其中含有：			
干物质(%)	19.6	23.4	24.65
总能(MJ)	4.48	5.65	5.23
消化能(MJ)	4.02	4.77	5.19
粗蛋白质(g/L)	56.0	62.6	62.3
能朊比	22	23	20

注:①人工乳适用于初生至10日龄的仔猪；

②配方中除鸡蛋、维生素溶液外,用蒸汽高温消毒冷凉后加入前述物质。

表 7-18　仔猪(10～20 kg)饲料配方　　‰

成　分	配方 1	配方 2	配方 3	配方 4	配方 5
玉米	544.0	551.0	578.0	574.0	574.0
豆粕	286.0	265.0	234.0	25.0	237.0
麸皮	133.0	107.0	71.0	99.0	82.0
鱼粉					
菜子饼	—	40.0	40.0	—	40.0
花生饼			40.0	40.0	30.0
棉子饼					
石粉	10.0	10.0	10.0	10.0	10.0
磷酸氢钙	14.0	14.0	14.0	14.0	14.0
食盐	3.0	3.0	3.0	3.0	3.0
预混料	10.0	10.0	10.0	10.0	10.0
合计	1 000.0	1 000.0	1 000.0	1 000.0	1 000.0
营养水平					
消化能(MJ/kg)	13.18	13.22	13.10	13.26	13.05
粗蛋白(%)	18.71	18.71	18.44	18.77	18.46

表 7-19　生长猪(20～50 kg)饲料配方　‰

成　分	配方 1	配方 2	配方 3	配方 4	配方 5
玉米	517	492	496	507	517
豆粕	190	166	134	150	149
麸皮	250	250	250	250	250
鱼粉					
菜子饼		50	40		
花生饼			40	50	
棉子饼					40
石粉	18	18	17	19	20
磷酸氢钙	12	11	11	11	11
食盐	3	3	3	3	3
预混料	10	10	10	10	10
合计	1 000	1 000	1 000	1 000	1 000
营养水平					
消化能(MJ/kg)	12.47	12.34	12.13	12.13	12.36
粗蛋白(%)	16.01	16.48	15.95	15.66	15.87

表 7-20　育肥猪(50～100 kg)饲料配方　‰

成　分	配方 1	配方 2	配方 3	配方 4	配方 5
玉米	650	660	670	640	630
豆粕	113	74	25	84	42
麸皮	163	132	151	142	174
鱼粉			20		20
菜子饼		60	50		50
花生饼					
棉子饼	30	30	40	40	40
石粉	20	20	20	20	20
磷酸氢钙	11	11	11	11	11
食盐	3	3	3	3	3
预混料	10	10	10	10	10
合计	1 000	1 000	1 000	1 000	1 000
营养水平					
消化能(MJ/kg)	12.72	12.59	12.72	12.64	12.59
粗蛋白(%)	13.82	13.71	13.2	14.31	13.92

表 7-21 怀孕母猪饲料配方 ‰

成 分	配方 1	配方 2	配方 3	配方 4	配方 5
玉米	546	520	495	540	531
豆粕	114	81	86	44	87
麸皮	300	300	300	300	300
鱼粉				20	
菜子饼		60	50	60	42
花生饼			30		
棉子饼					
石粉	13	13	14	13	14
碳酸氢钙	14	13	12	10	13
食盐	3	3	3	3	3
预混料	10	10	10	10	10
合计	1 000	1 000	1 000	1 000	1 000
营养水平					
消化能(MJ/kg)	12.22	12.09	12.05	12.05	12.18
粗蛋白(%)	13.69	14.1	14.7	13.6	14.0

表 7-22 种公猪饲料配方

饲料名称	配种期	非配种期	饲料名称	配种期	非配种期
玉米(%)	56.0	48.0	骨粉(%)	3.0	1.5
大麦(%)	10.0	5.0	次粉(%)		10.0
高粱(%)	3.0		棉仁饼(%)		4.0
豆饼(%)	16.0	8.0	营养成分		
麸皮(%)	4.0	20.0	消化能(MJ/kg)	13.31	12.09
叶粉(%)	3.5	3.0	粗蛋白质(%)	18.0	12.13
鱼粉(%)	4.0		钙(%)	1.0	0.8
食盐(%)	0.5	0.5	磷(%)	0.7	0.6

(四)饲料的加工与调制

1. 混合粉料 将组成日粮的饲料全部磨成粉状,然后加入添加剂，将料混拌均匀。其优点是不能挑料，不易变质，可节省劳力，利于机械化饲养方式喂养，但干粉饲喂时由于粉尘大，易引起呼吸道疾病，而且浪费大。

2. 湿拌饲料　湿拌饲料优于干粉料，适口性好，但易变质，必须现喂现拌保持新鲜，防止腐败或冻结，调理时要注意干湿合适，夏季湿一些，冬季干一些。

3. 发酵饲料　经各种微生物发酵而成的饲料。青、粗饲料或精料切短或粉碎后，装入一定容器，保持一定湿度，利用饲料中自然存在的各种微生物，或接种人工培养的酵曲、酵母等菌种，经一定时间发酵，形成一定量有机酸和菌体，并产生热量，使饲料具有酸香味，或使粗硬饲料变软，提高饲料适口性和消化性。但在发酵过程中，也受损失，精料不宜于发酵。

4. 糖化饲料　糖化饲料是将富含淀粉的谷物饲料粉碎后，经过饲料本身或麦芽中淀粉酶的作用进行糖化，使子实饲料中的一部分淀粉转变为麦芽糖。一般富含淀粉的谷物饲料，经过糖化作用以后，糖的含量可以提高 8%～12%。由于糖分的增加，提高了饲料的适口性和消化率。糖化饲料适于喂刚断奶的小猪和肥育后期的大猪。

5. 颗粒饲料　哺乳仔猪和断奶后 60～70 日龄的育成猪以及其它猪，最好用颗粒饲料进行饲喂。试验证明，用颗粒饲料喂猪要比用干粉料喂猪效果好。它既可以减少饲料不必要的损失，又可以让猪有充分咀嚼的时间，从而提高饲料的消化率。

6. 青贮饲料　青贮主要是靠乳酸菌发酵产生乳酸，使饲料的 pH 值下降到 4.2 以下，从而抑制有害杂菌的繁殖，达到长期保存的目的。青贮的方法可分为窖贮、堆贮和袋贮 3 种。

7. 发芽饲料　子实饲料发芽，是解决维生素来源不足的一种方法，一般冬季应用的较多。子实经过发芽，所生长的芽达到 10 cm左右时，其中维生素含量，特别是胡萝卜素和核黄素的含量极为丰富，是种畜和幼畜的良好维生素饲料来源之一。

第八章　猪场建设与设备

第一节　猪场的选址与规划布局

随着猪场向规模化、集约化、工厂化方向的发展，对猪场设置的要求更加严格，必须给予足够的重视。一般应当考虑保证场区有较好的小气候条件，有利于舍内空气环境的控制；有利于防疫，便于严格执行各项卫生防疫制度和措施；便于合理组织生产，有利于提高设备利用率和劳动生产率。因此，猪场的设置应从场址选择、场地规划与建筑物布局等方面考虑，尽量做到完善合理。

一、场址选择

场址的选择应根据猪场的性质、规模、集约化程度等基本特点，对地势、地形、土质、水源、能源、交通、防疫、粪尿处理等方面进行考虑，综合分析后再做决定。

（一）地势地形　地势应高燥，地下水位应在 2 m 以下，以避免洪水威胁和土壤毛细管水上升造成地面潮湿。地面应平坦而稍有缓坡，以便排水，一般坡度在 1%～3%为宜。最大不超过 25%。

地势应避风向阳，减少冬春风雪侵袭，故一般避开西北方向的山口和长形谷地等地势；为防止在猪场上空形成空气涡流而造成空气的污浊与潮湿，猪场不宜建在谷地和山坳里。

地形要开阔整齐，有足够的面积。场地过于狭长或边角太多不便于场地规划和建筑物布局，面积不足会造成建筑物拥挤，不利于舍内环境改善和防疫，一般按可繁母猪每头 40～50 m^2 考虑。

（二）土质　猪场场地土壤的物理、化学、生物学特性，对猪场的环境、猪只的健康与生产力均有影响。一般要求土壤透气、透水性强，毛细管作用弱，吸湿性和导热性小，质地均匀，抗压性强，且未曾受过病原微生物污染。

沙土透气、透水性强，毛细管作用弱，吸湿性小，易于干燥，有利于有机物分解和土壤自净作用；但导热性大，热容量小，易增温降温，昼夜温差大，对猪不利。

黏土透气透水性弱，吸湿性强，溶水量大，毛细管作用明显，因而易变潮湿、泥泞，有利于微生物的存活与蚊蝇滋生；含水量大，易胀缩，抗压性低，不利于建筑物的稳固；但热容量大，导热性小，昼夜温差小。

沙壤土兼具沙土和黏土的优点，是建猪场的理想土壤。

土壤一旦被病原微生物污染，常具有多年危害性，因此，选择场址时应避免在旧猪场场址或其他畜牧场场地上重建或改建。

为了少占或不占耕地，选择场址时对土壤种类及其物理特性不必过于苛求。

（三）水源水质　猪场需有可靠的水源，保证水量充足，水质良好，取用方便，易于防护，避免污染。猪场需水量见表 8-1。

表 8-1　猪场需水量

猪　别	饮用量[L/(头・日)]	总需要量[L/(头・日)]
种公猪	10	40
妊娠母猪	12	40
带仔母猪	20	75
断乳仔猪	2	5
生长猪	6	15
育肥猪	3	25

引自：陈清明主编．现代养猪生产．1999。

（四）电力与交通　选择场址时，应重视供电条件，特别是集约化程度较高的大型猪场，必须具备可靠的电力供应，并具有备用电源。

猪场的饲料、产品、粪便等运输量很大，所以，场址应选在农区，交通必须方便，以保证饲料就近供应，产品就近销售，粪尿就地利用处理，以降低生产成本和防止污染周围环境。

（五）防疫　选择场址时，应重视卫生防疫。交通干线往往是疫病传播的途径，因此，场址既要交通方便，又要远离交通干线，一般距铁路与国家一二级公路不应少于 300 m，最好在 1 000 m 以上，距三级公路不少于 150 m，距四级公路不少于 50 m。

猪场与村镇居民点、工厂、其它畜牧场、屠宰厂、兽医院应保持适当距离，以避免相互污染。与居民点、工厂的距离宜在 500 m 以上，与其他畜牧场的距离宜在 500～1 500 m，与屠宰厂、兽医院的距离宜在 1 000～2 000 m。

二、场地规划与建筑物布局

场址选定后，应遵循有利防疫，改善场区小气候、方便饲养管理、节约用地等原则，考虑当地气候、风向、场地的地形地势、场地各种建筑物和设施的尺寸及功能关系，规划全场的道路，排水系统、场区绿化，安排各功能区的位置及每种建筑物和设施的朝向和位置。

（一）猪场总体布局　一个完善的规模化猪场在总体布局上应包括 4 个功能区，即生活区、生产管理区、生产区和隔离区。考虑到有利防疫和方便管理，应根据地势和主风向合理安排各区（图 8-1，图 8-2）。

1. 生活区　生活区包括职工宿舍、食堂、文化娱乐室、活动或运动场地等。此区应设在地势较高的上风向或偏风向，避免生产区臭气与粪水的污染，并便于与外界联系。

2. 生产管理区　此区包括消毒室、接待室、办公室、会议室、技术室、化验分析室、饲料厂、仓库、车库、水电供应设施等。此区也应设在地势较高的上风向或偏风向。由于该区与社会联系频繁，与

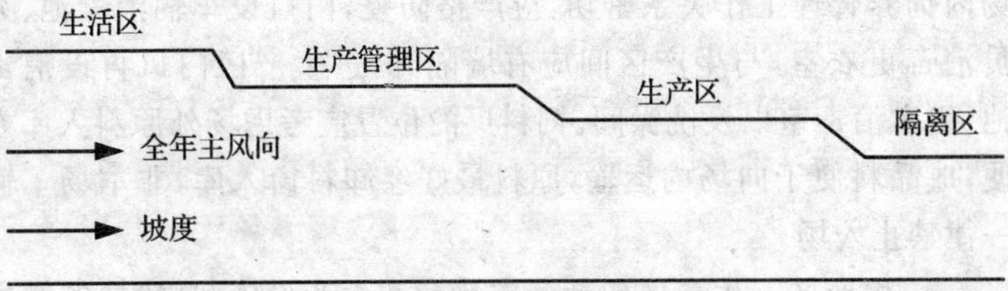

图 8-1　猪场场区规划示意图

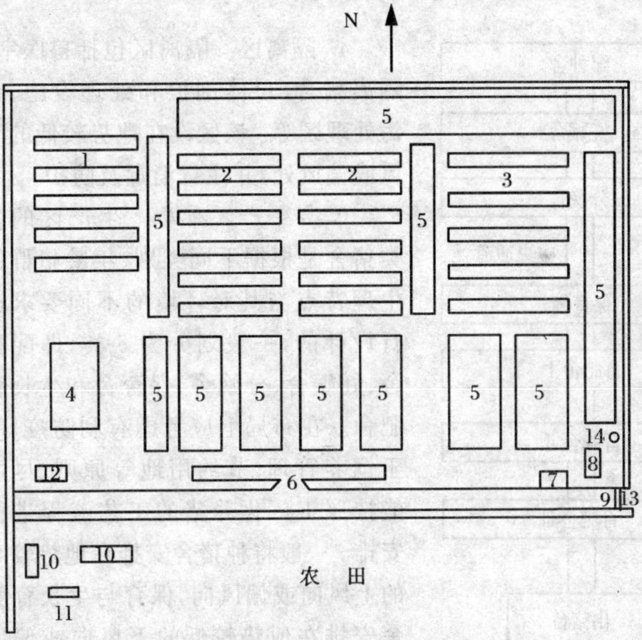

1. 猪舍(配种舍)　2. 猪舍(妊娠、分娩、保育)　3. 猪舍(育肥舍)　4. 饲料厂　5. 鱼塘　6. 生产管理楼　7. 出猪台　8. 办公楼　9. 消毒池　10. 职工宿舍　11. 食堂　12. 车库　13. 大门　14. 水塔

图 8-2　广州白云机械化猪场布局图

场内饲养管理工作关系密切，应严格防疫，门口设车辆消毒池、人员消毒更衣室，与生产区间应有墙隔开，进生产区门口再设消毒池、更衣消毒室以及洗澡间。饲料厂的位置应考虑场外原料入库方便，成品料便于向场内运输，原料最好经卸料窗入库，非本场车辆一律禁止入场。

3. 生产区　生产区包括各类猪舍和生产设施，是猪场的最主要区域，禁止一切外来车辆与人员入内。饲料运输用场内小车经料库内门领料，围墙处设装猪台，售猪时经装猪台装车，避免装猪车辆进场。

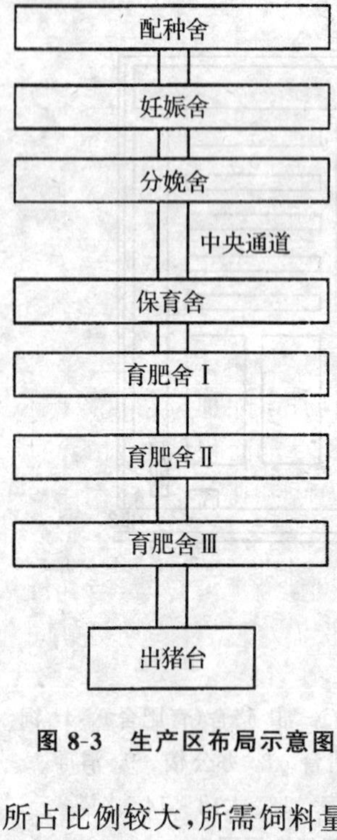

图 8-3　生产区布局示意图

4. 隔离区　隔离区包括兽医室、隔离猪舍、尸体剖检和处理设施、粪污处理区等。该区设在地势较低的下风或偏风处，并注意消毒及防护。

（二）生产区布局　生产区的各类猪舍是根据不同类别、年龄猪群的生理特点与其对环境的不同要求进行设计的，一般划分为 5 类，即配种舍、妊娠舍、分娩舍、保育舍和生长育肥舍。在布局上应考虑有利防疫、便于饲养管理、节约用地等原则，尽可能按照工厂化养猪的工艺流程进行安排。一般将种猪舍安排在地势较高的上风向或偏风向，保育与生长育肥舍安排在地势较低的下风向或偏风向，两区间最好保持适当距离或采取一定的隔离防疫措施，猪场的育肥猪所占比例较大，所需饲料量及粪尿排泄量也大，其位置应考虑靠近粪便处理区，饲料运输应便利。典型的生产区布局见图 8-3。

(三)场内道路和排水　场内道路与生产和防疫有关。考虑防疫,应分设净道和污道,互不交叉,净道用于运送饲料、产品等,污道用于运送粪污、病猪死猪等。生产区一般不设直通场外的道路,管理区与隔离区分别设道通向场外、场区地势宜有1%～3%的坡度,路旁设排水沟,以及时排出雨雪水。

(四)场区绿化　绿化不仅可以吸尘灭菌,净化空气,防暑降温,减弱噪声,隔离防疫,改善场区小气候,还可以美化环境,应给予足够重视。在猪舍之间和道路两旁进行遮阳绿化,裸露地种植花草,树种可选择枝叶开阔、生长势强、冬季落叶后枝条稀少的杨树、枫树等,以便夏季遮阳而不影响通风,冬季不影响采光。场区间和场界应设隔离林带,以便于防疫。冬季主风的上风向防疫风林,以起到防风阻沙的作用。

第二节　猪舍设计与建筑

一、猪舍设计的一般原则

(一)符合猪只不同生理阶段的要求　例如,配种公猪单栏饲养,应有较大的圈栏面积和足够的活动场所;配种母猪可以限位,也可群养,在地价较便宜的地方,可设置一定面积的专用运动场,也可采取集体活动、限位进食的圈栏。如完全限位,母猪在任何生产环节都没有活动机会,不仅不利于健康,还会缩短利用年限。妊娠期限位饲养则可节约建筑面积,减少机械性流产;产仔哺乳母猪限位可防止压死仔猪;给仔猪设置采暖保温小区;保育期最好同窝一栏为好,并要利于排污。

(二)有利于环境控制,有利于环境保护　猪在适宜的环境条件下,才能最大限度地发挥其生产潜力、节省饲料,因而搞好温度、湿度、通风、光照等环境控制,才可能取得良好的经济效益,而环境控制的实现首先是从猪舍设计和建造开始的。另外,在搞好生产的同时，注意环境保护设施的建设和环境保护措施的落实，则是猪场长远发展的重要保证。

（三）就地取材，简单实用，坚固耐久　猪场的建设不能盲目追求先进，必须根据各地的情况，利用经济实用的材料，采用符合当地气候环境的类型，在满足猪的生产需要的前提下，尽量减少基建投资。

（四）适合工厂化生产的工艺　在确定了生产工艺流程的前提下，合理规划布局，设计足够的车间数、单元数和栏位数，配备必要的设备设施，是将来各项工艺技术得以实施和均衡生产顺利进行的根本保证。

（五）有利于控制疫病的传播　疾病的预防和控制，是现代养猪高效生产的重要保证，是否有利于疫病控制已成为衡量一个猪场设计好坏的主要标准之一。

（六）要有一个优美的环境

二、猪舍建筑设计的气候分区

不同地区由于气候特点的差异，设计修建猪舍时应选择适宜的形式，不可强求一律。在此介绍民用建筑的气候分区(5 个区)，供设计猪舍时参考。Ⅰ区为严寒区，1 月份平均气温在－15℃以下，猪舍应根据防严寒要求进行设计，宜采用保温墙和保温屋顶、无窗或有窗密闭式猪舍；Ⅱ区为寒冷区，1 月份平均气温在－15～－5℃，应以防寒为主兼顾防暑，宜采用保温墙和保温屋顶、有窗密闭式猪舍，种猪及后期育肥猪也可采用半开放式；Ⅲ区为冬冷夏凉区，1 月份平均气温在－5～0℃，7 月份平均气温在 25℃左右，既应注意防寒，又要注意防暑，宜采用普通砖墙、保温或隔热屋顶，除分娩舍及保育舍采用有窗密闭式外，其他猪舍可采用半开放式或开放式；Ⅳ为冬冷夏热区，1 月份平均气温在 0～5℃，7 月份平均气温在 27～29℃，全年空气湿度大，应以防暑为主，兼顾防寒，宜采用普通墙体，加大开窗面积，隔热屋顶，除分娩舍与保育舍外，其他猪舍可采用半开放式或开放式猪舍；Ⅴ区为炎热区，1 月份平均气温在 5℃以上，7 月份平均气温在 28～30℃，空气湿度大，猪舍应根据防暑要求设计，一般均可采用开放式或凉棚式，屋顶隔热，加长出沿。

三、各类猪舍的设计（根据四川盆地地区气候特点）

（一）配种公母猪舍的设计　目前一般把配种公猪栏、母猪栏和配种间设计在同一栋猪舍内，这种设计的优点主要是有利于促进母猪发情排卵和提高配种成功率。也有一些猪场仍然将公母猪舍和配种舍单独设计。

配种公母猪舍的配置主要有 4 种形式：

第一种是公猪栏和配种母猪栏紧挨配置，4～6 头母猪一栏对应一个公猪栏，母猪一般限位饲养，公猪栏同时作为配种栏（图 8-4）。

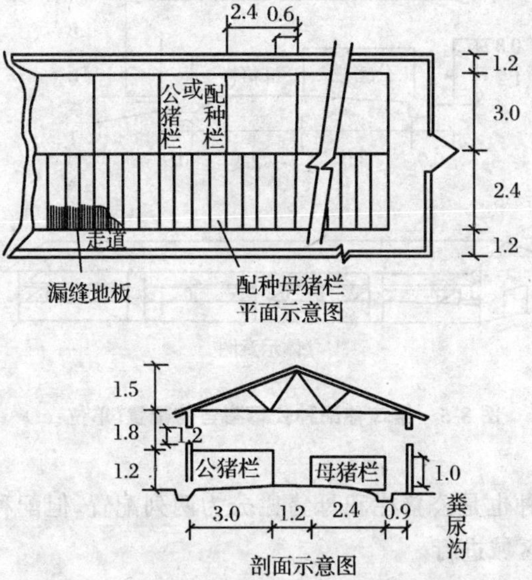

图 8-4　第一种配种公母猪舍的配置（单位：m）

第二种是公猪栏和母猪栏分为两列配置，在公猪栏之间设置配种栏（图 8-5）。

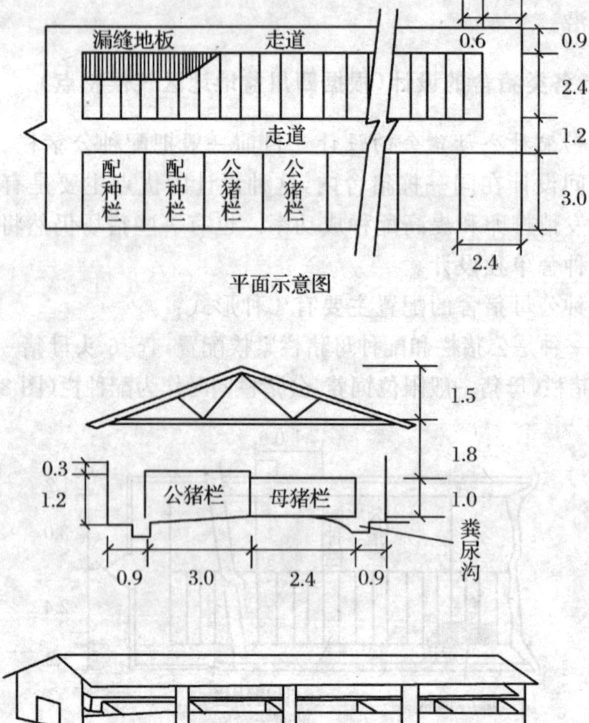

图 8-5　第二种配种公母猪舍的配置（单位：m）

第三种也是公猪栏和母猪栏分为两列配置，但配种在两列之间的一定区域进行。

第四种是在两列待配母猪栏的同列限位栏之间设置公猪栏，而另外设置一个或多个配种间。

（二）妊娠母猪舍的设计

1. 半漏缝限位采食妊娠母猪舍　这种圈以产期相近的 6 头为一组，每组有 6.3 m^2 的集体活动区，有利健康。每组栏数可根据需要增减（图 8-6）。

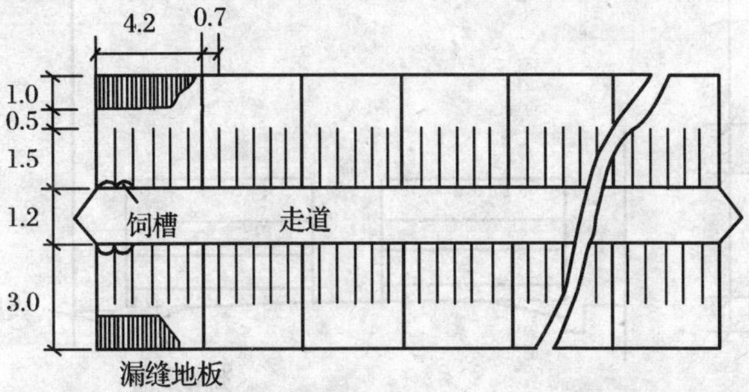

图 8-6　半漏缝限位采食妊娠母猪舍平面示意图（单位：m）

2. 完全限位半漏缝妊娠母猪舍　这种设计，使母猪在整个妊娠期都限制在栏位内，不能自由活动。限位栏后部有 1 m 宽的漏缝地板，前部有 30 cm 宽漏缝浅水沟。有利于防止机械性流产并保持良好的清洁卫生环境，同时可节约建筑面积（图 8-7，图 8-8）。

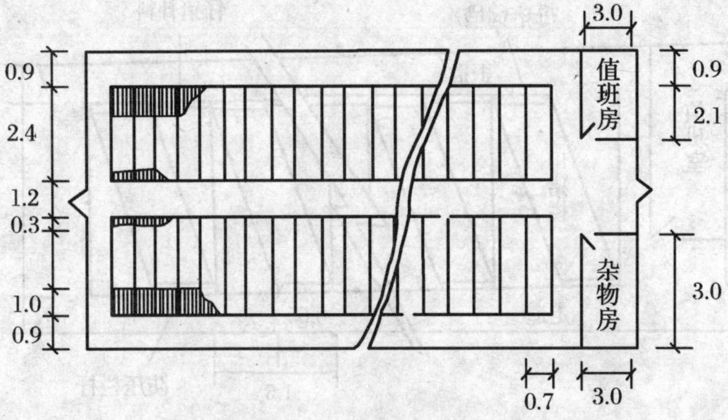

图 8-7　完全限位半漏缝妊娠母猪舍平面图（单位：m）

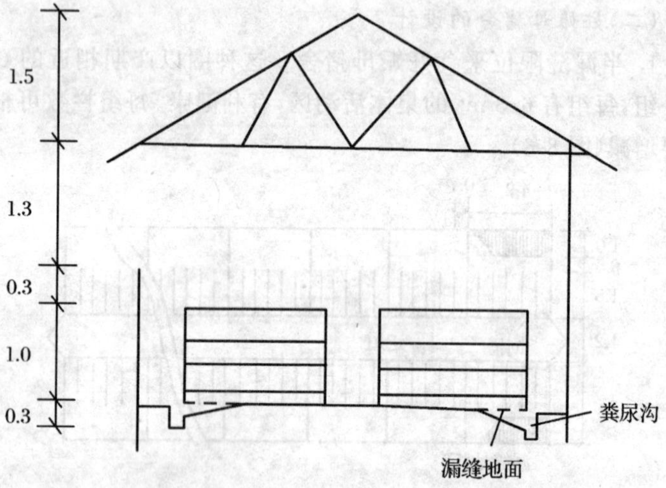

图 8-8 半开放式妊娠母猪舍剖面示意图(单位:m)

(三)产仔母猪舍的设计

1. 单列式对角线限位产仔栏　这种产仔舍环境易于控制，圈栏面积小，生产效果较好。见图 8-9 和图 8-10。

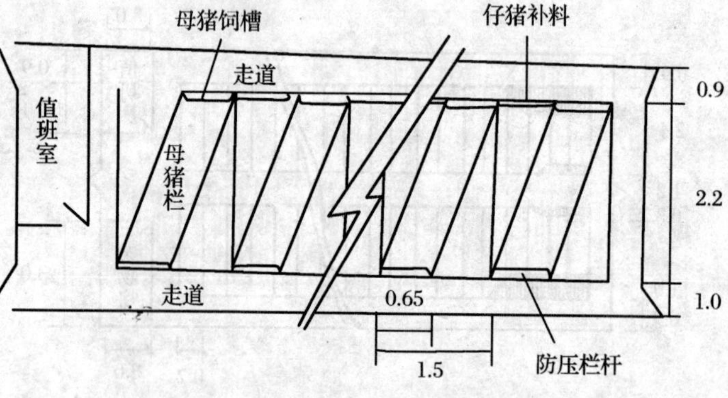

图 8-9 单列式对角线限位产仔舍平面示意图(单位:m)

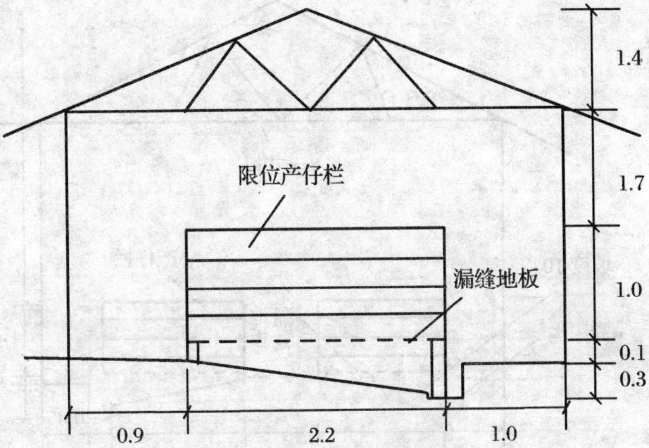

图 8-10　单列式全漏缝产仔舍剖面示意图(单位:m)

2. 双列式垂直限位产仔栏　这种圈栏舍内空间大,两个产圈共用一个仔猪保温区,大面积控温较困难,宜采取局部保温和采暖。目前国内主要是采用这种类型。见图 8-11 至图 8-13。

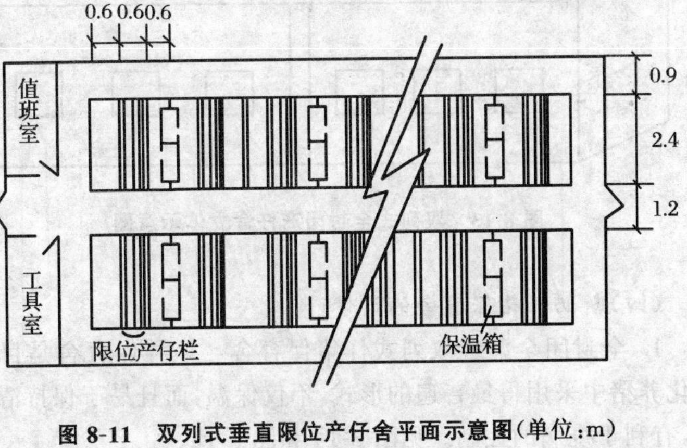

图 8-11　双列式垂直限位产仔舍平面示意图(单位:m)

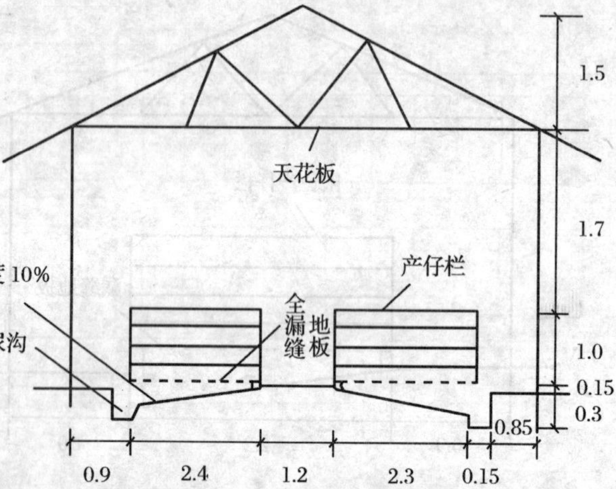

图 8-12　双列式垂直限位全漏缝产仔舍剖面示意图(单位:m)

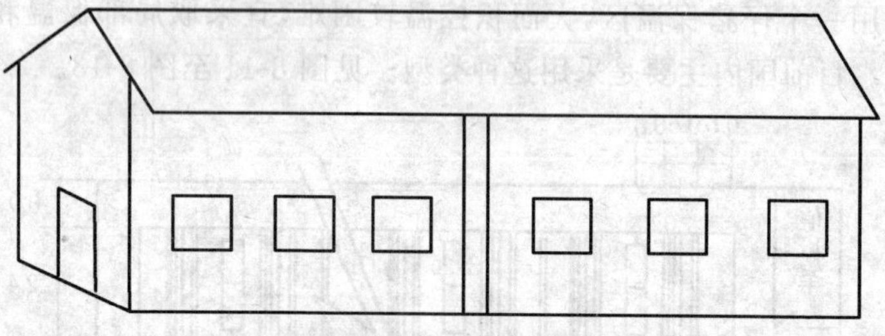

图 8-13　双列式全封闭产仔舍立体示意图

(四)断奶仔猪保育舍的设计

1. 全封闭全漏缝双列式仔猪保育舍　该种保育舍是目前工厂化养猪中采用得最普遍的形式,不仅保温,而且易于保持清洁卫生,有利于疫病的控制。见图 8-14 和图 8-15。

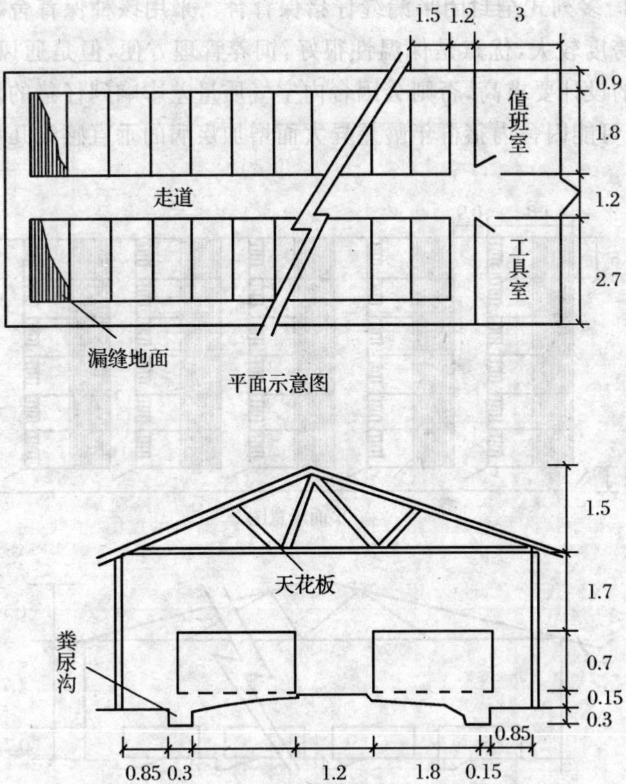

图 8-14　双列式全漏缝仔猪保育舍(单位:m)

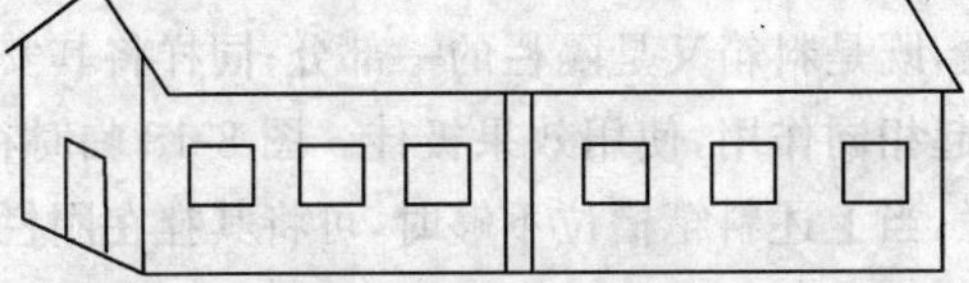

图 8-15　全封闭有窗式仔猪保育舍立体示意图

2. 多列式全封闭半漏缝仔猪保育舍　采用该种保育舍，一般猪舍跨度较大，优点是保温性很好，饲养管理方便，但是通风换气系统的设计要求高，否则会因舍内空气质量差影响到仔猪的健康；另外，可能因舍内猪群年龄差异大而增加疾病的垂直感染几率（图8-16）。

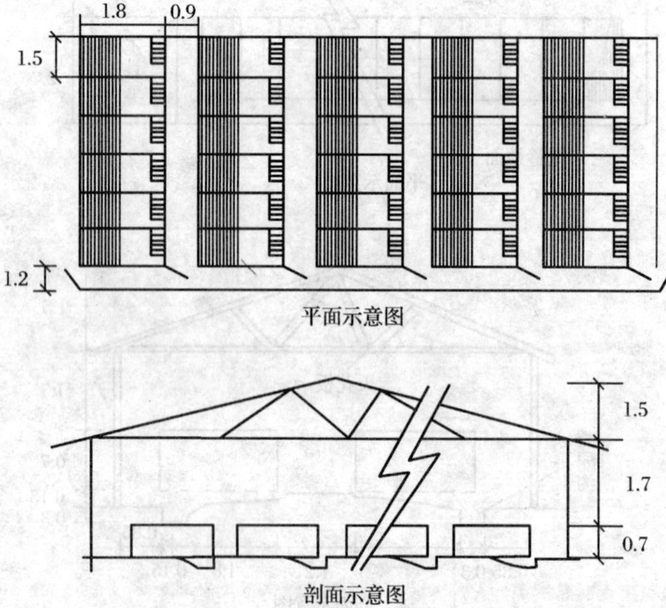

图 8-16　多列式全封闭半漏缝仔猪保育舍（单位：m）

3. 仔猪料箱示意图　见图 8-17。仔猪补料箱一般卡在产仔栏的右前部位，既是料箱又是隔栏的一部分；同样将其安放在保育栏的右前部，起相同作用，使用效果极佳。图 8-18 临时补料箱，对于大窝仔猪栏，当上述料箱槽位不够时，可将其挂在圈栏一侧隔栏上即可。

以上产仔舍和保育舍设计的中心就是为哺乳仔猪和断奶仔猪

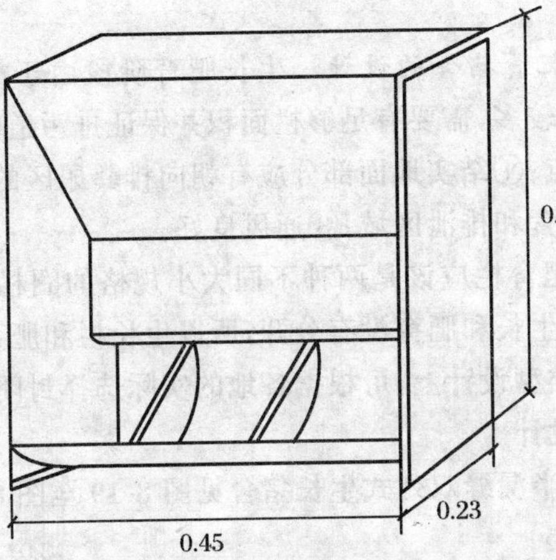

图 8-17　哺乳仔猪料箱示意图(单位:m)

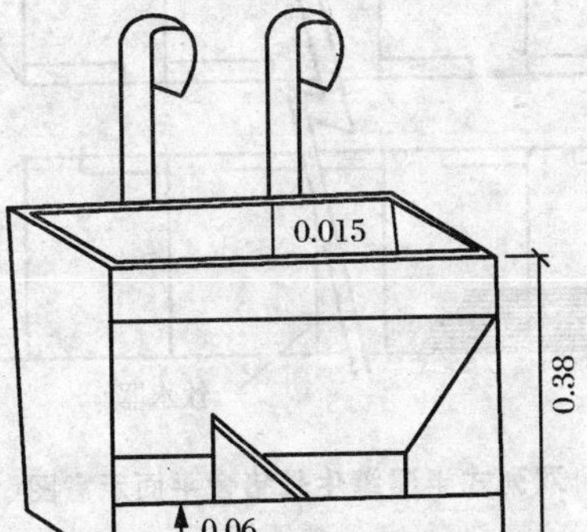

图 8-18　哺乳仔猪临时补料箱(单位:m)

提供一个温度适宜的环境,因此,都是设计的全封闭半漏缝或全漏缝猪舍。若四季环境温度较高的地区,可以将窗户扩大、放低,并开墙脚通气窗。

（五）生长肥育猪舍的设计　生长肥育阶段由于栏内群体较大，日排粪尿量较多，需要有足够栏面积并保证排污道畅通。另外应注意以下几点：①结实地面部分应有朝向排粪尿区的坡度；②合理安排卧睡、采食和排泄区域；③通风良好。

生长栏和肥育栏应该是两种不同大小规格的圈栏，但在三段式生产工艺中，生长和肥育没有分开，所以生长栏和肥育栏合二为一。在猪舍的类型设计上，可根据各地的实际选择封闭式、半封闭式或敞棚式等设计。

(1)半开放半漏缝双列式生长猪舍见图 8-19 至图 8-21。

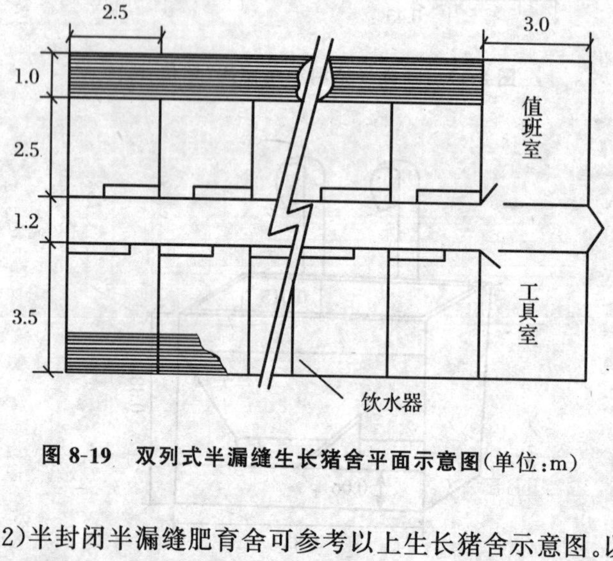

图 8-19　双列式半漏缝生长猪舍平面示意图(单位:m)

(2)半封闭半漏缝肥育舍可参考以上生长猪舍示意图。以上各种圈栏的设计都将粪尿沟设计为明沟，而且位于走道旁而不是在猪栏下，目的是便于采用干清粪工艺，实现干稀分流，这样既有利于粪尿处理，也容易保持猪舍清洁干燥。

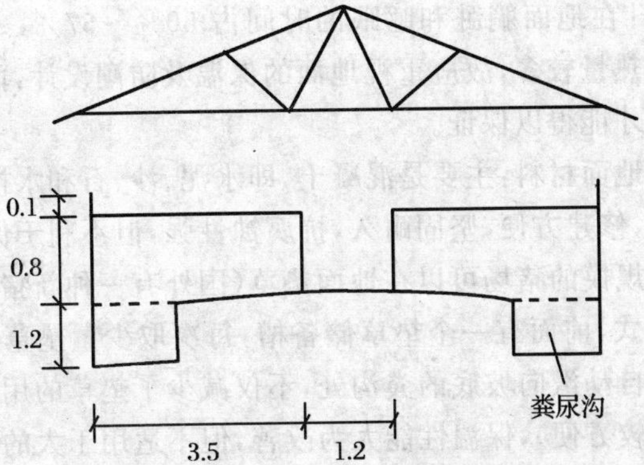

图 8-20　半开放半漏缝生长猪舍剖面示意图(单位:m)

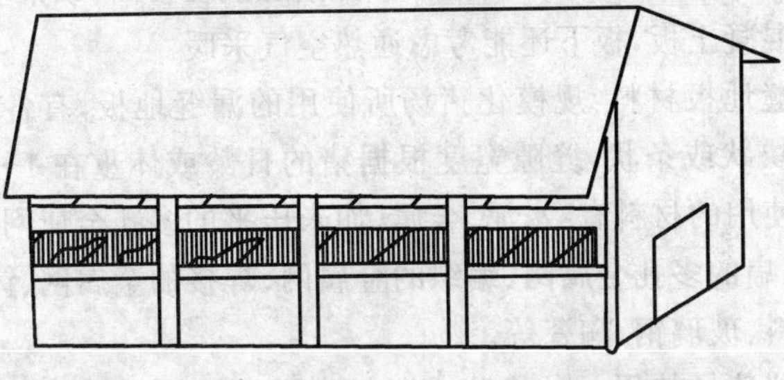

图 8-21　半开放式生长肥育猪舍立体示意图

四、猪舍的建筑

(一)猪舍建筑材料的选择

猪舍内环境是一个具有腐蚀性的环境,且猪只有喜爱啃咬物件的本性,因而建筑材料应具备抗腐蚀性和坚固性,以延长使用寿命。

(1)地面材料。由于猪只喜欢啃咬,猪舍地面要求比较坚固,同时，因猪每日在地面躺卧和睡眠的时间占50%～57%，冬季通过地面损失的热量较多，故应重视地面的保温及防潮设计，而这需要相应的建材才能得以保证。

结实的地面材料：主要是混凝土，即水泥、沙、石和水按一定比例混合而成，修建方便，坚固耐久，抗腐蚀性强，但不利于保温和保持干燥。小规模的猪场可以在地面垫草(国外有一种新猪舍，地面设计为斜坡式，前面有一个垫草储备槽，每次取少量垫草，在使用中垫草逐渐自动滑向坡底的粪沟处，不仅减少了垫草的用量，而且清除垫草也较方便)，保温性能大为改善，但不适用于大的猪场。规模化猪场最好采用导热系数低的材料，如陶粒粉水泥、橡皮贴面等做地面材料，垫层可以采用炉渣、泡沫玻璃等保温防湿材料。比较简单的做法是在炉渣或砖垫层上，再做混凝土粉面，或架空设置预制钢筋混凝土板，板下还能考虑通热空气采暖。

漏缝地板材料：规模化猪场所使用的漏缝地板，有各种式样，预制成块状或条状，缝隙宽度根据猪的日龄或体重在1～2.5 cm选择。使用的材料有：水泥、金属(如未压平的多孔金属网、带孔金属板、压扁的多孔金属网、编织的金属网、焊接的金属网、铸铁等)、压模塑料、玻璃钢、陶瓷等。

有些猪场使用一种橡胶或塑料防滑地板，多用在配种栏或公猪栏，使猪只在配种时不会由于地面打滑而影响配种或损伤公、母猪。

木质地板：硬质木材做地面材料保温性能好，但抗磨损性较差，不耐腐蚀，容易损坏。适合于产仔栏、保育栏做保温区垫板。

(2)墙体材料。

砖墙：土砖用水泥沙浆黏合，半截靠灰。取材容易，坚固耐久，利于防火。

木质材料：硬质木材，保温性好，但接近地面部分易腐蚀，适于保育舍使用。

隔热材料:主要有 4 种,即蓬松的填塞性隔热材料、棉毯性隔热材料、硬性隔热材料和泡沫性隔热材料。使用这些材料需用耐火材料包裹,夹在墙体内层。国外集约化猪场普遍采用,防寒保暖效果特别好。另外,直接使用各种复合保温墙板或加气混凝土砌块,保温隔热性能也很好。

(3)屋面、天花板材料。

钢筋混凝土屋面:坚固耐久,取材容易,防火性能好,但保温隔热性能较差。

木架小青瓦、石棉水泥瓦屋面:取材容易,修建方便,通气性好,但保温隔热性能较差。适用于生长肥育舍。

铁架、木架玻纤瓦屋面:修建方便,造价较低,通气性好,但因导热性强,防寒保暖性差,只适用于生长肥育舍。

隔热材料:屋顶的保温隔热性能其实比墙体更重要,但往往容易被忽视。提高屋顶热阻的方法,除加设天棚外,将各种隔热材料填塞在防火材料夹层内做成多层复合屋面,保温隔热性能大大提高,但这样做造价较高,国内一般只在产仔舍和保育舍使用。这类材料主要有油毡、泡沫塑料、矿渣棉、玻璃棉、铝箔波形纸板等。

(4)围栏材料主要有两大类:一类是水泥土砖围栏,修建方便,坚固耐久,造价低廉,但挡风、挡光。另一类是金属围栏,可定型生产,安装方便,经久耐用,但应注意防腐蚀的问题。另外,也有少数猪场采用预制钢筋混凝土板猪栏,这种猪栏由钢管和钢筋混凝土立柱两种构件装配而成,并可以组装成各种规格的猪栏。

(二)各类猪舍的建筑特点 猪舍是猪生存最直接的环境,猪舍建筑必须体现各类猪对环境的不同需求。从猪舍建筑形式上,按建筑外围护结构特点主要将其分为以下几种类型:

敞棚式:这种猪舍无任何围墙,只有屋顶和地面,外加一些栅栏式围栏或拴系设施。特点是采光、通风良好,除对雨、雪、太阳辐射等有一定的遮挡外,几乎暴露于外界环境中。一般在炎热地区采用或作为炎热季节临时装配的简易猪舍。

半开放式：该种猪舍端墙完整，侧墙在夏季迎风面只有半截墙，上半部完全开敞，另一侧墙完整或仍然只有半截墙。该类猪舍采光、通风良好，但除了对冷风有一定的遮挡外，舍内环境受外界影响依然很大，适合在炎热地区或1月份气温在5℃以上的温暖地区的部分猪舍采用（部分猪场在冬季钉塑料布或挂草帘能明显提高其保温性能）。

封闭式：屋顶、墙壁等外围护结构完整，没有经常开启的门窗的猪舍，称为封闭式猪舍。这种猪舍又分为有窗式封闭舍和无窗式封闭舍，前者造价小，对环境的控制能力很有限，但如果对外围护结构和地面做好保温隔热设计，可有效地改善环境控制功能，适合作我国绝大多数温暖地区的产仔舍和保育舍及北方寒冷地区的各类猪舍；后者一般可人工调控舍内环境，甚至实行机械化或自动化，但投资大。

组装式猪舍：该类猪舍外围护结构可全部或部分随时拆卸和安装，还可以按照不同的气候特点，将猪舍改变成所需的类型。十分有利于利用自然条件调控猪舍内环境并易于实现猪舍建筑的商业化和规格化。

下面根据各类猪的生理需要结合不同的气候特点说明各类猪舍建筑的特点：

1. 公猪舍　根据公猪体格较高大、爱好运动、破坏力强、怕热不怕冷等特点，在1月份气温高于5℃的地方（如成都平原地区），公猪舍多采用开放式或半开放式，跨度一般较小，净高较大，以利于防暑降温；而寒冷地区须采用封闭式，大窗通风。另外，公猪舍围栏设施及圈门宜坚固，且栏高应达到1.2～1.4 m，栏门宽0.8 m左右，地面坚实平整，排水坡度5%左右。一般应配备运动场，场周种植树木，去掉树干下部枝叶，仅留树冠，既可遮阳防暑，又不影响通风。

2. 配种母猪舍 配种母猪怕热不怕冷(5℃以上),应有适当运动,建筑类型与公猪舍类似,通常这两类猪舍被合二为一。栏高0.8～1.0 m,栏门宽0.8 m左右(其他生产母猪同此尺度)。

3. 妊娠母猪舍 妊娠母猪对冷热应激都较敏感,特别怕高温,除寒冷地区适当保温外,主要也是注意通风防暑。所以温暖地区宜采用半开放式,寒冷地区则采用大窗通风的封闭式为好。另外,为避免母猪打斗或碰撞造成流产,猪栏一般设计为群养和限位相结合或完全限位,栏内地面多采用部分漏缝,排水坡度3%左右。

4. 产仔舍 产仔舍设计着重解决仔猪适宜环境问题,由于仔猪环境需要的重点是保温,且仔猪需要的温度较高,所以产仔舍必须采用封闭式,不管有窗或无窗类型,都要做好屋顶、墙壁、地面等部的保温设计,加设隔气层,达到规定的绝热指标。同时采用较大的跨度,降低净高,设计天花板,减少使用时舍内热量损失。寒冷地方舍门应有门斗,采用保温窗户,并设计专门的通风管道,以免冬季通风降低舍内温度。另外,针对仔猪抗病力差的特点,产仔舍内猪栏目前一般采用漏缝或半漏缝地面,以保证圈栏清洁干燥。而母猪限位饲养,则可避免压死较多的仔猪。采取仔猪局部采暖的方法可解决母猪和仔猪温度需要的矛盾,故产仔栏设计应考虑以后采暖设备安装方便。

5. 保育舍 保育仔猪初期对温度的要求仍然比较高,特别是现在实行早期断奶的保育仔猪,初期需要的环境温度在22～26℃,我国大陆广大地区冬季气温都无法满足这种要求,所以,保育舍仍以保温设计为重点,屋顶(应有天花板)、墙壁、地面要达到一定的绝热性能,加设隔气层,采用较大的跨度,降低净高,设计天花板,减少使用时舍内热量损失。寒冷地方舍门应有门斗,采用保温窗户,并设计专门的通风管道,以免冬季通风降低舍内温度。猪栏最好设计为全漏缝地板,躺卧区设计保温猪床。

6. 生长肥育舍　生长肥育猪对环境的适应能力已经比较强，但适宜的温度在15～20℃，考虑到提高饲料报酬，必须同时重视防暑和保温。四川盆地地区一般采用半开放或开放式比较适宜，但冬季应适当封闭，夏季炎热时屋顶隔热效果差的应采取降温措施。而北方主要采用封闭式。建筑结构可以简单些，环境主要通过管理控制。猪栏一般采用实体地面，排水坡度5%～6%。

（三）猪舍建筑与设备设计参数　建造规模化、集约化、工厂化猪场时，必须考虑各种猪舍的特点，选择适宜的温度、湿度、光照指标。根据不同猪群的特点，确定不同猪栏的高度和面积，对猪舍设备进行合理的设置，以保证工艺流程顺利进行。主要猪舍建筑参数列于表8-2至表8-7供参考。

表8-2　各类猪舍环境参数

猪舍种类	舍温（℃）	照度（lx）	采光系数	相对湿度（%）	噪声（dB）	调温风速（m/s）
种猪舍	16～18	110	1/10	75	50～70	0.3
分娩舍	18～22	110	1/10	75	50～70	0.3
分娩舍仔猪	28～32	110	1/10	75	50～70	0.3
生长猪舍	18～32	80	1/11	75	50～70	0.3
育肥猪舍	16～20	20	1/22	75	50～70	0.3

表8-3　猪栏面积等参数

猪类别	体重（kg）	每头猪最小占地面积（m²）				食槽宽（cm）	每栏头数
		实体地面	部分漏缝	全部漏缝	网上饲养		
断乳仔猪	4～11	0.37	0.26	0.22	0.20	12～15	10～30
	11～18	0.56	0.28	0.26	0.24	15～20	10～30
生长育肥猪	18～45	0.74	0.37	0.35	0.33	22～27	10～30
	45～68	0.93	0.56	0.56	0.56	27～35	10～30
	68～100	1.12	0.74	0.74	0.70	27～35	10～30

续表 8-3

猪类别	体重(kg)	每头猪最小占地面积(m^2)				食槽宽(cm)	每栏头数
		实体地面	部分漏缝	全部漏缝	网上饲养		
后备母猪	113～116	1.40	1.12	1.12	1.12	50～60	4～12
空怀母猪	136～227	1.67	1.40	1.40	1.40	50～60	4～12
初产母猪	—	1.58	1.30	1.30	1.30	50～60	4～10
经产母猪	—	1.67	1.40	1.40	1.40	50～60	4～10

表 8-4 各种猪群平均每日粪尿排泄量

猪别	粪尿混合(L/头)	粪(kg/头)	猪别	粪尿混合(L/头)	粪(kg/头)
种猪	10	3	仔猪	1.5	1
后备猪	9	3	保育猪	3	1
哺乳母猪	14	2.5	生长育肥猪	6	2.5

表 8-5 粪尿沟冲洗水深及流速参数

水流速度(m/s)		开始水深及持续时间		冲洗次数	
开放式沟	板条下沟	开放式沟	板条下沟	开放式沟	板条下沟
0.61	0.67	3.81 cm 10 s	6.35 cm 10 s	2 h 1 次	每日冲 4 次

表 8-6 粪尿沟底的最小斜度

开始水流深度(cm)	开放式粪沟底(%)	漏缝式地下沟底(%)
3.81	2.0	2.0
5.08	1.5	2.0
6.35	1.25	1.5
7.62	1.0	1.25

表 8-7 每日冲洗水总量

猪群类别	日冲水量(L/头)	猪群类别	日冲水量(L/头)
母猪及 1 窝仔猪	132.65	育肥猪	56.85
哺乳仔猪	15.16	妊娠母猪	94.75

第三节 猪场设备

为了给猪创造良好环境，提高劳动生产率，集约化、工厂化养猪必须配备相应的设备。主要有猪栏、漏缝地板、饲料供给及饲喂设备、供水及饮水设备、供热保温设备、通风降温设备、清洁消毒设备、粪便处理系统及设备、检测仪器及用具、运输器具等。除供热保温设备和通风降温设备在猪舍内环境调控部分介绍外，其他设备将在此介绍。

一、猪栏

为了减少猪舍占地面积，便于饲养管理和改善环境，在不同的猪舍要配置不同的猪栏，按照猪栏的结构将猪栏分为实体猪栏、栅栏式猪栏、母猪限位栏、高床产仔栏、高床育仔网。有的按其用途将猪栏分为公猪栏、配种栏、妊娠栏、分娩栏、中育栏、生长育肥栏等。

(一)栅栏式猪栏　即猪舍内圈与圈之间以 0.8～1.2 m 高的栅栏相隔，栅栏通常由钢管、角钢、钢筋等焊接而成。优点是猪栏占地面积小；夏季通风好，有利于防暑；便于饲养管理。缺点是钢材耗量大，成本稍高；相邻圈之间接触密切，不利于防疫。现代化猪场的猪栏多为栅栏式，适用于公猪、母猪及生长育肥猪群养(图 8-22)。

(二)实体猪栏　即猪舍内圈与圈之间以 0.8～1.2 m 高的实体墙相隔，材料常用钢筋混凝土预制板，半砖厚，每面抹水泥砂浆等。优点是便于就地取材，造价低；相邻圈之间相互隔断，有利于防

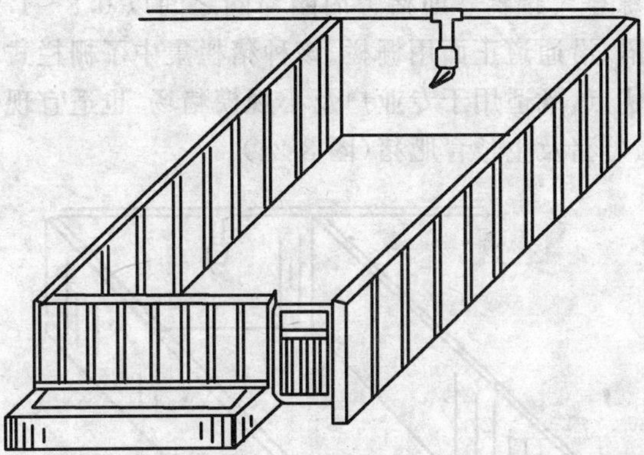

图 8-22　栅栏式猪栏

疫。缺点是猪栏占地面积大；夏季通风不好，不利于防暑；不便于饲养管理。适用于专业户及小规模猪场饲养公猪、母猪及生长育肥猪(图 8-23)。

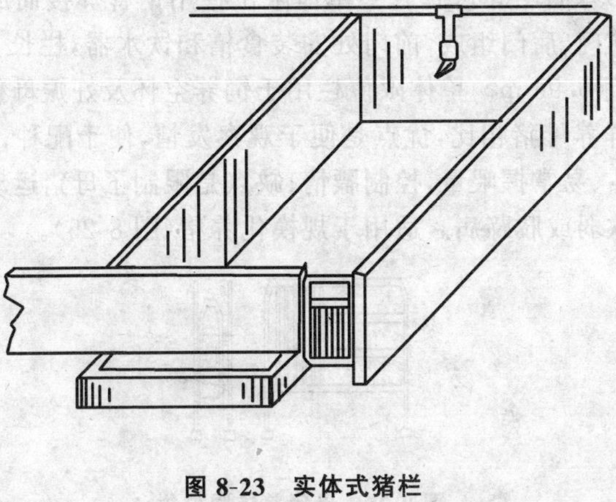

图 8-23　实体式猪栏

(三)综合式猪栏　即猪舍内圈与圈之间以 0.8～1.0 m 高的实体墙相隔,沿通道正面用栅栏。该种猪栏集中了栅栏式猪栏和实体猪栏的优点,既适用于专业户及小规模猪场,也适宜现代化猪场饲养公猪、母猪及生长育肥猪(图 8-24)。

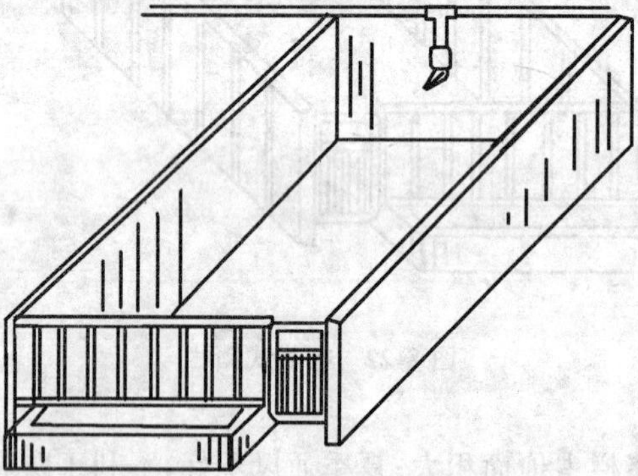

图 8-24　综合式猪栏

(四)母猪单体限位栏　单体限位栏用钢管焊接而成,由两侧栏架和前门、后门组成,前门处安装食槽和饮水器,栏长 2.1 m,宽 0.6 m,高 0.96 m。单体限位栏用于饲养空怀及妊娠母猪,与以圈为单位群养母猪相比,优点是便于观察发情,便于配种;避免母猪采食争斗、易掌握喂量,控制膘情;缺点是限制了母猪运动,容易出现四肢软弱或肢蹄病。适用于规模化养猪(图 8-25)。

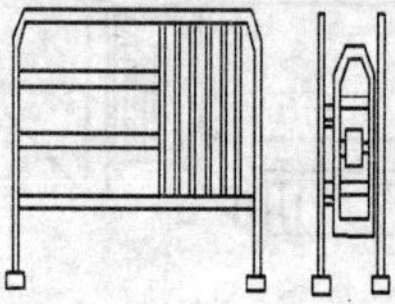

图 8-25　母猪单体限位栏

（五）高床产仔栏　用于母猪产仔和哺育仔猪。由底网、围栏、母猪限位架、仔猪保温箱、食槽组成。底网多采用直径 5 mm 的冷拔圆钢编织的编织网或塑料漏缝地板，长 2.2 m，宽 1.7 m，下面附以角钢和扁铁，靠腿撑起，离地 20 cm 左右，围栏为底网四面侧壁，用钢管和钢筋焊接而成，长 2.2 m，宽 1.7 m，高 0.6 m，钢筋间缝隙 5 cm；母猪限位架长 2.2 m，宽 0.6 m，高 0.9～1.0 m，位于底网中间，限位架前安装母猪食槽和饮水器，仔猪饮水器安装在前部或后部；仔猪保温箱长 1 m，宽 0.6 m，高 0.6 m，多由水泥预制板组装而成，置于产栏前部一侧。采用高床产仔栏的优点是少占地，猪舍面积利用率高；便于管理；母猪限位，可防止或减少压死仔猪；仔猪不与地面接触，干燥、卫生，减少疾病和死亡。缺点是耗费钢材量大，投资高。目前规模化猪场多采用高床产仔栏（图 8-26）。

（六）高床育仔网　该栏主要用于饲养 4～10 周龄的断乳仔猪，其结构与高床产仔栏的底网及围栏雷同，只是高度为 0.7 m，离地面 20～40 cm，面积根据猪群大小而定，一般长 1.8 m，宽 1.7 m，饲养断乳仔猪 10 头左右。优点是少占地，猪舍面积利用率高；便于管理；仔猪不与地面接触，干燥、卫生，减少疾病和死亡。缺点是耗费钢材量大，投资高。目前规模化猪场多采用高床育仔网培育仔猪（图 8-27）。

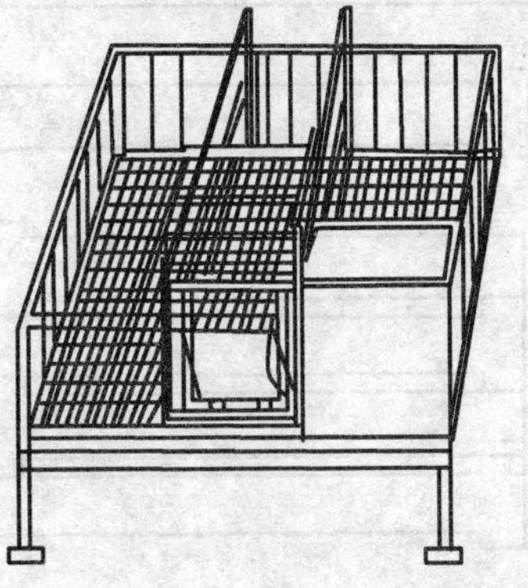

图 8-26　母猪高床产仔栏

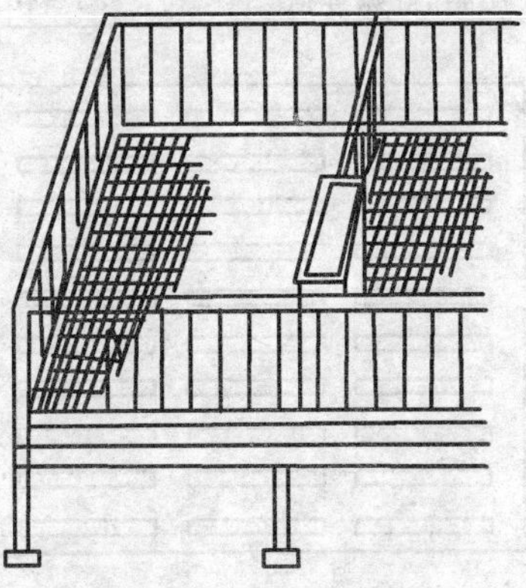

图 8-27　高床育仔网栏

二、漏缝地板

为了保持猪舍内清洁卫生，改善环境条件，减少人工清扫，规模化猪场普遍采用粪尿沟上敷设漏缝地板，要求漏缝地板应耐腐蚀、不变形、表面平、不滑、导热性小、坚固耐用、漏粪效果好、易冲洗消毒、适应各种日龄的猪行走站立，不损伤猪蹄。漏缝地板的种类主要有钢筋混凝土板条或板块、钢筋编织网、钢筋焊接网、塑料板块、铸铁块等。

(一)钢筋混凝土板条、板块　其规格可根据猪栏及粪沟设计要求而定，漏缝断面呈梯形，上宽下窄，便于漏粪，主要结构参数见表 8-8。此种地面的优点是造价低。缺点是对材料及施工要求高，达不到要求时常出现漏粪效果不佳，损伤猪蹄等现象。适用于公猪栏、母猪栏和生长育肥栏(图 8-28，图 8-29)。

表 8-8　不同材料的漏缝地板结构尺寸　mm

猪群类别	铸铁		钢筋混凝土	
	板条宽	缝隙宽	板条宽	缝隙宽
幼猪	35～40	14～18	120	18～20
肥猪、妊娠母猪	35～40	20～25	120	22～25

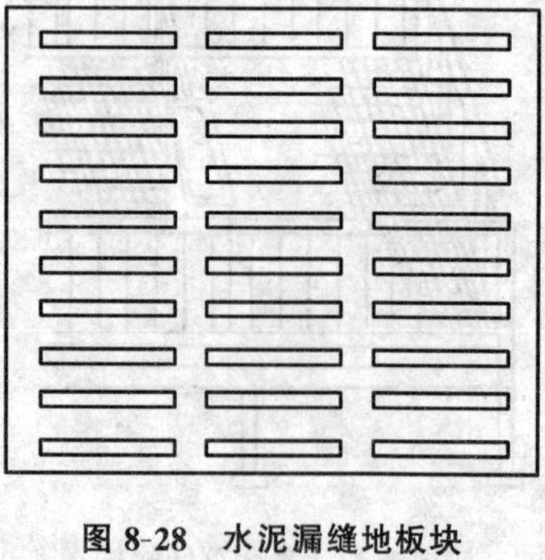

图 8-28　水泥漏缝地板块

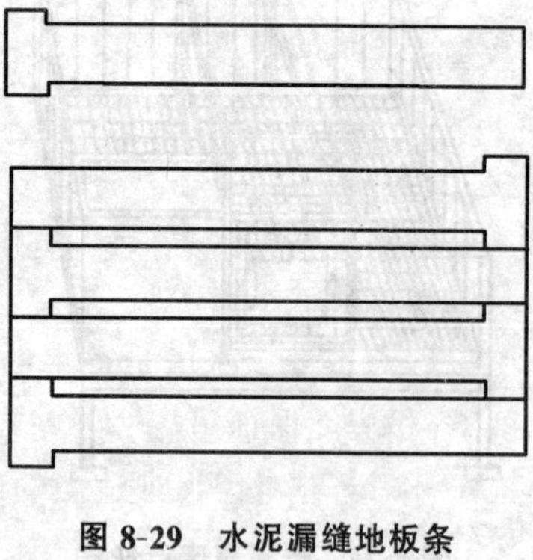

图 8-29　水泥漏缝地板条

（二）钢筋编织网　由直径 5 mm 的冷拔圆钢编织成宽 1 cm、长 4～5 cm 的缝隙网片，再与角钢、扁钢焊合而成。钢筋编织网漏粪效果好，猪只行走不滑，使用效果好。适宜分娩母猪的高床产仔栏及断乳仔猪的高床育仔网（图 8-30）。

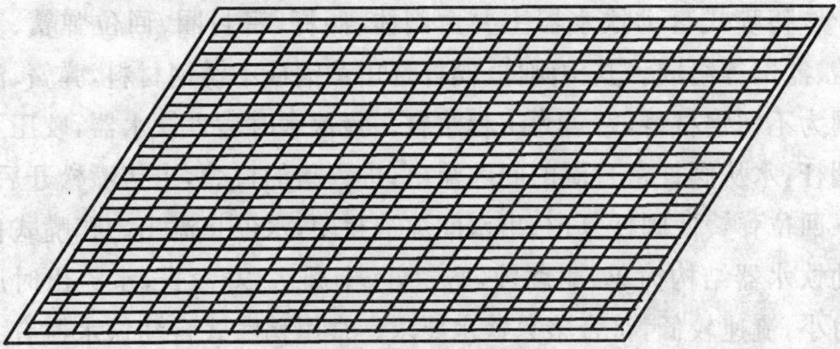

图 8-30　钢筋纺织网漏缝地板

（三）塑料板块　可用于高床产仔栏、高床育仔网及母猪、生长育肥猪的粪沟上敷设，热工性能上优于金属编织网，使用效果较好，只是造价高。

（四）铸铁块　铸铁块与钢筋混凝土板条、板块相比，使用效果好，但造价高，适用于高床产仔栏母猪限位架下及公猪、妊娠母猪、生长育肥猪的粪沟上敷设。

三、供水及饮水设备

猪场用水量较大，需配备供水饮水设备。主要包括水塔、供水管道和自动饮水器等。

（一）水塔　水塔是蓄水的设备，要有相当的容积和适当的高度，容积应能保证猪场 2 天左右的用水量，高度应比最高用水点高出 1～2 m，并考虑保证适当的压力。

（二）供水管道　要求设计合理，主管道要有相当的截面积，并防止滴漏、跑水和冬季冻结。

（三）自动饮水器　猪用自动饮水器的种类很多，主要包括鸭嘴式、乳头式、杯式、连通式等。猪场应用最普遍的是鸭嘴式自动饮水器。

鸭嘴式自动饮水器主要由阀体、阀杆、密封圈、回位弹簧、塞盖、滤网等组成。其中阀体、阀杆选用黄铜或不锈钢材料，弹簧、滤网为不锈钢材料，塞盖为工程塑料。猪饮水时嘴含饮水器，咬压下阀杆，水从阀杆密封圈的间隙流出，进入猪的口腔，当猪嘴松开后，靠回位弹簧使阀杆复位，出水间隙被封闭，水停止流出。鸭嘴式自动饮水器结构简单，耐腐蚀，密封好，不漏水，寿命长，水流出时压力小，流速较低，符合猪只饮水要求。常用鸭嘴式自动饮水器有大小两种规格，小型的流量为 2～3 L/min，适宜哺乳仔猪和断乳仔猪用，大型的为 3～4 L/min，适宜生长育肥猪和公母猪用。

四、饲料加工、供给及饲喂设备

猪场饲料的运输、饲喂工作约占工作总量的 40%，为了提高劳动生产率，并将饲料定时、定量、无损地喂给猪只，必须配备相应的设备，尤其是对于集约化和工厂化猪场。其设备主要包括饲料加工机组、饲料运输车、贮料仓、饲料输送机，食槽、自动给料箱等。采用机械设备的种类、数量、程度等应根据猪场的规模、设计的现代化程度及当地的人力资源等条件来定。

根据猪场利用设备的程度，可分为以人工喂料为主和机械喂料为主两种。以机械喂料为主的方式是经饲料加工厂加工好的全价配合饲料，直接装入带搅龙的饲料罐车送到猪生产区内，打入饲料储存塔，然后用螺旋输送机输送到猪舍内的自动落料饲槽或食槽，供猪采食。这种方式的优点是饲料保持新鲜，不受污染，减少包装、装卸和散漏损失，节省劳力，提高劳动生产率。缺点是投资大，对电的依赖性大。因此，目前只是在少数有条件的现代化猪场采用，而大多数猪场以人工喂料为主，采用袋装，人工送到猪舍，投到自动落料饲槽或食槽，供猪采食。

(一)机械喂料所需设备

1. 罐装饲料运输车　饲料车的功能是把饲料加工厂的全价配合料运送到猪场，并卸到贮料罐中。罐装饲料运输车是载重汽车上加装饲料罐而成，罐底有一条纵向搅龙，罐尾有一立式搅龙，其上有一条与之相连的悬臂搅龙，饲料通过搅龙的输送可卸入 7 m 高的饲料塔中。

2. 贮料塔　贮料塔多用 1.5～3 mm 的镀锌钢板压型组装而成，由 4 根钢管做支腿。塔体有进料口、上锥体、柱体和下锥体组成。进料口多在顶端，塔的容积根据猪舍饲养量确定，常用的有 2，4，5，6，8，10 t 等。

3. 饲料输送机　饲料输送机的功能是把饲料由贮料塔直接分送到食槽。其种类有卧式搅龙输送机、链式输送机、螺旋弹簧输送机、塞管式输送机等，近年来多采用后两种。

(1)卧式搅龙输送机。优点是结构简单，工作可靠，封闭输送，浪费少、卫生。缺点是噪声较大，输送距离短，不能转弯，输送粒料有破损。输送距离小于 30 m。

(2)链式输送机。优点是适应性广，保养维修方便，输送距离较长。缺点是结构笨重，饲料输送分配不均，输送粒料有破损。输送距离可达 100 m。

(3)螺旋弹簧输送机。优点是结构简单、工作可靠，可在 90°内自由输送，属封闭式输送，浪费少，卫生，噪声小。缺点是塞部件要求技术高，维修困难。输送距离可达 150 m。

(4)塞管式输送机。优点是可在任何地方转弯输送、封闭输送，浪费少，噪声低，输送距离长。缺点是塞部件要求技术高，维修困难。输送距离可达 500 m。

4. 食槽 在养猪生产中，无论采用机械还是人工饲喂，都要选配好食槽。食槽又分为限量饲喂食槽和自动落料食槽。

(1)限量饲喂食槽。根据所用材料分为金属限量饲喂食槽和水泥限量饲喂食槽。金属限量饲喂食槽多采用铸铁、不锈钢或厚钢板材料，主要用于产床上的母猪及哺乳仔猪，其主要尺寸见表 8-9。水泥限量饲喂食槽多用混凝土浇筑而成，主要用于公猪、空怀及妊娠母猪、生长肥育猪，其主要尺寸见表 8-10。

表 8-9 金属限量饲喂食槽主要尺寸

猪别	型号	材料	长(cm)	宽(cm)	高(cm)	重量(kg)
种猪	大	铸铁	40.0	30.5	50.0	23.0
	中	铸铁	32.0	30.5	34.0	18
	小	铸铁	30.0	30.5	30.0	12
	大	不锈钢	40.0	30.5	50.0	5
哺乳仔猪	圆形	铸铁		30.0	12.0	17.5
	长方形	铸铁	40.0	12.0	10.0	17.4
	长方形	不锈钢	40.0	12.0	10.0	0.4

表 8-10 水泥限量饲喂食槽主要尺寸

猪别	高(cm)	宽(cm)	底厚(cm)	壁厚(cm)
仔猪	10～12	20	4	
生长猪	15～16	30	5	
育肥猪及种猪	20～22	40	6	4～5

(2)自动落料食槽。根据所用材料分为金属自动落料食槽和水泥自动落料食槽。金属自动落料食槽多采用钢板材料，造价高，易生锈，使用寿命短，其主要尺寸见表 8-11。水泥自动落料食槽多用水泥预制板组装而成，造价低，使用寿命长，其主要尺寸见表 8-12。自动落料食槽主要用于断乳仔猪及生长肥育猪。

表 8-11　金属自动落料食槽主要尺寸　cm

猪别	高	宽	采食间隔	前缘高度
仔猪	40	20	14	10
幼猪	60	30	18	12
生长猪	70	30	23	15
30～60 kg	85	40	27	18
60～110 kg	85	40	33	18

表 8-12　双位水泥自动落料食槽主要尺寸　cm

猪别	高	宽	下部深	上部深
断乳仔猪	68	45	55	30
生长肥育猪	86	68	72	42

（二）人工喂料所需设备　人工喂料所需设备较少，除食槽外，主要是加料车。加料车目前在我国应用较普遍，一般料车长 1.2 m，宽 0.7 m，深 0.6 m，有两轮、三轮和四轮 3 种，轮径 30 cm 左右。饲料车具有机动性好，可在猪舍走道与操作间之间的任意位置行走和装卸饲料；投资少，制作简单；适宜运送各种形态的饲料。

五、清洁消毒设备

规模化养猪由于数量大、密度高，一旦有疫情，就很可能在猪群中迅速传播开，除了造成死亡的直接经济损失外，猪只发育生长缓慢，饲料利用率降低，药物、人力等方面的损失也十分巨大，并还会给猪场留下病根，成为后患。因此，猪场必须建立严密的卫生防疫体系，以预防为主，并采取综合措施。其中，卫生消毒是关键措施之一。所需配备的清洁消毒设备主要有人员车辆消毒设施和环境清洁消毒设备。

（一）人员车辆消毒设施　凡是进入场区的人员、车辆等必须经过彻底的清洗、消毒、更衣等环节。所以，猪场应配备人员车辆消毒池、人员车辆消毒室、人员浴池等设施及设备。

1. 人员车辆消毒池　在场门口应设与大门同宽、1.5倍汽车轮周长的消毒池，对进场的车辆四轮进行消毒。在进入生产区门口处再设消毒池。同时在大门及生产区门口的消毒室内应设人员消毒池，每栋猪舍入口处应设小消毒池或消毒脚盆，人员进出都要消毒。

2. 人员车辆消毒室　在场门口及生产区门口应设人员消毒室，消毒室内要有消毒池、洗手盆、紫外线灯等，人员必须经过消毒室才能进入行政管理区及生产区。有条件的猪场在进入场区的入口处设置车辆消毒室，用来对进入场区的车辆进行消毒。

3. 浴室　生产人员进入生产区时，必须经过洗澡，然后换上经过消毒的工作服才可以进入。因此，现代化猪场应有浴室。

(二)环境清洁消毒设备　猪场常用的主要有地面冲洗喷雾消毒机、火焰消毒器等。

1. 地面冲洗喷雾消毒机　工作时柴油机或电动机带动活塞和隔膜往复运动，将吸入泵室的清水或药液经喷枪高压喷出。喷头可以调换，既可喷出高压水流，又可喷出雾状液。地面冲洗喷雾消毒机工作压力一般为15～20 kg/cm^2，流量为20 L/min，冲洗射程12～14 m。优点是体积小，机动灵活，操作方便；既能喷水，又能喷雾，压力大，可节约清水或药液。因而是规模化猪场较好的地面冲洗喷雾消毒设备。

2. 火焰　消毒器是利用煤油高温雾化剧烈燃烧产生的高温火焰对猪舍内的设备和建筑物表面进行瞬间高温喷烧，达到杀菌消毒的目的。

六、检测仪器及用具

随着我国经济的发展，规模化猪场的集约化程度越来越高，所使用的检测仪器及用具也越来越先进，越来越多，主要有饲料营养成分化验室及其化验仪器和设备，兽医化验室及其仪器设备，人工授精室及其仪器设备，计算机及其猪场管理、育种、饲料配方等软件，母猪妊娠诊断仪，猪活体测膘仪，断尾钳，耳号钳，耳号牌，捉猪器，赶猪鞭，运输器具，称猪器具等。

(一)饲料营养成分化验室及其化验仪器和设备　现代化规模化猪场饲养猪只多，饲料消耗量大，一个年出栏1万头肉猪的商品猪场，年消耗饲料3 000多吨，多数猪场所需能量饲料、蛋白质饲料、矿物质饲料靠本场自已购买、加工和配制。因此，猪场应有自己的饲料营养成分化验室，最低要求能化验饲料水分和粗蛋白质，如果有条件，可化验钙、磷、粗纤维等成分。

饲料营养成分化验室应配备分析天平、电热恒温干燥箱、小型电动粉碎机和必要的玻璃器皿等基础设备。化验水分还可配备一台快速水分测定仪，价格低廉，操作简单，出结果快，也不需培训专门人员。化验粗蛋白质可用凯氏定氮法，需配备凯式玻璃器皿1套，酸式滴定管1个。

(二)兽医化验室及其仪器设备　集约化猪场应有自己的兽医化验室，以便及时监测和诊断疾病，随时做一些药敏试验，提高猪场防病治病水平。随着集约化养猪的发展，诊断某些疾病的试剂盒也会逐步普及，也为快捷、准确监测与诊断疾病提供了便利，简单的方法。

兽医化验室应配备显微镜、恒温箱、冰箱、高压灭菌器和必要的玻璃器皿等。

(三)人工授精室及其仪器设备　现代集约化猪场为了提高优良公猪利用率，减少疾病传播，可以采用人工授精。人工授精应配备显微镜、恒温箱、冰箱及采精、输精器械等。

(四)计算机及其软件　现代集约化养猪大都以周为单位组成完整的工艺流程，一个万头猪场，每周都有一批猪配种、妊娠、分娩、断乳、转群、出售，产生大量数据，同时各阶段的生产性能如受胎率、分娩率,产仔数、活仔数、断乳增重、耗料、发病、死亡,生长期增重、耗料、发病、死亡等也需要及时上报、统计、分析。如此大量的数据,而且结构复杂,靠传统手工方法很难满足对数据处理的准确性、及时性、完整性的要求,难以实现对猪场的宏观管理。猪场配备计算机,建立集约化猪场计算机信息管理系统,便可快速、准确、及时处理这些数据,及时掌握整个猪场生产状况,实现对猪场的合理宏观管理。

猪场配置计算机,并根据实际需要配备相应的猪场管理、育种、饲料配方等软件。在此对集约化养猪信息管理系统的主要结构及功能做一简要介绍。

集约化养猪信息管理系统由7个子系统组成:

1. 生产管理子系统　包括生产信息查询、生产周报、生产月报及常用生产表格的打印。

2. 生产分析子系统　包括生产静态分析、生产动态分析、动态模拟等。

3. 种猪管理子系统　包括种猪信息查询、种猪性能管理、种猪繁殖报告等。

4. 育种管理子系统　包括种猪系谱管理、综合选择指数、测定结果的综合分析等。

5. 兽医保健子系统　包括兽医免疫与疫病监测、各类猪只疾病及死亡分析等。

6. 销售管理子系统　包括种猪、肥猪和其它猪的销售数据统计、收入统计和有关销售对比分析等。

7. 成本管理子系统　包括仔猪、幼猪、肥猪生产费用统计、分析和主要产品成本计算。

(五)母猪妊娠诊断仪　应用比较普遍的是超声波妊娠诊断仪,主要有脉冲回波型和多普勒型,其中多普勒型有较多的优点,在此加以介绍。

母猪超声波妊娠诊断仪主要由机体和探头组成。原理是妊娠诊断仪发出超声波，传到母猪体内组织和液面后返回到传感器，经诊断仪处理，可发出特殊声响，以判断子宫中是否有液体（羊水），若有液体，说明已妊娠。

母猪测定时间是在配种后 18～30 天，位置在猪体右侧后腿前 5 cm，离乳头 2.5 cm 处。测定时首先将探头接通诊断仪，将测定部位涂以植物油或矿物油，再把探头紧贴探测位置向前或向外转动 45°，以扫描子宫内的羊水，当探头与皮肤接触良好时，诊断仪将发出时断时续的鸣叫声，若诊断出有羊水，将发出持续的鸣叫声，表明已妊娠。如在右侧只发出时断时续的声响，表明可能未妊娠，为可靠起见，再重复测 1 次左边。

多普勒型妊娠诊断仪的优点是可进行早期妊娠诊断，一般在配种后 18～30 天便可检测出是否妊娠，诊断准确率高，可达 95%，不会因卵巢肿大、子宫发炎和积尿等误诊；可以检查分娩母猪子宫是否还存留活的或死的仔猪；小型轻便，操作简单，易于掌握。

（六）猪活体超声波测膘仪　主要有携带式数字活体测膘仪和 B 超图像活体背膘测定仪。在此仅介绍小型轻便、价格较低、操作简单的携带式数字活体测膘仪。

携带式数字活体超声波测膘仪主要由机体、探头和充电器组成。测定前先把充电器与测膘仪接通，插入交流电插座充电 12 h，使用后再充电以延长电池寿命。测定时首先剪去猪体待测部位（一般是最后肋距背中线左右 4 cm 处）的被毛，涂以矿物油或植物油，然后将探头紧贴测定部位，打开电源，并转动或摇动探头，以驱除皮肤和探头间的气泡，最初得到的读数是“77”，没有意义，只有当读数指示灯发亮时才是测定的开始。测膘仪每秒钟都进行数次探测，在得到新结果之前，以前的测定结果仍显示在屏幕上。猪体脂肪有两层，脂肪的不连续性会使仪器得出一层的数据，为此应转动或摇动探头，尽可能得到较高的数值。

（七）称猪器具　猪只在出生、断乳、转群、出售时都要进行称重；平时不同品种、不同饲料配方的试验比较也要称重，以了解、监测和改进猪群的生产性能。所以，猪场应配备必要的称量设备，如在出猪台、不同组群间的通道处、饲料加工厂，都应配置称量磅秤，并配备试验用测重笼秤。

七、运输器具

猪场内的运输器具主要有仔猪转运车、饲料运输车和粪便运输车。

仔猪运输车用来从分娩舍到保育舍、保育舍到生长育肥舍的仔猪转群。一般用钢管和钢筋焊接而成，左右都有出口，有两个方向轮和两个定向轮，尺寸大小可根据猪舍通道、每车所能容纳仔猪的数量等来定。在实行人工清粪的猪场，应配备粪便运输车，一般多用单轮或双轮手推车。饲料运输车采用罐装料车或两轮、三轮和四轮加料车。

八、其他器具

猪场除配备以上设备外，还应配备断尾钳、牙剪耳号钳、耳号牌、捉猪器、赶猪鞭等。

第四节　猪场的必备设施

一、猪场卫生防护和消毒设施

猪场场界要划分明确，四周应建较高的围墙或防疫沟，以防止场外人员及其他动物进入场区。为了更有效的切断外界的污染因素，必要时可往沟内放水。在场内各区域间，也可设较小的防疫沟或围墙，或结合绿化培植隔离林带。

在猪场大门及各区入口处，各猪舍的入口处，应设相应的消毒设施，如车辆消毒池、人的脚踏消毒槽或喷雾消毒室、更衣换鞋间等。如果装设紫外线杀菌灯，应强调消毒时间(3～5 min)，通过式(不停留)的紫外线杀菌灯照射达不到卫生安全目的，因此有的场安装有定时通过指示器(定时灯或铃声)。

二、猪场内的排水设施

为了保证场地干燥，必须专设排水系统(最好采用雨水和污水分开的排水系统，缺水的地方可考虑库存雨水)，以便及时排除雨水及猪场生产污水。排水系统多设置在各种道路的两旁及猪舍周边，一般采用斜坡式排水沟，以尽量减少污物积存。如采用方形明沟，其最深处不应超过 30 cm，沟底应有 2%～2.5%的坡度，上口宽 30～60 cm。暗沟或管道排水系统如较长(超过 200 m)，应增设沉淀井，以免污物淤塞，影响排水，同时，在方向改变的地方或直线段通条距离内，应设置检查井(室)。沉淀井或检查井不应设在运动场中或交通频繁的干道旁，且距供水水源至少应有 200 m 以上的间距。

三、猪场的贮粪设施

猪场的贮粪场设置要根据粪污收集和处理的方式来选择不同的形式。

如粪尿分离时，因粪呈固态贮放，贮粪场体积可以设置得小一些，结构也比较简单。一般设计为深 1 m，宽 9～10 m，长 30～50 m 的方形池子，底部用黏土夯实或做成水泥池底，以防粪液渗漏流失，且应有一定坡度，使粪水可直接流向集液井。每头猪所需贮粪池面积(按贮放 6 个月，堆高 1.5 m 计算)为 0.4 m^2。位置离猪舍 100 m 左右，粪便可通过猪场后门直接送往农田或运走。

如粪水不分，特别是当实行水冲清粪时，除要求容积大的粪水贮集池（罐）外，还必须具备：①沉淀池或氧化池等；②可往粪沟或粪水池中加水的设备；③用以提升、抽走粪水的泵、搅动装置、冲气装置等；④槽车或灌溉设施以及足以充分利用这些粪水的土地。各种污水池结构应考虑防水。

四、猪舍附属设施

每栋猪舍应设有一些附属的值班室、饲料间等，一般都设在猪舍的一端，这样送料与清粪就不会交叉。也有一些猪场把两栋猪舍用附属用房连接起来，可以节约辅助面积，提高机械设备的利用率，但当有几栋排列时送料、清粪会交叉，因此也可由几栋猪舍合用一个辅助建筑，这样可使总平面紧凑，也便于提高管理水平和工作效率。并为以后向高一级自动化提供可能性。

五、后勤保障设施

一个完善的猪场还应有饲料车间、出猪台、自备电机房、生产资料仓库、锅炉房、水塔以及各种生活福利设施等。

第九章　猪场环境控制

第一节　环境在规模化养猪生产中的地位和作用

猪的一生处在一定的环境中，并以各种方式与环境之间发生联系并相互影响。在现代养猪生产中环境对猪的影响逐渐被人们所认识并受到重视。

在研究猪的环境之前，我们首先了解一下什么是家畜的环境。家畜的环境包括内环境和外环境。内环境是指机体内部一切与生存有关的物理的、化学的和生物学的因素，即机体的器官、组织或细胞生存的条件。外环境则是指周围一切与家畜有关的事物的总和。我们通常所说的家畜的环境就是指家畜的外部环境。

- 环境
  - 外环境
    - 自然环境：
      - 非生物环境：空气、土壤、水
      - 生物环境：动物、植物、微生物
    - 人为环境：畜舍及设备、饲养管理、选育、利用等
  - 内环境
    - 非生物环境：温度、pH 值、化学成分、离子浓度、渗透压
    - 生物环境：寄生虫、微生物

和其他家畜一样，猪的环境通常也是指猪的外部环境。猪机体与其环境之间不断地进行着物质和能量的交换，并保持动态平衡。猪体的内部环境是相对稳定的，它能够维持体温、机体组成、体液的化学成分和含量、pH 值等因素的相对恒定(称为内稳态)。同时，猪的外界环境又是多变的，猪体通过其内部调节机能，在不能变化的环境中维持体内环境的相对稳定。但机体对环境的适应能力是有一定限度的，当环境条件变化剧烈，超出调节能力的限度时，则机体的内环境稳定被破坏，猪的健康和生产力受到影响，严

重时可导致死亡。

猪在生长发育过程中不断地从外界摄取营养物质，这些营养物质一部分用于维持机体内环境的相对稳定，即为猪维持生存的基本需要，剩余部分则转化成产品如肉等在机体内储存下来。在环境条件适宜时，猪的维持需要较低，机体可将摄入的营养物质最大限度地转化成产品，此时生产力水平高。相反，在环境条件较差时，猪体将摄入的大部分甚至全部能量用于维持机体内稳态，此时生产力降低甚至停止。当环境条件进一步恶化并使猪摄食的全部能量仍不足以维持其体内平衡时，机体则会通过分解体组织来获取部分能量，体重减轻，严重时导致疾病和死亡。

在现代养猪生产中，品种、饲料、防疫和环境缺一不可。优良品种其生产潜力的充分发挥，需要优质全价饲料、健康的体况，同时还必须有适宜的生活和生产环境。如果环境不适宜，则优良品种的遗传潜力不能充分发挥，饲料的转化率低，猪的抵抗力和免疫力下降，发病和死亡率提高，造成生产的巨大损失。在现代养猪生产中，随着养猪规模的增大，集约化程度的提高，以及最新育种技术的采用，猪的抗逆性变得较差，对环境条件的要求也越高，因此，为猪只创造适宜的环境条件就显得尤为重要。

第二节　猪的适应与应激

适应和应激是猪对环境刺激所产生的反应。

一、适应

适应是指猪对内部或外界刺激产生的有利于生存的生物学和遗传学的变化。环境因素在一定限度内变化时，猪能够产生行为的、生理的、形态解剖的及遗传的变化，以利生存于变化了的新环境。行为的、生理的、形态解剖的变化为表型适应，仅是个体一生的变化，不能遗传给后代；遗传基础的改变即遗传学适应则可遗传给后代，发生群体适应性进化。

猪只机体内环境是相对稳定的，当外界环境发生变化时，机体通过神经和体液调节，改变自身有关组织器官的活动和机能，以保持内部环境的相对稳定，这就是适应过程。在适应过程中，由于环境变化刺激作用的强度和时间不同，一般首先出现行为的和生理的适应，然后出现形态解剖的适应。例如，在低温环境下，猪首先会出现蜷缩、挤堆等行为学变化，继而出现颤抖、呼吸变慢变深、代谢产热加强等生理变化，随后则会出现皮肤变厚、脂肪贮积增多等形态解剖学的变化。这种表型适应的变化，在当环境变化的刺激消失之后一般也会恢复，但当环境变化刺激许多世代作用下去，则会引起动物遗传基础的改变，即发生遗传学适应，适应该环境的性状可以逐代遗传下去。

但动物对环境的适应有一定限度，在一定范围内其适应的调节机能有效，超出该范围的环境变化，将引起生命机能障碍，甚至死亡。例如在环境温度太低，超出猪的适应范围时，则会导致猪体温下降，逐渐被冻死。根据猪只对环境变化的反应，一般可将环境变化分为 5 个区(图 9-1)，在适宜区和代偿区，机体靠调节和代偿机能可以保持体内平衡；在障碍区和危险区，可导致机体机能障碍，体内平衡遭到破坏；在致死区则导致衰竭和死亡。在非典型情况下，上述反应不一定按顺序出现，有时是可逆的，有时是跳跃式的。如处于代偿或障碍区的猪，在环境刺激减弱、消除或猪通过调节逐渐适应时，机体生命机能可恢复正常；而突然的、过强的环境

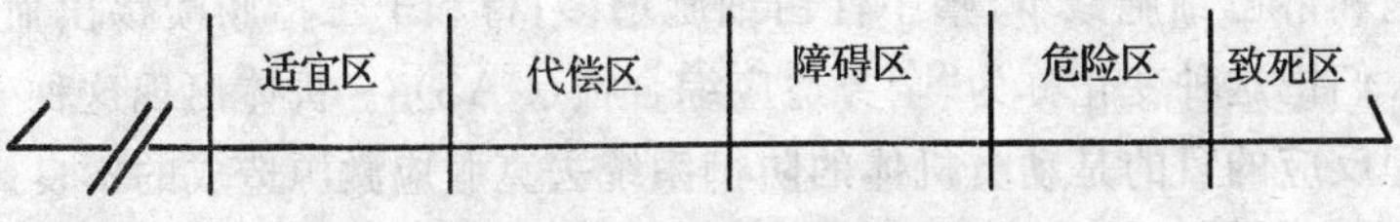

图 9-1 按猪只机体反应划分的环境作用分区

刺激也可使猪从适宜状态很快致死。

猪只对环境变化的适应，可以是短期的习惯，即“服习”，也可以是长期的适应，即“风土驯化”。猪只短期服习于某种环境时并没有完全适应于该环境刺激，必须经过长期的复杂反应过程才能达到适应。例如，猪在初次受到热应激后其体温很快升高，随着处于高温环境的时间延长，其体温不再升高并逐渐回落，对高温环境产生服习，但它并没有适应于高温环境，当再次受到高温刺激时，其体温还会升高，只是因有以前的服习过程，其体温升高幅度较以前小。而长期在某种环境中生活，猪会逐渐适应于新环境，对环境刺激的耐受性提高，发生“风土驯化”。如长期生存于温度较高的环境中，猪的耐热性逐渐提高，在高温中能够保持正常的体温，正常地生长发育、繁殖，保持正常的生产性能和生物学特征等。风土驯化可以是短暂的，也可以是长久的，可以是表型的，也可以是基因型的。猪只可以通过风土驯化适应环境，也可以通过人工定向选择而逐步适应。

二、应激

应激是机体对各种非常刺激产生的全身非特异性应答反应的总和。能引起动物应激反应的各种环境因素统称为应激源。动物机体受到环境因素刺激后，可引起动物对特定刺激产生相应的特异性反应，而有些刺激(即应激源)不仅使动物产生特异性反应，还会使机体产生相同的非特异性反应，其表现为：肾上腺皮质变粗，分泌活性提高；胸腺、脾脏和其他淋巴组织萎缩，血液嗜酸性白细胞和淋巴细胞减少，嗜中性白细胞增多；胃和十二指肠溃疡出血。人们把这种变化称为“全身适应综合征(GAS)”。机体出现这种生理反应的目的是动员机体的防御系统去克服应激源造成的不良影响，以使机体在不利的环境中仍能保持体内平衡。机体通过应激反应扩大了其适应范围，增强了其适应环境的能力，如果机体缺乏应激反应或应激反应失调，就会在任何超出一般生理调节范围(特异反应)的刺激下，导致机体内稳态破坏，产生疾病或导致死亡。

应激在典型情况下可分为3个发展阶段：

(一)惊恐反应或动员阶段　是机体对应激源作用的早期反应，出现典型的GAS反应。根据生理生化反应的不同，该期又分为休克相和反休克相。休克相表现为体温和血压下降、血液浓缩、神经系统抑制、肌肉紧张度降低、机体抵抗力降低，异化作用占优势。休克相持续几分钟到24 h，应激反应进入反休克相，此时机体防卫反应加强，血压上升，血糖提高，机体抵抗力增强。过强的刺激会导致机体从休克相直接衰竭死亡，如果机体克服了应激因素的影响而存活下来，则随之进入适应阶段。

(二)适应或抵抗阶段　机体克服了应激源的不良作用而获得了适应，新陈代谢趋于正常，同化作用占优势，机体的各种机能趋于平衡，抵抗力恢复正常。如果应激源停止作用或作用减弱，机体克服了其不良影响，应激反应就在此阶段结束，若应激源继续作用或机体不能克服其强烈影响，则应激反应进入衰竭阶段。

(三)衰竭阶段　此阶段表现很像惊恐反应，但反应程度急剧增强，肾上腺皮质虽然肥大，却不能产生皮质激素，机体异化作用又重新占优势，体脂、组织蛋白等体内储备分解，出现营养不良、体重下降，获得的抵抗力又丧失，适应机能被破坏，各系统机能紊乱，最后衰竭而死。

三、应激对猪的影响

养猪生产中，引起猪只应激的因素和环节很多，常见的应激源有：不良的小气候环境因素(如高温、低温、强辐射、强噪声，低气压、贼风，空气中CO_2、NH_3、H_2S、CO等有毒有害气体浓度过高等)、饲养及管理因素(如饥饿或过饱、日粮成分或饲养水平急剧变更、饮水不足、突然变更饲养管理规程或更换饲养人员、饲养密度或组群过大、断奶、转群、驱赶、抓捕、去势、打耳号、断尾等)、传染病的侵袭、运输途中的不良刺激、对生产性能的高强度选育和利用等。

应激对猪的健康和生产力、繁殖力、肉品质等都有不良影响。猪只受到应激时,肾上腺皮质激素分泌加强,加速了体内糖原和脂肪的动员和分解,蛋白质解体,使猪的生长发育受阻,生长速度减缓或停滞,体重下降,饲料报酬低。有试验证明,猪群过大造成的应激会影响猪的增重和饲料报酬,在试验期间,10 头一群的猪平均日增重为 580 g,20 头、30 头和 40 头一群的猪平均日增重,比 10 头一群的分别减少 5%、8%和 10%,饲料消耗分别增加 9%、8%和 10%,体重达 90 kg 的天数比 10 头一群的(平均 123 天)增加 6、8 和 12 天。应激时,猪的健康受到一定影响,一种应激源作用于机体,如果应激反应不强烈而且获得适应,有可能在提高对该种应激源的抵抗力的同时,也提高对其他应激源的抵抗力,即提高了其非特异性抵抗力;如果某种激源只提高对该种激源及与该应激源有紧密联系的那些激源的抵抗力,称为副特异性抵抗力。如果应激源刺激强烈和持久,则可能在提高对该激源抵抗力的同时,导致对其他应激源的抵抗力减弱,此为特异性抵抗力。如果猪只通过应激反应对应激源获得了适应,可在一定程度上提高其抵抗力,但若没有得到适应,其抵抗力和免疫力下降,对一些传染病和寄生虫病易感性增强,导致各种疾病的流行。

强烈或长时间的应激会导致猪性激素分泌异常,性机能紊乱,使其繁殖力降低。生长猪性腺发育不全,成年猪表现为性腺萎缩、性欲减退,精液品质下降,受胎率降低,妊娠母猪出现胚胎早期吸收、胎儿畸形、流产、难产、死胎或不孕等现象,新生仔猪出生重小,成活率低等。

应激还会使猪肉品质下降,猪只宰前运输途中受到拥挤、捆绑、冷热刺激等,在宰后多见 PSE 肉,即肉色灰白(pale)、肉质松软

(soft)、有渗出物(exudative)。应激时，机体分解代谢加强，比平时产热量增加数倍，体温升高，糖酵解产生大量乳酸，使肌肉组织pH值在宰后迅速下降，加速了肉的陈化过程，此外三磷酸腺苷(ATP)与钙、镁离子结合，可以生成提高组织持水力的物质，应激时ATP急剧减少，因此肌肉组织持水力下降，这样就形成了PSE肉。而长时间低强度的应激源刺激又可导致DFD肉，即肌肉干燥(dry)、质地粗硬(firm)、色泽深暗(dark)，这主要是由于应激持续时间长，使肌糖原消耗多，产生乳酸减少等所致。PSE肉的贮藏性、烹调适用性变差，DFD肉适口性差。

总之，应激对养猪生产有诸多不利影响，但又是机体必不可少的适应性反应，而且并不是所有的应激都对猪只有害，在非强烈应激中猪只进入适应阶段，可以提高其生产力、饲料利用率及抵抗力，但应注意控制应激源的强度和作用时间，使之停止在适应阶段而杜绝衰竭反应的发生，生产中应当避免那些强烈的、长时间的应激。

四、应激的诊断和预防

不同的年龄、性别、生产阶段、营养水平及不同个体对应激的敏感程度不同。通常仔猪对应激源比成年猪敏感，母猪对激源比公猪敏感，妊娠母猪对应激比空怀母猪敏感。营养水平差的猪对应激源比营养水平高的猪敏感。同类型不同品种、不同个体的猪对应激的敏感程度也不一样，可分为应激敏感猪和抗应激猪。抗应激猪能耐受较强烈和较长时间的应激作用，应激初期其应激表现不强烈，只在后期才较明显，其生产力受应激源影响较轻，恢复也较快。应激诊断可以及时反映猪只是否受到应激及应激的程度如何，依此采取必要的防治措施，可减轻应激对猪只生产的危害，同时测定猪只的应激敏感性，通过选种可培育抗应激品种或猪群，提高猪的抵抗力。

应激诊断常观察猪的临床症状和行为表现，或用氟烷测验、测定血型或血液中有关激素、酶、血细胞及血液中其他有关成分的含量变化来确定猪的应激敏感性，养猪生产中测定猪的应激敏感性较常用的是氟烷测验法。

临床观察：强烈短时间应激，猪只表现惊慌不安、眼睛睁大、心率加快、呼吸急促、食欲减退、肌肉颤抖、体温升高，皮肤出现红斑或发绀，严重时导致休克或死亡。低强度长时间的慢性应激时，猪只出现体重减轻、生产力下降，繁殖机能障碍，免疫力降低，精神抑郁、行动迟缓。

氟烷测验：在养猪生产中，广泛应用麻醉剂氟烷对7～12周龄的幼猪进行应激敏感性测验。测定时用面罩使猪吸入浓度1.5%～5%的氟烷，大约1 min后即失去知觉，2～3 min后阳性猪由尾、后肢向背胸、前肢渐进性肌肉痉挛和强直，一旦出现肌肉强直应立即停止测验。在5 min内无强直反应的为阴性。

给猪只创造较适宜的小气候环境和改善饲养管理是预防应激的有效措施，如减少高低温、贼风、高浓度有害气体、频繁转群、高密度饲养等对猪的影响，严格操作规程、保证日粮平衡等。在现代化养猪生产中，有些生产工艺常可引起猪只的应激（如分段饲养中的猪只频繁并群、转群、定位饲养的母猪缺乏运动等）。要改变这些工艺往往会降低生产效率，而采用上述改善饲养管理的措施，往往需增加投资或能耗，所以在生产中有些应激的产生仍不可避免。

采用药物预防应激简单有效，已发生应激时，使用药物也有治疗和缓解作用。预防应激效果较好被广泛采用的药物主要是镇静剂（如氯丙嗪、利血平、安定等）、某些激素（如肾上腺皮质激素）、维生素类（如B族维生素、维生素C、复合维生素）、微量元素（如硒）、有机酸类（如琥珀酸、苹果酸等）、缓解中毒的药物（如小苏打等）也有防治应激的作用。在猪只断奶、转群、运输等之前服用上述药物，可以起到较好的抗应激作用。药物预防虽有较好的预防应激的效果，但长期使用某些药物，易在猪体内蓄集，间接影响人的健康，也应慎重使用。

预防应激最根本的措施是提高猪的抗应激能力，使猪只经受适当的锻炼是提高抗应激能力的措施之一，短时间的轻度应激可提高机体的抵抗力。通过育种工作选育抗应激品种，淘汰应激敏感猪，是提高猪群抗应激能力的有效方法。

第三节 猪舍的适宜环境

环境控制的目的是为猪创造适宜的生长环境，因此弄清各种环境因子对猪生长的影响，是实施环境控制的先决条件。

一、温度对猪生长的影响

猪是恒温动物。在一定环境，猪的直肠温度恒定在39℃。一般来说，猪体温高于环境温度，所以猪体要对周围环境散失热量。散热的方式包括显热散热（辐射、对流和传导）及潜热散热（蒸发）。猪会改变代谢强度来控制自身的热量，并通过生理调节来调整新产热和散热的比例关系，达到热量平衡，从而保持恒定体温。

表9-1中的数据反映了环境温度对猪生产性能的影响。可以看出，环境温度过低或过高都会影响猪的生产性能。

表9-1 猪增重与环境温度的关系

猪体重(kg)	不同环境温度下的日增重(g)							
	4℃	10℃	16℃	21℃	27℃	32℃	38℃	43℃
34～56	—	620	715	910	890	630	20	−600
56～79	580	670	790	980	830	520	−90	−118
79～102	540	680	830	1 010	760	350	−460	—
102～124	500	760	950	980	690	280	−560	—
124～168	430	850	1 100	900	550	50	−1 500	—

实际上，猪感受到的环境温度是环境气温、相对湿度、风速、热辐射等的综合作用效果。但为简化问题，所谓环境温度也可以仅指猪舍内的气温。

猪舍的适宜环境温度依不同的类别而异。分娩舍内，母猪和仔猪对温度的要求有较大差异，舍内温度主要考虑母猪兼顾仔猪，一般以15～29℃为宜。另外，可在仔猪活动区局部供热，这一区内应满足：新生仔猪为30～34℃，随后每日下降0.5℃左右；前期仔猪舍用来饲养早期（约3周龄）断奶的仔猪，开始时26～29℃，以后每周降1.7℃左右；仔猪舍用来饲养7～11周龄的仔猪，舍内温度应为21～27℃；育肥猪舍和妊娠母猪舍内温度为10～29℃；配种猪舍13～29℃。

以上各猪舍的适宜环境温度并不一定是其最佳温度。考虑到要达到最佳温度需付出较大的经济代价，所以采用上述较为宽松的适温范围对生产更有利。

二、湿度对猪生长的影响

湿度是用来表示空气中水汽含量多少的物理量，常用相对湿度来表示。舍内空气的相对湿度对猪的影响，和环境温度有密切关系。无论是幼猪还是成年猪，当其所处的环境温度是在较佳范围之内时，舍内空气的相对湿度对猪的生产性能基本无影响。试验表明，若温度适宜，相对湿度从45%变到95%，猪的增重无异常。这时，常出于其他的考虑，来限制相对湿度。例如，考虑到相对湿度过低时猪舍内容易飘浮灰尘，过低的相对湿度还对猪的黏膜和抗病力不利；相对湿度过高会使病原体易于繁殖，也会降低猪舍建筑结构和舍内设备的寿命。所以就算是处于较佳温度范围内，舍内空气的相对湿度也不应过低或过高。

当舍内环境温度较低时，相对湿度大，会使猪增加寒冷感。这是由于猪的毛、皮吸附了潮湿空气中的水分后，导热性增大，使猪体散热量增大。同时,随着通风换气,使蕴含于水汽中的大量潜热流失到舍外,降低了舍温。因此较低舍温时,相对湿度大,会影响猪的生产性能,这一点对幼猪更为敏感。例如,据试验在冬季相对湿度高的猪舍内的仔猪,平均增重比对照组低48%左右,且易引起下痢、肠炎等疾病。

当舍内环境温度较高时,舍内相对湿度大,同样也会影响猪的生产性能。猪原本适应湿度变化的能力较强,即使相对湿度超过85%对生长性能影响也不大,但高温下的高湿,会妨碍猪的蒸发散热,从而加剧了高温的危害。如果温度超过适宜温度,相对湿度从40%升高到70%,便会减缓猪的增重。这一点成年猪更为敏感,因为成年猪的适宜生长温度比仔猪要低。

综合考虑,适宜猪生活的相对湿度为60%～80%。在某些地区或季节,舍内相对湿度偏高而无法降低时,应采取措施增加或降低舍温及做好卫生防疫工作,这样也能确保猪场的正常生产。

三、气流对猪生长的影响

气流对猪机体的作用,主要是影响猪体的散热。在一般环境条件下,只要有气流存在,均可促进机体的对流散热和蒸发散热。当环境温度低于猪的适宜温度下限时,由于气流的作用,加大了猪体的散热量,而使猪感到寒冷,此时为了维持体温,就需消耗更多的能量。反之,当环境温度高于猪适宜温度上限时,由于气流有助于猪体散热,且气流大时散热较多,因此增大风速可明显改善猪的温热环境,缓和热应激对猪的不良影响。

气流对猪体散热的影响,除了气流速度外,气流的温度也是一个十分重要的因素,散热效果随气流的温度上升而下降。当气流温度等于猪皮肤温度时,对流散热的作用消失;当气流温度高于皮肤温度时,机体通过对流得热;低温而潮湿的气流,能显著增大散热量,猪更感寒冷,有可能引起冻伤、冻死。气流总是和温度、湿度一起协同作用于猪的机体，使冷、热应激的程度得以缓和或加剧。

据报道，当舍内环境温度为12℃时，气流速度由0.1 m/s增加为0.26 m/s，25～30 kg重的猪的散热量约要增加10%。面对于2 kg重仔猪，当气流速度由0.1 m/s增加为0.56 m/s，相当于环境温度下降了4℃。有些专家认为，对于仔猪，在各种环境温度下空气流速都不应超过0.3 m/s，否则会促使仔猪机体变冷且增多疾病（如肺炎）。当然，环境温度过高时，适当提高气流速度有助于仔猪降温。但各种猪舍内降温气流速度都不宜太高，过高气流的摩擦会使猪感到不适。

正常舍温情况下，猪舍内的气流速度参考参数见表9-2。

表9-2 气流对猪生长的影响

m/s

舍别	气流速度	舍别	气流速度
空怀和怀孕初期猪舍	0.3	断奶仔猪舍	0.2
孕后期猪舍	0.2	肥育猪舍	0.2
带仔哺乳母猪舍	0.15		

冬季从保暖角度考虑，流速可低于表中值。夏季高温情况下，流速可高于表中值以利猪体散热。不过，据报道，体重90 kg的猪，在48℃的高温环境中，如果地面潮湿，猪的皮肤在地面上滚湿，风速自0.1 m/s增大到0.9 m/s，经30 min可使上升的体温下降2℃左右。而当地面和猪体皮肤干燥后，即使加大风速也没有效果，可见在夏季对猪这种无汗腺的家畜，单纯靠增大气流流速来帮助猪散热，其作用是有一定限度的。必须辅以喷淋等才能充分发挥气流的降温作用。

四、有害气体对猪生长的影响

猪舍中有害气体主要来自密集饲养的猪的呼吸、排泄和生产中的有机物分解。有害气体主要有氨、二氧化碳、一氧化碳和硫化氢等。

氨气主要来自于粪便的分解。氨易溶于水，在猪舍中氨常被溶解或吸附在潮湿的地面、墙壁和猪黏膜上。氨能刺激黏膜，引起黏膜充血、喉头水肿、支气管炎，严重时引起肺水肿、肺出血；氨还能引起中枢神经系统麻痹、中毒性肝病等。猪处在低浓度氨的长期作用下，体质变弱，对某些疾病产生敏感，采食量、日增重、生殖能力都下降，这种症状称为“氨的慢性中毒”。若氨浓度较高，对猪引起明显病理反应和症状，称为“氨中毒”。据试验报道，猪的生产性能在空气中氨的体积浓度达到 0.005%(50 mL/m^3)时开始受到影响，0.01%时食欲降低和易起各种呼吸道疾病，0.03%时引起呼吸变浅和痉挛。猪舍氨含量一般应控制在 0.003%以内。

二氧化碳主要来源是舍内猪的呼吸。1 头体重 100 kg 的肥猪，每小时可呼出二氧化碳 43 L，因此猪舍内二氧化碳含量往往比大气中高出许多倍。二氧化碳本身无毒性，它的危害主要是造成缺氧，引起慢性毒害。猪长期处在缺氧的环境中会精神委靡，食欲减退，体质下降，生产力降低，对疾病的抵抗力减弱，特别易于感染结核病等传染病。猪舍内二氧化碳体积浓度不应超过 0.15%。虽然二氧化碳本身不会引起猪中毒，但二氧化碳浓度的卫生意义在于，它能表明猪舍空气的污浊程度，亦表明舍内空气中可能存在其他有害气体的多少。因此二氧化碳浓度可作为猪舍卫生评定的一项间接指标。

一氧化碳为无色、无味的气体。猪舍中一般没有多少一氧化碳。当冬季在密闭的猪舍内生火取暖时，若燃料燃烧不完全，会产生大量一氧化碳。一氧化碳对血液、神经系统具有毒害作用。它通过肺泡进入血液循环，与血红蛋白结合形成相对稳定的碳氧基血红蛋白，这种血红蛋白不易解离，不仅减少了血细胞的携氧功能，还抑制和减缓氧合血红蛋白的解离与氧的释放，造成机体急性缺氧，发生血管和神经细胞的机能障碍，出现呼吸、循环和神经系统的病变。碳氧基血红蛋白的解离要比氧合血红蛋白慢 3 600 倍，因此中毒后有持久的毒害作用。当一氧化碳浓度在 0.05%时，经短时间就可引起急性中毒。猪舍内一氧化碳浓度应低于 0.002 5%。

硫化氢是一种无色、易挥发的恶臭气体。在猪舍中主要由含硫物分解而来。硫化氢产生自猪舍地面，且比重较大，故愈接近地面，浓度愈大。硫化氢主要刺激黏膜，引起眼结膜炎、鼻炎、气管炎，以至肺水肿。经常吸入低浓度硫化氢可出现植物性神经紊乱。游离在血液中的硫化氢，能和氧化型细胞色素氧化酶中的三价铁结合，使酶失去活性，以致影响细胞的氧化过程，造成组织缺氧。长期处在低浓度硫化氢的环境中，猪体质变弱，抗病力下降。高浓度的硫化氢可直接抑制呼吸中枢，引起窒息和死亡。当硫化氢浓度达到 0.002%时，会影响猪的食欲。猪舍内硫化氢浓度不应超过 0.001%。

五、其他因素对猪生长的影响

这里简介噪声、光照、尘埃等对猪生长的影响。

噪声是影响猪正常休息和睡眠的重要因素。断续声比连续声影响更大，夜间噪声比白天噪声影响大。一般认为猪长期处于强噪声中，会出现神经衰弱症。有研究报道说，猪舍内噪声经常在 65 dB 以上时，仔猪血液中的白细胞和胆固醇含量分别上升 25%和 30%。关于猪舍的噪声标准，一种观点认为可以人的卫生学标准为准，即不超过 85 dB。而另一种观点认为高强度或长时间的声响并不明显地影响猪的生产性能，但是突然产生的噪声会触发猪短期的兴奋和烦躁，因此应尽量避免突发噪声，以减少兴奋和引起猪因突然逃避而受伤。

光照对于猪舍并不十分重要，特别是育肥猪舍完全可以采用低光照，只要有足够的光线便于管理和饲喂就行了。总的说来，种用猪光照时间相对长一些，有利于活动，增强其体质，提高其种用价值;育肥猪光照相对短一些,减少其活动量,促使其增重。

猪舍中应尽量减少空气中尘埃。因为,灰尘上可能吸附有大量病菌,这些病菌随着漂浮的灰尘传播;灰尘进入眼睛,易使猪患灰尘性眼结膜炎;灰尘被吸入呼吸道后,大于 10 μm 的灰尘一般被阻留在鼻腔里,5～10 μm 的灰尘可进入支气管,5 μm 以下的可达到细支气管和肺泡。吸附在呼吸道上的灰尘量过多会引起呼吸道感染,进入细支气管和肺泡的灰尘,随肺部血液循环进入淋巴管使猪发生肺水肿、肺炎等疾病。据统计,肥猪肺炎有 87%发生在灰尘量多的猪舍里,2～6 月龄的生长肥育猪受害最重;灰尘可成为空气中水汽的载体或凝聚核,并可吸附氨和硫化氢等有害化学物质,当其被吸入猪呼吸器官时对猪造成危害。因此,应减少舍内空气中的尘埃。

六、环境的有效温度

前面已提到,动物对环境的温热程度的感受,并不仅仅取决于环境温度,而是环境空气的温度、相对湿度、流速及热辐射等因子综合作用下产生的效果。例如,人在气温恒定在 25℃的房间里,冬天会比夏天感觉冷,就是因为夏天墙体热辐射要比冬天强的缘故。在猪舍内,气温、气湿、气流是影响猪温热感受的 3 个主要因子。各因子之间在作用效果上相辅相成,相互制约。调整任何一个或两个因子的作用强度,就会收到改变整个温热环境的效果。例如高气温时加强通风或降低湿度或两者同时进行,都会促进猪的对流和蒸发散热,使其感到凉爽。

由此可见,仅仅用猪舍内空气温度来评价猪感受到的温热环境是不全面的。当然,采用空气温度来评价温热环境,也是常用的简单可行的方法。

目前在生产中使用的综合评价指标有“有效温度”、“温湿指数”和“风冷指数”几种。这里主要介绍“有效温度”。它是评价气温、相对湿度和风速的综合作用下所产生的热感觉综合指标，用来表示对温热感觉的舒适程度。需要说明的是，由于猪不能像人一样表达出自己对温热环境的综合感受，所以关于有效温度的一些定量结论，在某种程度上是依赖于人对温热环境的综合感受来评定的。换言之，有效温度是衡量猪温热感觉的参考指标。

对于猪感受到的有效温度值的测定曾进行过不少探索，但由于影响因素众多且复杂，结果大都不能令人满意，目前只有一些粗略资料。表 9-3 是气温和气流综合作用下不同年龄猪舒适与否的资料。

表 9-3　气温、气流对猪舒适感的综合影响

温度(℃)	气流速度(m/s)		
	低于 0.15	0.15～0.25	0.25～0.38
21	各种年龄猪均舒适	各种年龄猪均舒适	1～8 周龄仔猪不舒适
18	1 周龄内仔猪不舒适	5 周龄内仔猪不舒适	12 周龄内幼猪不舒适
15	10 日龄内仔猪不舒适	1～3 周龄仔猪不舒适	12 周龄内幼猪不舒适
13	8 周龄内幼猪不舒适	12 周龄内幼猪不舒适	14 周龄内幼猪不舒适
10	15 周龄内幼猪不舒适	14 周龄内幼猪不舒适	16 周龄内幼猪不舒适
7	16 周龄内幼猪不舒适	16 周龄内幼猪不舒适	20 周龄内幼猪不舒适
4	20 周龄内幼猪不舒适	20 周龄内幼猪不舒适	20 周龄内幼猪不舒适
2		所有肥猪都不舒适	

也可以用干球温度和湿球温度来计算“有效温度”。Tngram 等人从仔猪的直肠温度得到“有效温度”的计算公式为：

$$ET=0.65T_d+0.35T_w \qquad (9\text{-}1)$$

式中：T_d 为干球温度；T_w 为湿球温度。

山本等人从猪的呼吸数得到的计算公式为：

$$ET=0.6T_d+0.4T_w \qquad (9\text{-}2)$$

而人的有效温度的计算公式是：

$$ET = 0.85T_w + 0.15T_d \quad (9\text{-}3)$$

从中可以看出，人与猪对各种因子影响的反应是不同的。例如干球30℃、湿球25℃时，人、猪感受到的有效温度分别是25.75℃和28.25℃。可见皮肤蒸发能力较强，湿球温度比干球温度重要。相反，皮肤蒸发能力较弱的猪，干球温度比湿球温度重要。因此，不能完全按照人的感受来评定猪感受到的温热环境。

第四节 猪舍环境的控制

猪舍内，特别是密闭猪舍内的空气环境，对猪的健康和生产力产生很大影响。为给猪群创造适宜的生存和生产环境，就必须合理设计各种类型猪舍，并采取供暖、降温、通风、光照、卫生等措施对猪舍空气环境进行合理调控。

一、保温与供暖

保温是阻止热量由舍内向舍外散失，供暖是利用热源（锅炉、热风炉、红外线灯等）为猪舍提供热量，提高舍内温度。为了保持和提高舍内温度，保证猪的健康和生产潜力的发挥，必须搞好猪舍的保温防寒设计，合理为猪舍提供热源，加强防寒管理。

（一）猪舍的保温防寒设计　猪舍的保温性能决定于猪舍样式、尺寸、外围护结构（屋顶、墙、门窗）所用材料的热工性能和厚度等。设计猪舍时，应根据当地气候条件选择猪舍的类型、尺寸，考虑所用材料的热工性能，选择合适的外围护结构材料和结构，保证达到理想的保温效果，避免冬季猪舍内表面结露滴水（可请建筑部门按此要求进行计算和设计）。

1. 屋顶　屋顶散热多，保温设计上应予重点考虑。在寒冷地区，特别是分娩舍和保育舍，应设有天棚，并选用玻璃棉、聚苯乙烯泡沫塑料等保温隔热材料，或天棚上铺足锯末、炉灰等保温层，保证严密不透气。

2. 墙壁　墙壁是猪舍的主要外围护结构，失热仅次于屋顶，保温设计上也应给予重视。在寒冷地区，应选择导热系数小的材料，并确定适当的厚度和合理的隔热结构，精心施工。实际中多采用普通砖，如果采用空心砖，热阻值可提高41%，而用加气混凝土块则可提高6倍。

3. 地面　猪长期在地面上躺卧或活动，所以，地面的热工性能对猪也有较大影响。实际中多采用混凝土或漏缝地板地面，其温热性能较差，应考虑在猪睡卧处用木板、塑料等保温材料。

(二)猪舍的供暖　在较温暖地区，对于配种舍、妊娠舍和肥育后期猪舍，由于猪的抗寒力较强，猪只自身产生的热量能维持一定的舍温，只要按要求进行合理的保温设计，可不必另外供暖。但在寒冷地区的猪舍，较温暖地区的产仔舍、保育舍、幼猪舍则必须供暖，此外当猪舍保温不好或过于潮湿、空气污浊时，为保持较高的温度和有效的换气，也必须供暖。猪舍的供暖包括集中供暖和局部供暖两种形式。

1. 集中供暖　集中供暖是由一个集中供暖设备，通过煤、油、煤气、电能等的燃烧产热来加热水或空气，再通过管道将热介质输送到舍内的散热器，放热加温猪舍的空气，保持舍内的适宜温度，一般要求分娩舍温度在15～22℃，最好在18～22℃，保育舍温度25℃左右。集中供暖主要用于提高舍温，常用的设备有锅炉和热风炉。

(1)锅炉供暖。目前我国大多数猪场采用锅炉热水供暖系统，供暖设备主要包括锅炉、供水管路、散热器、回水管路及水泵等。它是利用锅炉将热水通过管道输送到舍内的散热器，使舍内升温。该种方式供暖能保证舍内有较恒定的温度，但造价较高，舍内湿度较大，特别是在外围护结构保温性能较差时更加严重。

(2)热风炉供暖。热风炉供暖是利用热风炉通过有孔管道向猪舍送热风。主要由热风炉、鼓风机、电控箱、有孔风管等组成。工作时首先点着燃煤，火焰使炉心及炉壁处于红热状态，冷空气在鼓风机的作用下，由炉罩与炉壁的环形缝隙经预热后进入炉心高温区，空气温度迅速升高（可达 100～120℃），随后经热风出口进入舍内的有孔风管，并从风管孔及风管末端进入舍内。烟尘在引风机的作用下，从炉心与炉壁之间经过引风机和烟筒排到舍外。通过调节热风炉底座上风门插板的开度可控制炉温的高低，从而调节进入舍内的热风温度。

热风炉供暖系统的优点是送暖快，热效高，热气体清洁，送暖的同时解决了猪舍的通风换气，使舍内空气新鲜，并避免了冬季舍内湿度过高的弊病，夏季加湿帘可向舍内送冷风。目前部分猪场采用热风炉供暖，其设备也在不断改进之中。

2. 局部供暖　局部供暖有红外线灯、电热保温板等，主要用于哺乳仔猪的局部供暖，一般要求达到 28～32℃。

(1)红外线灯。一般为 250 W，吊于保温箱中或仔猪躺卧区，效果比较理想，缺点是红外线灯寿命较短，容易碰坏或溅上水滴击坏。

(2)电热保温板。由电热丝和工程塑料外壳等组成。使用时可放在仔猪保温箱内或仔猪躺卧区。电热保温板使用寿命较长，缺点是仔猪周围空气环境温度较低。

3. 其他方式供暖　在我国，有的采用火墙、地龙、火炉等方式供暖，这些方式虽简便易行，但对热能的利用不甚合理，供暖效果不太理想。

4. 太阳能供暖　我国北方有着漫长而寒冷的冬季，低温严重影响猪的正常生长和繁殖，为了节约能源，降低养猪成本，一些养猪专业户和部分规模猪场采用塑料暖棚养猪，利用太阳能供暖，取得了良好的效果，提高了养猪经济效益。

(三)防寒管理　对猪实行合理的饲养管理及对猪舍的维修保

养，都直接或间接地对防寒保温起着不可忽视的作用。

1．加大饲养密度　在不影响饲养管理和卫生状况的前提下，适当加大猪的饲养密度，可降低猪的临界温度。

2．加铺垫草、木板、橡皮等　地面，特别是水泥地面加铺垫草、木板、橡皮等，既能隔热，又可防潮，从而减少猪体热向地面的散失，降低猪的临界温度。

3．防止舍内潮湿　猪舍外围护结构受潮后，导热性增强，保温性能下降；潮湿的空气导热性增强，使猪感到冷；为了排除舍内潮湿的空气，又要加大换气量，增加猪舍失热，故在建造猪舍时，外围护结构的材料应保温性能好，吸湿性差，结构应有利于防寒和防潮，保证外围护结构的保温能力，防止其内表面达到或低于露点而凝结水珠甚至结成冰；合理安排给水与排水，及时清除舍内粪尿，减少水汽来源。

4．控制气流、防止贼风　气流经过猪体可加快热量的散失，降低猪的临界温度，贼风还会影响猪的健康。所以，冬季换气时应加以控制，防止气流过大，避免进气口的冷空气直接吹到猪身上；此外，入冬前应注意关闭门窗，堵塞漏洞，设置挡风障。

5．充分利用太阳辐射　太阳辐射可通过玻璃和透明塑料将热量传至舍内，提高舍温。故冬季应注意保持玻璃的清洁，增加辐射热量。

二、防暑降温

小猪怕冷，大猪怕热。高温影响猪的健康，降低猪的生产性能。因此，应搞好猪舍的隔热设计，并注意采取遮阳、绿化、通风、喷淋等措施，以防暑降温。

（一）猪舍的隔热防暑设计　保温是阻止热量由舍内向舍外散失，隔热是阻止舍外热量传到舍内。其隔热性能的强弱取决于所用建筑材料的热阻值和蓄热性能，热阻值高、蓄热能力强的外围护结构，传入舍内的热量少，外围护结构内表面温度低，可减轻内表面对猪的热辐射。所以，应选择合适的外围护结构材料和结构，保证达到理想的隔热效果。

屋顶面积大，夏季直接接受强烈的太阳辐射，易将辐射热传到舍内。为了提高屋顶的隔热性能，以防暑为主的地区可采用通风屋顶。即将屋顶建成两层，层间的空气晒热变轻，从排气口排出，冷空气由进气口流进，从而减少传至屋顶底层的热量。浅色和光亮表面的反射能力比深色、粗糙面强得多，故猪舍屋顶和阳面墙采用浅色光平外表面。

(二)遮阳　为了降低猪周围环境的温度，可利用一定的设施遮断太阳辐射。窗户上可加一水平板以遮挡由窗口上方来的阳光；对于设有运动场的猪舍或日光温室猪舍，在夏季应设置凉棚或种植藤蔓植物遮阳。

(三)绿化　绿化除具有净化空气，防风，改善小气候状况，美化环境等作用外，还具有缓和太阳辐射，降低环境温度的重要意义。树林的树叶面积是树林种植面积的 75 倍，草地上草叶面积是草地面积的 25～35 倍，这些比绿化面积大几十倍的叶面积通过蒸腾作用和光合作用，大量吸收太阳辐射热，从而可显著降低空气温度；茂盛的树木能挡住 50%～90%的太阳辐射热，草地上的草可遮挡 80%的阳光，故可使建筑物和地表面温度降低，绿化了的地面比未绿化地面的辐射热低 4～15 倍；通过植物根部所保持的水分，也可从地面吸收大量热能而降温。因此，应加强猪场及周围地区的植树种草，以降低环境温度。

(四)通风　通风是猪舍防暑降温措施的重要组成部分。在夏季，当舍内气温高于舍外时，通风可以将舍内的热量带出舍外；通风还可以加大舍内气流的速度，经过猪体时，带走散发的热量，同时可促进猪体蒸发散热。有关猪舍的通风将在通风换气一章专门介绍，在此仅就与通风有关的地形，猪舍朝向，建筑物布局，猪舍内结构，通风口位置设置等与猪舍降温有关的特殊问题加以介绍。

1. 地形　地形与气流活动关系密切，与寒冷地区相反，在炎热地区场址一定要选在开阔、通风良好的地方，切忌选在背风、窝风的场所。

2. 猪舍朝向　猪舍朝向对通风降温有一定影响。在炎热地区除考虑减少太阳辐射和防暴风雨外，必须同时考虑夏季主风向。

3. 猪场建筑物布局　猪场建筑物布局和猪舍间距除考虑防疫、采光等外，还应注意考虑通风，布局应合理，间距不可过小，一般不低于 10 m。

4. 猪舍内结构　为了有利于通风，猪舍内不宜设隔山墙，各圈间隔墙，尤其是圈舍与通道间的隔墙最好用铁栅栏代替。

5. 通风口位置　为加大舍内气流速度，保证气流均匀并能通过猪体周围，应合理安排通风口位置。

进风口应设在正压区内，排气口设在负压区内，以保证猪舍有穿堂风。

进风口应均匀布置，以保证舍内通风均匀，使各处的猪都能得到凉爽的气流。如果进风口分布不匀，则气流方向偏向进风口密的一侧。但为使气流经下部猪只四周通过，可设地脚窗通风。

排气口较大、位置正对气流方向时，气流通畅，流速较大，否则流速减缓。

6. 猪舍跨度　猪舍跨度也影响通风效果。跨度小的猪舍通风路线短而直，气流顺畅；跨度超过 10 m，通风效果变差，较难形成穿堂风。

（五）蒸发降温　在高温环境中猪主要依靠蒸发散热，当环境温度等于或高于猪皮温时，机体就只能靠蒸发散热来维持体热平衡。因此，直接对猪体进行喷淋，可有效缓解猪的热应激。同时，地面洒水，屋顶喷淋，舍内喷雾等均可起到降低环境温度的目的。

1. 猪体蒸发降温　是用滴水器、喷淋器和气雾器将猪体弄湿，由于水温低于猪的体温，通过传导对流可加速体热排出；猪体表水的蒸发吸热也可促进体热的排出。实际生产中将滴水器、气雾器或喷淋器安装在塑料管或胶皮管上，经滴水器流出的水像雨滴一样，滴水量为每小时 2～3 L，通常用于单圈饲养的母猪；气雾器可发生雾状小水滴，每小时出水量 20 L；喷淋器发生的水滴较雾状水滴出水量大为断奶猪每小时每头 65 mL，生长育肥猪每小时每头 300 mL，气雾器和喷淋器一般用于大群饲养的猪。对生长育肥猪最好用喷淋器而不用气雾器，因喷淋器产生的水滴较大，不但能弄湿被毛，而且会穿过被毛到达皮肤，有利于猪体蒸发散热；而气雾器只能喷湿被毛，不易润湿皮肤，散热效果差，并且还会使舍内空气湿度增高，减少猪体蒸发散热。

喷淋器和滴水器的运行应间断而频繁。皮肤上的水要经 1 h 才会蒸发干净，所以，持续运转只会徒然增加耗水量和耗电量，而并不增强降温效果，一般每隔 45 min 连续喷淋 2 min，实体地面的喷淋时间短于漏缝地板。

喷淋自动控制的方法通常是在猪体高度处设置温度传感器，并将传感器与热敏开关和定时器相连，并以此控制一个螺旋阀门以开启水管，或控制一台水泵。如采用电子装置更加灵敏简洁。但应注意水管中安装滤网以防止喷水嘴被杂物堵塞，水压不可过高或过低。

生产中应注意水嘴的安装位置，避免把地面弄湿而猪体却没有被弄湿。对于群养猪采用喷淋装置，成本较低廉，控制也较简便，但若有可能，应将喷嘴置于漏缝地板的排粪区上方，并保证水滴的分布呈圆锥形，大水滴直接落在猪的身体上，避免水滴发生漂移；对于限位栏饲养的妊娠母猪，一般采用滴水器，其位置应使水滴滴在母猪的颈肩部，因该处血管丰富，有利于散热；对于产床上的带仔母猪，滴水口不易过高，一般是在产仔栏上方 30 cm 处，母猪既够不到滴水口，而滴水口滴出的水又不会溅到仔猪身上，粪沟位于臀部处分娩舍，最好将水滴在母猪的臀部，虽然滴在臀部的散热效果不如滴在颈部，但这样可使溅出的水只弄湿产仔栏的后部。另外，仔猪满10日龄后再开始给母猪滴水，以防对仔猪产生过多的不利影响。

2. 环境蒸发降温

(1)地面洒水。是传统的降温办法，有一定效果，但费水、费力，并且易使地面潮湿和舍内湿度升高。

(2)屋顶喷淋。是利用水的蒸发吸热原理，降低屋面温度，减弱辐射热向舍内传递。该法废水太多，不如屋顶采用隔热材料，一劳永逸。

(3)舍内喷雾。是通过喷雾时雾滴在空气中汽化而达到降温目的(一般可降低舍温1～3℃)，但同时也增加舍内湿度，故降温的效果很可能被湿度的增加所抵消，因而该法仅适用于干热地区。

(4)蒸发垫(湿帘)。它是在机械通风的进风口处设一不断加水的湿帘，空气经过湿帘时由于水分的蒸发而使空气温度降低，低温空气进入猪舍而达到降温的目的，但同时也提高舍内空气湿度，故该法也仅适用于干热地区。

三、通风换气

猪舍的通风换气是猪舍环境控制的一个重要手段。其目的主要有两个：一是在气温高的情况下，加大气流速度，使猪感到凉爽，以缓和高温对猪的不良影响；二是在猪舍密闭的情况下引进舍外的新鲜空气，排出舍内的污浊空气，改善猪舍的空气环境。可见，通风与换气在含义上应有所区别，前者以降温为主要目的叫通风，后者以换气为主要目的叫换气，但习惯上一般统称通风换气。

有关夏季通风问题已在防暑降温部分阐述，本部分着重介绍猪舍的冬季换气问题和猪舍通风换气系统的设计及使用原则等。

(一)冬季猪舍通风换气的原则　猪舍的通风换气应遵循如下

原则：

排出舍内的微生物、灰尘以及氨、硫化氢、二氧化碳、挥发性脂肪酸、硫醇等有害气体和恶臭，使舍内空气保持新鲜；

排出过多的水汽，使舍内空气的相对湿度保持适宜的状态；

维持舍内适中的气温，不致发生剧烈变化，防止水汽在天棚等表面凝结；

气流应稳定、均匀，防止形成贼风或死角，并避免气流直接吹到猪体；

注意猪舍的保温性能，加强猪舍的防寒、防潮及卫生管理。

（二）猪舍的通风换气量　猪舍的通风换气量是指单位时间内进入猪舍的新鲜空气量或排出的污浊空气量，单位是 m^3/h，实际中常以每头或每千克体重所需通风量[$m^3/(h\cdot头)$或 $m^3/(h\cdot kg)$]来表示。通风量的大小可按舍内产生的水汽量、有毒有害气体量以及热量来计算，但测定计算比较繁琐，一般均根据通风换气参数确定通风换气量（表 9-4）。

表 9-4　各类猪的通风换气参数

猪群类别	通风量[$m^3/(h\cdot kg)$]			风速(m/s)	
	冬季	春秋季	夏季	冬季	夏季
种公猪	0.45	0.60	0.70	0.20	1.00
孕前期母猪	0.35	0.45	0.60	0.30	1.00
孕后期母猪	0.35	0.45	0.60	0.20	1.00
带仔母猪	0.35	0.45	0.60	0.15	0.40
哺乳母猪	0.35	0.45	0.60	0.15	0.40
培育仔猪	0.35	0.45	0.60	0.20	0.60
生长猪	0.45	0.55	0.65	0.30	1.00
育肥猪	0.35	0.45	0.65	0.30	1.00

引自：陈清明主编．现代养猪生产，1999。

此外，在生产中也可根据换气次数来确定通风换气量。换气次数是指在 1 h 内换入新鲜空气的体积为猪舍容积的倍数。一般规定，冬季换气应保持3～4次，不超过5次。这种表示方法比较粗略，因它未考虑猪的种类、年龄、密度以及饲养管理方式等。有时通过人的嗅觉也可粗略了解猪舍空气的污浊程度（表9-5），根据猪舍空气的卫生标准，判断换气量的大小。

表9-5 臭气强度与有害气体浓度的关系

臭气强度	0	1	2	3	4	5
嗅觉感受	无臭	勉强感到臭	感到微弱臭	感到明显臭	较强臭	强烈臭
有害气体	浓度（10^{-6}）					
氨	<0.1	0.1	0.6	2	10	4×10
硫化氢	<0.000 5	0.000 5	0.003	0.06	0.8	8
甲硫醇	<0.000 1	0.000 1	0.000 7	0.004	0.03	0.2
甲硫醚	<0.000 1	0.000 1	0.002	0.04	0.8	2
三甲氨	<0.000 1	0.000 1	0.001	0.02	0.2	3
苯乙烯	<0.03	0.03	0.2	0.8	4	2×1

（三）猪舍的自然通风　猪舍的自然通风是指不需要机械设备，而借自然界的风压或热压，产生空气流动，通过猪舍外围护结构的孔隙所形成的空气交换而言。自然通风又分为无管道自然通风系统和有管道自然通风系统两种形式。前者指不需要专门的通风管道，经开着的门窗所进行的通风换气，适用于温暖地区和寒冷地区的温暖季节。而在寒冷季节的封闭舍中，由于门窗紧闭，需靠专门的通风管道进行换气，在此着重介绍后者。

1. 通风管的构造与设置　猪舍自然通风装置有多种形式，在我国寒冷地区广泛采用流入排出式通风系统。这种通风系统由均匀分别设在纵墙上的进气管和屋顶上的排气管组成。

（1）进气管。用木板制成，断面呈正方形或矩形，尺寸为20 cm×20 cm～25 cm×25 cm，距天棚40～50 cm处，两窗之间的上方，间距2～4 m，墙外的受气口向下弯或加挡风板，以防冷空气或降水直接侵入。墙内侧的受气口上应装调节板,用以将气流挡向上方,避免冷空气直接吹到猪体,并可以调节进气口大小,以控制进气量,必要时甚至可以全关闭。进气口的总断面积一般为排气口总断面积的 70%。

(2)排气管。用木板或其他材料制成,断面呈正方形或圆形,尺寸为 50 cm×50 cm～70 cm×70 cm 或直径为 50～70 cm。要求管壁光滑、保温(要有套管,内充保温材料)。排气管沿猪舍屋脊两侧交错垂直安装在屋顶上,下端由天棚开始,上端伸出屋脊 0.5～0.7 m,顶端加风帽,防止降水落入。排气管间距 8～12 m,原则上以能设在舍内粪尿沟上方为好。管内设调节板,以控制风量,调节板设在屋脊下优于天棚处,可防止水汽在管壁凝结。排气管应有一定高度,以保证通风效果,有人建议猪舍采用 4～6 m 高的排气管。

2. 自然通风的优缺点　自然通风系统不需专门设备,不需电力,基建费低,维修费少,简单易行,如能合理设计、安装和管理,可以收到良好的效果,但也存在缺陷。

自然通风系统排出污浊空气主要靠热压,在不采暖的情况下,舍内余热有限,故只能有效用于冬季舍外气温不低于 12～14℃的地区。在寒冷地区,只在春秋季有效。

在寒冷季节,大部分垂直排气管通风系统对热能的利用不经济。因排出的主要为上部空气,而保温良好的猪舍中每立方米上部空气比同体积地面空气多含 3.8～6.3 kJ 热量。

由舍外进入的新鲜空气先到猪舍内上方,再到猪体附近,尽管有所温热,但也有所污染,同时,充分的换气发生在猪舍上部,而不在猪只活动区。

进气管由于无管道、阻力小,往往发生灌风现象,进风效果受风压影响。有时造成水汽在墙壁上凝结。

(四)猪舍的机械通风　由于自然通风受许多因素,特别是气候与天气条件的制约,不可能保证封闭舍经常的、充分的换气。因此，为了创造良好的猪舍环境，以保证猪的健康和生产力的充分发挥，在猪舍中应实行机械通风。

1. 机械通风方式　猪舍机械通风有多种方式，即负压通风、正压通风和联合通风等。

(1)负压通风(排气式通风或排风)。这种通风系统是用风机抽出舍内的污浊空气。由于舍内空气被抽出，变成空气稀薄的空间，压力相对小于舍外，新鲜空气通过进气口流入舍内，故称负压通风。

该种通风方式简单，投资少，管理费用低，因此，猪舍通风常采用负压通风。根据风机安装位置又分如下几种方式。

①屋顶排风。风机安在屋顶，抽走污浊空气，新鲜空气由侧墙风管自然进入。该种通风方式适合于温暖和较热地区及跨度 12 m 以内的猪舍，而且在停电时能自然通风。

②侧壁排风。风机装在两侧纵墙上，新鲜空气从山墙上的进气口进入，经管道均匀分送到舍内两侧。适用于跨度 20 m 以内的猪舍，特别是两侧有粪沟的双列猪舍。不适宜多风地区。

③穿堂风式排风。风机装在一侧纵墙上，新鲜空气从另一侧进入舍内，形成穿堂风。适宜跨度小于 10 m 的猪舍，若采用两山墙对流通风，通风距离不应超过 20 m，并且要求猪舍密闭性要好。不适宜多风、寒冷地区。

(2)正压通风(进气式通风或送风)。指通过风机将舍外新鲜空气强制送入舍内，使舍内压力增高，污浊空气经风口自然排走的换气方式。正压通风的优点在于可对进入的空气进行加热、冷却以及过滤等处理，从而有利于保证猪舍的适宜温度和清洁的空气环境。适宜炎热地区。但正压通风方式比较复杂，造价高，管理费用大。根据风机安装位置又分如下几种方式。

①侧壁送风。又分一侧送风及两侧送风。前者为穿堂风形式，适宜炎热地区，跨度小于 10 m 的猪舍。两侧送风适宜大跨度

猪舍。

②屋顶送风。形式有多种,其特点是由屋顶安置的风机送风,由两侧壁风口出气。适用于多风地区。

③分散竖管送风方式。风机分散,设备投资大、管理麻烦。

④屋顶水平管道送风。是一种安装在山墙上的风机先将空气送入水平铺设在屋顶下的透明塑料管(离天棚约 30 cm),然后通过塑料管的等距圆孔分送到舍内。这种送风系统只要在进风口附加设备,就可进行空气预热、冷却及过滤处理。猪舍跨度在 9 m 以内时设一条风管,超过 9 m 时设两条。这种通风系统因通风距离长,故需压力较大的风机;对进气口及排气口的面积及位置,必须事先进行详细的计算和周密的设计,才能获得较好的通风效果。这种通风系统适用于多风或极冷极热地区。

(3)联合通风。是一种采用机械送风和机械排风相结合的方式。大型封闭舍,尤其是无窗猪舍,单靠机械排风或机械送风往往达不到应有的换气效果,故需采用联合式机械通风。根据风机安装位置又分如下两种方式。

第一种是送风机安装在猪舍纵墙较低处,将舍外新鲜空气送到猪舍下部;排风机安装在屋顶处,将舍内污浊空气抽走。该种方式有助于通风降温,适宜温暖和较热地区。

第二种是送风机安装在屋顶处,将舍外新鲜空气送到猪舍;排风机安装在猪舍纵墙较低处,将舍内下部污浊空气抽走。该种方式既可避免在寒冷季节冷空气直接吹向猪体,也便于预热、冷却和过滤空气,对寒冷地区和炎热地区都适用。

2. 机械通风的调节　为了调节风量、风速和气流的均匀分布,以保证猪舍适宜环境的建立,可在风机上安装热敏元件,通过感应舍内温度变化而启动或关闭风机;也可采用时间继电器,按规定的时间间距定时启动或关闭风机;另外可在进气口外侧安装可调节的百叶窗,里侧安装调节气流方向的调节板。

四、采光与照明

光照是影响猪舍环境的重要因素，不仅影响猪的健康与生产力，也影响管理人员的工作条件。为使舍内得到适宜的光照，通常采用自然采光与人工照明来实现。

开放式或半开放式猪舍的墙壁有很大的开露部分，主要靠自然采光，封闭式有窗猪舍也主要靠自然采光，封闭式无窗猪舍则完全靠人工照明。

（一）自然采光　自然采光就是用太阳的直射光或散射光通过猪舍的开露部分或窗户进入舍内以达到照明的目的。自然采光的效果受猪舍方位、舍外情况、窗户大小、入射角与透光角大小、玻璃清洁度、舍内墙面反光率等多种因素影响。

1. 猪舍方位　猪舍的方位直接影响猪舍的自然采光及防寒防暑，应根据各地区情况周密考虑。

2. 舍外情况　猪舍附近如果有高大建筑物或大树，就会遮挡太阳的直射光和散射光，影响舍内照度。因此，要求其他建筑物与猪舍的距离，不应小于建筑物本身高度的 2 倍。猪场内植树应选用主干高大的落叶乔木，并要妥善确定位置，尽量减少遮光。

3. 窗户大小　封闭舍的采光取决于窗户大小，窗户面积越大，进入舍内的光线越多。但是，采光面积不仅与冬天保温与夏天防辐射热相矛盾，还与夏季通风密切相关，所以，应综合各方面因素合理确定采光面积。生产中常用采光系数衡量与设计猪舍的采光。采光系数是指窗户的有效采光面积与猪舍地面面积之比。种猪舍一般 1∶(10～12)，肥猪舍 1∶(12～15)。缩小窗与窗之间的间壁宽度有助于舍内光照分布均匀。

4. 入射角大小　入射角是猪舍地面中央的一点到窗户上缘所引的直线与地面水平线之间的夹角。入射角越大，越有利于采光，为保证猪舍得到适宜的光照，入射角一般不应小于 25°。

从防暑和防寒方面考虑，我国大多数地区夏季不应有直射阳光进入舍内，冬季则希望能照射到猪床上。这些要求可以通过合理设计窗户上缘和屋檩的高度来实现。当窗户上缘外侧(或屋檩)与窗台内侧所引的直线同地面水平线之间的夹角小于当地夏至的太阳高度角时，就可防止夏季的直射阳光进入舍内；当猪床后缘与窗户上缘所引的直线同地面水平线之间的夹角等于当地冬至的太阳高度角时，就可使太阳光在冬至前后直射在猪床上。太阳高度角可用下式求得：

$$h=90°-\Psi+\delta$$

式中：h 为太阳高度角；Ψ 为当地纬度；δ 为赤纬(夏至时为 23°27′，冬至时为 23°27′，春分和秋分时为 0°)。

5. 透光角大小　透光角是猪舍地面中央一点向窗户上缘和下缘引出两条直线所形成的交角。透光角越大，越有利于光线进入。为了保证舍内的适宜光照强度，透光角一般不应小于 5°。因此，从采光效果看，立式窗户比水平式的好，但立式窗户不利于冬季保温，所以，寒冷地区常在猪舍南墙上设立式窗，在北墙上设水平式窗。

6. 玻璃清洁度　一般玻璃可以阻止大部分的紫外线，脏污的玻璃可以阻止 15%～50%的可见光，结冰的玻璃可以阻止 80%的可见光。

7. 舍内墙面反光率　舍内物体的反光情况，对进入舍内的光线也有很大的影响。反光率低时，光线大部分被吸收，舍内就比较暗；反射率高时，光线大部分被反射出来，舍内就比较明亮。据测定，白色喷浆墙面的反射率为 85%，黄色为 40%，灰色为 35%，深色为 20%，砖墙为 40%。

(二)人工照明　人工照明仅应用于密闭式无窗猪舍(表9-6)。

表 9-6 不同发育阶段猪的适应光照

发育阶段	光照时间(h)	光照强度(lx)
仔猪(初生至 4 月龄)	18	50～100
生长育肥猪	<10	40～50
后备猪	>12	60～100
繁殖母猪	12～17	60～100
种公猪	8～10	100～150

第五节 粪尿的处理和利用

一、猪场污水排放要求

畜禽粪便污染已引起了国家环保部门的高度重视,国家环保总局已将规模化禽畜养殖场纳入废水限期达标排放的范围。但是,规模化禽畜养殖场的废水达标排放,至今仍然没有合适的标准可作依据。国外如欧盟国家、日本等早已制定有畜禽养殖行业废水排放标准,国内的上海、广州、台湾等地区也分别制定了畜禽养殖行业废水排放标准。至今我国还没有制定国家级的禽畜养殖行业污水排放标准,规模化猪场污水排放只能执行《污水综合排放际准》(GB8978—1996),这标准对规模化猪场来说,有一定的难度。因此,应尽快制定适合我国国情的禽畜养殖业标准。表 9-7 列出了国内外禽畜养殖业污水的排放标准,可供参考。

表 9-7 国内外有关禽畜养殖业污水排放标准

项目	中国 8978-1996*	中国台湾	日本	欧盟
pH	6.0～9.0	6.0～9.0	5.8～8.6	
BOD_5	≤60(1997-12-31 前)	≤100(a**)	≤160(日平均)	≤30
(mg/L)	≤30(19980-01-01 后)	≤80(b**)		

续表 9-7

项目	中国 8978-1996*	中国台湾	日本	欧盟
COD_{cr}	≤150(1997-12-31 前)	≤400(a)	≤400(日平均 300)	≤150
(mg/L)	≤150(1998-01-01 后)	≤250(b)		
SS	≤200(1997-12-31 前)	≤200(a)	≤200(日平均 150)	≤200
(mg/L)	≤150(1998-01-01 后)	≤150(b)		
TKN				
(mg/L)				
NH_4-N	≤25(1997-12-31 前)	≤20(a)		
(mg/L)	≤25(1998-01-01 后)	≤10(b)		
NO_3-N		≤100(a)		
(mg/L)		≤50(b)		
TP			≤(日平均 8)	
(mg/L)				

二、粪尿的收集与分离

规模化猪场集约化程度较高，规模大，每日产生大量的粪尿。为了保持栏内卫生，改善环境条件，必须即时将粪尿清理出猪舍。

（一）粪尿清除与收集　目前规模化猪场粪尿清除与收集有机械（人工）清除和水冲清除两种方式。

1. 机械（人工）清除　当粪便与垫料混合或粪便与尿液污水分离时，常采用这种方式。为使猪粪与尿液及生产污水分离，通常在猪舍中设置污水排出系统。液形物经排水系统流入粪水储存池储存，而固形物则借助人或机械清除运载工具集中堆放在集粪区，然后出售或送至农田作肥料。排水系统一般由排尿沟、降口、地下排除管及粪水池组成。为了便于尿水顺利流走，猪舍地面应向排尿沟倾斜。

2. 水冲清除　这种方式多在不使用垫草，采用漏缝地板时应用。漏缝地板是快速清粪的最好办法，良好的漏缝地板能使猪粪很快漏到地板下面的集粪区或粪池。漏缝地板具有省工时、效率高的优点。缺点是：漏缝地板下不便消毒，不利于防止疾病在舍内传播；土建工程相对较复杂；投资大，耗水多，粪水储存、管理、处理工艺复杂；粪水的处理、利用困难；易于造成环境污染。此外，采用漏缝地板、水冲清粪易导致舍内空气湿度升高，地面卫生状况恶化，有时出现恶臭、冷风倒灌现象，甚至造成各舍之间空气串通。

对漏缝地板的要求是耐腐蚀，不变形，表面平，不滑，导热性好，坚固耐用，漏粪效果好，易于冲洗，适合各种日龄猪的行走站立，不卡猪蹄。板条和缝隙宽度的变动尺寸推荐值列于表 9-8。

表 9-8 板条和缝隙宽度的推荐值

猪的类型	猪体重(kg)	最大板条宽度(mm)	缝隙宽度(mm)
泌乳母猪	180	100[a]	9.5(仔猪栏内)
培育前期仔猪	5.5～13.5	50[a]	9.5
培育期仔猪	13.5～34	50～100[a]	25
生长期	34～68	150	25
育肥期	68～100	150～200	25
种猪	145～180		
在圈内		150～200	25
在栏内		100	25

a. 仔猪用漏缝地板总的缝隙面积应较大，板条应光滑而无孔隙，如纺织金属网。

钢筋混凝土板块、板条，其规格可根据猪栏及粪沟设计而定。漏缝断面呈梯形，上宽下窄，便于漏粪。

金属编织地板网，由直径 5 mm 的冷拔圆钢织成 10 mm×40 mm、10 mm×50 mm 的缝隙网片与角钢、扁钢焊合，再经防腐处理而成。这种漏缝地板网具有漏粪效果好，易于冲洗，栏内清洁、干燥，猪只行走不打滑、使用效果好的优点，适宜于分娩母猪和保育猪使用。

塑料漏缝地板，由工程塑料模压而成，可将小块连接成组合大面积，具有易于冲洗消毒、保温好、防腐蚀、防滑、坚固耐用、漏粪效果好等特点，适用于分娩母猪和保育仔猪栏。

漏缝地板下的粪尿再用水冲洗清除，如果设计合理，操作得法，冲洗系统能清走粪沟中绝大部分粪便，减少猪舍中的有害气体和臭味。常用冲洗系统有水箱——粪沟冲洗式、重力引流式和粪沟再注式等。水冲清粪由于耗水量多，粪水储存量大，处理困难，生产中为了节约用水，可采取循环利用的办法。不过，冲洗水循环利用要注意防止疫病的交叉感染。

（二）粪尿分离　如采用水冲式粪尿清除收集系统，为了便于猪粪堆肥利用，必须用固液分离机对猪粪尿水进行固液分离。猪粪尿水的固液分离机有多种，其中应用最多的有倾斜筛式固液分离机、振动式固液分离机、回转滚筒式和压榨式固液分离机等。

1. 倾斜筛式固液分离机　是将集粪池中的粪尿水通过水泵抽送至倾斜筛网的上端，粪尿水沿筛面下流，液体通过筛孔流到筛板背面集液槽而流入贮粪池，固形物则沿筛面下滑到水泥地面上，定期人工运走。这种分离机结构简单，但获得的固形物含水率较高，在80%以上。

2. 压榨式固液分离机　固形物下落时，再通过压榨机压榨，所获得的固形物含水率较低，一般在65%～70%。

3. 螺旋回转滚筒式固液分离机　由集粪池抽出的粪尿水从滚筒一端加入，粪尿通过滚筒时，液体通过滚筒的筛网流入集液槽而流入集粪池，固形物则由于滚筒的回转及滚筒内螺旋的驱动而从滚筒的另一端排出。这种分离机结构也比较简单，运转中耗能不多，固形物含水率在65%～70%，但效率低。

4. 平面振动筛式固液分离机　由集粪池抽出的粪尿水置于平面振动筛内，通过机械振动，液体通过筛孔流入集粪池，固形物则留在筛面上，倒入贮粪槽内。分离出的固形物含水率较高，筛孔容易堵塞。

三、粪尿污水处理与利用

猪场粪尿污水的处理方法有物理法，如过滤、沉淀等；化学法，如混凝、沉淀、化学消毒等；物理化学法，如吸附、气浮、反渗透等。使用最多的还是生物处理法，此法是利用微生物的代谢作用分解污水中的有机物。根据微生物在呼吸作用中的需氧情况，生物处理法可分为好氧处理和厌氧处理两大类。

（一）厌氧处理　厌氧处理也称甲烷发酵，是利用兼性微生物和厌氧微生物的代谢作用，在无需提供氧气的情况下，把复杂有机物转化为生物气（沼气）、水和少量的细胞物质，沼气的主要成分为1/3的二氧化碳和2/3的甲烷。

厌氧过程是在缺乏分子态氧的环境条件下进行的。厌氧菌无细胞色素，不能利用分子态氧作为最终受氢体，这种情况不同于好氧呼吸。当利用分子态氧以外的无机氧化物如NO_3、SO_4、CO_2等分子作为最终受氢体的生物氧化作用过程，叫做厌氧呼吸，也称为发酵。

总的生化反应为：有机物→CH_4＋CO_2＋细胞＋代谢产物。

有机物进行厌氧发酵时，主要经历3个阶段：液化阶段、产氢产乙酸阶段和产甲烷阶段。

液化阶段：是在水解和发酵细菌的作用下，使复杂的有机物得到水解和发酵转化为脂肪酸、醇类、氢和二氧化碳。

产氢产乙酸阶段：通过各种同型乙酸细菌把水解产生的分子量较小的有机酸和脂肪酸、醛类和氨基酸、醇类等转变成乙酸和氢。

产甲烷阶段：通过产甲烷菌的作用，把乙酸、氢/二氧化碳和甲酸、甲醇等转变成甲烷和二氧化碳。

与好氧处理相比，厌氧生物处理具有下述优点：能耗低，容积负荷较高，装置容积小、占地少；采用密闭发酵，有利于改善猪场环境，同时由于厌氧发酵的固体滞留期(SRT)较长，厌氧处理后可以去除粪液中 90%以上的致病菌和寄生虫卵，有利于保护环境和人体健康；特别适合于猪粪尿这种高悬浮固体浓度的原料，在运行中一般不会发生管孔堵塞等等问题；污泥量少，且污泥稳定。

已建成的猪场废水厌氧处理工艺有完全混合式厌氧处理反应器、厌氧接触反应器、折流式厌氧反应器及上流式厌氧污泥床(UASB)等。

1. 完全混合式厌氧处理工艺　猪场粪尿污水厌氧处理工程多数采用这种工艺，池子为地面立式圆柱形池或半地下矩形池，用泵进出料，设有机械搅拌或者气搅拌、水力搅拌。采用废热来加热料液，常采用中温(30～35℃)或近中温(28～32℃)发酵。进料后立即进行搅拌，每 5～10 h 搅拌 1 次，使厌氧微生物与料液充分地进行混合。

完全混合式厌氧处理系统由以下几部分组成。

(1)预处理设备。由于猪粪尿中含有大量的纤维、饲草及石、砂等杂物，所以在用泵进料到厌氧池前进行预处理是必不可少的。从规模化猪场排出的粪污量大，固形物(TS)浓度较高，一般为 3%，为了使料液中的杂质不致于堵塞进料泵和进出料管道，所以首要的措施是进行固液分离。

目前比较有效的分离设备有斜板筛、螺旋挤压式固液分离机等。特别是后者，它可以把分离的杂质中的水分挤干，通过堆肥直接加工成肥料，再添加必要的氮、磷和钾元素，制成颗粒肥，便于储存和运输。分离出来的液体进完全混合式厌氧池或进高效厌氧消化器发酵产气。

(2)消化池。完全混合式的厌氧消化池主要用于高含悬浮物的物料处理，如粪水、污泥等。此种池子从农村地下水压式沼气池改进而成，适合处理较为粗糙的原料，猪场沼气工程多数采用这种池形。消化池设有搅拌系统，可使料液和沼气微生物充分混合，加强发酵等生化作用，避免料液短路——进料未经发酵产气就排出池外。池子立于地面，设有保温层和进料的预热系统，两者协同作用，为中温发酵工艺创造了良好的温度条件。猪场地处城市郊区和边远山区，缺乏燃料，为减轻职工的劳动强度、处理污染和废物利用，建造沼气工程来集中供气解决职工的生活问题，一般采用的中温发酵工艺，温度的恒定可产生定量的沼气，有利于沼气的定时定量输送。用泵进出料和排放污泥机械化的运作方便了操作，大大减轻了工人的劳动强度，也保证了进出料的稳定和固体停留时间(SRT)，有利于微生物的生长繁殖。

(3)搅拌器。由于完全混合式厌氧消化池采用含水率较高的原料，原料在池中往往存在分层现象，进料中的营养不能与发酵池底部的微生物充分混合，这一方面会造成新鲜料液短路，另一方面，微生物没有充足的营养维持个体的增长和繁殖，使消化速率逐步降低。搅拌系统在完全混合式厌氧消化池中是必不可少的。猪场沼气系统采用的搅拌系统，大致分成 3 种，即机械搅拌、水力搅拌和气搅拌。

(4)后沉池。经过厌氧发酵的料液从厌氧消化池排出，需要在沉淀池中沉淀 1～2 h，使污泥和液体分离，沼气逸出，目前有许多厌氧沼气工程为了保证有足够量的发酵菌种，采用了把沉淀污泥泵回到厌氧池的接触工艺，取得了很好的效果。

(5)输配气系统。由于厌氧消化池产气是连续的，而生产、家庭煮饭用气往往集中在一段时间，所以必须有贮气设备。猪场沼气工程一般用沼气池气箱部分贮气或用湿式贮气柜贮气。厌氧消化池产生的沼气含有硫化氢，燃烧之前还必须进行脱水、脱硫处理。

2. 折流式厌氧处理工艺　猪场废水处理的难度很大，一是排水量大；二是固液混杂，有机物浓度高；三是生猪养殖业受市场影响波动太大。所以投资少、运行成本低、管理方便、处理效果好的装置和配套的发酵工艺是猪场真心欢迎的。废水处理和资源回收相结合，既消除污染，又化害为利，促进经济发展。

(1)工艺特点。厌氧发酵工艺采用多池组合，常温发酵，冬季可利用地温保持均衡发酵，水力滞留期3～4天。采用斗墙折流布水，废水在池内通过斗墙横向均布，流向呈“W”上下折流。每池3～4级，后两级布有软性填料，从而达到理想的布水和截留污泥的目的，能承受较大冲击负荷，并使废水能与污泥充分接触。废水处理的全过程均利用猪场的自然地形，利用高差进行进出料，不用动力。固液分离用编织塑料滤网，干粪渣人工清理，废水自流进入沼气池，发酵后自流进入氧化塘。

(2)结构。厌氧发酵池采用拱形钢筋混凝土结构，上下为两圆弧拱组成，单池为200～350 m^3，4～5个池并列组成一个整体工程。整个发酵池为地埋式，采用砖砌斗墙布水。

(3)贮气装置。贮气装置采用钢丝网水泥制作，钢筋混凝土做水封池。贮气柜分大小两个，大的贮气供发电，小的供生产用气。镀锌钢管输气。

(4)处理效果。发酵池为常温发酵，所以全年池容产气率大于0.3 $m^3/(m^3 \cdot 日)$，废水用泵输送到果园作肥料和灌溉用水，果树成林后，废水全部利用。废水也可经污泥沉淀池进入氧化塘进一步自然处理，达标排放。测试BOD_5去除率为88%、COD_{cr}去除率为87%、悬浮物去除率为98%、NH_3去除率为83%，出水均低于国家污水综合排放二级标准。

此工艺是从猪场实际出发，因地制宜，建造成本低，建设期短，当年投产，污水处理效果好，成为猪场、沼气工程、园艺场三结合的开发模式，经济效益十分显著。

3. 上流式污泥床(UASB)工艺　这项工艺是荷兰农业大学在1974—1978年研制的。目前已有很多座生产规模装置在运行。

(1)工作原理。上流式厌氧污泥床(UASB)的结构如图9-2所示。反应器的底部有浓度很高的具有良好沉淀和凝聚性能的污泥，称污泥床。要处理的污水从反应器的底部进入污泥床，并与污泥床内的污泥混合。污泥中的微生物分解污水中的有机物，将其转化成沼气。沼气以微小气泡形式不断放出；微小气泡在上升过程中，不断合并，逐渐形成较大的气泡，在反应器本身所产的沼气的搅动下，反应器上部的污泥处于悬浮状态，形成一个浓度较稀薄的污泥悬浮层。

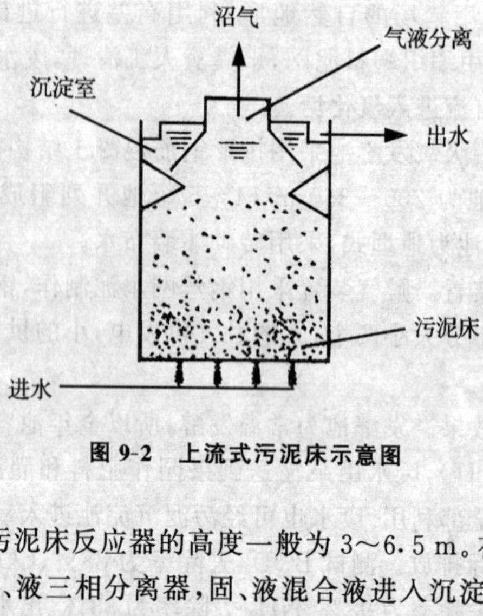

图 9-2 上流式污泥床示意图

上流式污泥床反应器的高度一般为 3～6.5 m。在反应器的上部设有固、气、液三相分离器，固、液混合液进入沉淀区后，污水中的污泥发生絮凝，颗粒逐渐增大，并在重力作用下沉降。沉淀至斜壁上的污泥沿着斜壁滑回厌氧反应区内，使厌氧反应区积累起大量的污泥。分离出污泥后的处理水从沉淀区溢流，然后排出。在反应区内产生的沼气气泡上升，碰到反射板时折向反射板的四周，然后穿过水层进入气室，集中在气室的沼气，用管道导出。

(2)工艺的基本特点。多年的厌氧发酵实践表明，要使设备具有较大的处理能力，就必须使单位容积内具有高的污泥浓度。污泥床反应器正是具备了这个特点。它与其他反应器不同之处在于：①反应器中污泥的循环和机械搅拌一般维持在最低的限度，甚至完全取消；②反应器的上部设置有一个气、液、固分离系统，液相所携带的污泥可自动返回到设备内。

(3)污泥床反应器的结构特点。①具有能使水、固、气很好分离的三相分离器，污泥与液体的分离是基于污泥絮凝、沉淀和过滤作用；②在反应器的底平面上部设布水系统，布水系统有许多布水点。布水点均匀分布在池底上，这些布水点设在不同的高度上。从水泵来的水通过配水系统流进布水管，从管口流出。

配水设备为多个布水槽，多个布水槽内设一根多孔布水管，为了使布水均匀，采取两项措施：一是多孔管上仅布置水量比较大的孔眼，间隙可采用 50～70 cm，孔径采用 20～25 mm；二是采用脉冲进水，加大瞬时流量，使各孔眼的过水量较为均匀。

(4)脉冲进水可以采取两种设备。一种是用时间控制器控制进水泵的启、停；另一种是设置脉冲投配箱，废水先抽升(可以连续抽升，多余的水溢流)，脉冲投配箱用时间控制器定期将从投配箱送进多孔管。经验表明，采用这种方式，可以使反应器面积上的布水均匀度达到 95%。

杭州市西子养殖场沼气示范工程采用了上流式污泥床厌氧罐，猪场每日排放的猪粪和冲洗污水由刮粪机收集流入调节池，由搅拌机混合均匀，酸化 24 h，以提高厌氧消化系统的效率。然后将酸化后的猪粪污水进行固液分离，每日分离残渣 2.8 t，外运作为肥料或鱼饲料。经固液分离的粪液流入计量池，冬季用蒸汽加热，泵入 500 m^3 的 UASB，采用 20～30℃近中温发酵，水力停留时间(HRT)为 5 天。厌氧出水进入气浮池进行泥水分离，厌氧污泥回流入计量池，再回入 UASB，使保持足够的菌种。上清液进入好氧处理系统，进一步去除 COD_{cr}、BOD_5，再经生物净化，达到排放标准。

(二)好氧处理　猪粪废水经过厌氧处理,虽然降解了大部分有机污染物,但是出水污染物浓度仍然很高,还必须经过好氧处理才能满足排放要求。好氧生物处理是在有氧的条件下,借助好氧微生物和兼氧微生物的代谢作用处理污水。在处理过程中,污水中的微生物通过自身的生命活动——氧化、还原、合成等过程,把吸收的一部分有机物氧化分解为简单的无机物,如 H_2O、CO_2、NH_3 等,并释放大量的能量;而把另一部分有机物代谢合成新的细胞物质(原生质),从而微生物不断生长、繁殖,产生更多的微生物(也就是污水处理中形成的剩余污泥)。好氧处理主要有氧化沟法、活性污泥法、SBR 法、生物转盘和接触氧化法等。

1. 氧化沟　氧化沟为长圆形,池内安装搅拌器(转刷或转碟),其中轴安装的位置略高于氧化沟的液面,搅拌器不断旋转,可使固体粪便加速分散,使分离的粒子悬浮于池液中,同时向池液供氧,并使池内的混合液沿池壁循环流动,使氧化沟内有机物充分利用好氧微生物分解,畜舍内无不良气味。搅拌器转速快则供氧多,一般以每分钟 80～100 r 为宜。

2. 活性污泥法　活性污泥法是指在污水中加入活性污泥,经混合曝气,使污水中有机物被活性污泥吸附和氧化的一种污水处理方法。如果向猪粪尿污水中不断通入空气,维持水中足够溶解氧,经过一段时间后,水中就会生成一种絮凝体,这种絮凝体就是“活性污泥”。活性污泥含有大量微生物,主要是细菌,许多细菌及其分泌的胶体物质(主要是多糖)和有机及无机悬浮物黏附在一起,形成“菌胶团”,菌胶团是活性污泥的核心,它具有很强的吸附和氧化分解有机物的能力,而又不被原生动物所吞噬,且易于沉淀。活性污泥法的主要构筑物是曝气池和二次沉淀池。

污水和回流污泥同时进入曝气池,沿曝气池通入压缩空气,使污水与活性污泥充分接触,并供给混合液以足够的溶解氧。在好氧状态下,污水中的有机物被活性污泥中的微生物氧化分解而达到稳定，然后混合液流入二次沉淀池进行泥水分离，澄清水溢流排放，沉淀下来的污泥，一部分作为菌种回流到曝气池，以维持曝气池中所需的污泥浓度，增长的污泥作为剩余污泥从系统中排出。

活性污泥正常运行的必要条件是具有性能良好的活性污泥和充足的氧气供应。良好的活性污泥具有颗粒松散，易于吸附氧化有机物的能力，以及在澄清时有良好的凝聚和沉降性能。供应的氧气应满足微生物分解有机物和维持其生命活动的需要，并使活性污泥保持悬浮状态，以便与污水中的有机物充分接触。供氧方式一般采用鼓风曝气和机械曝气，鼓风曝气法是用鼓风机供应空气；机械曝气一般是利用装设在曝气池表面的曝气叶轮转动，剧烈翻动水面，使空气中的氧溶于水中。

3. SBR 法　SBR(sequencing batch reactor)法，也称为间歇式活性污泥法或序批式活性污泥法。其去除污染物的机理与传统活性污泥法完全一致，只是运行方式不同。传统活性污泥法采用连续运行方式，污水连续进入处理系统并连续排出，系统内每一单元的功能不变，污水依次流过各单元，从而完成处理过程。SBR 工艺采用间歇运行方式，污水间歇进入处理系统并间歇排出。系统内只设一个处理单元，该处理单元在不同时间发挥不同作用，污水进入该单元后按顺序进行不同的处理，最后完成总的处理被排出。一般来说，SBR 的一个运行周期包括 5 个阶段。阶段Ⅰ为进水期，污水在该时段内连续进入处理池内，直至达到最高运行液位；阶段Ⅱ为曝气期，在该期内既不进水也不排水，但开启曝气系统为反应池曝气，使污染物质进行生化分解；阶段Ⅲ为沉淀期，在该时段内不进水或排水，也不曝气，反应池处于静沉状态，进行高效泥水分离；阶段Ⅳ为排水期，在该期内将分离出的上清液连续排出；阶段Ⅴ为空载排泥期，将剩余污泥排出反应池，运行单元在该时段可闲置一段时间。通过改变运行程序，在去除有机物的同时，可以实现脱氮除磷。

用SBR工艺处理猪场污水，进水COD_{cr} 1 169～2 207 mg/L，BOD_5 567～11 53 mg/L，SS 705～750 mg/L；出水COD_{cr} 396～748 mg/L，BOD_5 50.5～228 mg/L，SS 20～26 mg/L。COD_{cr}、BOD_5、SS去除率分别为51.2%～81.5%、72.4%～95.7%、96.3%～97.3%。SBR对NH_4-N具有相当好的去除效果，在高NH_4-N进水浓度（283～409 mg/L）情况下，出水能达到很低浓度（0.68～11.5 mg/L），去除率达97.2%～99.8%。

由于SBR工艺在去除有机污染物的同时，又能脱氮除磷，在猪粪水的处理中，将会得到广泛的应用。

4. 生物滤池　生物滤池主要由滤料、池壁、布水系统和排水系统组成。污水通过布水系统均匀地分布于滤料上面。并从上部呈滴洒状喷淋而下，污水通过滤池时，填料截留污水中的悬浮物质，并把污水中胶体物质吸附到自己的表面，其中有机物使微生物迅速繁殖，微生物又进一步截留吸附污水中悬浮物及胶体物质，逐渐形成具有生物化学活性的生物膜。生物膜主要由菌胶团和大量的真菌菌丝组成，还有许多原生动物和较高等的动物生长。生物膜不仅能大量吸附污水中的有机物，而且当滤池通风良好，滤料空隙中有足够的氧时，具有很强的氧化有机物的能力。由于微生物不断生长、脱落和更新，脱落的生物膜随污水流出生物滤池而进入二沉池沉淀。

长期以来，都以碎石、卵石、炉渣等作为生物滤池的滤料。近年来，由于塑料工业的发展，开始采用聚乙烯、聚苯乙烯等轻质材料制成波形板式、列管式或蜂窝式滤料，以提高滤床高度。

普通生物滤池呈方形、矩形或圆形池子，池内铺设滤料，滤料由工作层及承托层组成。工作层1.3～1.8 m，滤料一般采用碎石、卵石、炉渣、焦炭等，粒径30～40 mm。普通生物滤池处理效率高，但水力负荷和有机负荷都低。为了提高负荷，又发展了塔式生物滤池，它是由砖或其他材料构成的圆形或多边形构筑物，形状如塔，简称滤塔。由于塔体高(8～24 m)，滤料层深，塔内空气流通性好，故有利于污水、空气和生物膜三相充分接触，以及由于污水在滤塔内分布均匀，大大提高了处理污水的能力。与普通生物滤池相比，其负荷可提高许多倍，特别适用于BOD_5高的污水的处理。据试验，流经滤塔前的猪场污水，其COD为5 300～32 500 mg/L，悬浮物(SS)为15 000～47 000 mg/L，而滤出液的COD降至900～1 400 mg/L，SS降至400～500 mg/L。此种滤池的缺点是对污水的预处理要求高。

5. 生物转盘　生物转盘是由固定在横轴上的一系列间距很近的圆盘组成。盘片材料可用聚乙烯塑料、玻璃钢、金属板或其他材料制成，盘片直径为1～3 m，40%～45%的盘片面积浸在氧化槽内的污水中，上半部露在大气中。污水从槽中流过时，原有或接种的微生物即黏附于转盘的盘片表面，形成生物膜，通过电机带动横轴，使圆盘在氧化槽内慢慢旋转，生物膜即交替通过空气及污水。

氧化槽可用钢板或钢筋混凝土建成，断面最好是半圆形，以免产生死角。

生物转盘是生物膜法的一种，其工作原理是圆盘上生长着一层生物膜，当圆盘浸在污水中时，生物膜吸附污水中的有机污染物。当圆盘离开污水时，其表面形成一层薄薄的水膜。水膜从空气中吸氧，同时在微生物的作用下，被吸附的有机物氧化分解。这样圆盘每转动一圈，即完成一个吸附—吸氧—氧化分解的过程。圆盘不停地转动，就连续不断地完成这个过程，使污水中的有机物不断分解而达到污水净化的目的。

生物转盘具有电耗少、卫生条件好、操作简单等优点，尤其适用于有机物多而水量不大的污水。用二级串联生物转盘处理养猪场污水效果良好，据测定，污水BOD_5为1 300 mg/L时，经过一级转盘处理后，BOD_5为310 mg/L；经过二级处理后，BOD_5只有

33 mg/L，去除率约90%。

6. 接触氧化法 生物接触氧化法又称接触曝气法，是在生物氧化池内设置填料，经过充氧的污水以一定速度流经填料，使填料上长满生物膜，污水与生物膜相接触，在生物膜的作用下，污水得到净化。接触氧化法具有生物膜法的基本特点，但又与一般生物膜法不尽相同。一是供微生物栖附的填料全部浸在污水中，所以这种生物滤池又叫淹没式生物滤池。二是采用机械设备向污水中充氧，而不同于一般生物滤池靠自然通风供氧，所以接触氧化法又相当于在曝气池中添加了供微生物吸附的填料，故这种滤池又可称为接触曝气池。三是污水中同时还有2%～5%的悬浮态的活性污泥，对污水也起净化作用。因此接触氧化法是一种具有活性污泥法特点的生物膜法，兼有生物膜法和活性污泥法的优点。

我国建造的接触氧化构筑物多为直流式，其特点是，直接在填料底部鼓风曝气，生物膜受到上升气流的强烈搅动，加速了生物膜的更新，使其经常保持较高的活性，而且能克服堵塞现象。

（三）粪尿的综合利用 猪粪尿虽可引起水质和空气污染，但它们又不同于一般的工业废弃物，粪尿中含有大量的营养物质，若能合理利用，则可带来可观的经济效益，因此，我们不但应当把粪尿的污染危害降至最低限度，而且还必须采取各种有效措施，进行多层次、多环节综合处理，最大限度地利用其包含的营养物质，变废为宝，化害为利。

现在，美国、日本、荷兰、加拿大、澳大利亚等畜牧业发达国家都十分重视猪粪尿的综合利用，并已进行了大量的研究，如充分利用厌氧及好氧发酵技术来降解粪尿中的有害物质，以降低其污染危害；另外，对发酵后的残留物的再利用的方法也进行了充分的研究，如对固形物，研制了各种撒播机，使固形物能均匀撒播于草地和农田；对发酵后的液体的喷洒更是研究了多种机械，最早的喷粪车由于向空中喷洒而引起空气的污染，经改进后可水平喷洒、向下喷洒、贴地喷洒，并能通过控制喷洒速度和雾滴大小来减少空气污染；还发明了注射机，能把发酵液注入地下 10～15 cm，既全面利用了营养，又减少雨水冲刷而污染水源。还有将畜粪处理后作庭院花肥、降解的热量再利用、深度处理的粪液作灌溉等等，都是对粪尿的充分利用。

在我国，数千年来农民一直将畜禽粪尿作为重要的、优良的有机肥来源而施入土壤，用以保持和提高土壤肥力。但近二三十年来，随着现代化封闭型规模化养殖技术的采用，城市畜禽养殖业逐步朝向高产优质发展，其发展速度与规模是过去的"一农家，一亩地，一口猪"模式不能相比拟，但这种封闭型规模化养殖技术存在一个致命的缺陷，即该技术的广泛使用会导致养殖业与种植业的相互分离，造成一方面养殖场的粪尿污染环境，另一方面大量的土地因失去了畜禽粪尿提供的优质有机肥源，而使土壤肥力逐年下降的现象。对于规模化猪场来说，由于对猪粪尿进行处理意味着大量的投入，直接产生的效益又不明显，因此许多规模化猪场在建设时只着眼于短期的经济效益，而忽视了长期的环境与生态效益和可持续性发展，这种做法对维护生态环境良性循环十分不利。因此，为了保护环境，有利于生态平衡，一定要改变规模化养殖业"自我封闭"的方向，从建设生态农业和保护环境的原则出发，运用生物工程技术对猪粪尿进行综合处理与利用，合理地将养殖业与种植业紧密结合起来，形成物质的良性循环模式。

目前，粪尿的综合利用工程技术主要有两大类型：物质循环利用型生态工程和健康与能源型综合系统。

1. 物质循环利用型生态工程　该工程是一种按照生态系统内能量流和物质流的循环规律而设计的一种生态工程系统，其原理是某一生产环节的产出（如粪尿及废水）可作为另一生产环节的投入（如圈舍的冲洗），使系统中的物质在生产过程中得到充分的循环利用，从而提高了资源的利用率，预防了废弃物对环境的污染。

2. 健康和能源型综合系统　该系统的运作方式是将畜禽粪便进行厌氧发酵,形成气体、液体和固体 3 种成分,现在已有一种简单的气体分离装置可以把沼气中的甲烷和二氧化碳分离开来,沼气中的甲烷可以作为燃料,还可进行沼气发电,获得再生能源;二氧化碳用于培养螺旋藻等经济藻类。沼气池中的上层液体经过一系列的沼气能源加热管消毒处理后,可作为培养藻类的矿质营养成分。沼气池下层的泥浆与其他肥料混合后,作为有机肥料可改良土壤。由沼气发电产生的电能,可用来照明,还可带动藻类养殖池的搅拌设备,也可以给蓄电池充电。过滤后的螺旋藻等藻体含有丰富、齐全的营养元素,既可以直接加入鱼池中喂鱼、拌入猪饲料中喂猪,也可以经小型的干燥设备烘干、灭菌,然后作为廉价的蛋白质和维生素源,供人们食用,补充人体所需的必需氨基酸、稀有维生素等营养要素。该系统的其他重要环节还包括一整套的净水系统和植树措施。这一系统的实施、运用,可以有效地改善猪场周围的卫生和生态环境,提高人们的健康和营养水平。猪场还可以从混合肥料、沼气燃料、沼气发电、鱼、虾和螺旋藻等藻体中获得经济收入。该系统的操作非常灵活,可随不同地区、不同猪场的具体情况而加以调整。

第十章　规模化养猪的生产工艺

规模化养猪是根据猪的生产阶段，按照配种、妊娠、分娩、保育、生长、育肥、出栏、上市有序地组织生产，实行阶段饲养，全进全出，各类猪舍（车间）间既分工明确又紧密联系、互相配合，相互制约，形成特定的生产工艺。显著提高了圈舍设备的利用率和劳动生产率。

第一节　生产工艺流程及工艺技术

规模化养猪生产工艺的制定要依赖于猪种、饲料营养、机械化程度和经营管理水平等实际情况，不能生搬硬套，盲目追求先进，所以因地制宜制定先进的生产工艺是集约化养猪首先要解决的问题。规模化养猪最主要的工艺特点是对母猪一般采用限位饲养，有计划、有节奏、“全进全出”均衡地生产。

一、生产工艺流程

目前世界规模化养猪生产工艺可以划分为两种：即一点一线的生产工艺和两点或三点式生产工艺。前者的特点是各个阶段的猪群饲养在同一个地点，优点是管理方便，转群简单，猪群应激小，适合规模小，资金少的猪场，目前是我国养猪业中采取的一般方式；后者是20世纪90年代发展起来的一种新的工艺，它通过猪群的远距离隔离，达到了控制各种特异性疾病，提高各个阶段猪群生产性能的目的，但因需要额外的场地，在小型的猪场不容易实现。

（一）一点一线的生产工艺　一点一线的生产工艺是指在一个地方，一个生产场按配种、妊娠、分娩、保育、生长、育肥生产流程组成一条生产线。

根据商品猪生长发育不同阶段饲养管理方式的差异，它又分成 5 种常用的生产工艺。

1. 两段式生产工艺　其工艺流程如图 10-1 所示。

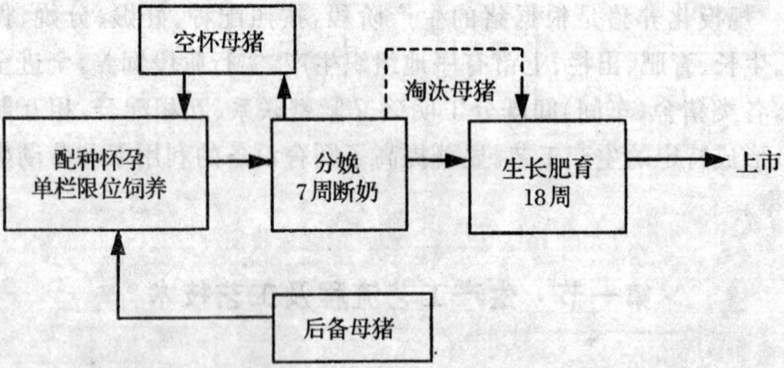

图 10-1　两段式生产工艺流程图

该生产工艺的特点是猪在断奶后直接进入生长肥育舍一直养到上市，饲养过程中转群次数少，减少了应激。但由于较小的生长猪和较大肥育猪养在同一类猪舍，增加了疾病防疫的难度，也不利于机械化的操作，而且这种方式比其他方式需要更大的建筑面积。所以，这种方式只适合规模小、机械化程度低或完全依赖人工饲养管理的猪场。

2. 三段式生产工艺　其工艺流程如图 10-2 所示。

3. 四段生产工艺　其工艺流程如图 10-3 所示。

以万头猪场为例，每周有 24 头母猪配上种，怀孕 16 周，产前提前 1 周进入分娩舍，分娩后哺乳 4 周断奶，仔猪可继续留原圈饲养 1 周。24 头空怀母猪断奶后同时转至配种舍，24 窝仔猪 5 周转入保育舍，分娩栏空栏清洁消毒 1 周，仔猪在保育舍饲养 5 周后转入生长舍饲养 5 周，然后转入肥育舍饲养 11 周，体重达 95～

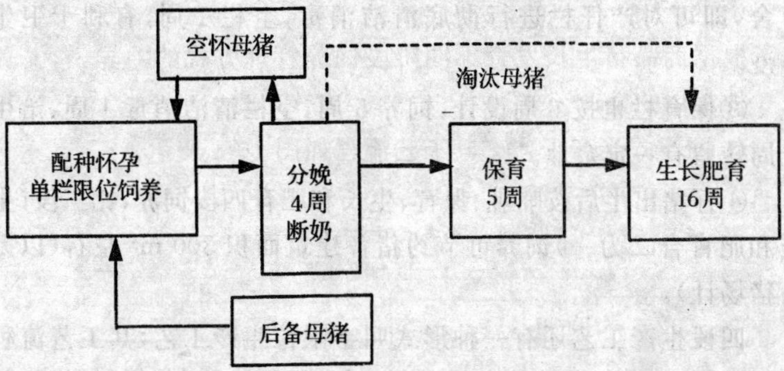

图 10-2　三段式生产工艺流程图

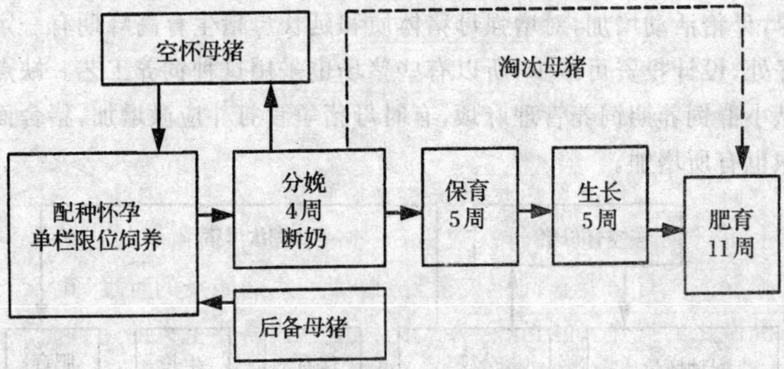

图 10-3　四段式生产工艺流程图(一)

114 kg上市。该工艺主要特点是：

①怀孕母猪单栏限位密集饲养，便于饲养管理，母猪不会争吃打斗，避免损伤和其他应激，减少流产，而且比怀孕母猪小群饲养节约猪舍建筑面积 500～600 m^2(以万头猪场计)。

②产仔栏按 7 周设计，怀孕母猪可在产前 1 周进入产仔哺乳舍，仔猪 4 周断奶后，立即转走母猪，而仔猪再留养 1 周后转入保

育舍，即可对产仔栏进行彻底清洁消毒，空栏 1 周，有利于卫生防疫。

③保育栏也按 6 周设计，饲养 5 周，空栏清洁消毒 1 周，给生产周转留有一定余地。

④仔猪出生后按哺乳、保育、生长和肥育四段饲养，比三段（生长和肥育合二为一）饲养可节约猪舍建筑面积 300 m^2 左右（以万头猪场计）。

四段生产工艺还有一种形式叫半限位生产工艺，其工艺流程如图 10-4 所示。它的特点是空怀和轻胎母猪采用每栏 4～5 头的小群饲养，产前 5 周为了便于喂料和避免打斗流产，又转入单栏限位饲养。采用这种工艺，哺乳母猪断奶后回到配种怀孕舍小群饲养，母猪活动增加，对增强母猪体质和延长母猪生育高峰期有一定好处，设计投资可减少，所以有些猪场也采用这种饲养工艺。缺点是小群饲养期饲养管理麻烦，有时母猪争食打斗应激增加，猪舍面积也有所增加。

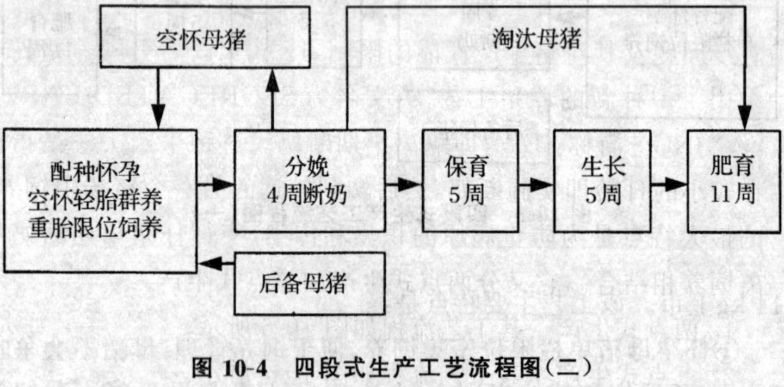

图 10-4　四段式生产工艺流程图（二）

4. 五段式生产工艺　其工艺流程如图 10-5 所示。

它与限位四段饲养主要差别是从生长到肥育分 3 个阶段，优点是可减少猪舍面积，一个万头猪场约可减少 300 m^2。缺点是猪

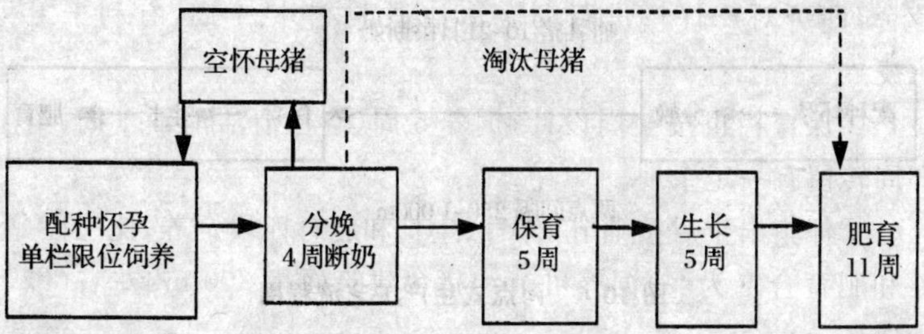

图 10-5 五段式生产工艺流程图

群多次转栏，应激增加。我国引进美国三德公司成套养猪设备就是采用这种饲养工艺。

一点一线的生产工艺的最大优点是地点集中，转群、管理方便，主要问题是由于仔猪和公母猪、大猪在同一生产线上，容易受到垂直和水平的疾病传染，对仔猪健康和生产带来严重的威胁和影响。

（二）两点或三点生产工艺　鉴于一点一线生产工艺存在的卫生防疫问题及其对猪生产性能的限制，1993 年以后美国养猪界开始采用了一种新的养猪工艺，英文名为 SEGREGATED EARLY WEANING，简称 SEW，即隔离早期断奶。这种生产工艺是指仔猪在较小的日龄即实施断奶，然后转到较远的另一个猪场中饲养。它的最大特点是为防止病原的积累和传染，实行仔猪早期断奶和隔离饲养相结合。它又分两点式生产和三点式生产。

1. 两点式生产　其工艺流程如图 10-6 所示。

2. 三点式生产　其工艺流程如图 10-7 所示。

早期断奶隔离饲养工艺的主要优点是：在仔猪出生后 21 天以前其体内来自母乳的抗体还没有消失以前，就将仔猪进行断乳，然后转移到远离原生产区的清洁干净的保育舍进行饲养。由于仔猪健康无病不受病原体的干扰，免疫系统没有激活，减少了抗病的消

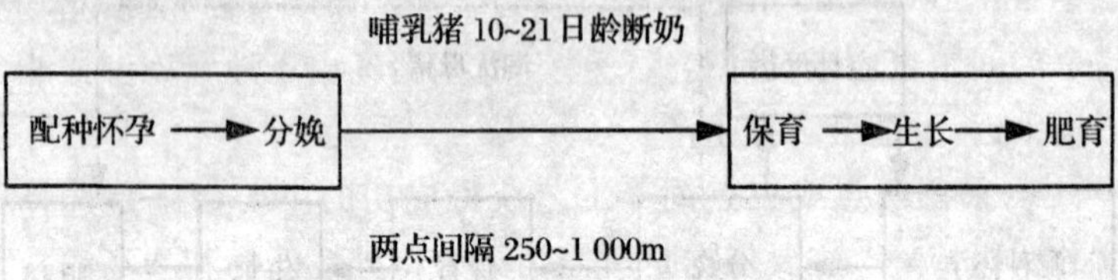

图 10-6　两点式生产工艺流程图

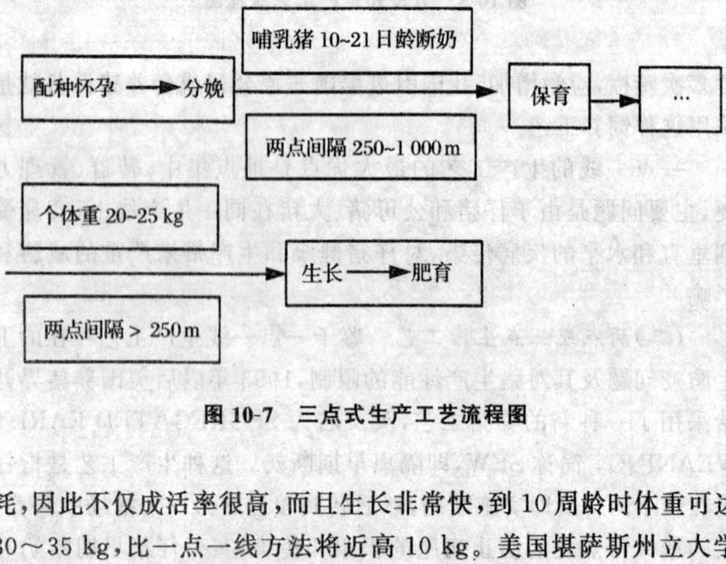

图 10-7　三点式生产工艺流程图

耗，因此不仅成活率很高，而且生长非常快，到 10 周龄时体重可达 30～35 kg，比一点一线方法将近高 10 kg。美国堪萨斯州立大学(KANSAS ST. UNIV.)的研究结果是：在 77 日龄时，早期隔离断奶仔猪(5～10 日龄断奶后被运到远离的保育场)比传统方法养的仔猪多增重 16.8 kg。普度大学统计的结果是：来自单一种群的 400 头早期隔离断奶猪在 136 天时体重达 105 kg，而 200 头来自同样种群的非隔离早期断奶猪达到同样的上市体重需要 179 天，即前者上市时间缩短 43 天。

两点或三点的隔离距离最好尽可能远些，理想的距离应为

3～5 km，100～500 m 的隔离可视为合理。如果条件允许，猪场中猪舍的间距也应当设计得大一些。有些猪场由于地盘不够或相邻猪场太近，不适合多点生产。

3. 采用两点或三点饲养工艺获得成功的主要措施是选择正确的断奶日龄　主要依据是所需消灭的特异性疾病和本场的技术水平。因为不同的疾病其最大断乳日龄是不同的，如伪狂犬病、放线杆菌胸膜肺炎和传染性胃肠炎其最大断乳日龄为 21 天，而沙门氏杆菌症为 12 天，萎缩性鼻炎为 10 天。

仔猪最大断奶日龄与需要消灭的疾病之间的关系决定于仔猪体内被动免疫抗体的水平。在仔猪的被动免疫抗体水平降低之前就让它们离开本场母猪转至其他场，可以使仔猪免受本场疾病的传染。

根据这种理论确定的早期断奶日龄无疑会给母猪生产力带来不良影响，但是早期断奶的仔猪在多点式养猪模式中改进了健康水平和增加了生长速度则可以抵消早期断奶给母猪带来的低产损失。见图 10-8。

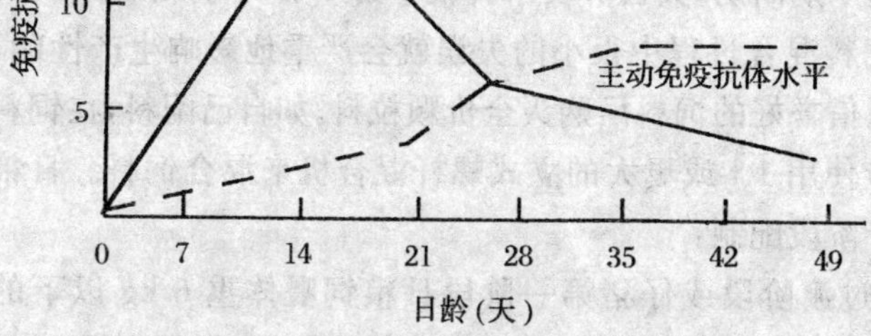

图 10-8　最大断奶日龄与抗体水平关系图

从图 10-8 可以看出，仔猪体内被动免疫抗体水平在 7～21 日龄处于较高水平，之前和之后都较低，由此确定的最大断奶日龄与需要消灭的疾病的关系见表 10-1。

表 10-1 最大断奶日龄与所需消灭的疾病

疾 病	断奶日龄(天)
猪繁殖呼吸综合征	<10
肺炎支原体	<10
多杀性巴氏杆菌	<10
猪嗜血杆菌(HPS)*	<14
支气管败血杆菌	<14
伪狂犬病(PRV)	<21
胸膜肺炎放线菌(APP)	<21
猪霍乱杆菌	<21
传染性胃肠炎(TGE)	<21
病毒	<21

* 断奶时使用抗生素可以控制。

根据以上理论确定的断奶日龄，最常见的为 14～16 天。如果已经确定 16 天为断奶日龄，断奶时猪群中就不能有任何猪超过 16 日龄。

使用高质量的仔猪饲料对于 21 日龄以下断奶的猪，无论是否采用隔离早期断奶，其营养要求日粮中必须加入特殊的原料。而且因为其饲料混合过程中很小的失误就会严重地影响生产性能，所以建议从信誉好的饲料厂购买全价颗粒料。如自己配料，在饲料混合时不应使用 1 t 或更大的立式螺杆混合机来混合饲料。日粮一般按 3 个阶段配制：

(1)过渡阶段或仔猪第一阶段日粮饲喂体重 6 kg 以下的小猪，每头猪至少需要 1 kg 日粮。其营养成分是：粗蛋白质 20%～22%(加血清粉、血浆粉)，赖氨酸 1.38%，消化能 15.40 MJ/kg。

(2)第二阶段日粮饲喂 6～11 kg 体重的猪，其营养成分是：粗蛋白质 20%(加血浆粉)，赖氨酸 1.35%，消化能 15.03 MJ/kg。

(3)第三阶段日粮饲喂 11～20 kg 体重的猪，其营养成分是：粗蛋白质 20%(加乳清粉)，赖氨酸 1.35%，消化能 14.57 MJ/kg。

严格的生物安全措施不仅适合于隔离早期断奶猪，也适用于任何日龄的隔离饲养猪，任何降低生物安全措施的做法都将引发疾病传播的危险，或降低隔离早期断奶在生产性能上的优势。以下是最常规的生物安全措施：①所有的猪舍必须用高压水龙头彻底清洗干净，猪舍中所有的工具，如电扇、料槽、扫帚等都必须清洗。②所有的猪舍必须用能杀死主要病原的广谱消毒剂消毒。③猪舍间互不相通、以避免大小猪间的交叉感染。建议不在猪舍下面建粪池。④当不同日龄的猪养在同一猪场时，对猪的看护(喂料、打扫)必须从最健康的猪开始(通常是最小的猪)。在衣服、靴子未经适当的清洗和消毒前，工人不可以从大猪舍再回到小猪舍。⑤工人进猪舍时必须始终穿干净的衣服和靴子。与肥育猪或种猪接触过的人，必须洗澡后方可进入早期断奶猪舍或生长-肥育舍。⑥非必要的人员不得进入猪场。参观者必须遵守上述各条规则。⑦保证猪场人员不与外面的猪群接触。⑧与其他猪群离得越远越好，早期断奶猪舍应建在离母猪舍至少 100 米外的上风处，因为这些猪仅在这部分猪舍中呆 3 个月，这个隔离距离可以满足维持猪生长期健康状况的需要；增加种猪舍与保育舍之间的距离将减少疾病传播的危险。因此这个距离应视具体情况而定。⑨采取积极的措施控制老鼠、苍蝇或流浪的动物。一旦出现老鼠，应使用灭鼠药或利用防鼠猪舍来消灭和控制。⑩外界的车辆(如运饲料或来购买猪的车)不得进入，除非经过清洗、消毒。⑪死猪应放在猪舍外或立即妥善处理。⑫装卸车设备应放在猪舍防护带。⑬猪舍外围应建防护带，以隔离不必要来防的人、宠物或野生动物。⑭新引入猪群的种猪应隔离 30～60 天。

表 10-2　3.6～20.4 kg 体重猪的日粮范例　%

原　料	小猪 1 期(体重 3.6～5.0 kg)过渡日粮	小猪 2 期(体重 5.0～11.3 kg)		小猪 3 期(体重 11.3～20.4 kg)	
		1	2	1	2
玉米	32.45	53.50	52.10	65.25	57.90
豆粕(44%粗蛋白质)	8.5	22.9	23.65	30.5	31.05
玉米浓缩蛋白	3.00				
乳清粉(食品级)	27.5	15.0	15.0		5.0
血浆蛋白粉	5.0				
燕麦粒	12.5				
精选布鱼粉	5.0		4.0		
喷雾干燥血粉		2.5			
脂肪(稳定)	3.0	3.0	3.0		3.0
赖氨酸,HCl	0.15	0.15	0.15	0.15	0.15
DL-蛋氨酸	0.1	0.05			
磷酸氢钙(20%Ca,18.5%P)	0.80	1.65	1.05	1.60	1.45
石灰石(38%Ca)	0.45	0.60	0.40	0.75	0.70
盐	0.10	2.20	0.20	0.30	0.30
维生素混合物	0.25	0.25	0.25	0.25	0.25
矿物质混合物*	0.15	0.15	0.15	0.15	0.15
硫酸铜	0.05	0.05	0.05	0.05	0.05
抗生素	+	+	+	+	+
计算分析					
赖氨酸	1.55	1.25	1.25	1.15	1.05
赖氨酸/代谢能(g/kJ)	19.25	15.90	15.90	15.06	15.06
蛋白质	22.1	18.9	19.3	19.0	19.3
钙	0.9	0.8	0.8	0.75	0.75
磷	0.85	0.7	0.7	0.65	0.65

注:美国大豆协会推荐,供参考;

* 指非高剂量铜的普通微量元素。

二、生产工艺

(一)繁殖节律的确定　按照企业的生产计划在一定时间内对一群母猪(包括替补幼母猪和仔猪断奶后的空怀母猪)进行人工授精或组织自然交配,并使其受胎后及时组建起一定规模的生产群,以便保证分娩后组建起确定规模的哺乳母猪群并获得规定数量的仔猪,我们把组建哺乳母猪群的时间间隔(日数)叫做繁殖节律。严格的繁殖节律是实现流水式生产工艺的前提,繁殖节律按间隔日数分为1、2、3、7或10日制。实践经验证明,年产5万~10万头肉猪的大型企业多实行较短的间隔(1或2日制)。年产1万~3万头肉猪的企业多实行7日制。与其他节律比较,7日制有以下优点:

(1)有利于将1周内每个工作日的技术工作和劳动任务合理安排,明确分工。

(2)将繁重的技术工作和劳动任务安排到周内工作日,避开周末和周日。

(3)有利于按周、按月、按年制定工作计划,建立有秩序的工作和休息制度,减少工作的混乱和盲目性。

在实际生产中,繁殖节律应根据生产规模的大小、组织管理的特点以及生产水平的高低来合理地确定。一般说来,同等规模的猪场,生产管理水平越高,一个繁殖节律内参配母猪越多,则繁殖节律也就越短。所以,规模较小,生产水平较低的猪场．可采取较长的繁殖节律,降低劳动强度,裁减过剩的劳动力,以节约开支。而规模大,生产水平高的猪场,适当缩短繁殖节律则有利于劳动效率的提高。

(二)母猪繁殖周期与肉猪生产周期

(1)母猪的繁殖周期指的是母猪相邻两胎次之间的时间间隔期。它主要由3个部分组成,即断奶到配种的时间间隔天数、妊娠期、哺乳期。由于妊娠期基本上是一个常数,我们一般也不宜对其施以影响，因此繁殖周期的长短决定于断奶日龄的大小和断奶到配种再孕的时间间隔期。例如，某猪场采取 28 天断奶，其断奶至配种再孕的时间间隔平均为 7 天，则繁殖周期为 114＋28＋7＝149（天）。如果在饲养管理技术有保障的情况下，尽可能缩短断奶期并保证母猪在断奶后较短时间内正常发情配种，就会缩短繁殖周期，增加母猪的年产胎次，从而提高母猪的年生产力。

(2)肉猪生产周期指的是商品肉猪从出生到出栏的天数。它主要由仔猪哺乳期、保育期、生长期、肉猪肥育期 4 个阶段的天数组成。如果在较短的时间内达到上市体重，肉猪生产周期就较短，每年就可生产更多的猪肉。所以，肉猪生产周期反映了一个猪场的生产技术水平。现阶段国内饲养外种猪的商品猪场，肉猪生产周期一般在 175～180 天。

（三）主要工艺技术

1. 母猪同期发情配种技术　同期发情指对母猪发情周期进行同期化处理的方法，即利用某些激素制剂人为地控制并调整一群母猪发情周期的进程，使之在预定的时间内集中发情。这种技术还能使乏情的母猪出现性周期活动，例如久不发情的母猪（因持久黄体存在）用前列腺素处理后，生殖机能得以恢复，因此缩短了繁殖周期。同期发情技术在规模化养猪生产中所起的重要作用，在于保证在同一繁殖节律内按时组建起规定规模的繁殖母猪群。

实现同期发情有两种基本途径：一个途径是向一群待处理的母猪同时施用孕激素，抑制卵泡的生长发育和发情，经过一定时期同时停药，随之引起同时发情。另一个途径是利用性质完全不同的另一类激素使黄体溶解，中断黄体期，停止孕酮分泌，从而促进垂体促性腺激素的释放，引起发情。但是对于猪，应当指出的是，采用孕酮往往会引起卵巢囊肿，有很大的副作用。而使用前列腺素，对有性周期活动的青年母猪或成年母猪价值不大，因为只有在周期的第 12～15 天处理，黄体才能退化。因此不能用于同期发情。

对于成年母猪，切实可行的一种方法是同期断奶，造成天然的同期发情。众所周知，在母猪哺乳期，垂体的促性腺激素分泌受到抑制，卵巢出现无周期性的卵泡发育、成熟的排卵活动，一旦哺乳停止，数日之后表现发情。所以在哺乳期的适当时期，例如4～6周或更早，使一群母猪同时断奶，即可达到同期发情的目的。通常在断奶的同时注射孕马血清促性腺激素（PMSG）750～1 000 IU，可获得较好效果，如在注射PMSG的同时或相隔2～3天后再注射绒毛膜促性腺激素（HCG）500 IU，效果更为满意。

对于后备母猪，在初情期即将来临时，有计划地安排集中给予每头注射PMSG 500～750 IU，即可达到同期发情的目的，同时起到集中早发情的效果。由于尚未达到适配年龄，可以过两个发情期后再配种。

使用对牛、羊有效的某些孕激素制剂，虽然也能起到抑制发情的作用，但停药后，卵泡发生囊肿的情况甚多，发情而不排卵的也较常见，因此受胎率较低，停药后使用促性腺激素亦不能有明显改进。后来有些实验证明，青年母猪皮下埋植500 mg乙基去甲氧睾酮20天或每日注射30 mg，持续18天，停药后2～7天发情率可达80%以上，受胎率60%～70%。

法国生产的一种合成类固醇物质（化学结构与睾酮有关），性成熟的青年母猪每日口服15～20 mg，连续18天，停药后80%～90%在第4～8天出现发情，第一发情期受胎率达70%～90%，效果很好。这种类固醇物质是在工厂中用适当的载体与之相混，以特定的制剂生产成药，商品名称为Regumate。投喂时取所需量（4～5 g粉药，每克含有效成分4 mg），先与少量饲料混合，制成饲料药丸，待吃净后，再正式给饲，以保证每头猪摄入足量的药物。另外，一种新的类孕酮药物allyl＋renbolone（RU～2267），每日给母猪饲喂20～40 mg，共18天，处理后4～6天出现发情，繁殖力正常，而且不会出现卵巢囊肿。在上述药物处理后，注射PMSG，一定能提高发情率和受胎率。

同期发情技术在集约化养猪中一般是作为促进母猪按时发情的一种辅助手段，目的是为了保证有规定数量的母猪在同一节律内发情，因此，在发情母猪数已达要求的情况下，一般不能随意采用，以免对母猪的利用年限有所影响。

2. 仔猪早期断奶技术　早期断奶是相对于传统的50日龄以上断奶而言的断奶方式，它又可分为超早期断奶和一般的早期断奶。前者多指0～2周龄断奶，后者一般是指3～5周龄或3～6周龄断奶。超早期断奶一般是出于特殊需要，如培育SPF猪等，需要创造特殊的条件，否则难于成功，因为它超越了母、仔双方的“断奶生理限度”。从仔猪的生理角度看，在仔猪体重4～5 kg或3～5周龄时断奶较为适宜。

早期断奶仔猪和传统方法断奶的仔猪比较，首先是身体体温调节机能差、消化机能不健全、胃肠道消化酶系统发育不完善、免疫抗病力较低；其次是运动协调能力较差、尚未完全适应固体饲料或尚不能采食固体饲料等。针对这样的特点，早期断奶仔猪的培育应注意饲料、保温、抗病防病、看护管理等方面的精心饲养管理。从饲料的配制上，要提高易消化性和适口性，添加促进消化和采食的特殊因子，如益生素、有机酸、消化酶制剂、各种微量元素等，而且应当对饲料进行熟化处理；从环境方面，应保持地面的清洁干燥和舍内温度、风速、湿度适宜。仔猪躺卧区域一般应有木板、橡胶、塑料及各类导热性较低的材料做成的垫子，必要时应设置保温箱或直接提供热源；另外，要严防贼风的侵袭，加强对仔猪的看护，严格遵守防疫卫生制度，搞好预防接种和清洁消毒工作。

3. 猪只“全进全出”技术　“全进全出”是相对于传统的连续进出的养猪方式而言的一种新的观念和管理策略。它要求所有猪只同时被移出一栋或一间猪舍。随后在新的猪只进入之前，猪舍被彻底清扫、消毒。“全进全出”是均衡生产商品肉猪、有计划利用猪舍和合理组织劳动管理的基础。

例如，某猪场每周分娩 24 窝，分娩舍中的一个产房设 12 个产栏，24 头分娩母猪进入 2 个分隔的产房。产后 4 周，养在同一产房的母猪及哺乳仔猪全部转出。此时，母猪迁回配种母猪舍，仔猪原圈饲养 1 周后转入保育舍，空出的产房就进行清洁消毒。保育舍一个房间有 6 个猪栏，可以养从一个产房中断奶的 12 窝仔猪。同一房间的幼猪从保育舍转入生长舍后，空出的房间就进行清洁消毒，以后养在同一栏的生长猪再转到同一育肥舍内。由于同周龄出生的猪全进全出，因而可做到有计划、有节奏地生产，并能按期对猪舍进行清洁消毒。在规模化养猪中，"全进全出"管理方式是十分重要的，这主要体现在两个方面：

(1)全进全出是实现规模化养猪生产按工业生产方式组织流水式生产工艺的前提。

规模化养猪连续性、节奏性、均衡性都很强，每一工艺群不仅有明确的分工，而且对圈栏设备的占用时间有较明确的限定，否则猪群的周转就会出现问题，生产的节律一旦被打破，流水线就不会保持畅通，这必将给生产和管理带来较大的混乱。

(2)全进全出系统与彻底清扫消毒，可避免因组与组之间的设备交叉发生的感染，从而可以帮助控制疾病而改善生产。

在传统的连续进出的养猪方式中，由于圈栏一直处于占用状态，只能带猪消毒，一方面限制了强消毒剂的使用，另一方面，由于不能彻底地搞好清洁，去除粪便和污物，消毒时由于粪便和污物对微生物有保护作用而对消毒剂则有拮抗作用，从而消毒的效果也很不理想，这样就给疾病连续滞留创造了条件。以至于在一些猪场中，病原的种类和数量不断地积累，猪的患病率和死亡率较高，几乎达到无法控制的局面。有的猪场虽然用大剂量的药物控制住了高发病率和死亡率，但猪群长期处于亚临床症状状态，生产水平比较低。

全进全出管理方式则保证了对圈栏的彻底清扫和消毒，不仅有效防止了病原菌的积累和条件性微生物向致病性微生物的转化，而且阻止了疾病在猪场中的垂直传播（主要是大猪向小猪的传播）。

全进全出管理方式的实现必须有相应的硬件和软件才能得以保证。硬件指的是在集约化猪场的设计中，应当设置足够的栏位数。每一生产车间除了用于猪群周转的栏位外，必须准备一个空闲消毒单元和一个机动备用单元。从严格意义上说来，只有同一生产节律内的猪群单独在一栋或一间猪舍内，才能真正保证全进全出管理方式的实现。国内当前许多猪场由于建设时没有充分考虑到这一问题，可暂时以单元为单位进行全进全出，如果猪舍之间隔离良好，再配合间接通风设施，效果也是比较理想的。软件则是指全进全出生产管理观念和制度。目前有很多猪场管理人员对这种管理方式的重要性仍然缺乏足够的认识，有的猪场尚未制定有关的制度和措施，有的虽然也有这方面的规定，但没有严格贯彻落实，以至猪场大部分猪群的健康状况呈恶化的趋势，多种疾病的交叉感染加上管理上的缺陷，大大地限制了动物的生长，甚至出现大批猪只死亡，造成了很大的经济损失。猪场管理人员必须严格贯彻执行这种管理制度，不能搞“基本上全进全出”，因为“基本上全进全出”是不存在的，或者是，或者不是。只要1头猪留在猪舍中，其疾病都将留在猪舍中并循环往复地继续存在下去。

表10-3说明了全进全出方式在大猪舍(≥100只)和小猪舍(≤100只)中对控制猪肺炎起到的作用(在大猪舍中肺炎发生率降低了4.7%，小猪舍中降低了3.3%，表明猪舍内猪群越大，全进全出对疾病控制的贡献越明显)。

如果全进全出和早期断奶隔离饲养技术相结合加上优良的品种、极好的日粮配方和严格的生物安全保证，猪的遗传潜力就可得到最大限度的发挥。表10-4列出的是采取这些措施后可获得的生长性状(断奶到 114 kg)。

表 10-3　管理制度与猪舍大小对呼吸系统疾病的影响

项　目	全进全出		非全进全出	
	≤100 只	≥100 只	≤100 只	≥100 只
猪场数量	80	38	94	77
日增重(g)	680	660	662	642
肺炎发生率(%)	9.0	13.5	12.3	18.2

表 10-4　采取全进全出和早期断奶隔离饲养技术后可获得的生长性状

生长性状指标	平均值
日增重平均值(kg)	0.86
饲料/增重	2.6
日采食量(kg)	2.77
出生至上市天数(天)	140
死亡率(%)	2

注:CLARK,1995。

三、车间、单元和栏位的设置

规模化养猪生产工艺流程的顺利实现和正常运转必须有相应的硬件加以保证,这些硬件包括足够的猪舍、猪栏和与此相配套的设备和设施。

现以年出栏商品瘦肉猪 1 万头规模的养猪工厂为例,按单点 3 段式生产工艺流程来说明其车间、单元和栏位的设置(其他工艺流程可依此类推)。

(一)车间数的确定　由三段式工艺流程图可以看出,若按每一生产群设置一个车间,一般可安排 5 个车间,即配种车间、怀孕车间、产仔哺乳车间、断奶仔猪保育车间和生长肥育车间。

(二)生产工艺流程中各种技术参数的确定　为了准确计算猪

场内各个时期各种生产群所需生产单元数和栏位数(并可据此计算出各种猪舍所需的饲料需要量和产品量),必须根据本场的遗传基础、生产力水平、技术水平、物质保证条件、经营管理水平等实际条件和已有的历年生产记录和各项信息资料,实事求是地确定各生产工艺过程所必须的参数。

(1)繁殖节律的确定。根据本例出栏肉猪1万头的规模,将繁殖节律确定为7天。

(2)本例中假定的各种技术参数(基础参数)。

哺乳期	28天
窝产活仔数	10头/窝
仔猪哺乳期成活率	90%
仔猪保育期成活率	95%
幼猪生长肥育期成活率	98%
母猪受胎率	85%
断奶至母猪再次受胎的间隔期	10天

(3)根据上述基础参数,采用逆推法即可计算出各类猪群的数量。

母猪年产胎次的计算:

①两胎间隔期(FI)。母猪相邻两胎次的间隔即母猪繁殖周期,包括妊娠期、哺乳期和仔猪断奶至母猪再次受胎的间隔期。计算式为:

$$FI=G+L+IWO$$

式中:G为妊娠期;L为哺乳期;IWO为断奶至母猪再次受胎的间隔期(可以根据本单位历年人工授精或配种记录分析、估计)。

$$\text{母猪年产胎次}=365/FI=365/(G+L+IWO)=365/(114+28+10)\approx 2.4(\text{胎})$$

②每头生产母猪年提供出栏肉猪数。

$$\text{平均每头母猪年总产活仔数}TL = \text{母猪年产胎次} \times \text{每窝活产仔数} = 2.4\text{窝/头} \times 10\text{头/窝} = 24(\text{头})$$

平均每头母猪年总产活仔数乘以各阶段猪的成活率即为每头母猪年提供出栏肉猪数 TF。

$$TF = TL \times 90\% \times 95\% \times 98\% = 24\text{头} \times 90\% \times 95\% \times 98\% \approx 20.1(\text{头})$$

其中，每头母猪年提供断奶仔猪数、进入生长肥育猪数分别为：

$$TL \times 90 = 21.6\text{头和} TL \times 90\% \times 95\% \approx 20.5(\text{头})$$

③全场所需实际产仔母猪数 $NS = 10\ 000/TF = 10\ 000/20.1 \approx 498$(头)。

(4)根据上述结果即可计算出全场所需生产母猪数、每周参配母猪数以及各个生产车间每周转入的猪数。

全场所需生产母猪数：由 NS 和受胎率即可计算出。

$$\text{全场所需生产母猪数} = NS/85\% \approx 586(\text{头})$$

全场所需生产公猪数：由生产母猪数，按公母配比 1∶25 计算，全场需生产公猪约 24 头。

每周参配母猪数的计算：由每年需配种的窝数和全年共 52 周可计算出每周参配母猪数为，586 头×2.4 窝/头÷52 周≈28(头/周)。

每周转入产仔车间的母猪数：28 头/周×85%≈24(头/周)。

这样，每周 24 头母猪进入产仔车间分娩，有 24 窝共 216 头断奶仔猪进入保育车间，205 头幼猪进入生长肥育车间，201 头猪出栏(未考虑选出的后备母猪)。

（三）各车间单元数和栏位数的设置

1. 配种车间

（1）种公猪。种公猪可以与后备公猪一起，作为一个生产群饲养在同一栋猪舍内，也可以将其饲养在配种舍内，这里我们采取后一种方案，因为这样可以节省建筑费用，同时可以起到刺激母猪尽快发情的作用。

种公猪实际占用栏位 365 天，后备公猪则为 182 天，但是它们不在生产线内周转，故只需安排一或两个单元。全场生产公猪 24 头，后备公猪 8 头，1 头/栏，总共需设置 34 个单栏（其中两栏备用）。

（2）配种母猪。替补幼母猪群一般由繁育体系内上一阶层引入，必须经过隔离检疫后才允许进入替补幼母群等候配种用。经产母猪则在仔猪断奶后，一部分因外形、健康或生产性能缺陷被淘汰，保留下来的转入空怀配种舍。正常情况下，仔猪断奶后 3～7 天发情，平均 9～10 天完成授精，14 天假定受胎转入生产群。考虑到一些特殊情况和夏季母猪性机能降低，会使由断奶至发情的间隔期延长，必须增加一些母猪，故留有一定的机动备用期，再加上清洗消毒和维修期 7 天，平均占用栏位期按 35 天计算。这样，根据不同的饲养方式，即可确定配种母猪舍单元数和栏位数：

群养——按 7 日节律制，共需 5 个单元（35 天÷7 天/单元）才能满足流水式生产工艺过程的需要；由于每周配种数是 28 头，若 4 头/栏，应设 7 栏，共计 35 栏。

限位饲养——按同样的计算方法，共需 5 个单元，因一栏 1 头限位饲养，每单元应设 28 栏，共计 112 栏。

先小群饲养，后限位饲养——小群饲养期 1 周，需 1 个单元，若 4 头/栏，应设置 7 栏；限位饲养 3 周加上 1 周清洗消毒，占用期 28 天，共需 4 个单元，每单元 28 栏，共计 112 栏。

2. 怀孕车间　母猪妊娠期是 114 天，因转入怀孕车间时已受胎 21 天，又要在产前 1 周转入产仔哺乳车间，故母猪在养 86 天，加上清洁消毒 7 天，合计占用期为 93 天，共应设 14 个单元；因每周 24 头母猪妊娠，1 头/栏，每单元应设 24 栏，共计 336 栏(另外，可设一备用单元)。

3. 产仔哺乳车间　妊娠母猪产前 1 周进入该车间，仔猪 28 日龄断奶，然后留栏 7 天，清洁消毒 7 天，合计占用期共 49 天，需要 7 个单元；因 1 头/栏，每单元应设 24 栏，共计 168 栏(可设一备用单元)。

4. 断奶仔猪保育车间　仔猪保育期 35 天，清洁消毒 7 天，合计占用期为 42 天，共设 6 个单元；一窝一栏，每单元应设 24 栏，共计 144 栏；两窝一栏，每单元应设 12 栏，共计 72 栏(可设一备用单元)。

5. 生长肥育车间　三段式生产工艺流程中，生长期和肥育期合二为一。若 175 天肉猪出栏，则该段饲养期为 105 天，加上空栏清洁消毒 7 天，总占用期 112 天，应设 16 个单元；因每周有 205 头猪进入生长肥育舍，若每栏 16 头，每单元应设 13 个栏位，共计 208 个栏位。也可按一窝一栏(24 栏/单元，共计 384 栏)或两窝一栏(12 栏/单元，共计 192 栏)设置相应的栏位数。

在四段或五段式生产工艺流程中，生长阶段和肥育阶段的猪分别饲养在不同的车间，因生长阶段比肥育阶段每头猪占用面积少，所以可节约建筑面积。例如在四段式工艺流程中，我们分别计算出以下单元数和栏位数：

生长阶段：一般饲养 35 天，空栏清洁消毒 1 周，累计占用期 42 天，应设 6 个单元，若两窝一栏，每单元 12 栏，共计 72 个栏位(如采用每栏一窝，则每单元的栏数加倍)。因生长栏比肥育栏每栏面积少 6 m^2 左右，所以可节约建筑面积 72 栏×6 m^2/栏＝432 m^2。

肥育阶段：一般饲养 70 天，空栏清洁消毒一周，累计占用期 77 天，应设 11 个单元，两窝一栏，每单元仍然是 12 栏，共计 132 栏。

（四）各车间栏位面积　猪栏面积须保证猪只能活动、采食（哺乳）、休息，以及管理人员进行操作。根据生产工艺不同，要求不一。传统方式养猪猪栏面积都比较大，如种公猪栏 9 m^2；母猪栏 12 m^2；肥猪栏每头猪 2～2.5 m^2，工厂化养猪饲养密度提高，猪栏面积大为减少。

每栏饲养的头数，主要根据各种猪只的生理要求，以及保证其健康和安全而定。种公猪好斗，一般单圈饲养较安全，也可保证其安静休息。妊娠后期母猪为避免挤撞，减少流产的发生率，最好单圈饲养。每头哺乳母猪都带有一窝仔猪，单圈饲养可以保证仔猪安心哺乳，并避免仔猪被其他护仔性较强的母猪咬伤。生长猪、肥育猪都采用群养，最好一窝一栏，打斗少，应激小，长得快。表 10-5 是英、法两国采用的不同活重商品猪躺卧净面积：

表 10-5　英、法两国推荐的商品猪躺卧面积　　m^2/头

国别	活重(kg)			
	20～30	30～50	50～70	70～100
法国	0.27～0.3	0.3～0.4	0.37～0.6	—
英国	0.33～0.37	—	0.44～0.47	0.83

猪栏除了要考虑设计足够的面积外，根据猪只不同，要求猪栏有一定高度，猪栏过高，既浪费建筑材料，还会影响舍内通风和采光，猪栏过低，猪只容易跳越，管理很不方便。一般育肥猪栏和母猪栏高0.7～0.8 m（金属限位栏最高处 0.9～1.1 m），种公猪栏高1～1.2 m。

下面是目前常采用的各车间猪栏面积，供参考。

1. 配种车间

公猪栏：3×2.4＝7.2(m^2)

母猪栏：

群养栏：3×2.4＝7.2(m^2)

限位栏：2.6×0.6＝1.56(m^2)

2. 妊娠车间　2.6×0.6＝1.56(m^2)

3. 产仔哺乳车间

对角线限位栏：2.2×1.5＝3.3(m^2)，适于保温条件好的产仔舍。

垂直限位栏：1.8×2.4＝4.32(m^2)。两个产仔栏公用一个仔猪保温区。

4. 断奶仔猪保育车间　1.9×1.5＝2.85(m^2)

5. 生长肥育车间

生长栏：4.5×3.0＝13.5(m^2)

肥育栏：5.5×3.6＝19.8(m^2)

(五)生产工艺流程　见图 10-9。

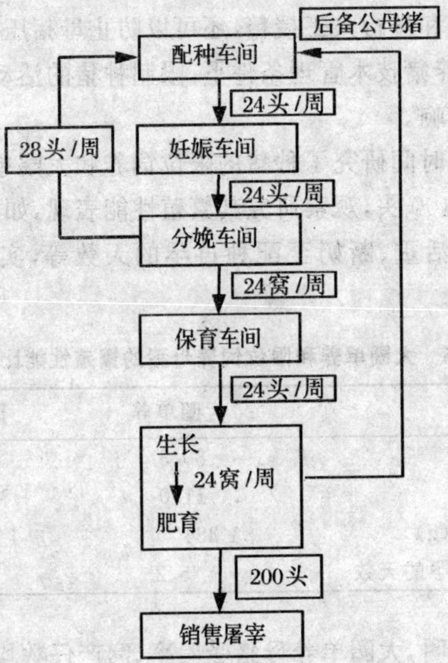

图 10-9　生产工艺流程图

第二节　管理技术规程

规模化养猪的管理技术，体现在“集中、密集、约制、节约”的特点。意即很多猪集中养在一个猪舍。由于比较集中的把猪养在一起，因此每头猪所占面积很小，密度大。如怀孕母猪在限位饲养下，每头猪的栏位面积为 1.26 m^2 左右；哺乳母猪每头猪的栏位面积为 3.5～4 m^2，肥育猪每头猪的栏位面积 0.8～1 m^2。妊娠母猪及哺乳母猪均采用金属限位栏加以限制，猪只能前头采食，后头排粪，除了站立和躺卧以外，不能自由活动。采用金属栏限位饲养，能按每头猪定量饲喂，避免争食咬斗，减少应激，降低饲料消耗。也便于观察母猪发情和进行人工授精，还可以防止母猪压死仔猪。实践证明，在工厂化养猪技术管理条件下，限制种猪的活动对其繁殖性能没有太大的影响。

有人用 2 年时间研究了种猪的限位饲养和大圈单个饲养的效果。实验母猪约 100 头，观察研究其繁殖性能表现，如受胎率、窝产仔数、初生平均活重、断奶至配种再孕的天数等，实验结果如表 10-6 所示。

表 10-6　大圈单养和限位饲养母猪的繁殖性能比较

项　目	大圈单养	限位饲养
受胎率(%)	80.3	70.37
窝产仔数(头)	11.0	10.4
初生平均活重(g)	1 384	1 425
断奶至配种再孕的天数	5.2	5.8

上述结果表明，大圈单养母猪受胎率、窝产仔数均比限位饲养母猪高一些，但从生产实践的结果看，限位饲养一般比大圈单养的仔猪成活率高 10%～20%，主要原因在于限位饲养条件下，仔猪

压死数大为降低，同时因结合漏缝地面，易于保持猪舍的清洁干燥，仔猪患病率显著下降，生长发育也较为良好。在采用了限位饲养方式后，每头猪的占地面积比较小，因此可以节约猪场建筑面积（30%～50%），限位饲养也便于饲养管理，节省劳动力，节省饲料。国内某国营农场经改造后，在同一生产面积上，产仔栏增加110%，繁殖母猪数增加75%，生产仔猪增加116%，生产肉猪圈增长50%，每人每年生产猪肉提高77%。广东广三宝养猪有限公司从美国三德畜牧设备有限公司引进的一套年产万头猪的生产线，占地面积1.2 hm^2（100 m×120 m），建筑面积4 200 m^2，已做到6个人管理一条万头猪的生产线。由于采用饲料塔及管道送料，并定时定位供料，既节省人工又节省饲料。

采用集约化的饲养管理技术后，万头猪场一般可以达到表10-7和表10-8列出的生产指标（猪种为外来引进品种）。

表10-7 万头猪场的生产指标

主要生产管理技术指标	商品猪数指标（头）
生产公猪24头，生产母猪600头	
每周分娩母猪24头，每胎产仔10头	240
每周断奶仔猪24窝，成活率90%	216
每周保育仔猪24窝，成活率95%	205
每周生长猪，成活率98%	201
每周肥育肉猪，成活率99%	199
每月出栏商品肉猪	862
每年出栏商品肉猪	10 344
平均每头母猪提供商品肉猪	15～58

生长肥育猪各生理阶段的日增重和每阶段末体重指标见表10-8。

在生产上可以按所列指标对工作情况进行评定。

现以年出栏1万头商品肉猪的猪场为例，说明各类猪舍生产管理技术规程。

表 10-8 商品肉猪的增重指标

饲养期	体重(kg)	平均日增重(g)	饲养周数(周)
初生	1.3		
哺乳期	5～6	160～180	4
保育期	20～25	350～470	5～6
生长期	55～60	550～630	6～7
育肥期	95～110	720～800	6～7
合计		550～650	25

一、配种怀孕舍的管理技术规程

(一)种公猪的管理技术规程

(1)种公猪 25～30 头,由一人负责饲养管理,一人专职配种。

(2)要求饲养的种公猪体质健壮,每次采精精液量达 200～300 mL,畸形精子率在 10%以下,并能保证与配母猪 1 次情期受胎率达 85%以上,且平均窝产仔数应达到该品种(品系)公猪的平均水平。

(3)种公猪单栏饲养,按标准结合体况合理投料[2.0～2.5 kg/(头·日)]。

(4)种公猪的日常管理规律化。做到 5 个固定:固定饲喂、运动、采精等工作的时间;固定工作程序;固定工作场所;实行定量饲喂,以免营养不足或过剩;固定专人管理。

(5)确定合理的利用强度。2 岁以上的成年公猪每日可配种或采精 1～2 次,连续配种或采精 2～3 天后休息一天。每日配种或采精 1 次,最好安排在早晨饲喂后 1～2 h 进行;如每日进行配种或采精两次,则应早晚各 1 次,并尽量使中午休息的时间长一些。青年种公猪的配种或采精的次数应加以控制,每周最多不超过 5 次,最好隔日1次，初配的公猪每周配种或采精1～2次为宜，否则，次数过多不仅会引起种公猪的过度疲劳，还会降低性欲、射精量、精子密度和活力。

(6)经常运动。合理的运动可提高种公猪的新陈代谢，促进食欲，帮助消化，增强体质。同时能锻炼四肢的结实性，改善精液品质，种公猪要坚持每日1～2次的运动，夏天宜安排在早晚进行，以避开强烈的太阳辐射；冬天则应在中午，充分利用日光照射，每次1～2 h。一般配种淡季运动量及时间可稍大些。

(7)日粮全价化。种公猪日粮要求有足够的营养水平，特别是蛋白质、维生素、钙、磷等；饲料原料要求多样化，不能有发霉变质或有毒有害的原料。饲喂时一般只能喂到八九成饱，以控制其膘情，维持其种用体况。

(8)定期检查精液品质，发现异常及时采取措施。

(9)定期称重，检查种公猪是否过肥或过瘦，是否符合种用体况的要求。

(10)定期进行疫苗注射和驱虫(每半年接种猪瘟、钩端螺旋体、伪狂犬、猪丹毒疫苗1次，驱虫1次)。

(11)坚持每日用梳子或硬刷对其皮肤进行刷拭，保持其身体清洁，可预防疥癣及各种皮肤病，促进血液循环。

(12)夏季要注意防暑降温(运动场应有遮荫凉棚或采用淋浴降温等措施)，冬季要注意保温防寒。

(13)圈舍应保持清洁干燥和阳光充足。

(14)老龄公猪进行正常淘汰更新，种公猪一般使用3年，年淘汰更新30%～40%，更新公猪来自后备公猪群经性能测定为优异者或来自专业育种场的优异者。

凡有下列情况者应予淘汰：因病、因伤不能使用者，连续两次以上检查精液品质低劣者，性情暴烈易伤人、伤猪者，繁殖力低下者。

(15)建立种公猪档案。对种公猪的来源、品种(系)、父母耳号和选择指数、个体生长情况、精液检查结果、繁殖性能测验结果(包括授精成绩、后裔测验成绩)等项应有相应卡片记录在案。如实现了计算机管理,应及时将相关资料输入存档。

(16)日常工作程序。①种公猪的饲喂和健康状况、精神状况、采食、粪便、活动等的观察检查;②对病猪进行必要的治疗;③清扫喂料通道和公猪的配种栏;④供水;⑤圈栏维修及空栏的清洁消毒;⑥公猪运动和对其梳刮;⑦转运猪只;⑧对观察检查的结果做好记录记载,填写日报表。

(二)配种母猪的管理技术规程

(1)流水线上待配母猪共112头,由1人饲养管理即可。

(2)要求所饲养的母猪尽快恢复体况,断奶1周内发情配种,1次情期受胎率85%以上。

(3)配种母猪的饲喂要根据母猪的体况而定。配种母猪一般每日喂料2次,时间可定为上午8点,下午5点,日喂量(全价料)2 kg。对体况较差的母猪和后备母猪,应采取"短期优饲"的方法促进发情排卵,并恢复母猪膘情和为以后的胚胎发育贮备营养。做法是在配种前2周开始,提高日粮的营养水平,适当增加饲喂量(比如在下午加料1 kg);对长得过肥的母猪,则应适当减少饲喂量,采取一定程度的"限饲"。这样可以使母猪体况适中,既不因过肥影响排卵数和胚胎成活率,也不因过瘦造成哺乳期严重掉膘,以至拖长断奶至配种再孕的时间间隔(对后备母猪还应定期称重,根据体重调整日粮营养水平)。

(4)与专职的配种员一道,认真观察母猪发情表现,做到一个情期适时2次以上配种;并及时做好配种记录。经21~28天观察,确认配上后的母猪,按单元数,经体表消毒后转入妊娠舍,并填好转群日报表。

(5)对已配种的母猪,在交配后21天内要注意,此阶段是胚胎附植于子宫角的关键时期,内分泌系统处于调整状态,如猪发生应激，会干扰内分泌激素的分泌，从而影响胚胎着床，增加胚胎的死亡率，大量采食高能高蛋白饲料，也会因增加肾上腺激素的分泌导致胚胎死亡增加，因此一定要保持配种——舍环境安静，不使母猪受到任何形式的干扰刺激，同时限制饲喂量至1.8 kg以下；另外，要注意检查母猪是否重发情，检查时可把母猪赶进公猪栏试情（如果有超声波妊娠诊断仪，则可简化这一工序）。

(6)配种时要尽量增加对母猪的刺激，可用公猪刺激或人工按摩母猪后腹乳房和阴门。特别是人工授精时，要尽量赶公猪在场并与母猪鼻与鼻接触以提高配种成功率；另外，要根据母猪的体况、大小、四肢的情况来选择公猪与之交配，确保交配过程稳定，时间尽可能长。

(7) 配种前2分钟，注射20 IU剂量的催产素，可使受胎率提高5%～10%，窝产仔数增加1.5～2.0头。配种期母猪应有适当运动，而且每日应随时供给清洁饮水（但配种前0.5 h一般不供料和供水，配种后最好供给温开水）。

(8)经常注意母猪采食、排粪情况以及四肢是否有疾患。

(9)如果发现母猪患有皮肤病，应在配种前及时用1%～2%的敌百虫溶液喷洒猪身进行治疗。但配种后不可用药，否则可能造成胚胎早期死亡。

(10)定期进行配种母猪舍清洁消毒，调整舍内温度，特别要注意防暑、通风，使圈舍始终保持比较干燥和清洁。

(11)母猪因年老、严重受伤，因病不能作种用或连续2～3胎繁殖力低下，或有严重恶僻者应予淘汰；正常情况下每年淘汰率25%～30%；更新的小母猪应来自后备母猪群的优秀个体或来自专业育种场的优异者。

(12)配种工作结束后，应及时做好配种情况登记，建立配种母猪档案。一般应有相应的母猪卡片，以记录母猪耳号、品种、出生日期、双亲耳号、选择指数、与配公猪、发情时间、配种时间和配种受胎情况等。

(13)配种母猪舍的日常工作程序。①定时饲喂舍内母猪，做好清洁卫生，调节舍内空气环境；②对刚空出的单元进行彻底清洁消毒；每周全舍消毒1次，每月舍内外大消毒1次；③将后备母猪赶到配种栏内，进行免疫和驱虫(这两项工作不能同一天进行)，同时放进公猪，以利发情配种；④将断奶母猪从分娩舍赶到配种舍，注意观察母猪发情情况；⑤根据事先拟订的配种计划组织配种，填写好母猪卡片；⑥用超声波妊娠诊断仪进行怀孕检查，将检出为阴性的未孕猪集中在一起重新配种，若无超声波诊断仪，应在配种后观察21天以上以确定是否妊娠；⑦将已配上28天的母猪赶到妊娠舍；⑧收集和分析最近几周的配种工作记录，以便采取相应措施，制定下一批的配种计划。

二、妊娠舍的管理技术规程

(一)妊娠母猪的管理技术　进入妊娠舍的母猪已配上4周，从此时一直到产前4周，是胚胎细胞减数分裂、分化和早期生长发育阶段。此期所需营养主要是用来维持母猪基础代谢和胚胎早期生长发育需要，通常只需要维持母猪每日45 g的增重即可。过多的饲喂不仅是饲料的浪费，而且增加母猪的负担(夏季高温时期尤其如此)，长期多喂也造成母猪体重过大而使以后的维持需要增加而成本加大。同时怀孕期的过度饲喂和长膘，可能造成接下来哺乳期厌食或采食量下降，导致母猪过度失重或泌乳力降低，从而影响母猪以后的繁殖力和仔猪发育。

(1)妊娠车间共有14个单元，在生产线上的妊娠母猪312头，安排1～2位饲养员管理。

(2)要求母猪有适度的增重，尽量减少死胎和流产，保证仔猪初生重达到该品种的平均水平，保证仔猪出生后个体大小比较整齐。

(3)饲喂要点。①保持母猪适度膘情，不使母猪过肥或过瘦(传统评分的 7～8 成膘，美国五级评分的 2.5 分)，即龙骨和骨盆骨不外露，但手按可触及之。通常日喂 1.8～2.2 kg 中等偏低营养水平饲料。但怀孕后期的最后 3 周须进行短期优饲，以高水平饲料增加饲喂量至 2.5～3.2 kg。②供给妊娠母猪的饲料要注意质量，切忌喂腐败、变质、发霉的饲料；饲喂的时间、次数要有规律性，不能随意改变，饲料的变换要逐渐过渡，以免造成应激。

(4)管理技术。①妊娠母猪舍一定要保持环境安静，严禁鞭打、追赶母猪，尽量让母猪休息好；②条件许可的情况下，让母猪有适当的运动；③妊娠母猪对高温很敏感，夏季应采取防暑措施，使舍内温度尽量不超过 24℃；④在产前 40 天和 15 天对母猪接种大肠杆菌疫苗(一般在产前 3～4 周可以接种多种疫苗，以保证以后仔猪通过吸食母乳获得母源被动免疫。现在已有商品疫苗用来预防不同大肠杆菌导致的多种常见下痢病)。

(二)妊娠舍日常工作程序　①定时定量饲喂母猪，供给清洁饮水；②做好粪污的清扫工作，对刚空出的单元进行清洁消毒；③调节舍内空气环境，防止高温应激；④用盐酸左旋咪唑进行肌肉注射，为产前 4 周的母猪驱虫；⑤产前 1 个月，注射猪丹毒和猪肺疫疫苗；⑥将临产前 1 周的母猪冲洗消毒后转入产仔舍等候分娩(冬天用热水冲洗，洗后喷 1%的敌百虫溶液)；⑦填写妊娠母猪记录表，登记转入和转出的母猪以反映存栏和周转情况。

三、产仔哺乳舍管理技术规程

产仔哺乳车间随时保持有 6 个单元共 144 窝母猪和仔猪，由 2～3 人负责饲养管理。

生产指标为哺乳仔猪成活率不低于 90%，仔猪生长均匀，28 天断奶个体平均重 6 kg 以上；母猪哺乳期结束后失重不超过其体重的 20%。

(一)哺乳母猪的管理技术规程

(1)管理目标。哺乳母猪的饲养管理应保证母猪有较高的 26

乳力，同时要维持适度的体况，使其断奶后能较快地发情排卵和配种再孕。

(2)哺乳母猪的营养需要特点。母猪泌乳期能量代谢旺盛，对营养物质的需求量大，其营养需要应根据哺育仔猪数、泌乳量和母猪体重大小合理确定(如猪场全部母猪平均产仔 10 头，在此基础上海多 1 头仔猪给母猪加喂饲料 0.5 kg)。

(3)哺乳母猪的饲喂技术要点。①日喂量，哺乳母猪日喂量应达到 4～6 kg，饲喂时根据上述营养需要特点增减；②补充青绿饲料 10 kg 可替代 1 kg 精料，但青料不可喂得过多，并且应保证卫生；③饲料不宜随便更换，且饲料质量要好，不能喂任何发霉、变质的饲料；④保证供给充足的清洁饮水；⑤体况好的母猪分娩前 3～5 天开始减料 10%～30%，以防产后泌乳量过多引起仔猪消化不良或母猪发生乳房炎。产后母猪身体虚弱，应以流食为主，逐渐加料，同时喂一定量的麸皮和加有电解质的清洁温开水防止母猪便秘，3 天后恢复喂料至 4.5 kg 以上，1 周后完全按母猪需要供料；⑥哺乳母猪日喂次数能调整为 3 次有利于保持其食欲；⑦饲料中加入脂肪可适当减少上述喂量。

(4)哺乳母猪的管理技术要点。①产前对母猪乳头进行清洁消毒，哺乳期间也应保持乳头的清洁卫生；②在保证仔猪温度需要的前提下，将舍温适当调低至 20℃左右，以保证母猪采食量正常；③产仔舍以保温为主，但也要注意适当的通风换气，排除过多的水汽、尘埃、微生物、有害气体(如 NH_3、H_2S、CO_2 等)，但必须防止贼风，同时注意通风时控制气流速度在 0.1 m/s 以下，且风速均匀、平缓；④母猪哺乳时必须保证环境安静，噪声小有利于泌乳和仔猪吃奶，否则对母仔都有不利影响；⑤母猪舍应保持清洁干燥，高床漏缝地板饲养，不宜用水带猪冲洗网床，床下粪污每日清扫 2 次，若水冲则注意防止水溅到网床上；⑥每日注意观察母猪有无乳房炎、无乳症、便秘等疾病，或食欲是否旺盛，精神是否较好，身体是不是过瘦等；⑦对上述观察中发现的异常母猪应做好各种记录，以提供给兽医和管理技术人员作参考并采取相应措施；⑧对母猪要温和，不能吆喝和鞭打；⑨及时填写哺乳母猪卡片及日报表：记录记载母猪品种、耳号、胎次、产仔日期、产仔数以及母猪分娩情况、哺育泌乳与健康状况、转入转出数等。

（二）哺乳仔猪的培育技术　哺乳仔猪阶段是猪一生中生命力最弱的时期。其生理特点主要表现为：①生长发育快，代谢旺盛；②消化器官不发达，消化腺机能不完善，表现为消化酶系统发育较差，消化力较弱，食物在胃内排空时间短等；③初生仔猪缺乏免疫抗体，抗病能力较弱，只有吸食初乳后才能建立起被动免疫功能；④体温调节机能不完善，对较低温度极其敏感；一般仔猪从 7 日龄开始有调节体温的机能，到 20 日龄才发育完善。

由于这些生理特点，仔猪在该阶段的培育中发病率、死亡率高，对营养、环境、饲养管理依赖性较强，只有做到科学饲养，精心细致地培育，才有可能获得较高的成活率和断奶重。

(1)培育目标。哺乳仔猪成活率达 90%以上，哺乳期结束(28 天断奶)时个体平均重在 6 kg 以上，而且整齐度较好。

(2)做好母猪分娩工作。哺乳仔猪的培育要从分娩接产工作开始抓起，在母猪分娩之前 2 周开始就要做好一切准备工作。

产房的准备：提前做好清洁消毒工作，冬季注意保温设备设施维修准备。

分娩所需用具的准备：消毒药品、保温箱、取暖器、记录本、笔等。

猪体清洁消毒：做好母猪腹下乳房部位和阴户的清洁消毒(如在清洗后用 1‰高锰酸钾溶液消毒)，以保证产后哺乳卫生。

注意母猪产奶时间：随时注意母猪的乳房、阴户等部位的变化和观察母猪采食、排泄及其他行为的变化，以判断母猪产仔时间，确保母猪产仔时人要在场(母猪临产前的特征见表 10-9)。

表 10-9 母猪产前征兆

时间	特征
产前 1 周	腹部膨大下垂,乳头红肿,乳头外张,颜色红亮
产前 3～5 天	阴部红亮,肌肉松弛,尾根下陷
产前 1 天	前部乳头可挤出乳汁,若最后乳头挤出乳汁时,约 6 h 后可分娩
产前 6～12 h	母猪食欲下降或不采食,行为不安
产前 3～5 h	母猪兴奋不安,频频排尿,但尿量少,时起进卧,喘气声较大,阴户有黏液排出

人工助产:在母猪分娩时,采取人工助产可以减少仔猪死亡。具体做法是,在仔猪身体刚露出时,用手轻轻握住仔猪,随母猪阵缩的力量向外牵引而取出仔猪。然后用干净的毛巾或纱布擦净其口、鼻和身体上的黏液,接着把脐带内的血液向腹部挤压,并在离腹部 4～5 cm 处,将脐带剪断,立即用碘酒消毒,若流血较多,可用手指压迫止血,或用棉线结扎止血。

断脐后进行仔猪编号、称初生重、将仔猪放入保育箱,并记入分娩哺育记录。

正常情况下,母猪每 5～25 min 产出一个胎儿,产程持续2～4 h。当全部产出后 10～60 min 胎盘脱出,分娩才告结束。有时产出的仔猪有假死的现象(心脏仍然跳动),必须施以急救,第一种方法是,用手托住仔猪背部和臀部,让其一伸一曲,迫使其胸腔和腹腔受压而恢复呼吸;第二种方法是,提住仔猪的后肢,拍打其臀部,直至其发出叫声。另外也可用酒精刺激其鼻黏膜使其反射性打喷嚏而开始呼吸。

在胎衣排除后,将圈栏清理干净,做好保温的一切措施,不久(产后 2 h 内)开始帮助仔猪吮吸初乳。

(3)寄养。如果窝产仔数太多或哺乳母猪发生急性病等原因不能哺乳,则应考虑寄养。寄养时应当注意的问题有:①两窝猪之间的产期相隔不宜超过 3 天，否则不易寄养成功；②应选择泌乳力高、性情温和的母猪做继母；③寄养一般应在夜间将被寄仔猪混入仔猪群，并用气味大的药液撒在仔猪身上，然后母仔分开一定时间后，放入母猪栏哺乳；④如果是挑出过多的仔猪寄养，一般应选择身体较强壮的个体，弱猪应留在亲生母亲处饲养。

(4)仔猪喂养。哺乳仔猪生后 1 周内特别容易生病或死亡，工作必须做得细一点，尤其要做好以下几点：

喂好初乳：初乳是母猪产后 3～5 天分泌的乳汁，其中含有大量的免疫球蛋白、各种氨基酸、白细胞、维生素、溶菌素等，可以帮助仔猪抵抗各种疾病和促进其生长。由于仔猪在生后 12 h 内可以直接吸收大分子的免疫球蛋白(生理学上称为"细胞饮液作用")，特别是在初生 2 h 内吸收作用较强，而以后越来越弱，所以哺喂初乳最晚不能超过 2 h，而且应保证每头仔猪都吃到初乳。

训练仔猪固定奶头吮乳：在仔猪生后 3 天内应当辅助仔猪特别是弱小的仔猪吮乳，让弱小仔猪固定在前面两对奶头吮乳，由于前面的奶头泌乳量较大，这样可以使整窝猪长得比较均匀。如果母猪乳头比较多，可训练仔猪吮 2 个奶头，避免空出的奶头变成瞎奶头。

做好保温防寒工作：仔猪初生后 24 h 内需要保证躺卧区温度达到 34～35℃，2～3 天温度在 30～32℃，3～7 天温度在 28～30℃，以后逐渐下降到 20 日龄的 24℃直到断奶；否则仔猪下痢会增多，感冒、肺炎以及间接导致的压死、饿死等数量也会增加。最好准备专门的可以调节温度的仔猪保温箱，如果用红外线灯、石英管灯等从上面辐射的取暖器，应在仔猪躺卧区铺上橡胶、木板、麻袋等导热性低的材料做成的垫子，最好用专用电热垫，防止仔猪腹部受凉。

加强看护管理，防止仔猪被母猪压死。

生后 3～5 天给仔猪注射铁剂，预防缺铁性贫血发生。如右旋糖苷铁针剂，培亚铁针剂、血多素等，肌肉注射 150～200 mg/头，2 周龄时再注射 1 次，以后在开食料中添加。

补铜和硒促进生长。例如，在仔猪生后 3～5 天肌肉注射 0.1%的亚硒酸钠生理盐水 0.5 mL，2 周龄时再注射 1 mL（硒是剧毒物质，必须控制好药液浓度和使用量）。

仔猪代谢旺盛，应注意供给清洁饮水（有条件的最好用温开水，并可加入适当的有机酸或盐酸以帮助消化）。

（5）诱食。仔猪 7～10 日龄时开始诱食。根据这一时期的仔猪具有喜欢啃咬硬物，四处探寻，模仿性强等特点，用香甜的颗粒料或专门配制的全价诱食料引诱仔猪尽早开食，对以后仔猪适应固体饲料，减少断奶的应激和补充仔猪因母猪泌乳量下降造成的营养不足等有很大的好处。诱食的方法有：

第一，将诱食料撒在仔猪经常活动的地方，让仔猪自己在探索中逐渐学会吃料。但是要注意不能在诱食料投放后即不再过问，否则诱食料发霉变质会造成仔猪中毒下痢或感染其他疾病。

第二，如果仔猪几天后仍然不吃料，可采取强制诱食。方法是将饲料调成粥状，抹在仔猪嘴边或用奶瓶逐头喂料，但不可一开始就喂得太多。

第三，仔猪开食后要控制好喂量，根据采食情况增减，保持每日饲料新鲜，并以少食多餐为原则。

（6）预防腹泻。哺乳期间，仔猪往往腹泻较多，所以必须搞好对腹泻的预防，对患病仔猪要及时诊断治疗。腹泻的原因较复杂，但总的说来，主要由消化不良、环境应激和病原菌引起，例如仔猪过食或感染大肠杆菌、产气荚膜杆菌、轮状病毒、传染性胃肠炎和球虫病等都会导致腹泻。对腹泻的治疗，应当在确诊的基础上采取综合的措施。有的猪场在治疗中不重视诊断，所以往往采取的治疗或预防措施没有多大的效果。目前，常规的预防措施主要是：①保持圈舍的清洁卫生，定期消毒；②执行严格的全进全出制度；③做好保温防寒工作，降低产仔舍湿度，减少气候变化的应激；④仔猪料熟化处理（如煮熟或膨化处理）并加入抗生素（如土霉素，添加50～80 mg/kg）、益生素（乳酸杆菌、需氧芽孢杆菌、双歧杆菌等制成的微生物添加剂）、喹乙醇（添加 50 mg/kg）或各种有机酸（如柠檬酸、乳酸等，但仔猪 40 日龄后不宜添加）；⑤有针对性地进行预防免疫接种。如现在许多场已实施了在母猪产前 40 天和 15 天对其注射大肠杆菌灭活苗或用本场病原制成的疫苗给母猪实施免疫，收到了一定的效果。也有少数猪场利用下痢仔猪的粪便拌进妊娠母猪的饲料，以借助妊娠母猪产生抗体，以后产下的仔猪通过吮乳获得被动免疫。但这种方法对妊娠母猪体内胚胎有潜在的危险，必须谨慎采用。

减少仔猪断奶应激：仔猪断奶前后的工作十分关键，应当千方百计减少仔猪断奶应激。通常情况下，猪一生中受到的最大应激就是断奶造成的应激，这就是刚断奶仔猪死亡率较高的一个重要原因。要减小断奶应激，必须在断奶前就开始考虑饲料的过渡，逐渐增加断奶后饲料的比例，直到断奶后 1 周左右才完全采用保育期饲料；断奶时环境逐渐过渡也很重要，采用断奶时赶走母猪，仔猪留原圈饲养 1 周后才转群，结合同窝仔猪同圈饲养的组群方式，可以大大减少断奶的应激；另外，尽量避免在断奶后 1 周内进行免疫接种工作，圈舍冲洗工作推迟到仔猪转入保育舍后进行；断奶后 1 周内继续为仔猪提供较高的温度，降低舍内湿度和有害气体浓度，都会对仔猪生长发育和健康产生有利的影响。

其他工作包括：每周清点 1 次哺乳仔猪存栏数，发现数目不对应及时查找；随时检查药品器械是否准备充足，同时做好设备设施的检修工作；填写仔猪登记簿，内容主要有仔猪号、品种、初生重、采食情况、健康情况、寄进寄出情况、断奶重等（结合上述分娩母猪卡片，及时记录整理）。

(三)产仔哺乳舍的日常工作

(1)做好分娩接产工作。对临产前后母猪的护理和分娩中的人工助产是做好产仔舍一切工作的基础,必须严格执行上述技术措施,保证仔猪一出生即受到很好的照料。

(2)产仔舍中最重要的工作就是哺乳仔猪的培育,因而应当把护理仔猪作为首要的任务,仔猪出生后,及时帮助哺喂初乳(特别是对弱仔),帮助固定奶头吮乳,调节好仔猪躺卧区温度,防止母猪压死仔猪等工作要切实抓好。

(3)对已满 3 日龄的仔猪注射铁剂和补硒。

(4)对已满 7 日龄的仔猪开始诱食。

(5)做好清洁卫生,清除粪污,清扫残余的旧饲料。

(6)根据母猪食欲、体况等不同情况投放饲料,每日 2 次或更多,并记录吃料不正常的母猪。

(7)检查猪群,看是否需要做紧急处理,并做好每头病猪的治疗记录。例如检查母猪乳房、阴道等是否正常,未分娩的是否有分娩症状,分娩了的是否有无乳症状,对食欲较差或厌食的母猪则应做全面的检查;对仔猪要检查有无腹泻、跛行、生长发育不良以及活动不正常等。

(8)观察猪只对环境的反应,保证保温及通风换气设备运转正常,保持温度适宜,空气新鲜,避免贼风。

(9)护理好断奶 1 周内的仔猪。饲喂上以少食多餐为原则,每日投放 4～6 次,供给清洁饮水(最好能供给温开水),并注意防止仔猪过食;环境上要保证圈舍干燥,并在刚断奶后的 2～3 天将仔猪躺卧区温度提高到 30℃,以后逐渐降到 24℃。

(10)哺乳 25 天以后母猪喂料减少至 1.8 kg 以下(防止母猪断奶后患乳房炎),28 天断奶后母猪赶出产仔舍,经体表消毒后交给配种舍。

(11)断奶 1 周后的仔猪转群到保育舍,然后对空栏进行清洁消毒。

(12)清粪时应从健康的猪栏开始，最后清理患病猪栏，以免疾病传到健康猪群。

(13)按要求填写分娩头数、产活仔数、初生重、断奶性状、死亡、胎次以及猪群变动报告单，为整理与汇总季度和年度的生产情况提供基础资料，切不可漏报错报，更不可有意弄虚作假。

四、保育舍管理技术规程

(一)劳动定额　保育舍在养单元共有 5 个，每个单元 24 栏，可由 1～2 人负责饲养管理。

(二)生产指标　保育舍仔猪成活率应达到 95%以上，保育期结束时，所有仔猪生长整齐，平均个体重在 20 kg 以上(70 日龄重)。

(三)保育仔猪的饲养管理技术

(1)由于实施了仔猪断奶后留原圈饲养 1 周的管理方法，仔猪已在哺乳舍逐渐适应了保育期的饲料，转群到保育舍后，必须做到原饲养制度不变和原饲料不变，以减少环境变化引起的应激。也就是说，饲料不变，每日仍然饲喂 4～6 次，每次投放不能太多，尽量保持饲料新鲜。

(2)本规程采取一窝仔猪一栏的饲养制度，进一步确保仔猪进入保育舍后受到的应激达到最小(如仔猪占用圈栏面积 0.3 m^2/头，则保育舍单栏面积应为：0.3 m^2/头×10 头＝3.0 m^2，于是可将其设计为 2.0 m×1.5 m 的单栏)。

(3)仔猪刚转群到保育舍时，最好供给温开水，并加入葡萄糖、钾盐、钠盐等电解质或维生素、抗生素等药物，对提高仔猪抗应激能力是非常有效的。仔猪进入保育舍 3～5 天后，由于已进入旺食期，可能会开始出现抢食现象，这时应增加饲喂量和饲喂次数，但也应注意防止暴食出现消化不良。

(4)仔猪转群到保育舍后,保育栏内温度在2~3天升高到28~30℃,3天后即调节至26℃,以后按每周2℃降幅逐渐降低到10周龄的21℃(这样有利于减轻转群的应激)。栏内应有温暖的睡床,以防小猪躺卧时腹部受凉。同时要注意防止贼风(舍内风速低于0.25 m/s),保持舍内干燥(湿度应在50%~75%)、温暖和空气清新(NH_3浓度低于26 μL/L)。

(5)保育舍猪栏原则上不提倡估太多的冲洗,对粪便技从小龄猪猪栏到大龄猪猪栏,从健康猪猪栏到病猪猪栏的顺序直接干清扫,而且每个饲养单元清洁工具不能混用。

(6)做好保育仔猪的免疫工作。各种疫苗的免疫注射是保育舍最重要的工作之一,注射过程中,一定要先固定好仔猪,才能在准确的部位注射,不同类的疫苗同时注射时要分左右两边注射,不可打飞针;每栏仔猪要挂上免疫卡,记录转栏日期、注射疫苗情况,免疫卡随猪群移动而移动。此外,不同日龄的猪群间不能随意调换,以防引起免疫工作混乱。

(7)防止传染病的发生。对于大部分的传染病来说,保育猪是个非常敏感的环节,所以留心猪群的状态,及时发现病猪相当重要。一群猪中个别猪只离群、精神呆滞,多为有疾病发生,如测量发现其体温升高的话,则可能感染上了病菌,应立即肌肉注射抗生素和退烧针,严重的应向上报告。突然死亡的猪只应进行解剖诊断。

(四)保育舍的日常工作

(1)观察猪群状况。每日一上班对猪群都要做全面的巡查,注意观察每个栏每头猪,登记不正常的猪只,移走死亡和隔离需要特别照顾的仔猪。仔细地观察不愿吃料的猪只,因为这可能是猪患病的征候,因此对其不可掉以轻心,而应立即查明原因。

(2)在打扫猪栏的同时检查设备的工作情况,例如饮水器是否堵塞或漏水,取暖设备工作是否正常,舍内温度过高还是过低,湿度和通风符不符和要求等,同时清走过剩的饲料。

(3)给仔猪投放饲料。投放饲料量以基本吃光为原则,尽量使饲槽内饲料保持新鲜。在保育期即将结束前1周开始,适当增加生长肥育期料的比例,为以后转入生长肥育舍做好准备。

(4)对刚空出单元的猪栏进行清洗消毒。先用高压水龙头彻底对猪栏和各种设备冲洗去污,然后用强消毒剂(如漂白粉、NaOH溶液、福尔马林等)喷洒消毒,后以空栏1周等待接纳下一批猪。

(5)保育仔猪也容易出现腹泻,发现病猪应当全栏一起治疗,对腹泻较严重的仔猪,除了服用抗生素外,还应补充电解质溶液。

(6)40日龄左右注射链球菌、猪丹毒、猪肺疫三联苗,保育期结束前1周注射1次猪瘟单苗。注射时要按规定的方法稀释、摇匀,保证用具干净,消毒严格,每个猪栏使用一个针头,并将要求的剂量注射到正确的部位。

(7)8周龄时应进行体内驱虫,可用左旋咪唑按8 mg/kg体重肌肉注射。转群到生长肥育舍前1周,用1%～2%的敌百虫溶液喷洒,杀灭体外寄生虫(喷洒时注意药和水混匀,防止猪只中毒)。

(8)填写幼猪保育卡片。主要记录保育舍幼猪的增重情况、转入转出的平均活重、成活率、饲料消耗、疾病和死亡原因等。

五、生长肥育舍管理技术规程

(一)劳动定额 生长肥育舍共有15个单元,195个栏位在养猪只,因工作相对较单纯,可由1～2人负责即可。

(二)生产指标 生长肥育舍的责任就是合理饲喂,调节猪舍环境,保证猪只最大限度地发挥生长速度和饲料转化率等方面的遗传潜力,而且生长均匀整齐,并将猪的死亡减少到最低限度。具体要求是:猪在生长肥育阶段的平均日增重、饲料转化率和瘦肉率应达到该品种平均水平,猪的成活率在98%以上,出栏猪个体差异较小。

(三)生长肥育舍生产管理技术

(1)猪从保育舍进入生长肥育舍时应当按来源、品种、强弱、体重大小等合理分群,以避免以强凌弱、以大欺小、相互咬斗等群体秩位斗争对生长产生不利影响(如果能做到按窝分群最好)。分群可在夜间进行,先对猪体喷上气味大的药液,然后混群,1～2 h后开始分群。

(2)猪只进入新舍后,要及时调教,尽快养成采食、排泄、躺卧三角定位的习惯。一般应在猪上圈之前,在采食区投放饲料,在排泄区撒上健康猪的粪尿,而在躺卧区放上一些保温的垫料,并在猪进圈后,勤轰勤赶,经两三天训练后即可形成良好的习惯,为以后的饲养管理和卫生防疫工作带来很大的方便。

(3)保持合理的群体规模和饲养密度。一般肥育猪每圈饲养10～20头规模,头平占圈面积0.8～1.0 m^2。为保证生产的连续性,减少组群应激,生长期也应以此标准饲养(三段式生产工艺)。

(4)搞好防疫和驱虫。要贯彻预防为主,治疗为辅的工作方针,按事先拟定的免疫程序,对猪瘟、猪丹毒、猪肺疫等主要传染病进行预防接种;在猪55 kg左右时应进行体内驱虫,青料喂得多的猪场,可在生长期多驱1次。

(5)供给猪只充足的清洁饮水,如安装自动饮水器,应安在排泄区一端,高40 cm左右。

(6)搞好圈舍的清洁卫生,保持猪栏干燥(可考虑在排泄区设置高5 cm,直径3.2 cm,间距20 cm的柱头螺栓,以防止猪只在排泄区躺卧,有利于卫生防疫)。

(7)生长肥育期猪的适宜温度为10～21℃,在此温度区域饲料利用率较高。虽然此期猪的适应性比较强,在绝大多数地方很少因为温度原因发生疾病或死亡,但是,高、低温应激仍然是生长肥育期饲料报酬较低的一个重要原因,有时我们可以通过极低的代价,就可将温度调整得比较接近适宜温度(例如冬季用塑料薄膜封闭了猪舍的各种缝隙,或增加了麻布门帘,夏季有适当的冷水冲淋或有树木遮阳等),这样做的结果是节约了大量饲料从而换来了一大笔利润。

(8)考虑温度的同时,应当重视湿度和风速协同温度产生的综合影响。猪舍内的高湿,不仅仅增大了保温和防暑的难度,而且给病原微生物的繁殖和生长提供了有利的条件。例如,当相对湿度从80%上升到90%时,猪舍内空气中的微生物含量增加了1倍,而从80%下降到70%时,微生物含量则减少了63%左右。风速的影响,相对比较单纯一些,一般情况下只要风速增大就会增加散热,因此冬季对风速必须有适当的控制。

(9)正如其他阶段的猪只管理一样,调节猪舍内环境,观察猪只的健康状况、精神状况、采食、躺卧、排泄情况等也是生长肥育舍每日的必修课,发现猪出现精神不振、颤抖、呕吐、四肢无力等现象应当立即查明原因,及时治疗病猪并做好记录。

(10)杀灭老鼠、蟑螂、蚊蝇等害虫,虽然往往很困难,但对于防疫工作是绝对必要的。

(11)搞好消毒工作。每次转移猪后必须将栏舍、饲槽清洗干净并经消毒后方可使用。每次出猪后,及时将通道、出猪台等设施冲洗干净并消毒。

(四)生长肥育舍日常工作

(1)喂料。每日喂料2次即可,但投放饲料量要恰当。清楚地标记料箱和饲料存放点的饲料名称,以便能准确投放饲料。取料时注意检查饲料的结构和颜色,发现异常及时报告。投料前检查每个料槽,清理所有潮湿、发霉的饲料。

(2)观察猪群的各种情况,调节猪舍内空气环境(温度10~20℃,相对湿度60%~75%,风速:冬季应低于0.25 m/s,夏季在不影响其他生产条件的情况下尽量加大风速;NH_3浓度低于26 μL/L,H_2S浓度低于20 μL/L)。

(3)供给猪只充足的清洁饮水,每日注意查看饮水器是否能正常使用。

(4)每日2次清扫粪便,污物及霉烂变质饲料,并立即从脏道运至粪污储存处理场,以保持猪舍的清洁卫生。

(5)做好肥育猪上市出栏工作,及时对空栏清洗消毒。

(6)及时将病残猪、死猪运到指定地点处理。

(7)记录生长肥育舍转入转出头数,肥育期平均日增重、饲料消耗、疾病、死亡和出栏头数等。

六、兽医防疫规程

为了预防、控制猪的传染病,保证养猪正常生产,提高养猪经济效益,猪场必须制定兽医防疫规程,并严格执行。

第一,猪场场址选择与猪舍建筑及布局必须符合防疫要求(见有关章节)。

第二,猪场兽医防疫卫生管理实行场长负责制,其职责为:

(1)组织拟定本场兽医防疫卫生计划、规划和各部门的防疫卫生岗位责任制。

(2)按照规定淘汰病猪、疑似传染病病猪、隐性感染猪和无饲养价值的猪只。

(3)组织实施传染病和寄生虫病的防治和扑灭工作。

(4)对场内职工及其家属进行猪场兽医防疫规程宣传教育。

(5)监督场内各部门和职工执行规程。

第三,兽医卫生防疫应由中专学历以上的兽医技术人员具体负责,其职责为:

(1)拟定全场的防疫、消毒、检疫、驱虫计划,并参与组织实施,定期向主管场长汇报。

(2)配合畜牧技术人员加强猪群的饲养管理、生产性能及生理健康检测。

(3)有条件的猪场应开展主要传染病的免疫检测工作。

(4)定期检查饮水卫生及饲料的加工、贮运是否符合卫生防疫要求。

(5)定期检查猪舍、用具、隔离舍、粪尿处理和猪场环境卫生和消毒情况。

(6)负责防疫、诊治,淘汰、死猪剖检及其无害化处理。

(7)推广兽医科研新成果和新经验,有条件的可结合生产进行必要的科学研究工作。

(8)建立疫苗领用、保管、免疫注射、消毒、检疫、抗体监测、疾病治疗、淘汰、剖检等各种业务档案。

第四,建立完善的兽医卫生防疫制度。

(1)坚持自繁自养的原则,必须引进种猪时,在引猪之前必须调查当地是否为非疫区,并有产地检疫证明。引入后隔离饲养30天,在此期间进行观察、检疫,确认为健康者方可并群饲养,并及时注射疫苗。

(2)猪场严禁饲养禽、犬、猫及其他动物。猪场食堂不准外购猪只及其产品。职工家中不准养猪。

(3)严格控制参观猪场,必要时必须经场长许可,经更换场区工作服、工作鞋或洗澡方可入内,并遵守场内防疫制度。

(4)场内不准带入可能染疫的畜产品及其他物品。场内兽医人员不得对外诊疗猪只及其他动物的疾病。猪场配种人员不得对外开展猪的配种工作。

(5)猪场的每个消毒池要经常更换消毒液,保持有效浓度。

(6)生产人员进入生产区,应洗手、穿工作服和胶靴,戴工作帽,或淋浴后更换衣服和鞋。工作服应保持清洁,定期消毒。严禁相互串栋。

(7)猪场要喂全价配合饲料,禁止饲喂不清洁、发霉或变质的饲料,不得饲喂未经无害化处理的泔水和其他畜禽副产品。

(8)每日坚持打扫猪舍卫生，保持料槽、水槽、用具干净，地面清洁，舍内可用0.27%～0.3%过氧乙酸或其他消毒药消毒，每月一两次。猪只转群时要进行消毒。

(9)猪场道路和环境要保持清洁卫生，因地制宜选择高效、低毒、广谱的消毒药品，定期消毒。

(10)每批猪只调出后，猪舍要严格进行清扫、冲洗和消毒，并空圈5～7天。

(11)产房要严格消毒，母猪进产房前应对猪体进行清洗和消毒。

(12)定期驱除猪的体内外寄生虫。搞好灭鼠、灭蚊蝇和吸血昆虫等工作。

(13)饲养员认真执行饲养管理制度，细致观察饲料有无变质、猪采食和健康状况、排粪有无异常等，发现不正常现象，及时请兽医检查。

(14)猪只及其产品出场，必须经县以上防疫检疫机构或其委托单位出具检疫证明。出售种猪应包括疫病监测、免疫证明。

(15)根据本地区疫病发生的种类，确定免疫接种的内容和适宜的免疫程序。制定综合的防治方案和常用驱虫药物。

第三节 生产监控

一、主要技术经济指标的确定

猪的主要性能指标是安排猪场生产和实行定额管理的依据。在此提供一些理论指标，仅供参考(表10-10，表10-11)。在生产实际中应根据猪场所养品种、饲养管理水平等具体情况，制定本场生产性能参数。再根据这些参数制定生产计划、劳动定额、奖罚标准等，以实现对工厂化养猪的管理和监控。

表 10-10　猪生产性能参数

项　目	生产成绩水平		
	优(优于该值)	中	劣(差于该值)
受胎率(%)	90	90～80	80
每头母猪年产窝数	2.2	2.2～2.0	2.0
每头母猪年提供肉猪数(头)	20	20～18	18
产仔数(头)	10.5	10.5～9	9
产活仔数(头)	10	9.5～8	8
出生重(kg)	1.4	1.4～1.2	1.1
断乳成活率(%)	95	95～90	90
28 日龄断乳体重(kg)	9	9～7	7
9 周龄体重(kg)	22	22～18	18
保育期成活率(%)	98	98～96	96
90 kg 日龄	160	160～180	180
饲料增重比	2.8	2.8～3.0	3.0
育肥期成活率(%)	99	99～98	98
瘦肉率(%)	62	62～58	58

表 10-11　迪卡猪生产目标

项　目	祖代 A	祖代 B	祖代 C	祖代 D	父母代 CD
断乳 10 天发情率(%)	90	90	90	90	90
分娩率(%)	80	86	85	90	90
产仔数(头)	9.9	10.8	10.6	11.4	11.4
产活仔数(头)	9.0	10.0	9.8	10.5	10.5
出生重(kg)	1.45	1.45	1.45	1.45	1.45
断乳头数(头)	8.1	9.0	8.8	9.5	9.5
27 日龄断乳重(kg)	7.3	7.3	7.3	7.3	7.3
断乳成活率(%)	90	90	90	90	90
4～9 周龄日增重(g)	386	386	386	386	386
4～9 周龄料肉比	1.8	1.8	1.8	1.8	

续表 10-11

项　目	祖代 A	祖代 B	祖代 C	祖代 D	父母代 CD
9 周龄体重(kg)	20.4	20.4	20.4	20.4	20.4
9～14 周龄日增重(g)	658	658	658	658	658
9～14 周龄料肉比	2.4	2.4	2.4	2.4	2.4
14 周龄体重(kg)	43	43	43	43	43
14 周龄以上日增重(g)	900	900	900	857	925
14 周龄以上料肉比	3.2	3.1	3.2	3.2	3.1
90 kg 日龄	150	150	150	153	149

二、万头猪场岗位责任制及奖惩办法实例①

(一)配种妊娠段

(1)配种妊娠段由 5 人组成,组长与配种员奖罚额为职工的 1.4 倍。

(2)基础母猪群 600 头,按四段工艺,每周应配准 24 头,每少 1 头,处罚组长和配种员各 50 元,饲养员每人 30 元,完成指标,人均奖 15 元。

(3)每周应有 24 头母猪在分娩舍产仔,每头母猪窝均产健康仔猪(健康仔猪标准为 1.2 kg 以上,健康无病、形态正常)9.2 头,完成此项指标,每头仔猪提奖金 0.3 元,超过该指标,每超 1 头奖励 10 元。

(4)母猪月淘汰 4 头,允许死亡 0.5 头,每多淘汰或少淘汰 1 头,人均奖罚 10 元,每少死或多死 1 头,按倍数奖罚 30 元。

(5)完成场方指令性任务,遵守场规、场纪,不出现较大事故,人均奖励 20 元。

---

① 本实例引自北京华都种猪饲养管理手册。

(6)配种妊娠阶段所养的母猪,要根据不同阶段,分别给不同饲料,日饲喂量 2.5～3.2 kg,由场方统一安排指导。

(二)分娩段

(1)分娩段由 4 人组成,组长奖罚额为职工的 1.4 倍。

(2)分娩段健康仔猪成活率为 93%,断乳体重为 8 kg,完成上述指标,每头仔猪提奖金 0.25 元,未完成不提。

(3)每头仔猪给料 75 kg,每节约或浪费 1 kg,人均奖罚 2 元。

(4)断乳仔猪若超过成活率或体重标准,每多活 1 头奖励 30 元。

(5)在分娩舍的母猪,每日给哺乳料 4 kg,上下浮动 1%。

(6)完成场方指令性任务,遵守场规场纪,不出现较大事故,人均奖励 20 元。

(三)仔猪保育段

(1)保育段 2 人,不设组长。

(2)保育段仔猪成活率 97%,转群体重 20 kg 以上,完成两项指标,每头仔猪提奖金 0.2 元,未完成不提。

(3)保育阶段料肉比为 2∶1,每下降或上升 0.1,人均奖罚 10 元,保育阶段给 551 料 7 kg,352 料不限。

(4)完成成活率和体重指标,每超 1 头奖励 30 元。

(5)完成场方指令性任务,遵守场规场纪,不出现较大事故,人均奖励 20 元。

(四)生长育肥段

(1)生长育肥段 3 人,每人一栋,不设组长。

(2)生长育肥猪成活宰 98%,完成指标,每头肥猪提奖金 0.35 元,未完成不提。

(3)生长育肥段料肉比冬季为 3.7∶1,其他季节为 3.5∶1,每节约或浪费 1 kg 饲料,人均奖罚 1 元。

(4)完成场方指令性任务,遵守场规场纪,不出现较大事故,人均奖励 20 元。

(五)车间主任

(1)配种妊娠段与分娩段为 1 个车间,设车间主任 1 人,保育与生长育肥段为 1 个车间,设车间主任 1 人。

(2)车间主任负责本车间生产、防疫、消毒等工作的统一安排。

(3)车间主任奖罚为所辖管车间职工所得奖罚额的 1.6 倍。

(4)若出现较大生产事故,奖罚额由公司视情节轻重决定。

(六)主管生产副场长

(1)组织协调安排好全场生产,直接对场长负责。

(2)副场长奖金是全场职工平均数的 1.8 倍。

(3)若出现较大生产事故,奖罚办法由公司视情节轻重决定。

(七)场长

(1)场长全面统筹安排全场生产,协调周围关系,对公司负责。

(2)场长奖金是全场职工平均数的 2 倍。

(3)若出现较大生产事故,奖罚办法由公司视情节轻重决定。

(八)后勤人员

(1)全场后勤人员各司其职,根据岗位不同,工作性质不同,均按有关岗位责任制考核。

(2)后勤人员奖金是全场职工平均数的 90%。

(九)全场鼓励奖

凡工作出色,遵守劳动纪律,爱护公共财物,弘扬正气,积极向上,积极参加场内各项有益活动,经常向场部提出有价值的建议者,经场部研究,每月奖励 50～100 元。

(十)各段职工奖金测算

(1)配种段全段完成指标,每窝多产健康仔猪 0.3 头情况下奖金:

职工月奖金总额:1 102.96/5.6 倍=196.96(元)。

组长配种员月奖金额:196.96×1.3 倍=256.05(元)。

(2)分娩段全段完成指标并且多活2%或多活0.18头情况下奖金：

职工月奖金总额：844.81/4.3倍＝196.47(元)；

组长月奖金额：196.47×1.3倍＝255.41(元)。

(3)保育段全段完成指标并且多活1%情况下奖金：

职工月奖金总额：429.76/2倍＝214.88(元)。

(4)生长育肥段全段完成指标并且多活1%情况下奖金：

每周平均转群266头，出售仍按260头计，每人月奖金总额202元。

(5)车间主任月奖金额295～320元。

(6)副场长月奖金额360元左右。

(7)场长月奖金额400元左右。

(8)后勤人员月奖金额180元左右。

三、生产记录系统和统计报表

母猪终生配种记录卡片(正面)

耳号　　品种　　　　来源　　生日　　　　舍号

母猪胎次	与配公猪		配种日期			预产期	妊娠检查			猪瘟	丹毒肺疫	乙脑	伪狂犬	大肠杆菌	备注
	计划	实配	1	2	3		1	2							

母猪终生产仔记录卡片（背面）

耳号　　品种　　来源　　生日　　舍号

胎次	与配公猪	产仔日期	产仔数（头）	活仔数（头）	木乃伊（头）	弱仔数（头）	出生重（kg）	断乳日期	断乳头数	断乳重（kg）	备注
合计											

公猪配种记录　　日期

日期	六	日	一	二	三	四	五

配种记录日（周）报表

舍号 /　　组别　　日期

母猪		与配公猪		配种日期			复配日期	预产期	妊娠检查		死亡	流产	出售	备注
耳号	胎次	计划	实配											

配种员

配种妊娠车间日(周)报表

年　月　日　　　　　　　　　　　　　　　　　配种员

舍号	妊娠母猪				空怀母猪				后备母猪				种公猪			配种记录	
	转入	转出	死淘	存栏	转入	转出	死淘	存栏	转入	转出	死淘	存栏	转入	死淘	存栏	初配	复配

负责人

分娩车间日(周)报表

年　月　日

舍号	母猪			仔　数							
	转入数	转出数	存栏数	窝数	总仔数	活仔数	死胎数	中途死	断乳数	存栏数	转出数
合计											

负责人

保育车间日(周)报表

年　月　日

舍号	转　入			转　出			死　淘			存栏	耗料	料肉比
	头数	总重(kg)	均重(kg)	头数	总重(kg)	均重(kg)	头数	总重(kg)	均重(kg)			
1												
2												
3												
4												
5												
6												
7												
8												
合计												

组长

生长车间日(周)报表

年　月　日

舍号	转入			转出			死淘			存栏	耗料	料肉比
	头数	总重(kg)	均重(kg)	头数	总重(kg)	均重(kg)	头数	总重(kg)	均重(kg)			
1												
2												
3												
4												
5												
6												
7												
8												
合计												

组长

育肥车间日(周)报表

年　月　日

舍号	转入			转出			死淘			存栏	耗料	料肉比
	头数	总重(kg)	均重(kg)	头数	总重(kg)	均重(kg)	头数	总重(kg)	均重(kg)			
1												
2												
3												
4												
5												
6												
7												
8												
合计												

组长

猪场猪只存栏周统计报表

日期

	转入	转出	销售	产窝	总产仔	产活仔	死胎	下床	死/淘	实存	配种	耗料	料肉比	备注
种公猪														
空怀														
后备母														
怀孕														
泌乳母														
哺乳仔														
断乳仔														
生长猪														
育肥猪														
合计														

报告人

防疫统计表

日期	防疫对象	头数	疫苗种类	给药途径	备注

每周生产情况统计报表

第　　周　　　　　　　　　　　　　　　　　　　　日期

配种妊娠车间	转入后备公/母		保育车间	转入仔猪(头)	
	转入断乳母猪			转出仔猪(头)	
	转出怀孕母猪			转出均重(kg)	
	配种/返情复配			耗料(kg)	
	母猪流产/阴道炎			料肉比	
	淘汰公/母猪			转出仔猪成活率(%)	
	死亡公/母猪			死亡(头)	
	周末存栏母猪空怀/配种			周末存栏(头)	
	预产(窝)		生长车间	转入保育猪(头)	
分娩车间	实产(窝)			转出生长猪(头)	
	产活仔总数			转出均重(kg)	
	产畸形/弱仔			耗料(kg)	
	死胎			料肉比	
	哺乳仔猪病死/机械死亡			转出猪成活率(%)	
	哺乳仔猪头/窝			死亡(头)	
	断乳仔猪平均重			周末存栏(头)	
	断乳仔猪成活率		育肥车间	转入生长猪(头)	
	母猪淘汰/死亡			出售育肥猪(头)	
	转出仔猪数			出售育肥猪(kg)	
	转出仔猪均重			耗料(kg)	
	转出成活率			料肉比	
	存栏哺乳仔猪			出售猪成活率(%)	
	存栏断乳仔猪			死亡(头)	
	存栏母猪分娩/待产			周末存栏(头)	

填表人

第十一章 猪病防治

第一节 猪场生物安全措施

一、规模化养猪生产及疫病流行特点

目前规模化养猪业的生产和疫病流行有如下10大特点：

(1)规模化养猪最显著的特点是生产规模大、猪只数量多。目前，一般养猪企业年出栏商品猪数量少的在3 000～5 000头，多的则在1万头至几万头，甚至十余万头。猪只数量的增加，导致疫病在猪群中传播流行的速度增快。有文献指出，当1头携带病原微生物的猪进入一个群体后，疫病从1头猪传给其他猪的可能数量(N)与猪群中的猪的数量(n)的关系是$N=n^2-n$。例如在一个只有10头猪的群体与一个拥有100头猪的群体中，疫病流行的速度相差100倍以上。

(2)规模化养猪的另一特点是实行集约化经营，在生产中逐步应用各种养猪设备对猪群实行高密度大群饲养。例如在采用了限位饲养后，每头母猪所占床位仅约为1.16 m^2，而在传统方式中每头母猪需7～8 m^2。高密度集约化饲养，使猪只彼此间距离变小，一些接触传播性疫病的传播变得极其容易，那些在传统养猪业中不易流行的疫病常常暴发流行。最典型的例子要数猪疥螨、猪痢疾。

(3)规模化养猪业必须逐步实行全新的分段式饲养的工艺流程。在一条生产线上，母猪在配种车间、妊娠车间、产仔车间中不停地周转，仔猪则沿着产仔车间→保育车间→育成车间→肥育车间

流动。与传统养猪业相比，规模化养猪中猪只在生产中的流动性大为增加，不同来源、不同年龄的猪群之间的疫病水平传播的可能性增大，在各群体中蔓延流行的速度也加快了。

(4)规模化养猪要求建立一个稳定的良种繁育体系，使得各级猪场(原种场、祖代场、父母代场、商品场)的种群供应较为固定，这样不但能保证商品猪的质量，更可以减少疫病在繁育体系内的纵向和横向传播。但是当前我国良种繁育体系建设滞后，一方面许多种猪场猪群健康水平不高，另一方面许多商品场种群来源不固定，多途径购买种猪，又缺乏必要的隔离检测手段，使得不同地域间、不同繁育体系间疫病的传播越来越多。在我国猪痢疾、猪传染性萎缩性鼻炎、伪狂犬病的流行与此是分不开的。

(5)“全进全出”是规模化养猪的一项重要技术措施，它不但能保证生产的计划性，而且十分有利于猪群的保健和对疫病的控制、扑灭和净化。但当前许多猪场由于条件的限制，多采用流水式连续生产方式，各个阶段不能做到彻底空栏、清洗、消毒，使得病原微生物在猪群中继续传播，毒力增强，流行趋势越来越强。

(6)在高密度集约化饲养条件下，为了保护猪群的正常生产，必须有效地控制猪舍内的环境，诸如温度、湿度、光照、灰尘和有害气体浓度、病原微生物数量等。猪舍内环境的这些条件一旦达不到要求，极易损害猪的健康，降低其抗病力，病原体将易于侵入猪体而使疫病发生和流行。

(7)规模化养猪业为了追求高效益，均采用了繁殖性能优良、生长速度快、瘦肉率高、胴体品质好的标准化高效种猪，为了保证猪的这些优良品质得到充分发挥，必须供应充足的优质饲料和选择适宜的饲料配方，按照营养标准对猪群实行标准化饲养。然而在我国由于多数猪场受到资金短缺和饲料市场不规范的困扰，饲料供应常不能满足生产的需要，这不仅影响了生产的正常进行，也使得一些非传染性疾病和一些条件性病原体所致疫病极易发生与流行。

(8)在规模化猪场中,由于高密度、大规模集约化饲养,猪只间接触频率增高,猪群流动性增大,不断进行混群导致群体中争夺位次的斗殴增多;生产者为了充分发挥猪的生产潜能,使猪群始终处于高度紧张的生产状态之中,无疑都使猪的应激性增高,从而使得那些敏感猪的内分泌发生异常,抗病力极大地下降。一些在散养条件下不易发生的疾病例如肢蹄病、胃溃疡、应激综合征等也会成为问题。

(9)规模化猪场一方面要防止污染的环境对自身的危害,另一方面还要解决好自身对环境的污染问题。一个万头猪场年产猪粪尿约为 500 万 kg,如果加上废弃的垫料、饲料残屑及冲洗栏舍的污水,这一数量还要大得多。对如此大量的污染物如何实行无害化处理,是每一个猪场必须面临的难题。一旦处理不当,就会对人类的生存环境造成巨大的破坏,还会成为有害生物的滋生地、栖息地,也给防疫带来了无穷的隐患。

(10)规模化养猪业是吸纳了大量先进的养猪技术、采用了全新的养猪工艺设备的高新技术密集型产业,各类技术人才短缺是其突出的问题,其中特别是缺乏熟悉规模化养猪疫病防治的兽医技术人员,使得疫病综合防制远远落后于养猪业的发展速度,培养和训练一支高素质的兽医技术队伍成为当务之急。

二、规模化养猪场建立生物安全体系的基本原则

(1)现代兽医学按其研究的范畴可划分为基础兽医学、临床兽医学和预防兽医学 3 大部分。规模化养猪业中的兽医工作者必须熟悉临床诊疗,熟练掌握基础兽医学和临床兽医学的基本知识与技能,但又不能仅仅是一名临床兽医师,只注重于单个动物疾病的治疗,还应该是一名预防兽医学的专家,必须学习与熟练掌握预防兽医学的基本理论和方法,坚持“预防为主、防重于治”的原则,重

点研究提高猪群整体健康水平、停止外来疫病传入猪群、控制与净化猪群中已有疫病的策略与技术措施。

(2)疫病的发生和流行都与其决定因素相关,任何一种疫病的发生与流行都不是单一因素造成的。通常可将这些因素划分为致病因子、环境因子和宿主因子,三者相互依赖、相互作用,从而导致了猪群群体的健康或疫病。采用单一措施常不能有效地预防、控制或消灭疫病,也不能提高群体的健康水平。我们必须确立疫病的多因论观点,在规模化养猪的兽医工作中采用综合性防制措施来防治疫病。

(3)目前在我国传染性疾病依然是规模化养猪业的最大威胁,台湾省 1999 年发生的口蹄疫,蔓延到岛内各市县的数千个养猪场,死亡及宰杀猪 4 034 812 头以上,直接经济损失高达 100 多亿美元,并导致了每年 600 万头猪、16 亿美元的外销市场的丧失。由此可以看出,传染病特别是烈性传染病对生产所造成的危害十分巨大。我们必须学习和运用家畜传染病的流行病学知识,针对传染病流行过程的 3 个基本条件(传染源、传播途径、对传染病易感的动物)及其相互关系,采取消灭传染源、切断传播途径、提高猪只群体抗病力的综合防疫措施,才能有效地降低传染病的危害。

(4)规模化养猪是一项系统工程,在系统内各个子系统相互关联,相互影响。规模化养猪业中的兽医技术人员应熟悉其他子系统的情况,例如生产工艺流程、养猪设备性能、不同品种猪的特性、饲料及其加工调制、饲养与管理、经营与销售、资金流动等。依据规模化养猪不同生产阶段的特点合理制定兽医保健防疫计划。

三、规模化养猪场生物安全体系的基本内容

猪场的疫病控制是一项综合多学科的系统工程,包括兽医学、畜牧学、建筑学、环境卫生学、化学等多学科。因此,猪场生物安全体系的建立应在基本理论的指导下,依据《中华人民共和国动物防

疫法》等有关法律、法规，结合养猪生产规律抓好小气候环境控制、日常饲养管理和保健、封闭饲养、免疫接种、卫生消毒、检疫监测、种源疫病净化等环节，采取综合性措施，方能控制疫病的发生流行。

(一)猪场的选址和布局 猪场应选择建在背风、向阳、地势高燥、通风良好、水电充足、水质卫生良好、排水方便的沙质土地带，易使猪舍保持干燥和卫生。最好配套有鱼塘、果林、耕地，以便于污水的处理。

猪场应处于交通方便的位置，但要和主要公路、居民点、其他繁殖场至少保持 2 km 以上的距离间隔，并且尽量远离屠宰场、废物污水处理站和其他污染源。

猪场的布局，应按育种核心群→良种繁殖场→一般繁殖场方向布置，育种核心群在上风向，每个分场按生活管理区—生产配套区(饲料加工车间、仓库、兽医化验室、消毒更衣室等)—生产区(猪舍)排列，并且严格做到生产区和生活管理区分开，生产区周围应有防疫保护设施。生产区按配种怀孕舍、分娩舍、保育舍、生长测定舍、育成舍、装猪台从上风向下风方向排列。

(二)封闭隔离饲养 猪场大门必须设立宽于门口、长于大型载货汽车车轮一周半的水泥结构的消毒池，并装有喷洒消毒设施。人员进场时应经过消毒人员通道，严禁闲人进场，外来人员来访必须在值班室登记，把好防疫第一关。

生产区最好有围墙和防疫沟，并且在围墙外种植荆棘类植物，形成防疫林带，只留人员入口、饲料入口和出猪舍，减少与外界的直接联系。

生活管理区和生产区之间的人员入口和饲料入口应以消毒池隔开，人员必须在更衣室沐浴、更衣、换鞋，经严格消毒后方可进入生产区，生产区的每栋猪舍门口必须设立消毒脚盆，生产人员经过脚盆再次消毒工作鞋后进入猪舍，生产人员不得互相“串仓”，各猪舍用具不得混用。

外来车辆必须在场外经严格冲洗消毒后才能进入生活管理区和靠近装猪台，严禁任何车辆和外人进入生产区。

加强装猪台的卫生消毒工作。装猪台平常应关闭，严防外人和动物进入；禁止外人（特别是猪贩）上装猪台，卖猪时饲养人员不准接触运猪车；任何猪只一经赶至装猪台，不得再返回原猪舍；装猪后对装猪台进行严格消毒。

如果是种猪场应设种猪选购室，选购室最好和生产区保持一定距离，介于生活区和生产区之间，以隔墙（留密封玻璃观察窗）或栅栏隔开，外来人员进入种猪选购室之前必须先更衣换鞋、消毒，在选购室挑选种猪。

饲料应由本场生产区外的饲料车运到饲料周转仓库，再由生产区内的车辆转运到每栋猪舍，严禁将饲料直接运入生产区内。生产区内的任何物品、工具（包括车辆），除特殊情况外不得离开生产区，任何物品进入生产区必须经过严格消毒，特别是饲料袋应先经熏蒸消毒后才能装料进入生产区。有条件的猪场最好使用饲料塔，以避免已污染的饲料袋引入疫病。

场内生活区严禁饲养畜禽。尽量避免猪、犬、禽鸟进入生产区。生产区内肉食品要由场内供给，严禁从场外带入偶蹄兽的肉类及其制品。

休假返场的生产人员必须在生活管理区隔离消毒 2 天后，方可进入生产区工作，猪场后勤人员应尽量避免进入生产区。

全场工作人员禁止兼任其他畜牧场的饲养、技术工作和屠宰贩卖工作。保证生产区与外界环境有良好的隔离状态，全面预防外界病原侵入猪场内。

（三）卫生消毒　消毒是采用物理学、化学、生物学手段杀灭和减少生产环境中病原体的一项重要技术措施。其目的在于切断疫病的传播途径，防止传染性疾病的发生与流行，是综合性防疫措施中最常采用的重要措施之一。

1. 消毒分类

(1)日常消毒。也称为预防性消毒，是根据生产的需要采用各种消毒方法在生产区和猪群中进行的消毒。主要有日常定期对栏舍、道路、猪群的消毒，定期向消毒池内投放消毒剂等；临产前对产房、产栏及临产母猪的消毒、对仔猪的断脐、剪耳号、断尾、阉割时的术部消毒；人员、车辆出入栏舍、生产区时的消毒；饲料、饮用水乃至空气的消毒；医疗器械如体温表、注射器、针头等的消毒。

(2)即时消毒。亦称为随时消毒，是当猪群中有个别或少数猪发生一般性疫病或突然死亡时，立即对其所在栏舍进行局部强化消毒，包括对发病或死亡猪只的消毒及无害化处理。

(3)终末消毒。也称大消毒，是采用多种消毒方法对全场或部分猪舍进行全方位的彻底清理与消毒。主要用于全进全出生产系统中，当猪群全部自栏舍中转出空栏后，或在发生烈性传染病的流行初期和在疫病流行平息后，准备解除封锁前均应进行大消毒。

2. 常用消毒方法

(1)物理消毒法。主要包括机械性清扫刷洗、高压水冲洗、通风换气、高温高热(灼烧、煮沸、烘烤、焚烧等)和干燥、光照(日光、紫外线光照射等)。

(2)化学消毒法。采用化学药物(消毒剂)杀灭病原是消毒中最常用的方法之一。理想消毒剂必须具备抗菌谱广、对病原体杀灭力强、性质稳定、维持消毒效果的时间长、对人畜毒性小、对消毒对象损伤轻、价廉易得、运输保存和使用方便、对环境污染小等特点。使用化学消毒剂时要考虑病原体对不同消毒剂的抵抗力、消毒剂的杀菌谱、有效使用浓度、作用时间、对消毒对象及环境温度的要求等。

(3)生物学消毒法。对生产中产生的大量粪便、粪污水、垃圾及杂草采用发酵法，利用发酵过程所产热量杀灭其中病原体，是各地广泛采用的方法。可采用堆积发酵、沉淀池发酵、沼气池发酵等，条件成熟的还可采用固液分离技术，并可将分离之固形物制成高效有机肥料，液体经发酵后用于渔业养殖。此外在搞好猪舍内外环境卫生消毒的同时，在场区内适度种植花草树木，美化环境。

3. 消毒设施和设备　消毒设施主要包括场和生产区大门的大型消毒池、猪舍出入口的小型消毒池、人员进入生产区的更衣消毒室(有条件的可建立淋浴更衣室)及消毒通道、消毒处理病死猪尸体的尸体坑、粪污消毒处理的堆积发酵场、发酵池等。常用消毒设备有手动、电动、机动喷雾器、高压清洗机、高压灭菌容器、煮沸消毒器、火焰消毒器、粪污的固液分离器等。

4. 消毒程序　根据消毒种类、对象、气温、疫病流行的规律，将多种消毒方法科学合理地加以组合而进行的消毒过程称为消毒程序。例如全进全出系统中的空栏大消毒的消毒程序可分为以下一些步骤：清扫—高压水冲洗—喷洒消毒剂—清洗—熏蒸—干燥(或火焰消毒)—喷洒消毒剂—转进猪群。消毒程序还应根据自身的生产方式、主要存在的疫病、消毒剂和消毒设备设施的种类等因素因地制宜地加以制定。有条件的场还应对生产环节中关键部位(例如产房)的消毒效果进行检测。

5. 消毒制度　按照生产日程、消毒程序的要求，将各种消毒制度化，明确消毒工作的管理者和执行人，使用消毒剂的种类及其使用浓度、方法，消毒间隔时间和消毒剂的轮换使用，消毒设施设备的管理等，都应详细加以规定。

(四)免疫接种　使用疫(菌)苗等各种生物制剂，在平时对猪群有计划地进行预防接种，在可能发生或疫病发生早期对猪群实行紧急免疫接种，以提高猪群对相应疫病的特异抵抗力，是规模化猪场综合性防疫体系中一个极为重要的环节，也是构建养猪业生物安全体系的重要措施之一。

1. 可预防疫病的种类　在集约化养猪条件下，根据疫病对生

产的危害程度和可应用的疫(菌)苗的性能及来源,我们将可预防的疫病分为以下几类:

(1)按常规应予预防的疫病。这类疫病包括猪瘟(HC)、猪丹毒、猪肺疫、猪副伤寒、口蹄疫(FMD)等,其中所有的猪均必须进行HC和FMD的免疫注射;其余3种疫病则应视猪场所在地的流行状况及本场防疫条件选择应用。就目前我国的防疫现状来看,多数场均须进行这3种疫苗的接种。

(2)种猪必须预防的疫病。这类疫病主要有猪乙型脑炎(JE)、猪细小病毒(PPV)、猪伪狂犬病(PR)等。这些疫病主要引起猪的繁殖障碍性疾病,在我国广大地区均有发生与流行,常会引起猪群中大量母猪的不发情、返情、死胎、木乃伊胎、畸胎、弱仔、少仔及新生仔猪、断奶仔猪的大量死亡。由于这类疫病危害严重,又无治疗可能,只能严格按免疫程序进行接种才有可能控制其危害。

(3)可选择性预防的疫病。此类疫病种类较多,主要有猪大肠杆菌病(仔猪黄痢、白痢和猪水肿病)、仔猪红痢、猪链球菌病、猪传染性萎缩性鼻炎(AR)、猪气喘病、猪传染性胃肠炎(TGE)、猪流行性腹泻(PED)、猪衣原体病、猪传染性胸膜肺炎等。本类疫病或者由于尚无理想疫苗,或者由于呈地区流行,故应在诊断的基础上,选择较好的疫苗进行免疫接种。

2. 疫苗的选用

(1)规模化养猪常用疫(菌)苗见表11-1。

表11-1 规模化养猪常用疫(菌)苗

疫苗名称	预防的疫病	用量	用法	免疫期
猪瘟兔化弱毒冻干活疫苗	猪瘟	1~4头份/头	20日龄、60日龄2次,或乳前、60日龄2次	12个月以上
猪肺疫弱毒冻干活菌苗	猪肺疫	1头份/头	仔猪70日龄1次	6个月

续表 11-1

疫苗名称	预防的疫病	用　量	用　法	免疫期
猪丹毒弱毒冻干活菌苗	猪丹毒	1头份/头	仔猪70日龄1次	6个月
猪副伤寒弱毒冻干活菌苗	猪副伤寒	1头份/头	仔猪30日龄1次	9个月
O型口蹄疫BEI灭活油佐剂苗(浓)	口蹄疫	2 mL/(头·次)	间隔2周2次	约2个月
伪狂犬病灭活疫苗(浓)	伪狂犬病	3 mL/(头·次)	母猪配种前、临产前1个月2次	约3个月
乙型脑炎弱毒冻干活疫苗	猪乙型脑炎	1头份/头	每年4月份	12个月
细小病毒灭活油佐剂苗	猪细小病毒病	1头份/头	初产猪配种前	7个月
猪气喘病弱毒冻干活菌苗	猪气喘病	4 mL/头	胸腔注射	12个月
猪传染性萎缩性鼻炎灭活苗	猪传染性萎缩性鼻炎	1～3周龄仔猪3 mL/头	1 mL/头，母猪配种前、产前注射	
猪大肠杆菌灭活菌苗	大肠杆菌病	1头份/(头·次)	母猪产前30、15天1次	保护仔猪
仔猪红痢灭活菌苗	仔猪红痢	1头份/(头·次)	母猪产前15天2次	保护仔猪
TGE-PED二联苗	TGE、PED	5 mL/头	后海穴注射	2个月
传染性胸膜肺炎灭活油佐剂苗	传染性胸膜肺炎	2～4 mL/头	2～3月龄猪间隔2周2次	
猪链球菌氢氧化铝菌苗(浓)	猪链球菌病			

(2)疫苗的选用。几乎每种疫病目前都有2种或2种以上的疫苗可供选择，而疫苗的内在质量对猪群产生免疫力高低影响甚大。例如猪瘟有组织苗和细胞苗之分，有人认为两者所产生的母源传

递抗体有明显差异；我国生产的口蹄疫苗有常规苗和浓缩苗两种，后者较前者的免疫力有较大提高；乙型脑炎有弱毒活苗和强毒灭活苗两种，从实践来看，前者免疫力比后者要好；伪狂犬病也有弱毒活苗和灭活苗两种，鉴于目前所生产的弱毒活苗在猪群中应用不够安全，专家们多建议现阶段在猪场以使用灭活苗较为适宜。此外由于各疫苗生产单位水平良莠不齐，其产品也有优劣之分，场家在应用时要慎重选择。关于多联苗的使用也有不同的看法，许多人认为规模化养猪场以使用各病的单苗为宜。

(3)免疫程序。在规模化养猪场中常需使用多种疫(菌)苗来预防相应的疫病，因而要根据规模养猪的生产特点，按照各种疫(菌)苗的免疫特性，合理地制定预防接种的次数、剂量、间隔时间，这就是免疫程序。目前在国内外尚没有一个可供共同使用的免疫程序。规模化猪场免疫状况是种猪群免疫水平较高，其所产仔猪吸食猪乳后可获得较高水平的母源传递抗体，这种高水平母源抗体一方面可使乳猪对疫病有较强、较为持久的抵抗力；另一方面又对仔猪自身的主动免疫产生较大的抑制作用。为了克服母源抗体的干扰，猪场在制定本场的免疫程序时应予高度重视。例如一些猪场对免疫母猪所产亲代仔猪的猪瘟免疫程序多采用20日龄首免和65日龄二免的方法、加大免疫剂量的方法、乳前免疫的方法等来克服猪瘟的母源传递抗体的干扰。如何才能制定一个符合本场的猪瘟免疫程序，最好的办法是通过对猪群的猪瘟状况不断调查后才能确定。预防注射的免疫程序除应考虑每种疫苗的注射程序外，还需注意多种疫苗在同一猪群中应用时的方法。

(4)疫苗应用中的注意事项。影响猪群主动免疫力的因素除上述因素外，还有诸多方面需加注意，否则都将导致免疫失败。

①疫苗的运输与贮藏。猪用疫(菌)苗大致可分为冻干苗和液体苗。冻干苗随保存温度的升高其保存时间相应缩短。在－15℃以下时其保存时间多在1年或1年以上，在4～8℃时其保存时间

仅有6个月左右，当温度更高时其保存期还会大大缩短。这类疫苗应当严格实行冷冻运输和储存，切忌反复冻融而致效价下降。液体疫苗又分油佐剂和水剂苗，这类疫苗切忌冻结，但也不宜储存于高温环境中。适宜的储存方法是在4～8℃条件下冷藏。

②疫苗的质量。疫苗的内在质量是由生产厂家所控制的，使用者需注意的是冻干苗是否失真空，油佐剂苗是否破乳，疫苗有无变质和长霉，疫苗中有无异物，疫苗是否过期，保存中有无因保存不当而致失效等。如发生上述情况时，这些疫苗均应废弃不用。

③猪群的健康。一般来说，成年猪在体格健壮、发育良好时，注射疫苗后产生较高免疫力；而体弱、有病、生长发育较差的猪注射疫苗后易发生不良反应，所产生的主动免疫力也较低；重症猪易发生早产、流产或影响胎儿发育。在无疫情时对这类猪的疫苗注射可暂缓进行。

④疫苗注射质量。有了质量良好的疫苗和科学合理的免疫程序后，保证疫苗的注射质量成为取得高水平免疫力的关键。其要点主要有：严格按照疫苗所要求的方法进行稀释，稀释后的疫苗应按规定的方法保存和在规定的时间内使用；保证疫苗注射剂量的准确和注射的密度；使用活菌苗免疫后在规定时间内不得对猪只使用抗菌药物；防止注射疫苗后的不良反应；对注射器械、注射部位等严格消毒，防止交叉感染，每注射1头猪后均应更换针头，防止疫病的疫源性传播。

附：免疫程序(参考)

一、后备母猪

1. 猪乙型脑炎　应用猪乙型脑炎疫苗1头份肌肉注射，注射时间为每年3～4月份,蚊子尚未活动时开始。后备母猪必须注射2次,间隔15～30天,第二胎经产母猪最好再免疫接种1次。已配种的后备母猪可在怀孕早期补防,但必须注射2头份剂量。

2. 猪细小病毒病 应用猪细小病毒活疫苗1头份用生理盐水1 mL稀释后肌肉注射,过半个月再接种1次。注射时间为配种前1个月,或者与乙型脑炎疫苗同时分点注射,也可在乙型脑炎疫苗注射后1周再注射细小病毒活疫苗。注意本疫苗必须与配种前注射,配种后注射无效。

3. 猪瘟 配种前应用猪瘟细胞活疫苗4头份,临用前用生理盐水或0.2%亚硒酸钠生理盐水2 mL稀释后肌肉注射。也可用猪瘟、丹毒活疫苗或猪瘟、丹毒、肺疫活疫苗4头份肌肉注射。

4. 猪链球菌病 在配种前用猪链球菌活苗2头份,用生理盐水1 mL稀释后肌肉注射。

5. 猪流行性腹泻—传染性胃肠炎 应用猪流行性腹泻—传染性胃肠炎组织灭活苗3 mL。给冬季(1～3月份)产仔的初产母猪后海穴(肛门与尾根间凹陷处)注射,注射时间为分娩前1个月。夏天分娩初产母猪不需注射。

6. 仔猪黄、白痢 应用猪大肠杆菌多价苗2 mL或高效浓缩苗1头份,于分娩前21天左右肌肉注射,产前14天再加强免疫1次。

二、后备公猪

1. 猪乙型脑炎 与后备母猪相同。

2. 猪细小病毒 应用猪细小病毒活疫苗1头份,用生理盐水稀释后肌肉注射,过半个月再注射1次,注射时间为配种利用前1个月。

3. 猪瘟 同后备母猪。

4. 猪链球菌 同后备母猪。

三、经产母猪

1. 猪瘟　哺乳仔猪断乳后是经产母猪接种猪瘟疫苗的最适时期，可用猪瘟细胞活疫苗或猪瘟、丹毒活疫苗4头份，生理盐水或0.2%亚硒酸钠2 mL稀释后肌肉注射。怀孕期注射猪瘟病毒，猪瘟病毒可通过胎盘进入胎儿体内，可导致胎儿带毒，发生新生仔猪向外界排猪瘟病毒，污染环境的现象。

2. 猪丹毒　每年接种2次，临床上常与猪瘟同时接种，可用丹毒活疫苗免疫接种（工厂化养猪该苗可以不注射，万一发病用抗生素很容易治愈）。

3. 猪肺疫　应用猪肺疫活疫苗1头份，20%氢氧化铝胶液1 mL稀释后肌肉或皮下注射，免疫期为6个月。临床上也有用猪瘟、丹毒、肺疫活疫苗免疫，使猪瘟、丹毒、肺疫3病同时得到免疫，减少免疫注射应激。

4. 仔猪黄、白痢　应用猪大肠杆菌多价苗2 mL或高效浓缩苗1头份，于母猪分娩前21天左右肌肉注射，如发病严重的猪场，可在分娩前21天和14天各注射1头份，能有效地防止新生仔猪黄痢的发生。对降低白痢发病率和减轻病情也有相当效果。

5. 仔猪红痢病（又称C型魏氏梭菌病）　应用猪红痢氢氧化铝菌苗给怀孕母猪肌肉注射。初产母猪注射2次，第1次在分娩前45天，第2次在分娩前15天，剂量为5 mL，经产母猪如有前1～2胎已2次注射过此菌苗，只要在分娩前15天注射1次即可。

6. 猪链球菌病　应用猪链球菌活菌苗4头份，用生理盐水2 mL稀释后给怀孕母猪肌肉注射，注射时间为产前1个月，注射后7天产生免疫力，可持续9个月，能有效地预防哺乳仔猪发病，也可防止母猪由链球菌引起关节炎等。

7. 猪伪狂犬病　应用猪伪狂犬病活疫苗2头份，用生理盐水

2 mL 稀释后肌肉注射。注射时间为配种前或怀孕早期，可防止怀孕母猪由感染伪狂犬病毒引起的流产、早产、死胎、木乃伊的发生。为了防止哺乳仔猪发病，可在产前 1 个月时再肌肉注射 1 次。

8. 猪萎缩性鼻炎　应用猪败血性波氏杆菌-D 型巴氏杆菌佐剂灭活苗 1 mL 皮下注射，注射时间为产前 2 个月和 1 个月各 1 次。以后每年注射 1 次。在发病场每年必须注射 2 次。

9. 猪病毒性腹泻—传染性胃肠炎　应用猪病毒性腹泻-传染性胃肠炎油佐剂灭活苗 3 mL 于交巢穴（又名后海穴）给产前 1 个月猪注射。注射时间为每年 12 月份至次年 3 月份气候寒冷季节。可有效防止母猪和哺乳仔猪发病。

四、仔猪

1. 猪瘟　首免为 20～25 日龄，应用猪瘟单苗 2 头份生理盐水 1 mL 稀释后肌肉注射。二次免疫为 55～60 日龄，用猪瘟、丹毒活疫苗 4 头份，用生理盐水或 0.2%亚硒酸钠 2 mL 稀释后肌肉注射。如场内有猪瘟发生，全场猪群必须采取紧急预防接种措施：①初生仔猪实施超前免疫（又称乳前免疫）接种，即仔猪出生后立刻肌肉注射猪瘟单苗 1～1.5 头份，经过 1.5～2 h 后再给仔猪吃乳。②所有 20～35 日龄哺乳仔猪可用猪瘟单苗 4 头份，用生理盐水2 mL稀释后肌肉注射。③断乳仔猪、培育仔猪、育成猪、母猪（除怀孕后期母猪外）、公猪用猪瘟细胞苗 8 头份肌肉注射。

2. 猪丹毒　于 60 日龄与猪瘟活疫苗同时免疫接种。

3. 猪肺疫　猪肺疫疫苗 1 头份，用 20%氢氧化铝胶液 1 mL 稀释后肌肉注射，注射时间为断乳或转群（60～70 日龄），也可用猪瘟、丹毒、肺疫活疫苗肌肉注射。

4. 猪气喘病（又称猪霉形体肺炎）　应用国产猪气喘病活疫苗 1 头份，用 1 mL 生理盐水稀释后给 15 日龄左右哺乳仔猪胸腔注射，方法是左侧横卧，于右侧肩甲骨后缘 1.5～2.0 cm 处，用 16G 的针垂直刺入 1～1.5 cm 深，缓缓注入药液，注射时必须把猪的头部和后躯固定好，避免猪挣扎乱动，针头划破肺组织，注射药液前后 1 周停止应用抗生素和磺胺类药。也可用进口猪霉形体灭活苗或弱毒苗分别给 10 日龄和 30 日龄仔猪肌肉注射 1 头份，使用方便、效果较好，但价格贵。

5. 仔猪副伤寒　应用仔猪副伤寒活疫苗 1 头份，20%氢氧化铝胶溶液 1 mL 稀释后给 30 日龄仔猪肌肉注射。也可应用仔猪副伤寒活疫苗口服。如发病场，要求 30 日龄首免后隔 3～4 周再注射或口服 1 次，免疫期可达 9 个月。

6. 仔猪伪狂犬病　应用伪狂犬病活疫苗 1 头份，生理盐水稀释后肌肉注射。注射时间为出生后 1 周实施首免，30～35 日龄再实施二免。如果母猪在产前 3～4 周已接种过此疫苗，其分娩的仔猪从初乳中获得抗体，可持续 3～4 周，故哺乳仔猪只要出生后 30～35 日龄注射 1 次即可。

7. 猪链球菌病　应用链球活疫苗 1 头份，生理盐水 1 mL 稀释后肌肉注射。注射时间为 30～35 日龄，免疫期 6 个月。

8. 猪传染性萎缩性鼻炎　应用猪败血性波氏杆菌—D 型巴氏杆菌油佐剂灭活苗 1 mL 肌肉注射。注射时间首免为 20～30 日龄；二免为首免后 2～3 周。

9. 猪传染性胸膜肺炎　应用猪传染胸膜肺炎组织灭活苗 1 mL肌肉注射。注射时间为 20～30 日龄。

五、成年公猪

1. 猪瘟、丹毒、肺疫　同经产母猪。

2. 猪细小病毒　每年应用猪细小病毒活疫苗 1 头份，1 mL 生理盐水稀释后肌肉注射，可防止公猪感染后精子带毒。

3. 猪链球菌病　应用猪链球菌活疫苗 4 头份，2 mL 生理盐水稀释后肌肉注射,每年1次。

以上免疫程序供规模猪场制定本场的免疫程序时参考,各场必须根据本场和周围疫病发生情况,制定切实的免疫接种程序(表11-2)。

表11-2 规模化养猪场种猪免疫程序

猪别	免疫日龄	免疫内容	剂量	免疫方法
仔猪	1	猪瘟超前免疫	1头份	耳根部注射
		伪狂犬病(无母抗首免)	0.5头份	股内侧肌注射
	7	仔猪黄白痢(ST1-TB双价基因工程苗)	2 mL	肌肉注射
		传染性萎缩性鼻炎二联苗	0.2 mL	颈部皮下注射
	20	仔猪副伤寒	1头份	口服
		猪繁殖与呼吸综合征(PRRS)	2 mL	皮下注射
		伪狂犬病(有母抗首免)	0.5头份	股内侧肌注射
		猪瘟(超前免疫猪不免)	2头份	耳根部注射
	25～30	传染性萎缩性鼻炎二联苗	0.5 mL	肌肉注射
		猪喘气病	1头份	肌肉注射
		仔猪副伤寒	1头份	口服
	40～50	猪丹毒、猪肺疫	各1头份	按产品说明
		猪喘气病	1头份	肌肉注射
	70～80	猪瘟二免(含超前免疫猪)	2头份	肌肉注射
		传染性萎缩性鼻炎二联苗	0.5 mL	肌肉注射
		猪丹毒、猪肺疫、伪狂犬病	各1头份	肌肉注射
初产母猪	配种前3周	猪瘟	2头份	肌肉注射
	配种前1个月	细小病毒病	2 mL	肌肉注射
		伪狂犬病	2头份	股内侧肌注射
	产前5周和产前2周	猪繁殖与呼吸综合征(PRRS)	每次4 mL	皮下注射
		仔猪黄白痢(ST1-LTB双价基因工程苗)	每次1头份	肌肉注射
	产前4周	流行性腹泻与传染性胃肠炎	4 mL	后海穴注射

续表 11-2

猪别	免疫日龄	免疫内容	剂量	免疫方法
经产母猪	配种前 2 周	细小病毒病(初产前未经免疫的)	2 mL	肌肉注射
	怀孕 60 天	喘气病	1 头份	肌肉注射
	产前 6 周	流行性腹泻与传染性胃肠炎	4 mL	后海穴注射
	产前 4 周	传染性萎缩性鼻炎二联苗	2 mL	肌肉注射
	产前 5 周和产前 2 周	仔猪黄白痢(ST1-LTB 双价基因工程苗)	每次 1 头份	肌肉注射
	产前 3 周	伪狂犬病	2 头份	肌肉注射
	产前 10 天	流行性腹泻与传染性胃肠炎	4 mL	后海穴注射
	产后 40 天	猪瘟	3 头份	肌肉注射
		猪丹毒、猪肺疫	各 2 头份	按产品说明
青年公猪	配种前 10 周和配种前 8 周	猪繁殖与呼吸综合征(PRRS)	每次 4 mL	皮下注射
	配种前 4 周	细小病毒病	2 mL	肌肉注射
		猪丹毒、猪肺疫	各 2 头份	按产品说明
		猪瘟	3 头份	肌肉注射
	配种前 2 周	伪狂犬病	2 头份	股内侧肌注射
成年公猪	每半年 1 次	伪狂犬病	2 头份	股内侧肌注射
		猪繁殖与呼吸综合征(PRRS)	2 mL	皮下注射
		细小病毒病	4 mL	肌肉注射
		猪瘟	3 头份	肌肉注射
		传染性萎缩性鼻炎二价苗	0.5 mL	颈部皮下注射
		猪丹毒、猪肺疫	各 2 头份	按产品说明
各类猪群	每半年 1 次	猪瘟、猪丹毒、猪肺疫	各 2 头份	按产品说明
	3～4 月份	乙型脑炎	1 头份	按产品说明

(五)日常保健与疾病预防

(1)坚持每日对全场猪群进行全面检查,了解猪群的基本情况,发现问题及时处理上报。

(2)定期对种猪、保育期仔猪和生长猪进行体内外驱虫工作,药物驱虫是保健工作不可忽视的一部分，母猪进入分娩舍前1～2周在怀孕舍进行驱虫，防止把寄生虫卵带入分娩舍感染仔猪；仔猪60日龄时进行驱虫以后间隔6天再驱虫1次，成年公、母猪及后备猪至少每季度驱虫1次，或根据粪便及刮耳检查疥螨的结果决定是否需要驱虫。

(3)坚持定期进行各种类型的药敏试验，筛选出当地最佳防治药物。根据不同季节气候变化的特点在饲料中添加预防性药物，减少发生细菌性疫病的机会，仔猪断奶后腹泻及生长育成猪呼吸道疾病是猪场多发病，通过筛选敏感药物投放于饲料或饮水中进行预防，比治疗更有意义。

(4)定期采血检疫，除日常详细记录整个猪群的基本情况，出现可疑病例及时送病料检验外，每年应在猪群中(特别是后备猪、育成猪、断奶母猪)按一定比例采血进行各种疫病的监测普查工作，并定期进行粪便寄生虫卵检查，同时做好资料的收集、登录、分析工作。

(5)坚持不懈地进行不同阶段病死猪的剖检工作，随时掌握本场疫病的动态。

(6)坚持定期进行水质检查和对饲料进行微生物学和毒物学检查，看其是否含有沙门氏菌、霉菌毒素等有害物质。

(7)及时淘汰治疗效果不佳的病猪和僵猪，防止疫病的可能传播。

(8)抓好猪群“围产期”(包括怀孕、哺乳和保育期)各种疾病的防治工作，坚持防重于治，确保“母仔”健康。

(9)对不同品种猪的疫病控制应有所侧重，如长白猪较易患喘气病，大白猪易患萎缩性鼻炎等。采取不同的对策，才能起应有的防制效果。

(六)强化猪群饲养管理、提高猪群抗病力

(1)根据季节气候的差异，做好小气候环境的控制，适当调整饲养密度，加强通风，改善猪舍的空气环境。做好防暑降温、防寒保温、卫生清洁工作，使猪群生活在一个舒适、安静、干燥、卫生的环境中。

(2)提供猪群不同时期各个阶段的营养需要量，保证免疫系统的正常运转。

(3)加强运动，增强肢蹄结实度和机体抵抗力，降低易感性。

(4)实行标准化饲养，着重抓好母猪进产房前和分娩前的猪体消毒、初生仔猪吃好初乳、固定乳头和饮水开食的正确调教、断奶和保育期饲料的过渡等几个问题，减少应激，防止母猪 MMA 综合症、仔猪断奶综合征等病的发生。

(七)种源的净化

(1)坚持自繁养，有时为了补充血统，引进新遗传因子，避免近交，最好是引进非疫区的优良公猪精液进行人工授精，如果确有必要引进活猪时，必须从没有疫病流行地区并经过详细了解的健康种猪场引进种猪，经隔离 30～90 天，严格检疫，确认无任何疫病，特别是对布氏杆菌、伪狂犬病、繁殖与呼吸综合征要特别重视，经有关兽医检疫部门检测，确认为阴性，并监测猪瘟、口蹄疫抗体情况，进行本场常规的免疫注射后方可转入生产区混群饲养。

(2)种猪选育过程中应重视提高种猪对疾病的抵抗力，可根据每胎育成头数和后代日增重、饲料报酬等一些育种指标来衡量，弃弱留强，逐渐淘汰生产成绩差，四肢纤细，抗病弱的个体及后代，经多代选育，提高该品种的抗病力。

(3)定期检疫净化，防止猪只疫病垂直传播或水平传播。

(4)结合种猪集中配种、测定、选育转群的特点，采用“全进全出”的饲养方式，栏舍经严格冲洗消毒，空置几天后再转入新猪群。

(5)条件较好的大型种猪场应采取各种措施，逐渐净化各种种源，可通过建立无特定病原猪群(如喘气病、萎缩性鼻炎等)等措施逐步实现。

(八)搞好废物、污水处理　猪场废物、污水处理是猪场疫病控制的一个组成部分,猪场应结合本场的具体特点,建立完整的废物(死猪尸体及粪便等)污水处理系统。随着社会的发展,人们对于生活环境质量要求越来越高,特别是国家环保法颁布后,环保部门对养猪场污水排放的要求越来越严格。妥善处理好猪场的污水问题,显得特别重要。粪便、污水的处理方法应在投资少、效果好的前提下,尽量采用物理和化学的方法进行分级处理。

(1)先用固-液分离机和沉淀池,除去猪场污水中的固体成分。

(2)采用厌氧发酵的办法处理,降解部分有机物,杀灭部分病原微生物,并可利用所产生的沼气作燃料和发电之用。

(3)用生化方法,让好氧微生物进一步分解污水中的胶体和溶解的有机物,常用的办法有氧化渠法、活性污泥法、旋转生物盘法、氧化塘法、曝气塘法等。

(九)杀虫与灭鼠　杀灭猪场中的有害昆虫——蚊蝇等节肢媒介昆虫和老鼠等野生动物,是消灭疫病传染源和切断其传播途径的有效措施,在控制猪场的传染性疾病、保障人畜健康上具有十分重要的意义,是综合性防疫体系中环境控制的两项重要措施。

1. 杀虫　规模化猪场有害昆虫主要指蚊、蝇等媒介节肢动物。杀灭方法可分为物理学、化学和生物学方法。物理学方法除捕捉、拍打、黏附等外,电子灭蚊灯在猪场中有一定的应用价值。生物学灭虫法的关键在于环境卫生状况的控制,首先要搞好猪舍内的清洁卫生,及时清除舍内地面及排粪沟中的积粪、饲料残屑及垃圾;其次应保持场区内的环境清洁卫生,割除杂草,填埋积水坑洼,保持排水、排污系统的畅通,加强粪污管理和无害化处理。通过这些措施,使有害昆虫失去繁衍滋生场所,达到杀灭之目的。化学杀虫法则是使用化学杀虫剂,在猪舍内进行大面积喷洒,向场区内外的蚊蝇栖息地、滋生地进行滞留喷洒。常用杀虫剂及其使用法见表11-3。

表 11-3 常用杀虫剂及其使用方法

类别	化学名	商品名	使用浓度	使用方法
拟除虫菊酯类	溴氰菊酯	兽用倍特	25 mg/L	残留喷洒
	氯氰菊酯	灭百可	2.5%	残留喷洒
	氰戊菊酯	速灭杀丁	10～40 mg/L	残留喷洒
有机磷类	敌百虫		1%～3%	喷洒
	敌敌畏		0.1 mL/m²	喷洒
	二嗪农	新农、螨净	1∶1 000	喷洒
	倍硫磷	百治屠	0.25%	喷洒
咪类和氨基	双甲咪	特敌克	0.05%	喷洒
甲酸酯类	甲萘威	西维因	2 g/m²	滞留喷洒
	残杀威		2 g/m²	滞留喷洒
新型杀虫剂		加强蝇必净	2.5 g/m²	涂抹在 13 cm×10 cm 大小的 10～30 个点上
		蝇蛆净	1 g/m²	溶解后浇灌于粪便表层

由于这类昆虫具有飞翔能力，对化学杀虫剂能及时躲避，影响杀灭效果，施药时应选择合适的时间和方法进行。目前已有新一代的杀虫剂出现，如瑞士汽巴-嘉基生产的加强蝇必净，使用化学杀虫剂与苍蝇吸引剂制成的复合型杀虫剂，可有效地杀灭成蝇，与之配套使用的蝇蛆净采用昆虫生长抑制剂，阻碍蚊蝇幼虫的发育，两者结合使用可较好地解决规模化猪场的虫害问题。此外国内生产一种添加剂，添加到饲料中后除可驱除猪体内外寄生虫外，其在粪便中的残留成分还可杀灭蚊蝇幼虫。这些新型杀虫剂在规模化猪场中应大力推广应用。

2. 灭鼠　灭鼠法可分为生态学灭鼠法、化学灭鼠法和物理学灭鼠法。由于规模化猪场占地面积大，猪只高度密集，采用鼠夹、鼠笼、电子猫等物理法灭鼠效果较差，多不采用，主要采用前两种方法灭鼠。

在有鼠害的猪场,应在对害鼠的种类及其分布和密度调查的基础上制定灭鼠计划。为了能有效地控制鼠害,应动用全场工作人员,人人动手,采用坚壁清野的方法,使鼠类难以获取食物,挖毁其室外的巢穴,填埋、堵塞室内鼠洞,用烟熏剂熏杀洞中老鼠,使其失去栖身之所,破坏其生存环境,达到驱杀之目的。与此同时,使用各类杀鼠剂制成毒饵后在场区内外大面积投放。常用杀鼠剂见表11-4。

表 11-4 常用杀鼠剂及其使用方法

药物名称	使用浓度	使用方法	人、畜中毒后的解毒药
磷化锌(耗鼠尽)	1∶20	拌饵料投布	对症治疗
甘氟	2%	拌饵料投布	乙酰胺
大隆(溴联苯杀鼠迷)	0.005%	拌饵料投布	Vk1
杀鼠迷(立克命)	0.037 5%	拌饵料投布	Vk1
溴敌隆	0.5%	拌饵料投布	Vk1
氯敌鼠	0.1%	拌饵料投布	Vk1
敌鼠钠	0.1%	拌饵料投布	Vk1
杀鼠隆	0.005%	拌饵料投布	Vk1
毒鼠磷	0.4%	拌饵料投布	阿托品解磷定
安妥	1%～3%	拌饵料投布	对症治疗

使用化学杀鼠剂法多在冬春季食物较少时进行,在场外可使用快效杀鼠剂,1 次投足剂量;场内可使用慢效杀鼠剂全面投布,逐日检查,对已食完的点应及时添加。对鼠尸应及时收集处理,防止猪只误食后发生二次中毒,参加灭鼠的人员应注意自身保护防止中毒。规模化养猪场应严禁养猫捕鼠。

(十)加强信息收集,警惕新病发生 建立和健全各项防疫制度,以法治场,认真贯彻《中华人民共和国动物防疫法》和国务院颁发的《家畜家禽防疫条例》,增强全场员工的防疫观念和意识,加强学习，更新知识，提高生产技术人员的整体素质，避免某一防疫环节上疏忽或差错而出现问题，全方位提高猪场对疫病的抵抗力。猪场领导平时要着重引导技术人员抓防疫，而抓防疫的关键是要抓总体防疫，重点解决常见的传染性疾病及妨碍母猪正常繁殖的疾病，种猪场应和科研单位或大专院校保持长期的技术联系，积极参加各方举办的兽医学术活动，加强同当地畜牧防检部门的联系，随时掌握疫病流行的信息，针对不同情况，及时采取相应的措施，防止疫病的发生，对近年来国内外新发生的疫病必须引起高度重视。

(十一)发生疫情时的应急措施

(1)猪群出现传染病或疑似传染病时，应立即隔离，全面彻底消毒，迅速向上级有关主管部门报告，由场部召开紧急防疫会议，制定应急措施并严格执行。

(2)严禁任何人、猪只、车辆和其他可能作为传播途径的动物和物品进出，如特殊情况必须转出时，必须经上级有关主管部门批准，经严格消毒后方可转出。

(3)封锁疫点，结合疫病的具体情况，加强消毒工作，对病猪进行隔离或扑杀；派专人日夜值班，限制疫点人员的行动，疫点人员住宿集中；全场猪群不准随意调动，特殊情况确需调动，应由有关主管部门批准。同时加强疫区猪群的护理工作，必要时可在饲料中添加 2 种不同抗生素以提高猪群抵抗力和防止并发其他疾病。

(4)做好紧急接种工作，紧急免疫接种应按先健康群、后可疑群，由外向里的顺序进行紧急接种，接种量应加倍，并严格做到每注射 1 头猪换一针头。

(5)病、死猪的尸体和废弃物须按规定做烧毁、深埋等无害化处理，严禁运出食用或做其他用途。

(6)做好疫点和疫区内的灭鼠、灭蚊蝇等工作，污水经严格消毒处理后才能排出，避免病原向外扩散。

(7)严格按操作规程采集病料并妥善保存，及时送检，送检病料应按该种传染病的性质、种类做特殊处理，防止病原污染。

(8)最后1头病猪痊愈或处理完毕，经过一段时间封锁后，不再出现新发病的猪，并经有关主管部门批准才能解除封锁，发病场所可用生石灰加烧碱水反复刷洗消毒2～3次，并经一定时间空置后，才能恢复生产。

第二节 猪的传染病

一、猪的病毒性传染病

(一)猪瘟　猪瘟(hog cholera)早年又称猪霍乱，是由猪瘟病毒引起的猪的一种高度传染性和致死性的传染病。国际兽医局(OIE)的国际卫生法规把猪瘟定为A类16种法定检疫传染病之一。此病于1833年首先在美国等地发现，以后遍及世界各大洲。

1. 病原　猪瘟病毒(hog cholera virus)属于黄病毒科瘟病毒属，与牛黏膜病病毒、马动脉炎病毒有共同抗原性。本病毒为RNA型，病毒粒子呈球形，核衣壳为二十面立体对称，直径38～44 nm，有囊膜。培养病毒常用猪胚或乳猪脾、肾、骨骼肌、淋巴结、白细胞、结缔组织或者肺组织的细胞培养，但不引起病变。本病毒只有一个血清型，但病毒株的毒力有强、中、弱之分。猪瘟病毒对外界环境有一定抵抗力，在自然干燥情况下，病毒易于死亡，污染的环境如保持充分干燥和较高的温度，经1～3周，病毒即失去传染性。将病毒加热60～70℃ 1 h才可被杀死，病毒在冻肉中可生存数月。病尸体腐败2～3天，病毒即被灭活。2%氢氧化钠、5%～10%漂白粉、3%来苏儿能很快将其灭活。

2. 流行病学　本病仅发生于猪，病猪是本病的主要传染源，由尿、粪便和各种分泌物排出病毒，屠宰时由血、肉、内脏散布大量病毒。健康猪群因潜伏期或康复期带毒猪散毒而发生猪瘟。部分健康猪感染猪瘟后1～2天，在未出现症状前就能排毒。部分病猪康复后5～6周仍带毒和排毒。病猪的全身组织和体液内均存在病毒，以淋巴结、脾和血液中含量最高。

易感猪采食污染病毒的食物和饮水，主要经扁桃体、口腔黏膜及呼吸道黏膜感染。患病或弱毒感染的母猪，病毒可经胎盘感染胎儿，产生弱胎、死胎、木乃伊胎。有的胎儿出生后发生先天性震颤、共济失调，存活猪可发生病毒的持续感染。

各品种、年龄和性别的猪均易感。经免疫的母猪所产仔猪，1月龄以内很少感染发病，1月龄以后易感性逐渐增加。病程至1～3周后本病在猪群中达到流行高峰。病猪一般呈亚急性型，少数慢性病猪经1个月以上死亡或恢复，流行终止。在本病常发地区，猪群有一定免疫性，其发病率和病死率均较低；在新疫区发病率和死亡率在90%以上。

3. 综合防制

(1)治疗。尚无有效疗法。对贵重种猪，在病初可用抗猪瘟血清抢救，同群猪可用抗血清紧急预防，但抗血清治疗很不经济。

(2)平时的预防措施。采取以预防为主的综合性防疫措施，防止引入病猪，切断传播途径，广泛持久地开展猪瘟疫苗预防注射，是预防猪瘟发生的重要环节。猪瘟的免疫程序可根据本猪场具体情况制定，一般公猪、繁殖母猪和育成猪每年春秋各注射猪瘟弱毒疫苗1次，注射剂量根据情况可以加倍剂量注射。对仔猪可采用两种免疫程序：

①一般情况下，于3～4周龄第1次免疫，由于考虑到母源抗体的影响，第1次免疫用3～4倍剂量效果较好。9～10周龄第2次免疫。

②发生过猪瘟的猪场，新生仔猪应在吃乳前注射2倍剂量的猪瘟疫苗，等2 h后再自由哺乳，即所谓超前免疫，以后于8～9周龄时再加强免疫1次。

(3)流行时的防制措施。

①封锁疫点。在封锁地点内停止生猪及猪产品的集市贸易和外运,至最后1头病猪死亡或处理后3周,经彻底消毒,才可解除封锁。

②对全场所有猪进行测温和临床检查,病猪以急宰为宜,急宰病猪的血液、内脏和污染物等应就地深埋,肉经煮熟后可以食用。如刚发现疫情,最好将病猪及其污染物及时处理、深埋,拔掉疫点,以免扩散。凡被病猪污染的猪舍、环境、用具、吃剩的饲料、粪水等都要彻底消毒。

③紧急预防接种。对疫区内的假定健康猪和受威胁区的猪,应立即注射猪瘟疫苗,剂量可增至常规量的2～3倍。

④禁止外来人员入内,场内饲养员及工作人员禁止互相来往,以免散毒和传播疫病。

⑤对带毒综合征的母猪,应坚决淘汰。这种母猪带毒而不发病,病毒可经胎盘感染胎儿,引起死胎、弱胎,生下的仔猪也可能带毒,这种仔猪对免疫接种有耐受现象,不产生免疫应答,而成为猪瘟的传染源。

(二)猪口蹄疫

1. 病原　口蹄疫病毒(foot and mouth disease virus,FMDV)在病毒分类学中,属微核糖核酸科口蹄疫病毒属,体积最小,结构最简单。病毒粒子呈二十面体对称,电镜下观察病毒近似圆形,直径为20～23 nm。

2. 流行病学　自然发病的动物常限于偶蹄类,黄牛最易感;其次为水牛、牦牛、猪、绵羊、山羊、骆驼等,常见的野生偶蹄动物发病的有鹿、黄羊、羚羊、岩羊、野猪、大象、犰狳、大鼠、田鼠、河鼠和刺猬等。

猪口蹄疫是由于口蹄疫病毒长期在猪群中反复流行,对猪的毒力增强,而对牛、羊的致病力降低,在猪牛羊同栏饲养的条件下,猪先发病，牛羊后发病或根本不发病。

幼畜（新生仔猪、犊牛、羔羊）对口蹄疫病毒最易感，发病率100%，并可引起80%以上幼畜死亡。

主要传染源是患病动物和带毒动物。通过水泡液、排泄物、分泌物、呼出的气体等途径向外排出感染力极强的病毒，污染饲料、水、空气、用具和环境。屠宰后通过未经消毒处理的肉品、内脏、血、皮毛和废水而广泛传播。尤其是病猪和潜伏期猪的淋巴结、骨髓内含毒量最高（10^{-6}～10^{-8}），可成为猪口蹄疫的重要传递因素。

本病通常经呼吸道和消化道感染，亦能经伤口甚至完整的黏膜和皮肤感染。精液、奶汁亦含有大量病毒并能传染。

在特定的条件下，空气也是一种重要的传播媒介，人与非易感动物（犬、马、鸟类等）均可成为本病传播媒介。

本病一年四季均可发生，但气温和光照强度等自然条件对口蹄疫病毒的存活有直接影响，因此本病的流行又可表现出季节性，一般冬春低温季节多发，夏秋高温季节少发。易感猪高度集中，一旦被感染则极易暴发口蹄疫。

3. 综合防制　猪口蹄疫的预防除平时落实好猪场生物安全措施外，必须做好疫苗的接种工作。使用兰州兽医研究所生产的猪口蹄疫O型灭活苗，建议采取以下免疫程序：

种猪每隔3个月免疫1次，每次肌肉注射常规苗2 mL/头，或肌肉注射高效苗1～1.5 mL/头。

仔猪40～45日龄首先，常规苗肌肉注射2 mL/头，或肌肉注射高效苗1 mL/头，100～105日龄育成猪加强免疫1次（即二免），常规苗肌肉注射2 mL/头或高效苗1～1.5 mL/头。

肉猪出栏前15～20天进行三免，剂量同二免。

发生猪口蹄疫时应采取下列紧急措施：

①立即上报防疫指挥部。在指挥部的统一指挥下动员和组织人力物力，立即封锁整个猪场，严密监视周围地区易感动物，阻断

交通设立消毒检疫哨卡。

②扑杀病猪及同群猪，电击或药物注射处死，深埋或焚烧，用2%～3%火碱水彻底消毒环境。未发病的猪群紧急接种疫苗(常规苗 5 mL/头或高效苗 3 mL/头)，15 天后加强免疫 1 次，猪舍及周围环境每日喷雾消毒 1 次，可用惠福星 1∶500 全面消毒。限制猪群移动，严密观察疫情动态，防止疫情蔓延。

③猪场封锁 2～3 个月，期满后，全场进行大消毒，并从非疫区购进健康猪 5～10 头，用正向间接血凝法逐头检测血清，1∶16 以下(含 1∶16)判为阴性，将其赶入猪舍饲喂，每日驱赶该批猪在各猪舍走动，连续观察 14 天，再次采血检测抗体不升高、视为猪舍内无口蹄疫病毒存在，可恢复生产，解除封锁。

(三)猪水疱病　猪水疱病是一种猪的肠道病毒引起的急性传染病。其特征是以蹄部皮肤发生水疱，在口部、鼻端和乳房及乳头周围的皮肤有时也出现水疱。本病的临床症状与猪口蹄疫极为相似，但不感染牛、羊等偶蹄动物。

1. 病原　猪水疱病病毒属微核糖核酸病毒科肠道病毒属，为近圆形颗粒，直径 28～32 nm，病毒相对分子质量为 10.4×10^{6}，沉降系数 150S，浮密度 1.34 g/cm^{3}，在 1 mol/L $MgCl_2$ 溶液中对 56℃稳定。在 pH 2～12.5 环境中不能使其完全灭活，在 pH 3 溶液内 1 h 仍保持其感染力，对乙醚有抵抗力。

本病毒对外界不良因素的抵抗力很强。在乳汁中或天然液体肥料中，加热至 52℃经 60 min 仍有感染力，但经 70℃ 10 min，85℃ 1 min即被灭活。3% NaOH 溶液在 33℃下作用 24 h 能杀灭水泡中的病毒。5%氨水在 2～3℃经 6 h，10%福尔马林在室温下经 60 min，1%过氧乙酸在室温下经 10 min，含 0.5%有效氯的漂白粉溶液在 10～15℃经 30 min，复合酚(1∶150)在室温下经 60 min，5%次氯酸钠在室温下经 30 min 均可杀死猪水疱病病毒。

本病毒在污染的猪舍内可存活 2 个月以上。低温冷冻的胴体的病毒储存数年仍有感染力，病猪肉腌制后3个月仍可检出活毒。病毒在泔水中可存活数月之久。

2. 流行病学　猪水疱病病毒在自然流行中仅发生于猪，而不感染其他偶蹄动物。一年四季均可发生，最常流行于生猪高度集中、调运频繁的单位。发病率差别很大(20%～100%)，有时与猪口蹄疫同时或交替流行。

病毒主要存在于病猪的水疱皮和水疱液中，肌肉和内脏也含有病毒。潜伏期猪体内也带病毒并不断向外散播。发病猪10天后肌肉内病毒消失。14天后内脏中病毒消失，28天后淋巴结和骨髓中病毒消失。但冻结的猪肉数年内仍有病毒。

本病的传播方式主要是直接接触，病猪的粪便是主要传染源。此外，屠宰病猪的污水，未经煮沸的泔水是传染媒介。

3. 综合防制　防治猪水疱病的措施与防治口蹄疫的措施相同，对口蹄疫病毒有效的消毒药物对猪水疱病毒也有效，除采取综合防制措施外，可接种疫苗进行免疫。

接种猪水疱病毒灭活疫苗的猪，血清抗体消长动态为7天检出特异抗体，14天可达1∶1 024，28天高达1∶2 048以上，并维持到4个月，第5个月下降，第7个月消失。

妊娠母猪在其分娩前2个月接种水疱病灭活苗，所产仔猪的母源抗体可维持42天以上。母猪在分娩前1个月接种水泡病灭活苗，仔猪的母源抗体可维持105天。

猪群在遭受本病严重威胁的紧急情况下，可皮下或肌肉多点注射康复猪或高免猪血清。剂量为0.5～1.0 mL/kg体重，12 h后即可起到抗感染的效果且能维持30天。

(四)猪痘　猪痘是养猪业发达地区常见的病毒性传染病，多发生于夏季，常在冬季开始后停息，主要感染幼龄猪，特别是乳猪，在猪的下腹部和前后肢内侧出现痘变，偶亦见于背侧和腹侧。

1. 病原　猪痘是由形态结构相似的两种病毒引起的，一种是痘苗病毒,大多数是由痘接种的人群传播给猪的;另一种是真正的猪痘病毒。这两种病毒的抗原性不同,但引起的痘病变相似。

猪痘病毒是痘病毒科猪痘病毒属的成员,该属只有猪痘病毒一个成员。病毒粒子呈砖形,大小约 300 nm×250 nm×200 nm。

2. 流行病学　猪是猪痘病毒的惟一自然宿主,乳猪和幼猪最为敏感,发病率达 30%～50%,但死亡率很低,一般不超过 1%～3%,而且大多是因发生并发症而死亡。

猪虱是猪群间本病传播的主要媒介。猪痘病毒在猪虱体内可存活达 1 年之久。其他吸血昆虫也可能具有传播本病的作用。接种过痘苗病毒的人也可将该病毒经吸血昆虫传染给猪引起猪发生猪痘。

3. 综合防制　发现病猪应及时隔离并治疗,仔猪可用康复猪血或痊愈猪血治疗。皮肤局部可涂抹抗菌药物,防止继发感染。对病猪污染的环境及用具进行彻底消毒,垫草焚毁。对猪群要加强饲养管理,搞好卫生,彻底消灭猪虱、蚊子和蝇等。新购入的猪应隔离观察 1～2 周,防止带入传染源。

(五)猪流感　猪流感(SI)是由 A 型流感病毒引起猪的一种急性、呼吸道传染病。以突然发病,咳嗽,呼吸困难,发热,衰竭及迅速康复为特点。

1. 病原　流感病毒分为 A、B、C 3 个型,猪流感病毒(SIV)属于正黏病毒科中的 A、B 型流感病毒属。SI 是 A 型猪流感病毒引起。病毒粒子具有多形性,呈球状、丝状或不规则形,核酸型为多节段单股 RNA,核衣壳呈螺旋对称,直径为 80～120 nm,有囊膜。表面覆盖有纤突。纤突由两种结构蛋白组成,即血凝素(H)和神经氨酸酶(N),均为糖蛋白。血凝素能使病毒粒子吸附到红细胞上并引起红细胞凝集,并诱导病毒囊膜与细胞膜的融合。

流感病毒对干燥和低温抵抗力强大。冻干或－70℃可保存数年,60℃ 20 min 可灭活病毒。

一般的消毒药物均有很好的杀灭作用，尤其对碘蒸汽和碘溶液特别敏感。

2. 流行病学　A型流感病毒可自然感染猪、马、禽类和人，也可感染貂、海豹、鲸等。常突然发生，迅速传播，呈流行性或大流行性。

流感多发生在寒冷季节，以深秋、冬季及早春多发，阴雨、潮湿、寒冷、运输、拥挤、密集饲养营养不良及体内寄生虫侵袭均可促进本病的发生和流行。

病猪是主要传染源，康复动物和隐性感染动物，在一定时间内也可带毒、排毒。本病的传播方式以空气飞沫传播为主。在病畜打喷嚏、咳嗽时病毒随呼吸系统分泌物排出，易感动物吸入后即感染。

本病发病率几乎高达100%，而死亡率则小于1%。本病在感染过程中若有继发感染的情况，则使本病复杂化。

3. 综合防制　本病目前尚无特异性的疫苗和治疗方法。因为A型流感病毒在自然界中亚型很多，经常发生变异且各亚型之间无交叉免疫力或交叉免疫力很小，依靠少数几个亚型的疫苗往往不能起作用，所以本病的防制仍以精心护理最为重要。如避风、保暖、消毒，保持猪舍清洁、干燥。尽量减少发病的各种应激。发病时由于大部分猪会发烧，需要大量饮水。因此要给予清洁饮水。在饮水中加入止咳化痰、清热解毒的药物和使用抗生素类药物，对减轻症状，控制并发症和继发感染有一定的疗效。

防止引入本病的最好办法是采用规范的卫生措施。防止易感染猪与感染流感的动物接触。

（六）猪传染性胃肠炎　猪传染性胃肠炎是猪的一种急性传染病，以各种年龄和猪消化道感染为特征，其中以仔猪的症状最为严重。主要症状表现是发烧，精神沉郁，排腥臭水样粪便，呕吐和高度脱水。幼龄仔猪死亡率达到100%，随着年龄的增长其症状和死亡率都降低，呈温和型或引起流产等现象。在发烧过后，主要以水样腹泻、厌食和掉膘，转为慢性经过等为特征。病理剖检变化主要是肠道的卡他性炎症和小肠黏膜微绒毛萎缩。

1. 病原 猪传染性胃肠炎病毒属于典型的冠状病毒。呈球形、椭圆形和多边形，直径为 80～120 nm，表面有纤突，长约 12 nm。病毒存在于病猪的各器官、体液和排泄物中，但以病猪的空肠、十二指肠组织、肠系膜淋巴结含毒量最高。在病的早期，呼吸系统组织和肾的含毒量也相当高。

2. 流行病学

(1)传染来源。主要是病猪和康复后带毒猪，病毒主要存在于猪的小肠黏膜、肠内容物、肠系膜淋巴结和扁桃体中，并可随粪便排毒达 8 周之久。

(2)传播途径。主要通过吃入被污染的饲料，经消化道传染。也可通过空气经呼吸道传染，尤其是密闭猪舍，湿度大，猪只集中的猪场，更易传播。

(3)易感动物。各种年龄的猪均有易感性，但以 10 日龄以内仔猪发病率和死亡率较高。断奶猪、肥育猪和成年猪发病的症状轻微，大多数能自然康复。其他动物对本病无易感性。

(4)流行特点。本病多发生在冬春寒冷季节，一旦发生，传播迅速，几天内可使猪群大部分猪受感染。常呈地方流行性，在老疫区，则发病率低，症状较轻。

3. 综合防制 本病尚无特效治疗方法，可采用对症疗法进行治疗：

①对病猪要及时隔离，特别是当哺乳母猪患病时，应迅速隔离母仔，以保护仔猪。

②用 0.1%高锰酸钾溶液内服：小猪 100～200 mL，大猪 200～500 mL。

③氯霉素：每千克体重 0.01 g，1 次内服，每日 2 次，连服3天。

④铁苋菜、铺地绵、老鹳草、酢浆草各 60 g,煎水 1 000 g,小猪每次 50～150 g,每日 2 次;大猪每次 250～500 g,每日 2 次。铁苋菜 200 g,煎水 500 g 也可,用量及次数同上。

⑤双白散:白头翁 12 g、白术 9 g、茯苓 9 g、五倍子 9 g、甘草 6 g,共为末,1 次内服。

⑥预防病猪脱水,可静脉或腹腔注射葡萄糖盐水。该病的预防应采取保健和免疫相结合的措施。平时搞好疫病监测,根据血清学结果来进行猪的调运和移动等。妊娠母猪在产前 45 天和 15 天左右注射或口服灭活疫苗或弱毒苗,对哺乳仔猪能起到一定保护作用,在仔猪出生后也可以口服弱毒苗而产生主动免疫。

(七)猪流行性腹泻　猪流行性腹泻是仔猪和育肥猪的一种呈急性经过的病毒性疾病。其发病率和死亡率较高,此病从 1978 年以来开始被观察到,呈地方性流行。临床症状和病理变化都与 TGE 相似。

流行性腹泻在英国、比利时、匈牙利、前苏联以及前西德有报道,据估计有更多的国家会有此病。

其病原经查明是一种不同于 TGE 病毒的冠状病毒(CVL),在形态上很难与其他冠状病毒相区别,人工培养很难获得成功。长春兽医大学(现农牧大学)1982 年从吉林分离的毒株在胎猪肠组织原代单层细胞培养物中分离 CVL 获得成功,这在国内外尚属首次。它的肠道致病性通过感染试验已被确定。其感染宿主谱仅局限于猪。

预防:加强保健与卫生措施,与 TGE 处理方法相同。

(八)猪轮状病毒病　轮状病毒感染主要是多种幼龄动物的一种病毒性腹泻,以委顿、厌食、呕吐、腹泻和脱水、体重减轻为特征。在 10～60 日龄的小猪,常可见到自然发生的轮状病毒腹泻。

1. 病原　轮状病毒属于呼肠孤病毒科轮状病毒属,各种动物的轮状病毒在形态上无法区别,完整的病毒粒子略呈圆形,直径

65～75 nm，有双层衣壳，因像车轮而得名。内含 11 个节段的双链 RNA，大小为 $0.6\times10^6\sim3.3\times10^6$。

轮状病毒很难在细胞培养中生长繁殖，有的即便增殖也不产生或仅产生轻微而不稳定的细胞病变。

轮状病毒对环境因子和许多常见消毒剂如碘和次氯酸盐有较强抵抗力，能耐受乙醚、氯仿和去氧胆酸钠，对酸(pH 3.0)和胰蛋白酶稳定，56℃ 30 min 使其感染力下降 2 个对数。粪便中的病毒在 18～20℃经 7 个月仍然有感染性。能耐受 1%甲醛 1 h 以上。10%聚维酮碘、95%乙醇和 67%氯胺 T 是有效消毒剂。

2. 流行病学　轮状病毒主要存在于病畜的肠道内，随粪便排到外界，污染饲料、饮水、垫草和土壤，经消化道传染而感染其他动物。病愈动物从粪便中排毒可持续 3 周以上。病畜痊愈获得的免疫主要是细胞免疫，它对病毒的持续存在影响时间不长，所以痊愈动物可以两次感染。本病多发生在晚秋、冬季和早春季节。应激因素，尤其是寒冷、潮湿、不良的卫生条件，喂非全价饲料，疾病的严重程度和病死率均有较大影响。

3. 综合防制

(1)加强饲养管理。保持栏舍清洁卫生，仔猪要注意防寒保暖，增强母猪和仔猪抵抗力。

(2)在疫区要做到新生仔猪及早吃到初乳，因初乳和乳汁中含有一定量的保护抗体，仔猪吃到初乳后可获得一定的抵抗力，能减少发病和减轻症状。

(3)此病的发生发展与饲养环境有密切关系，对猪舍及用具经常进行消毒，可减少环境中病毒含量，也可防止一些细菌的继发感染，减少发病机会。

(4)发现病猪立即隔离到清洁、消毒、干燥和温暖的猪舍中，加强护理、清除病猪粪便及其污染的垫草，消毒被污染的环境和器物。用葡萄糖甘氨酸溶液(葡萄糖 22.5 g，氯化钠 4.74 g，甘氨酸

3.44 g，柠檬酸 0.27 g，枸橼酸钾 0.04 g，无水磷酸钾 2.27 g 溶于 1 L 水中即成）或葡萄糖盐水给猪自由饮用。同时对病猪进行对症治疗，如投服收敛止泻剂，使用抗生素和磺胺类药物以防止继发性细菌感染，静脉注射葡萄糖盐水（5%～10%）和碳酸氢钠溶液（3%～10%）以防脱水和酸中毒，一般可收到良好效果。

（5）母猪怀孕前 2 周和仔猪生后 1 周用轮状病毒弱毒疫苗免疫。

（九）猪伪狂犬病　伪狂犬病是由伪狂犬病病毒引起的家畜和多种野生动物的急性传染病。猪是伪狂犬病病毒的储存宿主。猪感染后其症状因日龄而异，成年猪仅表现增重减慢等轻微温和症状。种猪表现不育，公猪发生睾丸肿胀、萎缩等种用性能降低或丧失；母猪则表现为返情、屡配不孕；妊娠母猪常表现流产、产死胎和木乃伊胎。仔猪常表现高热、食欲废绝、呼吸困难、流涎、呕吐、腹泻、抑郁震颤、神经症状，继而出现运动失调、间歇性抽搐、昏迷以致衰竭死亡，15 日龄以内仔猪死亡率可高达 100%。断奶仔猪发病为 20%～40%，死亡率为 0%～20%。因此伪狂犬病对养猪业的危害极大，已成为危害全球养猪业最严重的猪的传染病之一。该病在我国也广泛存在，并严重发病，给我国养猪业带来了巨大的经济损失。

1. 病原　伪狂犬病病毒属于疱疹病毒科 α 疱疹病毒亚科的猪瘊疹病毒 I 型，是一种能引起多种动物发热、奇痒及脑脊髓炎为主要症状的疱疹病毒。猪是伪狂犬病病毒的储存宿主和传染源，人对 PRV 无易感性。

伪狂犬病病毒粒子无囊膜的病毒颗粒直径为 110～150 nm，带囊膜的成熟病毒粒子的直径约 180 nm。衣壳壳粒的长度约 12 nm，宽 9 nm，其空心部分的直径约 4 nm。在此层外衣壳下还有两层以上的蛋白质膜，囊膜表面有呈放射状排列的纤突。

伪狂犬病病毒对脂溶剂如乙醚、丙酮、氯仿、酒精等高度敏感，对消毒剂无抵抗力。

2. 流行病学　伪狂犬病病毒在全世界广泛分布。该病的发生具有一定的季节性，多发于寒冷的季节，空气传播是病毒扩散的主要途径。在猪群中，病毒主要通过鼻分泌物传播，也可经乳汁和精液传播，怀孕母猪能发生垂直传播，流产胎儿、阴道分泌物和胎盘是主要的传染源。尿液和粪便一般不含病毒。

3. 综合防制　本病危害较大，一旦发生较难根除，平时应严格执行猪场各项生物安全措施。在有疫病发生的地区，每年定期注射伪狂犬苗。猪伪狂犬病的免疫预防有灭活苗和弱毒苗两种。

(1)灭活疫苗。种猪(包括公猪)，第 1 次注射后，间隔 4～6 周后加强免疫 1 次，以后每 6 个月注射 1 次，然后产前 1 个月左右加强免疫 1 次，可获得非常好的免疫效果，可将哺乳仔猪保护到断奶。留做种用的断奶仔猪在断奶时注射 1 次，间隔 4～6 周后，加强免疫 1 次，以后按种猪免役程序进行。肥育用的断奶仔猪在断奶时注射 1 次，直到出栏。

(2)弱毒疫苗。种猪第 1 次注射后，间隔 4～6 周加强免疫，以后每隔 6 个月注射 1 次。育肥猪断奶时注射 1 次，直到出栏。

在防疫的同时，要在猪场内进行严格的灭鼠活动，严格控制犬、猫、鸟类和其他禽类进入猪场，严格控制人员来往和消毒措施及血清监测等。对预防本病起到积极的作用。猪伪狂犬病目前无理想的治疗办法。

但对哺乳仔猪的初期感染阶段，可用高免血清进行治疗，能取得较好效果，但对晚期的仔猪效果差。

(十)猪细小病毒病　猪细小病毒可引起猪的繁殖障碍，其特征是受感染母猪，特别是初产母猪产死胎、畸形胎、木乃伊胎及病弱仔猪，偶有流产，而母猪本身通常不表现临床症状，有时也可导致公、母猪的不育。

最早于 1967 年发生于英国，目前遍布世界各地，每年给养猪业造成巨大的经济损失。

1. 病原　猪细小病毒属于细小病毒科细小病毒属，病毒粒子呈圆形或六角形，无囊膜，直径约为 20 nm，核酸为单股 DNA。

病毒对外界抵抗力很强，能耐受 56℃ 48 h，72℃ 2 h，但 80℃ 5 min 可使病毒失去活力。对脂溶剂及胰蛋白酶具有很强的抵抗力，耐酸范围大，pH 3～9 时，经 90 min 仍稳定，pH 2 时 90 min 才可将其灭活。0.5%漂白粉、2%NaOH 液 5 min 可杀死病毒。

2. 流行病学　PPV 在世界各地的猪群中广泛存在，不同年龄、性别、品种的猪都可感染，呈地方流行或散发，特别是在易感猪群初次感染时，还可呈急性暴发。

传染源主要是感染本病毒的公猪和母猪。被感染母猪可通过胎盘将病毒传给胎儿，发病母猪产的死胎、木乃伊胎、活胎及子宫分泌物中均含有高滴度病毒。公猪在急性传染期，病毒可经精液等各种不同途径排出。该病毒对外界抵抗力强，有时猪舍常规消毒 4.5 个月放入易感猪，仍被感染。

3. 综合防制　本病目前尚无有效的治疗方法，主要应采取综合性防制措施。总的防制原则是：①防止将带毒猪引入无本病的猪场；②初产母猪获得主动免疫后再配种。具体措施如下：

坚持自繁自养的原则，如果必须引进种猪，应从未发生过本病的猪场引进。引进种猪后应隔离半个月，经 2 次血清学检查，HI 效价在 1∶256 以下或阴性时，才合群饲养。

在本病流行地区，将母猪配种时间推迟到 9 月龄后，因为此时大多数母猪已建立起主动免疫，若早于 9 月龄时配种，需进行 HI 检查，只有具有高滴度的抗体时才能进行配种。

自然感染或人工接种，使初产母猪在配种前获得主动免疫。这种方法只能在本病流行地区进行，方法是将血清学阳性母猪放入后备母猪群中，或将后备母猪赶入血清学阳性的母群中，从而使后备母猪受到感染，获得主动免疫力。

免疫接种:注射疫苗可使母猪怀孕前获得主动免疫,从而保护母猪不感染细小病毒。由于猪细小病毒引起的繁殖障碍主要发生于妊娠母猪受到初次感染时,因此疫苗接种对象主要是初产母猪。经产母猪和公猪,若血清学检查为阴性,也应进行免疫接种。疫苗接种应在怀孕前2个月进行,以便在怀孕的整个敏感期产生免疫力。常用的疫苗有灭活苗和弱毒苗2大类。在无感染病毒的猪群,对母猪和公猪应用灭活疫苗,在配种前1个月每头肌肉注射灭活苗2 mL,2周后进行第2次注射。免疫期为半年;对发病疫区母猪,在配种前2周用弱毒苗接种1次。

猪场发病后,凡经确诊的猪群,其流产胎儿中的幸存者或木乃伊胎同窝幸存者,不能留作做用。

发生疫病的猪场要做好消毒清洁工作,因为患病母猪在产仔或流产时排出大量病毒,污染环境,容易扩散传播,所以对猪舍特别是繁殖舍必须选择有高效的消毒药物彻底消毒。

(十一)猪日本乙型脑炎 日本乙型脑炎又称流行性脑炎,简称乙脑,是一种严重危害人畜健康的虫媒传播的急性病毒性传染病。最早于1871年发现于日本。我国乙脑疫区主要分布在长春以南和兰州以东的广大地区。

1. 病原 乙脑病毒,原属披膜病毒科黄病毒属。病毒毒粒呈球形,二十面体对称,有囊膜,病毒粒子直径为45~50 nm(核心30 nm),沉降系数200S,相对分子质量约3 000 000,是黄病毒科中最小的病毒之一。

乙脑病毒在外界环境中的抵抗力不大,56℃加热30 min或100℃ 2 min均可使其灭活。常用消毒药如碘酊、来苏儿、甲醛等都有迅速灭活作用。病毒对酸和胰酶敏感。

2. 流行病学 乙脑的流行在热带地区无明显的季节性,全年均可出现流行或散发,而在温带和亚热带地区有严格的季节性,主要发生于7~9月份,这是因为在乙脑流行中,蚊虫的繁殖、活动及病毒在蚊体内的增殖需一定的温度所致。

3. 综合防制　目前乙脑的治疗主要是对症治疗，主要的防制措施是防蚊和免疫接种。

灭蚊是控制乙脑流行的一项重要措施。三带猿库蚊是乙脑的主要媒介，它滋生于稻田和有水生植物的水中，户外吸血。当前常用的灭蚊方法有药物灭蚊、生物学和生态学灭蚊法。

免疫接种是一项有效的措施，目前猪用乙脑疫苗主要有两种：即灭活疫苗和弱毒活疫苗。我国猪用乙脑疫苗主要是灭活疫苗，如鼠脑灭活疫苗，该疫苗在猪乙脑防治中起了不少作用，但鼠脑灭活苗会有较多的脑组织成分，接种后易发生严重的变态反映性脑脊髓炎，同时有注射剂量大，需多次注射、效果不稳定及免疫力不持久等缺点。

弱毒疫苗：是用人乙脑活疫苗毒株用原代地鼠肾细胞生产的猪用乙脑活疫苗，免疫程序为：

①青年母猪和公猪，在蚊虫季节到来前 45 天，肌肉注射弱毒疫苗 1 mL(每头猪)，2 周后再注射 1 次、方法、剂量同前。

②育种母猪和公猪，在配种前 45 天，肌肉或皮下注射弱毒苗 1 mL(每头猪)，2 周后再注射 1 次，方法、剂量同上次。

(十二)繁殖与呼吸综合症　猪繁殖与呼吸综合症是由猪繁殖与呼吸综合症病毒引起一种以生殖疾病与呼吸道疾病为特征的传染病。1986 年首次发生于美国，1996 年以来，我国也证实存在该病。

1. 病原　PRRS 病毒粒子呈球形，直径 45～65 nm，内含一正方体形衣壳核心，边长 20～35 nm，病毒粒子表面有许多小突起。

PRRS 病毒对温度的变化比较敏感，－70℃保存 3 年仍有感染力，4℃30 天，20℃6 天，37℃2 天，56℃20 min，病毒将失去活性。病毒在 pH 小于 5 或大于 7 的条件下，其感染力下降 90%。

2. 流行病学　猪是惟一的易感动物，不同年龄各品种的猪场可感染，而以怀孕母猪和1月龄内仔猪最易感，呼吸道感染是本病的主要感染途径之一，空气传播是本病的主要传播方式，在流行期间，即使严格封闭式管理的猪群也同样发病。病毒可在妊娠后期通过胎盘感染胎儿。公猪感染本病后在病毒血症期间，可以通过精液传播本病。该病无明显季节性，一年四季均可发生。

饲养管理不完善，防疫消毒制度不健全，猪群密度过大，为本病的暴发提供了条件。

3. 综合防制

(1)加强饲养管理，严格消毒制度，切实搞好环境卫生，消灭猪场周围可能带毒的野鸟和野鼠，每圈饲养猪只密度合理。商品猪场要严格执行“全进全出制”。

(2)在本病流行期间，可给仔猪注射抗生素并配合支持疗法，用以防止继发性细菌感染和提高仔猪的成活率。

(3)免疫。疫苗可选用：①西班牙分离株油剂灭活苗，用于免疫初产和经产母猪，首免后3周再注射第2次，保护效果显著；②美国生产的弱毒疫苗，对肥育猪注射本苗，7天内产生保护免疫抗体，可持续16周以上，在流行期注射本苗，对仔猪有明显的保护作用。

二、猪的细菌性传染病

(一)猪丹毒　猪丹毒是由猪丹毒杆菌引起的一种人畜共患传染病。临床特征是：急性型呈败血症状，发高热；亚急性型在皮肤出现紫红色疹块；慢性型表现非化脓性关节炎和疣状心内膜炎。本病几乎遍及全世界，也广泛发生于我国各省、市、自治区，经过多年的预防注射，发病率逐渐减少。

1. 病原　猪丹毒杆菌为细小的革兰氏阳性小杆菌，不形成芽孢和荚膜，不能运动。在病料内的细胞常单在、成对或成丛排列；在心内膜疣状物上，多呈长丝状。在固体培养基培养24 h长出的菌落，一般可分为光滑型(S)、粗糙型(R)和中间型(I)，三者可互变。本病分许多血清型，各型的毒力差别很大。猪丹毒杆菌的抵抗力很强，在盐腌或熏制的肉内能存活 3～4 个月，在掩埋的尸体内能存活 7 个多月，在土壤内能存活 35 天。但对消毒药的抵抗力较低。用 2%福尔马林、3%来苏儿、1%漂白粉都能很快将其杀死。

2. 流行病学　不同年龄猪均有易感性，以 3 个月左右的架子猪发病率最高，3 个月以下和 3 年以上的猪很少发病，人类可因创伤感染发病。病猪、临床康复猪及健康带菌猪都是传染源。病原体随粪、尿、唾液和鼻分泌物等排出体外，污染土壤、饲料、饮水等，经消化道和皮肤而感染。带菌猪在不良条件下抵抗力降低时，细菌也可侵入血液，引起内源性传染而发病。该病的流行无明显的季节性，但夏季发生较多，冬、春季只有散发，猪丹毒经常在一定的地方发生，呈地方性流行或散发。

3. 综合防制　预防猪丹毒平时要加强饲养管理，保持清洁，定期消毒，同时按免疫程序使用猪丹毒菌苗，一般于猪出生后 3 个月开始免疫接种，未断奶仔猪(20 日龄后)使用本菌苗后，应在断奶后 2 个月左右再免疫 1 次，以后每隔 6 个月免疫 1 次。

发现病猪后，应立即对全群猪测体温，及早检出病猪。病猪隔离治疗，死猪应深埋或烧毁。对与病猪同群而未发病的猪，注射青霉素进行药物预防。待疫情扑灭后，进行 1 次大消毒，并注射菌苗，巩固防疫效果。对慢性病猪及早淘汰，以减少经济损失，防止带菌传播。对发病的猪进行积极的治疗。在发病后 24～36 h 治疗，效果显著。首选药物为青霉素，对急性型最好首先按每千克体重 1 万 U 青霉素静脉注射，同时肌肉注射常规剂量的青霉素，即 20 kg 以下的猪用 20 万 U，20～50 kg 的猪用 40 万～100 万 U，50 kg 以上的猪剂量酌加，每日肌肉注射 2 次，直至体温和食欲恢复正常后 24 h，不宜过早停药，以防复发或转为慢性。另外土霉素、洁霉素、泰乐菌素也有良好的疗效。用量为土霉素每日每千克体重为7～

15 mL，肌肉注射，洁霉素每次每千克体重 2～10 mg，每日 2 次，肌肉注射，血清治疗有良好的效果，剂量为仔猪 5～10 mL，3～10 月龄猪 30～50 mL，成年猪 50～70 mL，皮下或静脉注射经 15～24 h再注射 1 次。也可注射 10%磺胺噻唑钠（或磺胺嘧啶钠），初次注射 20～30 mL，以后每 12 h 注射 10～15 mL。也可用中药进行治疗如地龙散，地龙 50 g、石膏 30 g、大黄 30 g、玄参 15 g、知母 15 g、连翘 15 g，水煎服，大猪每头 1 剂，分 2～3 次灌服，连服 2～3 剂。也可用金银花、蒲公英、玄参、栀子各 15 g，水煎服每日 2 次，连服 2～3 天。

（二）猪链球菌病　链球菌病是一种人畜共患传染病，C、D、E 及 L 群链球菌引起猪的多种链球菌病。在猪常发生化脓性淋巴结炎，败血症，脑膜脑炎及关节炎。其病原体多为溶血性链球菌。以 E 群引起淋巴结脓肿最常见，流行最广。以 C 群引起败血性链球菌病危害最大，发病率及病死率均很高，对养猪业的发展威胁较大。

1. 病原　链球菌病的病原菌为链球菌，呈链状排列，是革兰氏阳性球菌。不形成芽孢，有的可形成荚膜。需氧或兼性厌氧，多数无鞭毛，只有 D 群某些链球菌有鞭毛。在加有血液及血清培养基上，37℃培养 24 h，可见微小圆形、直径 0.1～1.0 mm、透明而略带灰白色小滴状菌落。

2. 流行病学　链球菌在自然界分布广泛，猪的易感性较高。各种年龄的猪都可感染发病，以新生仔猪、哺乳仔猪的发病率和病死率最高，多为败血型和脑膜炎型，其次为中猪和怀孕母猪，它以化脓性淋巴结炎型多见。病猪、临床康复猪和健康猪均可带菌，当它们相互接触，可通过口、鼻、皮肤、伤口而传染。一般呈地方流行性，猪场一旦传入该病，往往在猪群中陆续出现。

3. 综合防制

（1）预防。

①免疫预防：疫区（场）在 60 日龄首次免疫接种猪链球菌病氢

氧化铝灭活菌，以后每年春秋各免疫1次，无论日龄大小。一律肌肉或皮下注射5 mL，注射后21天产生免疫力，免疫期约6个月。

②药物预防：每吨饲料中加入2 kg土霉素碱，同时，隔离病猪、清除传染源，污染用具进行消毒，带菌母猪尽可能淘汰，急宰或宰后发现可疑病猪的胴体，经高温处理后方可食用，除去猪舍中的尖锐物体。

(2)治疗。将病猪隔离后按不同病型进行相应治疗。对淋巴结脓肿，当脓肿成熟变软后，及时切开，排除脓汁，并用3%双氧水或0.1%高锰酸钾冲洗后，涂以碘酊。对败血症型及脑膜炎型，应早期使用大剂量的抗生素或磺胺药，青霉素每千克体重1万IU，每日肌肉注射2～4次；氯霉素每千克体重10～30 mg，每日肌肉注射2次；庆大霉素每千克体重1～2 mg，每日2次。

(三)猪大肠杆菌病　大肠杆菌是一切温血动物后段肠道的正常常在菌，但有一些特殊型的大肠杆菌，目前已被证明具有致病性。猪的大肠杆菌病按其发病日龄分为3种，即生后数日发生的仔猪黄痢；2～3周龄发生的仔猪白痢；6～15周龄发生的猪水肿病。成年猪感染大肠杆菌后主要表现乳房炎和子宫内膜炎。

1. 病原　大肠杆菌是一种革兰氏阴性的短杆菌，有鞭毛，无芽孢，易在普通琼脂上生长，形成凸起、光滑、湿润的乳白色菌落。本菌对碳水化合物发酵强，在麦康凯琼脂上形成红色菌落，在SS琼脂上多数不生长，少数形成深红色菌落。大部分肠道大肠杆菌在血液培养基中都具有溶血性。

大肠杆菌按其致病性可分为产肠毒素性大肠杆菌(ETEC)、肠致病性大肠杆菌(EPEC)、侵袭性大肠杆菌(EIEC)、肠道出血性大肠杆菌(EHEC)、尿道致病性大肠杆菌(VPEC)。对猪有致病性的主要是前3种。

2. 流行病学　致病性大肠杆菌的许多血清型均可引起猪发病，其中最常见的有O_8，O_{45}、O_{147}、O_{149}、O_{157}、O_{138}、O_{139}、O_{141}等血清

型。猪自出生至断奶期均可发病。

(1)仔猪黄痢。常发生于出生后 1 周内，以 1～3 日龄最常见，随日龄增加而减弱，7 日龄上，很少发生，同窝仔猪发病率 50%以上，死亡率很高，甚至全窝死亡。

(2)仔猪白痢。发生于 10～30 日龄仔猪，以 2～3 周龄较多见，1 月龄以上的猪很少发生，其发病率约 50%，而病死率低。一窝仔猪中发病常有先后，此愈彼发，拖延时间较长，有的仔猪窝发病多，有的则少或不发病，症状轻重不一。

(3)猪水肿病。常见于断奶不久的仔猪。肥胖猪最易发病，育肥猪和 10 天以下的猪很少见。在某些猪群中有时散发，有时呈地方流行性，发病率一般在 10%～30%，但病死率很高，一般为 80%～90%。

3. 综合防制

(1)仔猪黄痢。本病病程很急，而初生仔猪抵抗力又很弱，死亡率很高，因此对该病应以预防为主，搞好综合性防疫措施：

①严格控制引种。坚持自繁自养，同时也应严防饲料和饮水被新型致病菌污染而暴发本病。

②抓好母猪产前产后饲养管理，有乳房炎母猪应及早治疗，产房应保持清洁干燥和严格消毒，哺乳前要进行乳房清洗。

③加强新生仔猪的护理。要注意新生仔猪的保暖防寒措施，及早哺喂初乳。

④对存在黄痢的猪场，新生猪生后 12 h 内进行预防性投药，药物可根据当地药物使用种类，适当选用以避免产生抗药性菌株的药物。

⑤免疫预防。血清预防：本场 5 岁以上的老母猪血清，往往可以防止本场致病性大肠杆菌的感染，口服血清比注射血清效果更好。

疫苗预防：大肠杆菌的基因工程菌苗有3种：K88-K99、K88-LTB、K88-K99-987P，于母猪产前40天和15天各注射1次。

⑥药物预防。给新生仔猪在未吃奶前或产后12 h口服抗生素，有条件的可做药敏实验，目前可选用：氟喹诺酮类新药、氯霉素、利高霉素、痢菌净、呋喃唑酮和磺胺类药。

⑦在吃奶前投服某些微生态制剂，如促菌生、调菌生、乳康生等也起到预防效果。

(2)仔猪红痢。除参照仔猪黄痢的有关措施外，还应注意，加强母猪管理。合理增减精饲料、青饲料，避免母猪乳汁过稀、不足或过浓；仔猪要提前开食，促进消化机能发育，给母猪和仔猪补充微量元素和注射抗贫血药物等。

(3)猪水肿病。应加强断奶仔猪饲养管理。不突然改变饲料和饲养方法，喂量逐渐增加，防止饲料单一，维生素含量应丰富，蛋白含量合理，防止仔猪便秘。对于有病猪群，在断奶期间，适当添加一定的抗菌药物进行预防，效果较好。

(四)仔猪副伤寒　猪沙门氏菌病，又称仔猪副伤寒，是由沙门氏菌引起仔猪发生的2～4月龄仔猪发生的传染病，其以急性败血症，或慢性坏死性肠炎，顽固性下痢为特征，常引起断奶仔猪大批发病，并伴发或继发感染其他疾病如治疗不及时，死亡率较高，造成较大的损失。

1. 病原　沙门氏菌属于革兰氏阴性杆菌，不产生芽孢亦无荚膜，绝大部分沙门氏菌都有鞭毛，能运动，大部分细菌可在葡萄糖、麦芽糖、甘露醇和山梨醇中产酸产气，不分解乳糖和蔗糖，不凝固牛乳，不产生靛基质。在普通培养基上生长良好，形成圆形、光滑、无色半透明的中等大小菌落，在S.S. 培养基上呈无色菌落。

2. 流行病学　本病常发生于6月龄以下的仔猪，以1～4月龄者发病较多，20日龄以内及6月龄以上的猪极少发生。

病猪和带菌猪是主要传染源，本病发生于幼龄猪，多呈散发形式，在密集饲养、环境污秽、潮湿、各种应激、营养障碍，有寄生虫和病毒感染等条件下，可导致流行。本病无季节性。多与猪瘟混合感染，发病率高，死亡率高，病程短促。

3. 综合防制　仔猪副伤寒的预防应加强饲养管理，消除发病诱因，保持饲料和饮水的清洁卫生。

对仔猪接种菌苗。采用 C500 弱毒菌株生产的猪副伤寒弱毒冻干苗，用于 1 月龄以上哺乳或断奶仔猪，口服或注射接种，能有效地预防猪副伤寒的发生和流行。用弱毒菌苗前 3 天和 7 天应停止使用抗菌药物。

对发病猪治疗可选用一些敏感抗菌药物，如氯霉素、恩诺沙星、诺氟沙星、卡那霉素等。与发病猪同圈、同舍的猪群饲料中应添加抗生素预防，对于慢性病猪应及时予以淘汰。

（五）猪梭菌性肠炎　猪梭菌性肠炎，也称仔猪红痢，是由 C 型产气荚膜梭菌引起的仔猪肠毒血症。该病主要侵害出生后 3 天以内仔猪，表现为死亡率极高的急性出血性肠炎，拉气味腥臭红痢，迅速死亡。该病在我国某些地区呈地方性流行。

1. 病原　病原体为 C 型产气荚膜梭菌，亦称 C 型魏氏梭菌。为革兰氏阳性有荚膜不运动的厌氧大杆菌，芽孢呈卵圆形，位于菌体中央。

本菌可产生致死毒素，主要是 α 和 β 毒素，它可引起仔猪的肠毒血症，坏死性肠炎。形成芽孢后对外界抵抗力强。

2. 流行病学　C 型产气荚膜梭菌在自然界分布很广，土壤中大多存在本菌。在发病猪群中，此菌常存在于一部分母猪的肠道中，通过粪便把细菌散布于猪舍环境中，污染地面和垫草，仔猪出生后不久便将细菌通过消化道引起发病。本病主要侵害 1～3 日龄仔猪，1 周龄以上仔猪很少发病，同一猪群的各窝仔猪发病率不同，最高可达 100％，病死率 20％～70％。

3. 综合防制　本病发病迅速，病程短，发病后用药物治疗往往疗效不佳，必要时可用抗生素对刚出生的仔猪口服，每日 2～3 次，作为紧急药物预防。给怀孕母猪注射菌苗，仔猪出生后吮食初乳可以获得免疫，这是预防仔猪红痢的最有效的方法。目前有采用 C 型魏氏梭菌 C_{59-2} 制成 C 型魏氏梭菌福尔马林氢氧化铝菌苗，于临产前 1 个月进行免疫，2 周后重复免疫 1 次。仔猪出生后也可注射高效价的抗毒素 3～5 mL，可以有效地预防本病的发生，但注射要早，否则效果不佳。

（六）猪痢疾　猪痢疾是由猪痢疾密螺旋体引起的一种以黏液出血性腹泻为主要临床表现的猪肠道传染病。

1. 病原　本病主要病原体为猪痢疾密螺旋体，发生螺旋体科密螺旋体属。病菌体长 6～8.5 μm，宽 0.3～0.5 μm，多为 2～3 个弯曲，有的达 5～6 个弯曲，两端尖锐呈疏松卷曲的螺旋状。新鲜病料在暗视野显微镜下能见到蛇行样自由运动，在电子显微镜下观察，发现细胞壁与外膜之间有 7～9 根轴丝。革兰氏染色阴性。有运动力和溶血性，苯胺染液着色良好。

猪痢疾密螺旋体在粪便中 5℃存活 61 天，25℃存活 7 天，在土壤中 4℃能存活 18 天。纯培养物在厌氧条件下 4～10℃最少存活 102 天。对消毒液的抵抗力不强，对高温、氧、干燥等敏感。

2. 流行病学　病猪和带菌猪是本病的主要传染源。康复猪的带菌率很高。带菌可长达数月，犬、鼠、燕八哥、苍蝇也是不可忽视的传染源和传播者。

不同年龄、品种的猪均有易感性，以 7～12 周龄的幼猪发生最多，其他动物无感染发病报道。本病发生无季节性，流行过程缓慢，常由一栋猪舍先发病几头，流行期长。多种应激因素，如饲养管理不良、维生素和矿物质缺乏、猪栏潮湿、猪群拥挤、饲料不足、气候多变和长途运输等均可促进本病的发生，加重病情。经短期治疗的猪，停药 3～4 周后，又可复发。

3. 综合防制

(1)治疗。可用痢菌净，每千克体重 5 mg，每日 2 次口服，5 天为一疗程，停药时间为 60 天；二甲硝基咪唑按 0.025%水溶液饮用。呋喃唑酮，按 0.04%拌料，5 天为一疗程；土霉素碱按每千克体重 30～50 mg，每日 2 次内服，5～7 天为一疗程，连用 5 个疗程。

(2)预防。因该病用药停止后容易复发，必须采取综合性预防措施：

①严禁从疫区引进种猪，坚持自繁自养，引种时必须隔离检疫。

②在非疫区发现本病，最好全群淘汰，彻底消毒，并空圈 2～3 个月，再由无病猪场引进新猪。

③平时应加强饲养管理和清洁卫生，保持栏圈干燥、洁净，并实行“全进全出”的肥育制度。发病猪数量多、流行面广，难以全群淘汰时，对猪群采用药物治疗，并结合消毒、隔离，合理处理粪尿等措施，亦可控制或消灭本病。

④搞好兽医消毒和粪便管理，注意灭鼠和消灭蚊蝇等传播媒介。

⑤有本病的猪场也可采取用药物净化办法来控制。

(七)猪肺疫　猪肺疫又名猪巴氏杆菌病，是由多杀性杆菌引起的猪的一种急性传染病。

1. 病原　多杀性巴氏杆菌是两端钝圆，中央微凸的短杆菌，大小(0.3～1.0)μm×(1.0～2.0)μm，革兰氏染色阴性。不能运动，不形成芽孢。

本菌对物理和化学因素抵抗力较低。普通消毒药常用浓度对本菌均有良好的消毒效果，但克辽林则很差。冬季，排泄到外界的细菌可存活 2～3 周。60℃ 30 min，或直射阳光 10 min 可杀死。

2. 流行病学　多杀性巴氏杆菌虽对多种动物均有致病性，但一般情况下，在不同畜禽间不易互相感染。多杀性巴氏杆菌存在于健康和发病动物的呼吸道，所以在发生猪肺疫时常常查不到传染源。当猪群处于饲养管理不当的情况下，由于寒冷闷热、气候剧变、冷热交替、潮湿、拥挤、通风不良、营养缺乏、更换饲料、运输、寄生虫及其他疾病等诱因的作用，使猪抵抗力降低，此时病菌乘机侵入体内，发生内源性感染。患病动物经排泄物、飞沫、分泌物向外排菌，经口、鼻接触和飞沫传染给其他猪，在呼吸道沿黏膜表面增殖，而后引起发病。

本病的发生一般无明显的季节性，但在冷热交替、气候剧变、多雨、潮湿、闷热的时期多发。多呈散发性，有时可呈地方流行性。本病多发生于3～10周龄的仔猪。发病率为40%以上，死亡率为5%左右。

3. 综合防制　对猪肺疫的治疗可用土霉素、磺胺、四环素、青霉素与链霉素、泰乐霉素、硫粘菌素、氨苄、喹诺酮类药物。

①注射用药剂量：土霉素 1 mg/kg 体重、氨苄青霉素 6.6 mg/kg体重、泰乐霉素 17.6 mg/kg 体重、氟哌酸 0.15 mg/kg 体重。

②治疗药物拌饲料剂量：磺胺药 500～1 000 mg/kg，金霉素或土霉素 440 mg/kg。

③饮水给药，磺胺噻唑 500 mg/L，COSD 100 mg/L，土霉素、氟哌酸按说明书使用。作为治疗用药物至少应连续用药 5～7 天，直至临床症状消失。

除了治疗以外，良好的管理措施，如通风干燥、保暖、清洁水源、营养均衡、无寄生虫感染和继发感染都有增强本病的治疗效果和减少经济损失的作用。

疫苗预防：活疫苗在断奶后 15 天注射 1 次，种猪每年注射 2 次。

（八）猪气喘病　猪气喘病又叫猪喘气病、猪地方流行性肺炎、猪霉形体肺炎、猪支原体肺炎。

猪气喘病是由猪肺炎霉形体引起的，多为慢性经过，主要症状为咳嗽和气喘。

1. 病原 猪气喘病的病原于1965年确定为猪肺炎霉形体，存在于患猪的呼吸道、肺门淋巴结和纵隔淋巴结中，其形态呈近球形、环状、椭圆形或两极形等。

猪肺炎霉形体由病猪排出外界环境后，其生存时间一般不超过36 h。一般常用的化学消毒剂和常用的消毒方法均能达到消毒的目的。

2. 流行病学 本病的自然病例仅见于猪，不同年龄、性别、品种和用途的猪均能感染。纯种猪易感。

在新疫区暴发初期，母猪特别是怀孕后期母猪往往呈急性经过，症状较重和致死率较高；公猪和成年猪多呈慢性和隐性感染。

病猪及隐性带菌猪是本病的传染源。很多地区或猪场由于从外引种引起本病暴发。病猪在很长的时间内，甚至在临床症状消失后相当长的时间内，体内还带病原体，并不断排出体外传染给健康猪只。本病一旦转群，如不采取严密措施，很难彻底扑灭。

病原体存在于患病的呼吸道。通过病猪咳嗽、气喘和喷嚏等强力气流将含有大量病原体的渗出物、分泌物喷射出来，形成飞沫，浮游于空气中被健康猪吸入而传染。

本病一年四季均可发生，没有明显的季节性。但在寒冷、多雨、潮湿或气候骤变时，猪群发病率上升。

3. 综合防制

(1)免疫预防。注射猪气喘病弱毒疫苗。

种猪场方法之一：

①无症状的种猪，每年春秋季各注射疫苗1次。

②15日龄以后的哺乳健康仔猪首免1次；到3～4月龄确定留种用猪进行二免，供育肥猪不做二免。

③有临床症状的种猪隔离治疗或逐步淘汰。

④引种前检疫或观察，确定健康后注射疫苗。

种猪场方法之二：

①经过检疫或观察挑选足够的无气喘病的后备猪群注射疫苗，单独饲养管理。

②免疫种猪群建立后每年注射疫苗1～2次。

③健康仔猪于15日龄至断奶前进行首免，3～4月龄确定留做种用猪进行二免，向社会提供免疫的种猪。

④引种前检疫确定健康后注射疫苗。

种猪场方法之三：

①无临床症状的种猪、后备猪，每年春秋季各注射疫苗1次。

②免疫母猪产的仔猪在哺乳期注射疫苗1次。直到育肥出栏。

③有临诊症状的种猪隔离治疗或逐步淘汰。

④引种前检疫或观察，确定健康后注射疫苗。

种猪场方法之四：

①无临诊症状的种猪、后备猪，每年春秋季各注射疫苗2次。

②免疫母猪产的仔猪不注射疫苗，集中饲养管理，但必须离开阳性母猪产的仔猪，以免被传染。

③有临诊症状的母猪隔离治疗或逐步淘汰。

④引种前检疫或观察，确定健康后注射疫苗。

应用本疫苗应注意事项：

①注射疫苗前15天及注射疫苗后2个月内不得饲喂或注射土霉素、卡那霉素等对疫苗有抑制作用的药物。

②疫苗一定要注入胸腔内，注射肌肉内无免疫效果。

(2)药物预防。泰乐菌素：10 mg/kg体重，肌肉注射，每日1次，连用3～5天。内服，每升水加本药0.2 g，连饮3～5天，对预防本病效果较好。

(3)治疗

①卡那霉素：2万～4万IU/kg体重。每日1次，肌肉注射，连

用5天。胸腔注射,每日1次。连用3天。

②盐酸土霉素:50 mg/kg体重,肺愈穴注射。氢化可的松,20 mg/kg体重,肌肉注射。

③洁霉素(林可霉素)注射液:50 mg/kg体重,肌肉注射,每日1次,连用5天。

(九)猪衣原体病　猪衣原体是由鹦鹉热衣原体感染猪群引起不同症候群的接触性传染病。临床上以妊娠母猪发生流产、死胎、木乃伊胎,产弱仔,各年龄段猪发生肺炎、肠炎、多发性关节炎、心包炎、结膜炎、脑炎、脑脊髓炎,公猪还发生睾丸炎和尿道炎为特征。

1. 病原　猪衣原体病病原为鹦鹉热衣原体,行严格的细胞内寄生生活。对温度变化较敏感,在室温下10天,完全丧失其感染力。用紫外线照射30 min可杀死衣原体,在0.5%石炭酸溶液中24 h,5%石炭酸3 h,2%来苏儿5～10 min,2%氢氧化钠溶液2～3 min,1%盐酸溶液2～3 min,75%酒精溶液1 min,0.1%甲醛溶液24 h可被杀灭。

鹦鹉热衣原体对链霉素、制霉菌素、卡那霉素、庆大霉素、新霉素、万古霉素及磺胺类药物不敏感。但对青霉素、四环素、氯霉素、土霉素、红霉素、泰乐霉素、螺旋霉素、麦迪霉素、金霉素、竹桃霉素、北里霉素等敏感。

2. 流行病学　不同年龄、不同品种的猪群均可感染本病,尤其怀孕母猪和新生仔猪更为敏感,由于大批怀孕母猪流产、产死胎和新生仔猪死亡以及适繁母猪群不育空怀,已给集约化养猪业造成严重的经济损失。猪群一旦感染本病,很难清除,康复猪可长期带菌,猪场内活动的野鼠和禽鸟是本病的自然散毒者;带菌的种公、母猪则成为幼龄猪群的主要传染源,种公猪可通过精液传染本病。隐性感染种公猪危害性更大。病猪可通过粪便、尿、唾液(飞沫)、乳汁排出病原体,流产母猪的流产胎儿、胎膜、羊水更具传染性。规模化养猪场，本病在秋冬流行较严重，一般呈慢性经过。持续地潜伏性传染是猪衣原体病的重要流行病学特征。

3. 综合防制

(1)种猪场。对血清学为阴性的种猪场，要给适繁母猪在配种前注射猪衣原体流产灭活苗，每年免疫1次，以确保提供健康种猪。在阳性猪场，对确定感染了衣原体的种公猪和母猪予以淘汰，其所产仔猪不能作为种猪。

(2)商品猪场。每年对种公猪和繁殖母猪群用猪衣原体流产灭活苗免疫1次，连续2～3年；应淘汰发病种公猪；对有临床症状的母猪和仔猪应及时用四环素药物治疗。流产胎儿、死胎、胎衣要集中无害化处理，同时用2%～5%来苏儿或2%苛性钠等有效消毒剂进行环境消毒；加强产房卫生工作，预防新生仔猪感染本病。消灭猪场内的野鼠和麻雀。对新引进的猪只隔离检疫，阳性者不得混群饲养。对全群进行程序化免疫：

种公猪：每头皮下注射2 mL猪衣原体流产灭活苗，每年免疫1次。

繁殖母猪：在配种前后1个月每头皮下注射2 mL猪衣原体流产灭活苗，每年1次，连续2～3年。

(3)药物预防和治疗。在猪场可选用敏感药物，如四环素、氯霉素、青霉素、金霉素、泰乐菌素、螺旋霉素、土霉素、红霉素等进行猪衣原体预防治疗。出现症状的新生仔猪，可肌肉注射1%土霉素、1 mg/kg体重，连续5～7天；对怀孕母猪在产前2～3周；可注射四环素族抗生素，以预防新生仔猪感染本病。用药注意合并交替用药。

(十)猪传染性萎缩性鼻炎　猪传染性萎缩性鼻炎主要是由支气管败血波氏杆菌引起的猪的一种慢性呼吸道传染病。其特征是鼻甲骨萎缩。临床主要表现为喷嚏、鼻塞等；本病可使猪只生长性能、饲料利用率和机体抵抗力下降，易感染其他疾病等。

1. 病原　本病原主要是支气管败血波氏杆菌的Ⅰ型菌，其次是产毒素的多杀性巴氏杆菌（主要是D型）。其他微生物如绿脓杆菌、放线菌、毛滴虫及猪细胞巨化病毒等有时也参与感染。

支气管败血波氏杆菌是革兰氏阳性球杆菌，或小杆菌，具有运动性，不形成芽孢，是严格的需氧菌。

本菌有3个菌型，Ⅰ型菌病原性强，有荚膜，呈球形或球杆状，具有表现K抗原和强坏死毒素（类内毒素），在不适当的条件下可向Ⅱ、Ⅲ型菌变异，Ⅱ型菌和Ⅲ型菌毒力较弱。

2. 流行病学　本病于1830年在德国最初发现，我国此病现也广泛存在。

任何年龄的猪都可感染此病，但以幼龄猪易感性最强。4周龄内小猪感染本病发生鼻炎后，多引起鼻甲骨较严重的萎缩，1月龄以后感染猪，多为较轻的病例，较大的猪感染后可能看不到症状而成为带菌者。

病猪和带菌猪是主要的传染源，其传播方式主要是通过飞沫传播。没有临床症状的痊愈母猪，从呼吸道排菌，感染其他的仔猪。

3. 综合防制

(1)免疫接种。我们将当地分离的菌株（波氏杆菌和多杀性巴氏杆菌D型）制成油佐剂灭活菌苗，具有很好的免疫预防效果。免疫程序为：每剂量1～3 mL，肌肉注射或皮下注射。初产母猪，分娩前4周及2周各接种1次；经产母猪，分娩前2～4周，注射1次；仔猪，7～10日龄注射1次，2～3周后补注1次；种公猪每年注射1次。

(2)药物预防。母猪（产前1个月）断奶仔猪及架子猪：磺胺二甲嘧啶100～450 g/t拌料；或磺胺二甲嘧啶100 g/t，金霉素100 g/t，青霉素50 g/t联合拌料；或泰乐菌素100 g/t，磺胺嘧啶100 g/t联合拌料；或土霉素400 g/t拌料，连喂4～5周。

乳猪：从2日龄开始每隔1周肌肉注射1次增效磺胺，用量为磺胺嘧啶 12.5 mg/kg 体重，加甲氧苄氨嘧啶 2.5 mg/kg 体重，连续 3 次；或每周肌肉注射 1 次长效土霉素，连续注射 3 次。

此外，鼻腔内用 2.5%硫酸卡那霉素喷雾，滴注 0.1%高锰酸钾液。对预防和控制本病的发展，也可起到一定的作用。

(3)治疗。磺胺药及抗生素可减轻临床症状，对猪群饲料利用率和增重率有益。对于感染猪群，及早使用疫苗，结合药物防治，可加快本病的恢复。对鼻部严重变形的猪只，最好淘汰。

(十一)猪炭疽　猪炭疽是由炭疽杆菌引起的传染病。炭疽杆菌在土壤中和牧场上能形成芽孢，对不良因素有很强的抵抗力。

本病的传染源是病猪。病原菌主要存在于病死猪的器官、组织和血液中。传播途径主要是经消化道传染，也可通过波血昆虫叮咬传染。对炭疽杆菌的易感动物有人和其他动物，如马、牛、羊、鹿等。炭疽病是一种危害很大的人畜共患性传染病。

本病发生有一定季节性，多发生于 6～8 月份，呈地方性流行或散发。这是因为雨水多，容易把土壤中的炭疽芽孢冲到地面，造成病原的播散。给猪喂含有炭疽芽孢的骨粉，可被炭疽芽孢污染的饲料、饮水，也可引起健康猪发病。

猪炭疽潜伏期长，多为慢性经过。病猪多数生前缺乏明显临床症状，宰后检查时，偶尔可在颌下淋巴结、肠、肺等处发现炭疽病的病变。颌下淋巴结肿大，变硬，切面发干，有砖红色坏死灶。小肠出现局灶性坏死性肠炎。肺叶上有一个或几个拇指大的硬块，切面为暗红色或黑褐色，干燥。

有的病猪可呈现咽峡炎的症状，病初体温升高，咽喉及腮腺部显著肿胀，向后可蔓延到颈和胸部，颈部活动受限，吞咽和呼吸困难，可因高度呼吸困难而死亡。个别猪也可能出现败血症。

炭疽是对人和家畜有严重威胁的烈性传染病。因此，应加强对猪炭疽的屠宰检疫，发现本病，要封锁疫点，病死猪和被污染的饲料、垫草等一律焚烧，被污染的水泥地用 20%漂白粉或 0.1%碘溶液等进行消毒。猪场内未发病的猪和疫点周围的猪都要注射菌苗。每头猪皮下注射无菌炭疽芽孢苗 0.5 mL，或Ⅱ号炭疽芽孢苗 1 mL。直到最后 1 头猪死亡 15 天后，未发现新病猪时，经彻底消毒方可解除封锁。

对病猪可严格隔离治疗。有青霉素 40 万～100 万 U 静脉注射，每日 3～4 次，连用 5 天，有一定效果。如用抗炭疽血清 30～60 mL 静脉注射或皮下注射，效果更好。土霉素、氯霉素也有较好疗效。

(十二)猪结核病 猪结核病是由结核分支杆菌引起的一种慢性传染病。它的特点是常在肠道、肺、肝、淋巴结等处，形成结核结节，结节的中心是灰黄色豆腐渣样的坏死物，可以发生钙化。结核分支杆菌分为人型、牛型和禽型，猪对这三型都敏感。

本病的传染源主要是结核病鸡、病人、病牛等。结核病猪很少传染给猪。如果猪场内同时养鸡，用鸡粪喂猪，鸡一旦发生结核病就容易传染猪。当用结核病医院的剩饭喂猪时，猪也容易受到感染。未经消毒的结核病牛的肉、奶等也能引起猪发病。猪结核病的传播途径主要是通过消化道传染，一般为散发，发病率和死亡率都不高。

猪结核病的潜伏期短的为十几天，长的数月。

猪结核病多数是经过消化道感染，常在扁桃体、淋巴结引起病灶，但很少出现临床症状。当肠内出现病灶时可发生下痢。肺有结核时，病猪出现干咳和呼吸困难。病猪消瘦，生长发育减慢。如果感染牛型结核杆菌，病程呈进行性发展，常引起死亡。

病变集中在咽部、颈部和肠系膜的淋巴结。淋巴结可以明显增大，但主要病变是在切开面上有灰黄色坏死灶，如同豆腐渣样，也可发生钙化，变成灰白色，质地坚硬。此外，在肺、脾、肝、肾等器官上可见到米粒大或豌豆大的结核结节，结节如果在器官的表面，常形成突起并显得粗糙，结节的外围有一层厚膜包围。

结核病是一种人畜共患的慢性传染病，猪和其他动物的结核病也可导致人发生感染。结核分支杆菌可侵害人的许多器官系统，如肺、胸膜、骨髓、淋巴结、肝、脾、肾等，其中以肺结核和淋巴结核最为常见。患者临床症状多种多样，常见的有发热、体重减轻、乏力、疲劳、咳嗽等。人的结核病是通过消化道和呼吸道传播的。最近几年，人结核病有复发和增多的趋势。

预防人的结核病关键是广泛开展爱国卫生运动，增强人群的体质和抗病能力。要实行计划免疫，对新生儿接种卡介苗，这对降低结核病的发病率是十分重要的。

从公共卫生的角度来看，对病畜(禽)应采取隔离、淘汰、扑杀的措施，牛奶要严格消毒，结核病人不准当饲养员，以防人畜间互相传染，扩大结核病的流行。

为了预防动物之间和人畜之间结核病的播散，要求奶牛地、鸡场不要养猪，猪场也不要饲养牛和鸡，结核病人不能喂猪和接触猪。不要用结核病医院的泔水，也不要用结核病牛的奶来喂猪。

猪群一旦发生结核病，应全群淘汰，不要姑息迁就遗留后患。病猪舍、病猪活动场所可用20%石灰乳，或5%来苏儿，或5%漂白粉液进行2～3次彻底消毒，3～6个月后猪舍才能再利用。

(十三)猪布氏杆菌病　猪布氏杆菌病是由猪布氏杆菌引起的一种慢性传染病。这种病原菌主要感染猪，也能感染人和牛、羊、鹿等动物。怀孕母猪感染后引起流产，公猪感染后引起睾丸炎。

本病的传染源是病猪。猪流产胎儿、胎衣、羊水和阴道分泌物，都含有大量病原菌。母猪流产前后，奶中也可排菌。病公猪精液内也含有很多病菌，随配种而发生疾病的传播。

猪布氏杆菌对外界环境的抵抗力较强，它在水和土壤中能存活100余天。外界环境中的猪布氏杆菌，可通过破损皮肤、黏膜，甚至正常的皮肤、黏膜以及通过消化道、呼吸道，引起健康猪发病。

不同品种和年龄的猪都有易感性，但以进入生殖期的猪发病较多，哺乳仔猪和小猪不出现临床症状。

本病的潜伏期约2周或更长些。

怀孕母猪可发生流产，多发生于妊娠后35～50天或80～110天。流产前几天，常见拉稀，乳房和阴唇肿胀，阴道流出黏液脓性分泌物，体温升高，食欲减退。流产的胎儿多为死胎。流产后从阴道流出黏性红色分泌物，很少发生胎衣不下。一般经8～10天可以自愈。但个别病猪可发生胎衣不下，引起子宫内膜炎症，造成屡配不怀胎。

病公猪表现为一侧或双侧睾丸发炎，肿大，变硬，热痛。病程长了，引起睾丸萎缩，失去配种能力。

剖检时主要病变在生殖器官，母猪子宫内膜有针头大到米粒大小的脓肿，灰黄色。有的胎盘可见充血、出血和水肿，流产胎儿皮下有出血性渗出液。公猪睾丸发生坏死或萎缩变小。

对猪布氏杆菌病重在预防，病猪没有什么治疗价值。

在发生本病的疫区，对健康猪用布氏杆菌猪型Ⅱ号冻干苗接种，免疫期为1年。可以灌服2次，每次剂量为200亿个活苗，间隔30～45天。对非怀孕母猪和公猪，也可皮下注射2次，每次2 mL，含活苗200亿个，间隔30～45天。

对流产胎儿、胎衣、羊水、阴道分泌物应深埋，病猪舍、运动场、用具等用3%～5%来苏儿消毒。对发现有本病的猪场，最好全部淘汰，重新建立清净猪群。

(十四)猪李氏杆菌病　猪李氏杆菌病是一种散发性的传染病，病原是单核细胞增多症李氏杆菌。病猪特征是出现败血症或神经功能障碍。

病猪和带菌猪是本病的主要传染源。病原菌可随粪、尿、眼鼻分泌物、奶、流产胎儿、子宫分泌物、精液排出体外，污染饲料、饮水和土壤，经消化道、呼吸道、破伤的皮肤引起健康猪感染。除猪外，病原菌还能感染人和其他动物，如绵羊、兔、牛、山羊、鸡、鼠等。鼠和吸血昆虫在本病发生上也起一定作用。

本病主要发生在冬季和早春，常为散发，偶尔呈地方流行性发生，发病率低，但死亡率高。

本病自然感染的潜伏期为2～3周，有的仅数天。根据临床症状分为单纯脑膜脑炎型和混合型。

单纯脑膜脑炎型，多发生于哺乳仔猪或断奶后的仔猪，临床上出现脑炎的症状，比如仔猪兴奋不安，运动不协调，肌肉震颤，无目的地跑跳。有的病猪头颈后仰，四肢张开，有的后肢麻痹不能站立，严重的倒地不起，抽搐，口吐白沫，四肢乱划，轻微刺激就发出惊叫。病猪体温、食欲、粪尿一般正常。病程较长，病猪多数死亡。

混合型，除了有脑炎症状外，还可发生败血症。多发生于哺乳仔猪突然发病，体温升高达41～42℃，吃奶少或不吃，粪干尿少，后期体温下降。病程1～3天，长的可达4～9天。仔猪病死率很高，成年猪可能耐过。

猪李氏杆菌对人类健康有较大威胁。易感人群主要是孕妇、新生婴儿、糖尿病患者、肿瘤患者，其次是经常接触和治疗病猪的人员。主要由于接触病猪，或食被病原菌污染的植物、蔬菜、乳、肉、蛋，通过消化道、呼吸道、眼结膜而感染。临床上出现脑炎、脑膜脑炎、结膜炎、败血症等。多发生于夏季和早秋，呈散发性，但致死率很高。为了防止猪李氏杆菌病传染给人，病死猪要消毒深埋，饲养员、兽医和实验室工作人员必须加强个人防护。

目前还没有菌苗来预防猪李氏杆菌病。必须落实兽医卫生防疫制度，不从疫区引进种猪和小猪，搞好粪便处理、环境消毒和灭鼠灭虫工作，被污染的水源可用漂白粉消毒。一旦发现病猪，要立即隔离，严格消毒发病猪舍。

抗生素和磺胺类药物对本病有很好疗效，如氨苄青霉素每千克体重4～11 mg，肌肉注射，每日2次，连用3～5天；或庆大霉素每千克体重1～2 mg，每日2次肌肉注射；或链霉素50万～200万U

肌肉注射；也可用盐酸金霉素粉每千克体重 20～50 mg，分 2 次灌服；用 20% 磺胺嘧啶钠 5～10 mL，肌肉注射。病猪兴奋不安时，可灌服水合氯醛，每千克体重 1 g，溶于水中用胃管投药。

附录一　猪的常用疫(菌)苗

1. 猪瘟兔化弱毒冻干疫苗　用于预防猪瘟,适用于各品种、性别、年龄的猪。冻干苗用生理盐水稀释,每头猪肌肉或皮下注射1 mL。免疫期为1年。

2. 猪肺疫氢氧化铝菌苗　使用前充分摇匀,大小猪都皮下注射5 mL,免疫期为9个月。

3. 口服猪肺疫弱毒菌苗　大小猪都口服3亿个菌。操作时按猪数计算好用苗量,用清水稀释后拌料喂猪即可。免疫期为6个月。

4. 猪丹毒弱毒活疫苗　疫苗用规定稀释剂稀释后,不论大小猪都皮下注射1 mL。免疫期为6个月。

5. 猪丹毒、猪肺疫二联灭活菌苗　10 kg以下仔猪皮下或肌肉注射3 mL,10 kg以上的断奶仔猪和成年猪注射5 mL。免疫期为6个月。

6. 猪细小病毒灭活氢氧化铝疫苗　用前充分摇匀,肌肉注射2 mL。免疫期为1年。

7. 猪喘气病灭活疫苗　每次2 mL肌肉注射。免疫期为7个月。

8. 猪喘气病弱毒冻干疫苗　在右侧胸腔倒数第6肋间或肩胛骨后缘3.5～5 cm处进针,穿透胸壁即可注射。每头猪5 mL。注射时要一猪一针头,并严格消毒。

9. 猪伪狂犬病K61弱毒菌苗　仔猪第1次肌肉注射0.5 mL,断奶后再注射1 mL;3个月以上的架子猪1 mL;成年猪(包括怀孕猪)2 mL;怀孕猪应在产前30天注射。免疫期为1年。

10. 兽用乙型脑炎疫苗　后备种猪每头猪皮下或肌肉注射

1 mL。

11. 猪传染性萎缩性鼻炎油佐剂二联灭活疫苗　仔猪生后1周龄时颈部皮下注射0.2 mL,4周龄时注射0.5 mL,8周龄时注射0.5 mL,其他猪每次注射2 mL。

12. 母猪大肠杆菌纤毛菌苗　怀孕母猪每次肌肉注射2 mL。

13. 母猪红痢菌苗　怀孕母猪每次肌肉注射5～10 mL。

14. 兽用狂犬病疫苗　大小猪都皮下或肌肉注射10～25 mL。免疫期为6个月。

15. 猪口蹄疫油乳剂灭活疫苗　肌肉注射。10～25 kg的猪每头2 mL,25 kg以上的猪每头3 mL。免疫期为12个月。

16. 仔猪副伤寒弱毒冻干疫苗　此菌苗适用于1月龄以上哺乳或断奶仔猪。每头猪口服活菌30亿个。瓶签注明限于口服的不能用来注射。

注射法:按规定用20%氢氧化铝胶生理盐水稀释后,每头猪耳后浅层肌肉内注射1 mL。

附录二　猪的常用药物用法与用量

一、抗微生物药

1．青霉素G(钾或钠)　主要用于治疗呼吸道感染、肺炎、支气管炎、脑膜炎、心内膜炎、腹膜炎、脓肿、败血症、中耳炎及猪丹毒、坏死杆菌病、破伤风、炭疽等。用法与用量：1次肌肉注射量3万～4万IU/kg体重，2～4次/日；1次静脉注射量1万～2万IU/kg体重，2～3次/日。

2．氨苄青霉素钠　主要用于治疗尿路感染、呼吸道感染、肠道感染、脑膜炎及败血症等。用法与用量：1次肌肉注射或静脉注射量为25 mg/kg体重，2～4次/日。

3．阿莫西林　主要用于治疗尿路感染、呼吸道感染、胆道和肠道感染、脑膜炎等。用法与用量：1次内服量8～12 mg/kg体重，2～3次/日；1次肌肉注射量2～7 mg/kg体重，2次/日。

4．头孢氨苄　主要用于治疗肾盂肾炎、尿路感染、咽喉炎、呼吸道及肺部感染。用法与用量：1次内服量35 mg/kg体重，3次/日；1次肌肉注射或静脉注射量20～30 mg/kg体重，3次/日。

5．头孢唑啉　对革兰氏阴性菌作用较强，尤其对大肠杆菌抗菌作用较强。用于治疗呼吸道、泌尿生殖道、皮肤等感染及败血症。用法与用量：1次肌肉、皮下、静脉注射量11～20 mg/kg体重，2～3次/日。

6．链霉素　主要用于治疗结核病、巴氏杆菌病、仔猪副伤寒、仔猪白痢、上呼吸道感染、肺炎、脑膜炎、心内膜炎、尿路感染、败血症、腹膜炎等。用法与用量：1次肌肉注射量10 mg/kg体重，2～3次/日。

7. 卡那霉素　主要用于治疗肺部感染、败血症、腹腔感染、乳腺感染等,也可用于治疗猪喘气病和萎缩性鼻炎。用法与用量:1次肌肉注射、静脉注射量15～20 mg/kg体重,2次/日。

8. 丁胺卡那霉素　主要用于治疗肾盂肾炎、尿路感染、呼吸道及肺部感染、败血症等。用法与用量:1次肌肉注射或静脉注射量8～10 mg/kg体重,3次/日。

9. 硫酸庆大霉素　主要用于治疗败血症、呼吸道感染、胆道感染、化脓性腹膜炎、尿路感染等。用法与用量:1次肌肉注射量2.2～4.4 mg/kg体重;日口服量10～15 mg/kg体重,分3～4次服完。

10. 硫酸小诺霉素　主要用于治疗呼吸道、泌尿道、腹腔及外伤感染、败血症。用法与用量:1次肌肉或皮下注射量(试用量)60～120 mg,2次/日。

11. 四环素　主要用于治疗菌痢、肺炎、化脓性脑膜炎、皮肤感染及猪喘气病、巴氏杆菌病、仔猪副伤寒等。用法与用量:1次口服量10～20 mg/kg体重,3次/日,连用16天;1次肌肉注射或静脉注射量2.5～5 mg/kg体重,2次/日。

12. 土霉素　主要用于治疗痢疾、仔猪副伤寒、衣原体感染、结膜炎、肺炎、中耳炎、皮肤化脓等,也可用做饲料添加剂。用法与用量:1次口服量10～20 mg/kg体重,3次/日;1次肌肉注射或静脉注射量3.5～8.5 mg/kg体重,2次/日。

13. 金霉素　主要用于治疗菌痢、肺炎、皮肤感染、肠炎等,也可用做饲料添加剂。用法与用量:1次口服量22 mg/kg体重,3次/日;1次肌脉注射量5～10 mg/kg体重,2次/日。

14. 特效米先10　主要用于治疗猪丹毒、乳腺炎,对猪喘气病也有较好的疗效。用法与用量:1次肌肉注射20 mg/kg体重即可,较重病猪在3～5天后再注射1次。

15. 强力霉素　主要用于治疗急性扁桃体炎、慢性支气管炎、肺炎、尿路感染、菌痢、急性淋巴结炎等。用法与用量:1次口服量

3～10 mg/kg 体重，1 次/日；1 次静脉注射量 2～4 mg/kg 体重，1 次/日。

16. 红霉素　主要用于治疗耐青霉素菌引起的肺炎、败血症、伪膜性肠炎、急性乳腺炎等。用法与用量：1 次口服量 12～20 mg/kg体重，2 次/日；1 次静脉注射量 2～6 mg/kg 体重。

17. 乙酰螺旋霉素　主要用于治疗上呼吸道感染、肺炎、中耳炎，各种皮肤软组织外科感染。用法与用量：每日口服量，30～100 mg/kg体重，分次服用；1 次皮下或肌肉注射量 10～50 mg/kg 体重，1 次/日。

18. 林可霉素　主要用于治疗肺炎、脑膜炎、心内膜炎、蜂窝织炎、扁桃体炎、疖、尿道感染，也可抗螺旋体及弓形体及作为饲料添加剂使用。用法与用量：1 次口服量 30～60 mg/kg 体重，3～4 次/日；1 次肌肉注射或静脉注射量 20 mg/kg 体重，2 次/日。

19. 利高霉素 100 可溶性粉　主要用于防治仔猪痢疾、副伤寒、丹毒、链球菌病及大肠杆菌病。用法与用量：1 次口服量 10 mg/kg体重，于病症出现时开始治疗，连用 3 天。

20. 磺胺嘧啶　主要用于治疗急性支气管炎、肺炎、尿路感染、流脑、菌痢及弓形体感染。用法与用量：若 1 次口服，首次量 140～200 mg/kg 体重，维持量 70～100 mg/kg 体重，2 次/日；若 1 次肌肉注射或静脉注射，量为 70～100 mg/kg 体重，2 次/日。

21. 复方磺胺甲基异恶唑　主要用于治疗急性支气管炎、肺炎、尿路感染、流脑、菌痢及弓形体感染。用法与用量：口服量 10～100 mg/kg体重，维持量 25～50 mg/kg 体重，2 次/日。

22. 磺胺脒　主要用于治疗仔猪肠炎和下痢。用法与用量：日口服量 100～300 mg/kg 体重，2～3 次分服。

23. 氟哌酸　主要用于治疗呼吸及泌尿道感染、菌痢、肠炎、胆囊炎等。用法与用量：1 次口服量 6～8 mg/kg 体重，2 次/日。

24. 盐酸环丙沙星　主要用于治疗敏感病菌引起的呼吸道感

染、泌尿道感染、皮肤软组织感染、肠道感染及骨和关节感染。用法与用量：1 次口服量 25～50 mg/kg 体重，2～3 次/日；1 次静脉注射量 20～30 mg/kg 体重，2 次/日。

25. 黄连素 主要用于治疗肠道感染、菌痢等。用法与用量：1 次口服量 0.5～1 mg/kg，3 次/日。

26. 痢特灵 主要用于治疗敏感菌引起的消化道感染，如菌痢、肠炎、仔猪白痢、仔猪副伤寒、猪痢疾及猪球虫病等。用法与用量：1 次口服量 10～20 mg/kg 体重，2 次/日，连用 7 天。

27. 痢菌净 主要用于防治猪肠炎、猪痢疾。用法与用量：1 次口服量 5～10 mg/kg 体重，2 次/日；1 次肌肉注射量 2.5～5 mg/kg体重，2 次/日，5～7 天为一疗程。

28. 灰黄霉素 主要用于治疗各种皮肤癣菌，但对深部真菌和细菌无效。用法与用量：1 次口服量 10～20 mg/kg，分 2～3 次服用，连用 7～14 天为一疗程。

29. 制霉菌素 主要用于治疗消化道念珠菌病、鹅口疮、念珠菌性阴道炎、外阴炎等。用法与用量：1 次口服量 50～100 万IU/kg 体重，3～4 次/日。

30. 克霉唑 主要用于治疗全身性及深部真菌感染，并可外用软膏剂治疗浅部真菌感染。用法与用量：每日口服量 1.5～3 mg/kg，分 3 次内服。

31. 酮康唑 主要用于治疗皮肤和指(爪)癣、阴道白色念珠菌病、胃肠霉菌感染、全身霉菌感染。用法与用量：每日口服量 10 mg/kg体重，1 次/日。

二、驱虫药

32. 左旋咪唑 主要用于驱除钩虫、蛲虫、蛔虫感染，对钩、蛔虫的混合感染有良好的效果，也用于肺线虫和猪肾虫病。用法与用量：1 次口服量 10 mg/kg 体重，1 次/日；皮下或肌肉注射

7.5 mg/kg体重。

33. 丙硫咪唑　主要用于驱除钩、蛔虫感染，对鞭虫、粪圆线虫、绦虫、棘球蚴虫也有较好疗效。用法与用量：1 次口服量 10～20 mg/kg体重，1 次/日。

34. 伊维菌素　对体内线虫和体外寄生虫均有驱杀作用。用法与用量：1 次口服量 0.2 mg/kg 体重；1 次肌肉注射量 0.2 mg/kg体重。隔 6 天再口服或肌肉注射 1 次。

35. 吡喹酮　主要用于驱杀猪体内血吸虫、肺吸虫、华支睾吸虫、姜片吸虫和绦虫等感染。用法与用量：1 次内服量 10～35 mg/kg体重用于绦虫病，50 mg/kg 体重用于猪囊尾蚴病，75 mg/kg体重用于中华睾吸虫。

36. 氢溴酸槟榔碱　主要用于驱杀绦虫感染。用法与用量：1 次内服量 2 mg/kg 体重。

37. 氯硝柳胺(灭绦灵)　主要用于驱除绦虫感染。用法与用量：1 次内服量 80～125 mg/kg 体重。

38. 三氮脒(贝尼尔、血虫净)　主要用于治疗巴贝西梨形虫、泰勒梨形虫、伊氏锥虫、锥虫感染及弓形体感染。用法与用量：1 次肌肉注射或皮下注射量 3～5 mg/kg 体重。

39. 甲硝唑　主要用于治疗毛滴虫、贾第虫、球虫、肠道原虫感染及厌氧菌感染。用法与用量：1 次口服量 60 mg/kg 体重，2～3 次/日，连用 5 天。

40. 氨丙啉　主要用于防治球虫病。用法与用量：每日用量 100～200 mg/kg 体重，混于食物或水中，连用 7 天。

41. 阿卡普啉　主要用于防治梨形虫病。用法与用量：1 次皮下注射量 2 mg/kg 体重。

42. 戊酸氰菊酯(速灭杀丁 1)　主要用于防治体外寄生虫和驱杀吸血昆虫。用法与用量：进行药浴或喷淋，治疗浓度 50～80 μg/kg体重，必要时间隔 7～10 天重复 1 次；预防浓度为

30 μg/kg 体重。

三、中枢兴奋药

43. 苯甲酸钠咖啡因(安钠咖) 主要用于中枢抑制药中毒的解救,治疗各种疾病引起的心力衰竭及心肾障碍性水肿。用法与用量:1 次内服量 1～2 g,2～3 次/日;1 次注射量 0.5～2 g,2～3 次/日。

44. 尼可刹米 主要用于抢救阿片类药物中毒及触电引起的呼吸抑制,吸入性麻醉药中毒。用法与用量:1 次肌肉注射、静脉注射或皮下注射量 0.25～1 g/次,必要时可间隔 2 h 重复 1 次。

45. 樟脑磺酸钠 主要用于治疗感染性疾病、药物中毒引起的呼吸抑制,也可用于急性心衰。用法与用量:1 次肌肉注射、静脉注射或皮下注射量 0.2～1 g/次。

46. 士的宁 主要用于治疗脊髓性不全麻痹、肌肉无力等。用法与用量:1 次肌肉注射或皮下注射量 2～4 mg。

四、麻醉、镇静及镇痛药

47. 氯丙嗪(冬眠灵) 主要用于缓解惊厥、痉挛。也用于麻醉前给药,与局麻药配合的外科手术及适用于减轻应激反应。用法与用量:1 次口服量 3 mg/kg 体重,1～4 次/日;1 次肌肉注射量1～2 mg/kg体重,1～4 次/日。

48. 乙酰丙嗪(乙酰普马嗪) 主要用于麻醉前给药及治疗肠痉挛等。用法与用量:1 次口服量 0.05～0.1 mg/kg 体重,1 次肌肉注射、静脉注射或皮下注射量 0.05～1 mg/kg 体重。

49. 安定 可做化学保定药,减少恐惧和攻击行为,也可治癫痫病及作为麻醉前给药。用法与用量:1 次口服量 5.5 mg/kg 体重;1 次肌肉注射量 0.125～0.25 mg/kg 体重;癫痫发作时,以10 mg/kg体重静脉缓慢注射,无效则重复使用。

50. 戊巴比妥　主要用于全身麻醉和镇静。用法与用量:1 次口服量 5～15 mg/kg 体重(用于镇静);1 次静脉注射 2～4 mg/kg 体重(用于镇静),15～20 mg/kg 体重(用于麻醉);1 次肌肉注射或腹腔注射量 40～50 mg/kg 体重(用于麻醉)。

51. 二甲苯胺噻嗪(隆明、麻保静)　主要用于保定及麻醉前给药。用法与用量:临用前配成 2%～10%的溶液,1 次肌肉注射量 2～3 mg/kg 体重。

52. 硫酸镁　主要用于治疗膈肌及胆道痉挛,也可缓解中毒、破伤风引起的肌肉强直;用法与用量:1 次肌肉注射或静脉注射量 2.5～7.5 g。

53. 杜冷丁　主要用于缓解外伤和某些内脏疾病的剧痛,也可用做麻醉前给药。用法与用量:1 次肌肉注射或皮下注射量 1～2 mg/kg体重。

54. 硫戊巴比妥钠　主要用于短时静脉麻醉或诱导麻醉。用法与用量:1 次静脉注射量 2.5～10 mg/kg 体重。

55. 氯胺酮　主要用做短时麻醉药、基础麻醉药以及保定药。用法与用量:1 次肌肉注射或静脉注射量 10～30 mg/kg 体重(用于麻醉),12～20 mg/kg 体重(用于镇静、保定)。

56. 普鲁卡因　主要用于局部浸润麻醉、传导麻醉、脊髓麻醉,亦可用于封闭、止痛、止痒等。用法与用量:浸润麻醉、封闭疗法用 0.25%～1%溶液;传导麻醉用 2%溶液,2～5 mL。

57. 利多卡因　主要用于表面、浸润、传导及硬膜外麻醉。用法与用量:表面麻醉 2%～5%溶液;浸润麻醉 0.25%～0.5%溶液;传导麻醉 2%溶液。

58. 安痛定　主要用于治疗发热、疼痛性疾病。用法与用量:1 次肌肉注射或皮下注射量 5～10 mL。

59,阿司匹林　主要用于治疗发热疾病、神经痛、肌肉痛、关节痛、风湿病,也可治疗胆道蛔虫。用法与用量:1 次口服量 1～3 g。

60. 复方阿司匹林(APCI) 主要用于治疗发热、风湿热、神经痛、肌肉痛等。用法与用量:1 次口服量 2～10 片。

61. 安乃近 主要用于治疗发热、肌肉痛、关节痛、风湿病和腹痛。用法与用量:1 次口服量 2～5 g,3 次/日;1 次肌肉注射量 1～3 g。

五、拟、抗胆碱药与拟肾上腺素药

62. 毛果云香碱 适用于治疗胃肠道弛缓、不全阻塞的肠便秘、食道梗塞、青光眼、虹膜炎。用法与用量:1 次皮下注射量 5～50 mg,外用滴眼。

63. 新斯的明 适用于治疗胃肠弛缓、便秘、术后腹胀气或尿潴留、子宫复位延缓等。用法与用量:1 次肌肉注射或皮下注射量 2～5 mg。

64. 阿托品 用于解除胃肠道、呼吸道痉挛,解救有机磷中毒,治疗中毒性休克及虹膜炎等。用法与用量:1 次皮下注射量2～4 mg;治疗中毒性休克或有机磷中毒时,可肌肉注射或静脉注射 1～2 mg/kg 体重,必要时重复给药;外用滴眼。

65. 东莨菪碱 常用于治疗兴奋不安、胃肠道痉挛、晕动症、镇吐等。用法与用量:1 次皮下注射量 0.2～0.5 mg。

66. 颠茄 主要用于缓解胃肠痉挛。用法与用量:1 次口服量 0.2～0.5 mL(浸膏)、2～5 mL(酊剂)。

67. 肾上腺素 主要用于治疗心跳骤停、支气管哮喘、过敏性疾病、局部止血等。用法与用量:1 次肌肉注射或皮下注射量0.2～1 mg。

六、健胃与助消化药

68. 干酵母 常用于治疗食欲不振、消化不良、多发性神经炎、糙皮病等。用法与用量:1 次口服量 30～60 g,3 次/日。

69. 乳酶生　常用于治疗消化不良、腹胀、腹泻及广谱抗生素所致的二重感染等。用法与用量:1 次口服量 2～10 g,3 次/日。

70. 人工盐　常用于治疗消化不良、胃肠弛缓、早期大肠便秘等。用法与用量:1 次口服量 10～30 g,用于健胃;1 次口服量50～100 g,用于缓泻。

71,碳酸氢钠(小苏打)　常用于纠正代谢性酸中毒、中和胃酸、碱化尿液、治疗霉菌性阴道炎、软化耳町聍等。用法与用量:1 次口服量 2～5 g,1 次静脉注射量 2～6 g(治疗代谢性酸中毒),外用滴耳为 3%溶液,冲洗阴道为 4%溶液。

七、泻药与止泻药

72. 硫酸钠(芒硝)　常用于导泻、治疗大肠便秘,排出肠内毒物,或与驱虫药并用排除肠道内寄生虫。用法与用量:1 次口服量 25～50 g,配成 4%～6%水溶液服用 3～10 g,用于健胃。

73. 液体石蜡　常用于治疗小肠便秘及术后保持肠道排便通畅。用法与用量:1 次口服量 50～100 mL。

74. 鞣酸蛋白　常用于治疗急性胃肠炎、非细菌性腹泻、消化不良。用法与用量:1 次口服量 2～5 g,1～2 次/日,空腹服。

75. 药用炭　主要用于治疗腹泻、肠炎、胃肠臌气及生物碱等毒物中毒。用法与用量:1 次口服量 0.3～5 g。

76. 次硝酸铋　常用于治疗吸收不良引起的腹泻、腹胀。用法与用量:1 次口服量 2～6 g,4 次/日。

77. 葡萄糖醛酸内酯(肝泰乐)　常用于治疗肝炎、肝硬化、食物及药物中毒的解救,亦可用于治疗关节炎、风湿病等。用法与用量:1 次口服量 0.2～0.4 mg,2～3 次/日;1 次肌肉注射或静脉注射量 0.2～0.4 mg,1～2 次/日。

78. 三磷酸腺苷(ATP)　常用于治疗心衰、心肌炎、心肌梗塞、肝炎，也是能量合剂组成之一。用法与用量：1 次肌肉注射或静脉注射量 10～20 mg。

八、祛痰、镇咳与平喘药

79. 氯化铵　常用于治疗痰少黏稠不易咳出，也有利尿、酸化尿液作用。用法与用量：1 次口服量 2～3 g，2 次/日。

80. 复方甘草合剂　适用治疗各类咳嗽。用法与用量：1 次内服量 20～30 mL，3 次/日。

81. 麻黄碱（麻黄素）　适用于治疗支气管哮喘、鼻黏膜充血肿胀（外用）。用法与用量：1 次口服量 20～50 mg，3 次/日；1 次皮下注射量 10 mg/kg 体重，3 次/日。

82. 氨茶碱　适用于治疗支气管哮喘、心源性哮喘、充血性心力衰竭、心源性水肿、缓解呼吸困难等。用法与用量：1 次口服量 0.2～0.4 g；1 次肌肉注射或静脉注射量 0.25～0.5 g，3 次/日。

九、利尿、脱水药

83. 呋喃苯胺酸（速尿）　主要用于治疗各型水肿、颅内压增高、急性肾衰、急性药物中毒。用法与用量：1 次口服量 1～5 mg/kg体重，2 次/日；1 次肌肉注射或静脉注射量 1～2 mg/kg 体重，1～2 次/日。

84. 双氢克尿噻　主要用于治疗各种水肿及乳房肿胀。用法与用量：1 次口服量 50～100 mg/kg 体重，1～2 次/日。

85. 甘露醇　为治疗颅脑外伤、脑水肿的首选药，也可用于急性青光眼、急性肾衰等。用法与用量：1 次静脉注射量 100～125 g/kg体重，3～4 次/日。

十、强心药、止血药、抗凝血药及抗贫血药

86. 洋地黄毒甙　适用于治疗慢性心功能不全。可长期使用。用法与用量：静脉注射时全效量 0.3～0.4 mL/kg 体重，维持量为全效量的 1/10。

87. 毒毛旋花甙 K（毒毛花甙 K）　用于治疗急性心功能不全或慢性心功能不全急性加重。用法与用量：1 次静脉注射量0.02～0.04 mg/kg 体重。

88. 利血平　常用于治疗窦性心动过速、高血压，并有中枢性镇静及安定作用。用法与用量：1 次内服量 0.015 mg/kg 体重，2 次/日；1 次肌肉注射或静脉注射量 0.01～0.02 mg/kg 体重，2 次/日。

89. 维生素 K　主要用于治疗凝血酶原过低症（如敌鼠钠中毒）、维生素 K 缺乏症引起的出血、阻塞性黄疸及胆瘘管术前给药止血。用法与用量：1 次肌肉注射量 10～40 mg。

90. 维生素 K_1　主要用于治疗凝血酶原过低症、维生素 K 缺乏症引起的出血、阻塞性黄疸及胆瘘管术前给药止血。用法与用量：1 次肌肉注射或静脉注射量 0.5～2 mg/kg 体重。

91. 止血敏　主要防治各种术前后出血，也可适用于各种出血疾病的止血。用法与用量：1 次肌肉注射或静脉注射量 2～4 mg，2 次/日。

92. 安络血（肾上腺色腙）　主要防治各种术前后出血，也适用于防治各种出血疾病的止血。用法与用量：1 次口服量 5～10 mg，2～3 次/日；1 次肌肉注射量 2～4 mg，2～3 次/日。

93. 肝素　适用于治疗弥散性血管内凝血、心肌梗塞、血栓性静脉炎、术后血栓形成。用法与用量：1 次静滴量 100～300 IU/kg 体重（以生理盐水或 5%～10%葡萄糖溶液稀释）。

94. 硫酸亚铁　适用于治疗缺铁性贫血。用法与用量：日用量

0.5～3 mg,分 2～3 次服完,连续用药 2 周以上。

95. 右旋糖苷铁(葡聚糖铁) 适用于治疗不宜口眼铁剂的缺铁性贫血。用法与用量:1 次肌肉注射量仔猪 100～200 mg。

96. 维生素 B_{12} 常用于治疗巨细胞性贫血、药物中毒性贫血、神经炎、神经萎缩、神经痛、白细胞减少症、再生障碍性贫血及仔猪生长迟缓等。用法与用量:1 次肌肉注射量 0.3～0.4 mg,每日或隔日 1 次。

97. 铁钴注射液 用于治疗仔猪贫血、寄生虫性贫血及营养障碍性贫血。用法与用量:1 次肌肉注射量 4～10 日龄仔猪 2 mg,重症贫血隔 2 日同等剂量重复 1 次。

十一、体液补充剂

98. 葡萄糖(右旋糖) 5%～10%可作为体液补充剂;25%～50%常用于治疗脑水肿、肺水肿,还具有营养作用。用法与用量:1 次静脉注射量 5%葡萄糖注射液 100～500 mL,10%葡萄糖注射液 50～250 mL,25%葡萄糖注射液 20～100 mL,50%葡萄糖注射液 10～50 mL。

99. 右旋糖苷 70(中分子右旋糖苷) 常用于治疗出血性休克、烧伤性休克、手术中休克、血栓性疾病等。用法与用量:1 次静脉注射量 20 mL/kg 体重。

100. 氯化钠 常用于治疗低钠综合征、脱水、休克、失血、洗眼、洗伤口。用法与用量:生理盐水 1 次静脉注射量 250～500 mL/kg体重。

101. 氯化钾 常用于治疗低钾血症和钾缺乏症、强心甙中毒等。用法与用量:1 次静脉注射或腹腔注射量 0.5～1 g,静滴时用生理盐水或 5%～10%葡萄糖溶液稀释成 0,2%～0.3%的浓度缓慢进药。

102. 葡萄糖氯化钠注射液(葡萄糖盐水) 常用于治疗脱水

症。用法与用量:1 次静脉注射量 250～500 mL。

103. 复方氯化钠注射液(林格氏液) 常用于治疗脱水症。用法与用量:1 次静脉注射量 250～500 mL。

104. 乳酸钠林格氏液 常用于纠正酸中毒、有酸中毒倾向的脱水症。用法与用量:1 次静脉注射量 250～500 mL。

十二、激素类药

105. 催产素(缩宫素) 常用于催产、引产和治疗产后止血及胎衣不下。用法与用量:1 次肌肉注射或皮下注射量 10～15 U。

106. 己烯雌酚 常用于催情及治疗子宫内膜炎、子宫蓄脓、胎衣不下、死胎等。用法与用量:1 次口服或肌肉注射量 3～10 mg。

107. 雌二醇(求偶二醇) 作用同己烯雌酚相似,但作用较强。用法与用量:1 次肌肉注射量 3～10 mg。

108. 黄体酮(孕酮) 主要用于治疗习惯性流产、先兆性流产、功能性子宫出血等。用法与用量:1 次肌肉注射或皮下注射量 5～25 mg。

109. 丙酸睾丸素 主要用于雄激素缺乏症、创伤骨折、再生障碍性贫血以及育肥等。用法与用量:1 次肌肉注射量 100 mg,1 次/2～3 日。

110. 绒毛膜促性腺激素 常用于诱导排卵,治疗习惯性流产、子宫出血、隐睾症等。用法与用量:1 次肌肉注射量 500～1 000 U,1～2 次/周,连用 4～6 周。治疗习惯性流产,在妊娠后每周注射 1 次。

111. 氢化可的松 常用于治疗急性严重细菌感染、关节炎、腱鞘炎、乳腺炎、眼科炎症、风湿症及过敏性疾病,外用于皮肤炎症。用法与用量:1 次静脉注射量 20～80 mg,1 次/日(静脉滴注时,需稀释后再用,外用时,患部涂抹)。

112. 泼尼松(强的松) 常用于治疗急性严重细菌感染、关节炎、腱鞘炎、乳腺炎、眼科炎症、风湿症及过敏性疾病;外用于皮肤炎症。用法与用量:1 次口服量 0.5～2 mg/kg 体重,1 次/日。

113. 去炎松 作用与泼尼松相似。用法与用量:1 次口服量 0.1～0.2 mg/kg 体重,1～2 次/日。2 周内逐渐降至 0.02～0.04 mg/kg体重的维持量;1 次肌肉注射或皮下注射量6～30 mg/kg体重,必要时间隔 3～4 天再注射1次。

114. 地塞米松 作用同泼尼松相似,但糖代谢力及抗炎、抗过敏作用比泼尼松更显著。用法与用量:1 次口服量 5～10 mg,1 次/日;1 次肌肉注射或静脉注射量 4～12 mg,1 次/日。

十三、维生素类药、钙剂与微量元素补充剂

115. 维生素 B_1(硫胺) 主要用于防治多发性神经炎、周围神经炎、营养不良、慢性腹泻、胃弛缓、消化不良。用法与用量:1 次内服量 25～50 mg,1 次/日;1 次肌肉注射或皮下注射量 25～50 mg,1 次/日(不宜静脉注射)。

116. 维生素 B_2(核黄素) 主要用于防治维生素 B_2 缺乏引起的眼结膜炎、口角炎、舌炎、阴囊炎、脂溢性皮炎。用法与用量:1 次口服量 0.1～0.2 mg/kg 体重,1 次/日;1 次肌肉注射或皮下注射量 0.1～0.2 mg/kg 体重,1 次/日。

117. 维生素 B_6 适用于辅助治疗白细胞减少症、恶心、呕吐、皮炎、贫血、神经兴奋等。用法与用量:1 次口服量 0.5～1 g;1 次肌肉注射、静脉注射或皮下注射量 0.5～1 g,1 次/日。

118. 烟酰胺 常用于防治病毒性心肌炎、风湿性心脏病、糙皮病、舌炎、口炎、皮肤病等。用法与用量:1 次口服量 0.2～0.6 mg/kg体重;1 次肌肉注射或静脉注射量 0.2～0.6 mg/kg 体重。

119. 烟酸 常用于防治病毒性心肌炎、风湿性心脏病、糙皮

病、舌炎、口炎、皮肤病等。用法与用量:1 次口服量 5～10 mg/kg 体重;1 次肌肉注射或静脉注射量 5～10 mg/kg 体重。

120. 泛酸(维生素 B_3) 常用于防治泛酸缺乏引起的皮炎、眼周围渗出、脱毛、生长缓慢等。用法与用量:每日口服量 0.17 mg/kg 体重。

121. 维生素 C 主要用于防治坏血病、急慢性传染病、感染性休克、炎症、发热疾病、中毒及过敏等。用法与用量:1 次口服量 0.1～0.5 g,1 次皮下、肌肉、静脉注射量 0.02～0.1 g。

122. 维生素 A 常用于防治维生素 A 缺乏引起的夜盲症、干眼病、角膜软化症、皮肤粗糙以及增加猪抵抗感染力。用法与用量:日口服量 2.5 万～5 万 IU/kg 体重。

123. 维生素 D 常用于治疗防治软骨病、佝偻病及维生素 D 缺乏引起的低血钙、骨质疏松症。用法与用量:日口服量 5 000～20 000 IU/kg 体重;1 次肌肉注射或皮下注射量 1 500 万～3 000 万 IU/kg 体重。

124. 维生素 E(生育酚) 常用于治疗维生素 E 缺乏所引起的习惯性或先兆性流产、不孕症、白肌病、肝坏死等。用法与用量:日口服量 60～300 mg,1 次肌肉注射或皮下注射量 5～20 mg/kg 体重。

125. 丙硫硫胺 作用同盐酸硫胺素,但作用较迅速而持久。用法与用量:1 次口服量 10～25 mg,1 次皮下或肌肉注射量 25～50 mg。

126. 复合维生素 B 主要用于治疗营养不良、食欲不振、多发性神经炎及因 B 族维生素缺乏所引起的各种疾病。用法与用量:1 次口服量 1～2 片,1～3 次/日;1 次皮下或肌肉注射量2～4 mL。

127. 鱼肝油 主要用于夜盲症、干眼病、佝偻病、骨软症及其他维生素 A、维生素 D 缺乏症。用法与用量:1 次口服量 10～

30 mL升。

128. 维生素AD注射液　适用于治疗维生素A、维生素D缺乏所引起的夜盲症、角膜软化、皮炎、佝偻病、骨软症等。用法与用量:1次肌肉注射量2～4 mL;仔猪0.5～1 mL,1次/日。

129. 氯化钙　主要用于治疗急性钙缺乏症以及佝偻病、骨软症、产后瘫痫、荨麻疹、血清病、肺水肿、渗出性水肿、硫酸镁及链霉素中毒所致的呼吸肌麻痹。用法与用量:1次静脉注射量1～5 g。静脉注射宜缓慢,忌与强心甙合用。

130. 葡萄糖酸钙　作用同氯化钙,钙含量较低。用法与用量:1次静脉注射量5～15 g。本品宜缓慢注射,忌与强心甙并用。

131. 乳酸钙　作用同氯化钙,主要用于防治钙缺乏症。用法与用量:1次口服量0.3～1 g。

132. 氯化钴　常用于治疗钴缺乏引起的食欲减退、体重减轻、贫血、腹泻、肝脂肪变性。用法与用量:1次口服量50～100 mg/日。

133. 碳酸钙　常用于较长时间补钙及预防缺钙,也用于中和胃酸及作为吸附止泻剂。用法与用量:1次内服量3～10 g。

134. 磷酸二氢钠　主要治疗低血磷症及缺磷性佝偻病。用法与用量:1次口服量15～20 g,1次静脉注射量10～15 g。

135. 亚硒酸钠　主要用于防治硒缺乏症。用法与用量:1次肌肉注射量1～2 mg。

136. 硫酸锌　主要用于防治锌缺乏引起的生长缓慢、食欲缺乏、皮炎、脱毛等症。用法与用量:1次口服量0.2～0.5 g。

137. 硫酸铜　主要用于防治铜缺乏引起的贫血、骨畸形、被毛脱色及生长异常。用法与用量:日口服量20 mg/kg体重。

十四、抗过敏药及解毒药

138. 苯海拉明　常用于治疗荨麻疹、皮疹、药疹、血清病、皮肤瘙痒症、晕动症及镇吐、镇静等。用法与用量:1 次口服量0.08~0.12 mg/kg 体重,3 次/日;1 次肌肉注射量 40~60 mg/kg 体重,2 次/日。

139. 异丙嗪　作用与苯海拉明相似,并能增强麻醉药、镇痛药作用。用法与用量:0.1~0.5 g;1 次肌肉注射量 0.05~0.1 g。

140. 扑尔敏　作用与苯海拉明相似,但抗组胺作用强而持久,对中枢抑制作用微弱。用法与用量:1 次口服量 12~20 mg/kg 体重,1 次肌肉注射量 10~20 mg/kg 体重。

141. 二巯基丙醇　主要用于砷、汞、金、铋、锑中毒的解毒。用法与用量:1 次肌肉注射量 2.5~5 mg/kg 体重(第 1~2 天,1 次/4 h;3 天后,2 次/日)。

142. 碘解磷定　主要用于抢救 1605、1059、特普、乙硫磷的中毒早期。用法与用量:1 次静脉注射量 15~30 mg/kg 体重(生理盐水稀释成 5%溶液)。

143. 氯磷定　主要用于抢救 1605、1059、敌百虫、敌敌畏、苏化 203、甲拌磷(3911)的中毒早期。用法与用量:1 次肌肉注射量或静脉注射量 15~30 mg/kg 体重(首次用药最好静脉注射)。

144. 硫代硫酸钠　主要用于抢救氰化物中毒,也可用于砷、汞、铅、铋、碘等中毒。用法与用量:1 次肌肉注射或静脉注射量1~3 g。

145. 美蓝(亚甲蓝)　主要治疗氰化物中毒。用法与用量:治疗亚硝酸盐、苯胺类中毒,1 次静脉注射量 1~2 mg/kg 体重;治疗氰化物中毒,1 次静脉注射量 2.5~10 mg/kg 体重。

146. 亚硝酸钠　主要用于抢救氰化物中毒,解毒时需配合硫代硫酸钠。用法与用量:1 次静脉注射量 0.1~0.2 g。

147. 乙酰胺(解氟灵)　用于有机氟中毒的解救。用法与用量:1 次肌肉注射量 0.1 g/kg 体重。

十五、外用消毒药和外用药

148. 来苏儿溶液 能杀灭多种细菌，但对芽孢作用较弱，适用于消毒地面、用具、圈舍、器械。用法与用量：器械消毒用2%～3%溶液，15～30 min；地面、用具及污物等用5%～10%溶液。

149. 乙醇(酒精) 能杀灭多种细菌及某些病毒，但不能杀灭芽孢。此外，可用于氟中毒的抢救。用法与用量：皮肤消毒用75%溶液；冲洗黏膜、创伤、溃疡用0.1%～0.2%溶液；若氟中毒，则口服50%乙醇8.8 mL/kg体重。

150. 高锰酸钾 主要用于皮肤黏膜消毒，冲洗伤口，生物碱、氰化物中毒时冲洗胃肠道。用法与用量：冲洗胃肠道用0.05%～0.1%溶液，冲洗毒蛇咬伤伤口用1%溶液，冲洗黏膜、创伤、溃疡用0.1%～0.2%溶液。

151. 过氧化氢溶液(双氧水) 主要用于冲洗化脓性伤口、溃疡、烧伤面及黏膜。用法与用量：冲洗口腔黏膜用0.3%～1%溶液，冲洗化脓创用1%～3%溶液。

152. 漂白粉(含氯石灰) 常用于非金属用具、饮用水、猪舍、饲槽、车辆、血液、流水及排泄物的消毒(溶液现配现用)。用法与用量：非金属用具用5%溶液；饮用水用0.03%～0.15%溶液，消毒0.5 h；环境消毒用1%～3%溶液，消毒1 h。

153. 氯胺-T(氯亚明) 适用于一般外科消毒及饮用水消毒，也可用于排泄物消毒。用法与用量：冲洗耳、鼻腔和口腔黏膜用0.1%～0.2%溶液；冲洗伤口用1%～2%溶液；器械消毒用0.5%～1%溶液，饮用水消毒用0.000 4%溶液，排泄物消毒用3%溶液。该药在碱性环境中杀菌力减弱。

154. 碘酊 具有杀死各种细菌，灭活病毒的能力。常用于局部皮肤消毒和医用小器械的紧急消毒。用法与用量：使用浓度为2%。

155. 碘甘油　用于黏膜的各种炎症。用法与用量:局部涂搽，5%浓度。

156. 碘伏　常用于表面创伤、手术部位的消毒，也可用于黏膜、创伤冲洗及器械、用具消毒等。用法与用量:表面消毒用0.5%～1%溶液，冲洗消毒用0.1%溶液，器械消毒用5%～10%溶液。

157. 利凡诺(雷佛奴耳)　常用于外科冲洗，湿敷感染处、小面积化脓创等。用法与用量:冲洗、湿敷用0.1%～0.2%溶液，外涂用1%软膏。

158. 新洁尔灭(苯扎溴铵)　对细菌、真菌有杀灭作用，但对芽孢、结核杆菌仅有抑制作用。常用于术者手的消毒、黏膜及深部感染处的冲洗，也可消毒地面、桌面等物品。用法与用量:术者手消毒用0.1%溶液浸泡5 min，冲洗消毒用0.01%～0.05%溶液。该药忌与合成洗涤剂、肥皂、碘酊、过氧化氢合用。

159. 度米芬　作用与新洁尔灭相似，但抗菌作用优于新洁尔灭。用法与用量:湿敷局部创伤用0.02%～0.05%溶液，器械浸泡、皮肤消毒用0.1%溶液，皮肤真菌感染湿敷用0.1%溶液。

160. 煤焦油皂溶液(臭药水)　常用于子宫阴道冲洗，创伤溃疡的治疗，排泄物、用具的消毒。用法与用量:冲洗用0.5%～1%溶液，创伤、溃疡治疗用2%～3%溶液，猪舍、排泄物、用具消毒用3%～5%溶液。

161. 硼酸　防腐抑菌作用较弱，但对组织刺激性小，可用于眼、口腔、膀胱、子宫冲洗。用法与用量:冲洗口腔黏膜、眼用2%～4%溶液，冲洗新鲜创伤用3%～5%溶液，治疗溃疡、褥疮、湿疹及烧伤用5%硼酸软膏。

162. 乳酸　对一些细菌、病毒有杀灭作用，可用于空气消毒，杀灭流感、流脑病毒及某些革兰氏阳性菌。并可促进消化液分泌，改进消化功能。用法与用量:空气消毒时每100 m^3空间用10%浓度 12 mL，加水 20 mL 稀释后加热熏蒸 30～60 min；1 次口服量为 0.2～1 mL。

163. 氢氧化钠(苛性钠) 常用于污染环境消毒。用法与用量：被病毒、细菌感染的猪舍、饲槽和运输车辆消毒时用 2%热溶液，炭疽污染的场地消毒时用 3%～5%溶液。

164. 炉甘石洗剂 主要用于渗出性皮炎、湿疹。具有收敛、消炎、止痒和保护创面等作用。用法与用量：涂于患病处，每日多次。

165. 鞣酸软膏 具有收敛、保护创面作用，主要用于治疗湿性不良肉芽。用法与用量：外用，涂布于患病处。

166. 氧化锌 具有收敛和保护作用，并有轻微的防腐作用，主要用于治疗湿疹、皮肤糜烂、溃疡、创伤等。用法与用量：以凡士林为基质，含氧化锌 15%，外用，涂于患病处。

167. 甘油(丙三醇) 主要用于保护皮肤，治疗乳房、乳头皲裂和炎症及治疗便秘。用法与用量：1 次灌肠量 50～100 mL。

参 考 文 献

1. 段诚中．规划化养猪新技术．北京：中国农业出版社，2000
2. 陈焕春．规模化猪场疫病控制与净化．北京：中国农业出版社，2000
3. 李同洲．科学养猪．北京：中国农业大学出版社，2000
4. 周元军．养猪 300 问．北京：中国农业出版社，2001
5. 马学恩，等．猪病防治 400 问．赤峰市：内蒙古科学技术出版社，2001
6. 陈清明，等．现代养猪生产．北京：中国农业大学出版社，1996
7. 李德发．现代饲料生产．北京：中国农业大学出版社，1996
8. 张永泰．高效养猪大全．北京：中国农业出版社，1999
9. 马振强，等．种猪生产．北京：中国农业大学出版社，1999
10. 李铁坚，等．图说大棚养猪．北京：中国农业出版社，2002
11. 刘安典，等．养猪技术手册．北京：中国农业出版社，2000
12. 许家强，等．猪病对症诊断与防治．广州：广东科学技术出版社，2002
13. 谢三星．药到猪病除．济南：山东科学技术出版社，1999
14. 吴树兰，等．养猪用药指南．北京：中国农业出版社，2001
15. 单守廪．猪病诊断与防治．济南：济南出版社，1998
16. 田有庆，等．简明养猪手册．北京：中国农业大学出版社，2002
17. 白玉坤，等．肉猪高效饲养与疫病监控．北京：中国农业大学出版社，2002
18. 路兴中，等．现代猪肉生产．北京：中国农业科技出版社，1994
19. 朱尚雄，等．中国工厂化养猪．北京：科学出版社，1990

20. 刘海良,等译. 养猪生产. 北京:中国农业出版社,1998
21. 蔡宝祥,等. 猪病诊断和防治手册. 上海:上海科学技术出版社,1997
22. 齐鲁牧业报.2001年—2003年6月

图书在版编目(CIP)数据

规模化养猪生产技术/程德君,王守星,付太银主编.—北京:中国农业大学出版社,2003.11

(全方位养殖技术丛书)

ISBN 978-7-81066-676-3

Ⅰ.规… Ⅱ.①程… ②王… ③付… Ⅲ.养猪学 Ⅳ.S828.5

中国版本图书馆CIP数据核字(2003)第085948号

书　　名　规模化养猪生产技术

作　　者　程德君　王守星　付太银　主编

策划编辑	赵　中	**责任编辑**	孟　梅
封面设计	郑　川	**责任校对**	陈　莹
出版发行	中国农业大学出版社		
社　　址	北京市海淀区圆明园西路2号	**邮政编码**	100193
电　　话	发行部 010-62731190,2620	读者服务部	010-62732336
	编辑部 010-62732617,2618	出　版　部	010-62733440
网　　址	http://www.cau.edu.cn/caup	**E-mail**	caup@public.bta.net.cn
经　　销	新华书店		
印　　刷	北京时代华都印刷有限公司		
版　　次	2003年11月第1版　　2009年4月第6次印刷		
规　　格	850×1 168　32开本　13.5印张　334千字		
印　　数	16 501～21 500		
定　　价	21.00元		

图书如有质量问题本社发行部负责调换

致读者

为提高“三农”图书的科学性、准确性、实用性，推进“三农”出版物更加贴近读者，使农民朋友确实能够“看得懂、用得上、买得起”的优秀“三农”图书进一步得到市场的认可、发挥更大的作用，中央宣传部、新闻出版总署和农业部于2006年6～7月份组织专家对“三农”图书进行了认真评审，确定了推荐“三农”优秀图书150种(套)(新出联〔2006〕5号)。我社共6种(套)名列其中：

无公害农产品高效生产技术丛书

新编21世纪农民致富金钥匙丛书

全方位养殖技术丛书

农村劳动力转移职业技能培训教材

科学养兔指南

养猪用药500问

这些图书自出版以来，深受广大读者欢迎，近来一次性较大量购买的情况较多，为方便团体购买，请客户直接到当地新华书店预购，特殊情况可与我社联系。联系人董先生，电话010－62731190，司先生，010－62818625。

中国农业大学出版社

2006年9月